Martin Langanke

Wege der Evolutionsgeschichtsschreibung

Jahrbuch für Geschichte und Theorie der Biologie

Herausgegeben von

Hans-Jörg Rheinberger & Michael Weingarten

Supplement-Band 2/2003

Martin Langanke

Wege der Evolutionsgeschichtsschreibung

Wissenschaftstheoretische Untersuchungen zu den Methoden der Phylogenetischen Systematik und der konstruktionsmorphologischen Anagenetik

VWB – Verlag für Wissenschaft und Bildung
2003

Bibliografische Information der Deutschen Bibliothek
Die Deutsche Bibliothek verzeichnet diese Publikation in der Deutschen Nationalbibliografie; detaillierte bibliografische Daten sind im Internet über <http://dnb.ddb.de> abrufbar.

ISBN 3-86135-371-7

Verlag und Vertrieb:
VWB – Verlag für Wissenschaft und Bildung
Amand Aglaster • Postfach 11 03 68 • 10833 Berlin
Tel. 030 - 251 04 15 • Fax 030 - 251 04 12
www.vwb-verlag.com

Druck:
Primus-Solvero GmbH, Berlin

Inhalt

Professor Dieter Stefan Peters gewidmet.

Ich war immer der Meinung, dass es, um in filosofischen Dingen das Wort zu ergreifen, eines gewissen Kauderwelsches von ausländischen Termini bedürfe, einer vertrakten Geberde, die dem Beschauer fürchterlich erscheine, dass er ein für allemal auf alles eigene Denken vergäße [...].

Oskar Panizza: *Der Illusionismus*

Vorbemerkung

Als wissenschaftstheoretische Studie über Methoden der Evolutionsgeschichtsschreibung wendet sich die vorliegende Arbeit, die im Sommersemester 2002 von der Philosophischen Fakultät I der Friedrich-Alexander Universität Erlangen-Nürnberg als Dissertation angenommen wurde, gleichermaßen an ein biologisches wie an ein philosophisches Fachpublikum. Obwohl ich mich bemüht habe, den Ansprüchen beider Seiten gerecht zu werden, kann ich letztlich nur hoffen, daß mein Text weder auf biologischer Seite Anlaß zu Leseerfahrungen gibt, wie sie Oskar Panizza (1853–1921) beschrieben hat, noch auf philosophischer Seite als Kniefall vor der positiven Wissenschaft gedeutet wird. Mögliche geistesgeschichtliche Zugänge zu meinem Thema habe ich für Philosophen und Philosophinnen in den ersten beiden Abschnitten (Abschnitt 1.1 und 1.2) der Einführung zu skizzieren versucht. Wer hingegen mit einem rein biologischen Interesse an die Lektüre dieser Arbeit geht, kann diese beiden Abschnitte durchaus überspringen.

Für Leser und Leserinnen, die sich in Zeiten wachsender Papierberge nur einen raschen Überblick über die wichtigsten Ergebnisse meiner Arbeit verschaffen können und wollen, findet sich am Ende eine Zusammenfassung. Dort sind die wichtigsten Thesen samt den zentralen Begründungsschritten noch einmal eigens aufgeführt.

*

Niemand kann eine Arbeit wie die vorliegende ohne Mithilfe und Förderung anderer schreiben. So habe ich hier vielen für Vieles zu danken.

An erster Stelle sei mein Doktorvater Prof. Christian Thiel genannt. Er hat meinen Erkundungen auf dem Gebiet der Evolutionsgeschichtsschreibung nicht nur viel wissenschaftstheoretisches Verständnis und Interesse entgegengebracht, sondern war mir auch ein geduldiger und jederzeit ansprechbarer Betreuer.

Meinem Zweitkorrektor PD Dr. Volker Peckhaus möchte ich für seine Anregungen und Verbesserungsvorschläge danken.

Mein besonderer Dank gilt darüber hinaus Herrn Prof. Dieter Stefan Peters. Ihm widme ich diese Arbeit. Denn ich könnte nicht besser zum Ausdruck bringen, wie wichtig mir seine Hilfestellungen waren und wie gerne ich mich der guten Gespräche erinnere, die ich mit ihm am Senckenberg-Institut – nicht nur über Biologie – führen konnte.

Erwähnen möchte ich auch die beiden Marburger Mathias Gutmann und Michael Weingarten. Denn sie sind es gewesen, die mich allererst auf den konstruktionsmorphologischen Ansatz der Senckenberg-Gruppe neugierig gemacht haben.

Diese Danksagung wäre in erheblichem Maße unvollständig, wenn die Mitglieder des Examenskolloquiums von Prof. Thiel, die Mitglieder der Koblenzer Doktoranden-

Sozietät von Prof. Heinrich Assel, Dr. Rudolf Kötter, meine Freunde Jörn Schnieder, Oliver Tekolf und Andreas Vilter sowie vor allem meine Eltern und meine Freundin Pia Erdmann ungenannt blieben. Sie alle haben Anteil daran, daß diese Arbeit fertig geworden ist.

*

Für die Überlassung von Abbildungsvorlagen danke ich Mathias Gutmann, Bernd Herkner, Prof. Peters und Andreas Vilter. Nachweise sind in die entsprechenden Bildunterschriften integriert.
Dafür, daß meine Arbeit als Supplement zum *Jahrbuch für Geschichte und Theorie der Biologie* erscheinen konnte, danke ich allen Mitgliedern der Redaktion.

*

Die vorliegende Arbeit wurde vom Evangelischen Studienwerk Villigst und von der Rosa-Luxemburg-Stiftung jeweils für ein Jahr mit einem Promotionsstipendium gefördert. Prof. Walter Sparn und Dr. Birgit Hodenius danke ich in diesem Zusammenhang für ihr Engagement und ihr Wohlwollen.

Fürth, im September 2002 — Martin Langanke

„Legst du keinen Wert darauf, daß jemand beim Thema bleibt, wenn er etwas erzählt?"
„Doch, sicher! Ich möchte schon, daß er beim Thema bleibt. Aber ich habe es nicht gern, wenn er zu übertrieben beim Thema bleibt."

Jerome D. Salinger: *Der Fänger im Roggen*

1 Einführung

Mit der Phylogenetischen Systematik und der konstruktionsmorphologischen Anagenetik sind zwei Ansätze historisch-rekonstruktiver Evolutionsforschung Gegenstand der vorliegenden wissenschaftstheoretischen Studie.
In der Beschäftigung mit diesen beiden evolutionsbiologischen Ansätzen werden unter anderem zwei Methoden zu untersuchen sein, die bereits seit langem auf philosophisches Interesse stoßen – Klassifizieren und Typuswiedererkennung.

1.1 Philosophie und Klassifikation – Philos Kosmologie

In der Philosophie bieten die Zoologie des Aristoteles (384 v. Chr.–322 v. Chr.) und die Botanik des Aristoteles-Schülers Theophrast (ca. 372 v. Chr.– ungefähr 287 v. Chr.), in denen das Verfahren des Klassifizierens auf eine für die Naturkunde lange Zeit vorbildliche Weise angewendet wird, von jeher Anlaß zum Nachdenken über Klassifikationen und deren Leistungsfähigkeit.[1]
Hinzu kommt noch, daß im Rahmen platonisierender *Kosmologien* (Schöpfungslehren) der Antike und des Mittelalters Klassifikationen anspruchsvollste Aufgaben übernehmen.
Als Beispiel für eine solche Kosmologie präsentiert der vor allem für seine Studien zur Gnosis[2] bis heute bekannte Philosoph und Philosophiehistoriker Hans Leisegang (1890–1951) in seinem Buch *Denkformen* (LEISEGANG 1951) die Kosmologie des jüdisch-hellenistischen Denkers Philo von Alexandria (um 20 v. Chr. – ungefähr 50 n. Chr.). Dabei orientiert sich Leisegang an Philos Schrift *Quis rerum divinarum heres sit* (abgekürzt: „*Her.*").
Nicht erst in *Denkformen*, sondern bereits in seinem Gnosis-Buch hat sich Leisegang mit der Philosophie Philos beschäftigt. Gilt aber im Gnosis-Buch die Aufmerksamkeit Leisegangs der Philonischen Zahlenmystik[3], so stellt er in *Denkformen* Philo unter anderem als einen Philosophen vor, nach dessen Überzeugung

> das Wesen der Welt [...] nach dem Schema der Begriffspyramide aufgebaut ist [...].[4]

---

[1] Aspekte der Aristotelischen Zoologie habe ich bereits in LANGANKE 2000, 31–40 behandelt. Obwohl ich die dort gegebene Darstellung heute in manchen Einzelheiten für korrekturbedürftig halte, möchte ich hier nicht eigens darauf eingehen, wie Aristoteles in seiner Zoologie Klassifikationen einsetzt. Denn im Grundsätzlichen könnte ich mich derzeit nur wiederholen.
[2] Leisegangs erstmals 1924 erschienenes Buch *Die Gnosis* (LEISEGANG 1924) ist bis heute im Kröner-Verlag greifbar.
[3] Vgl. LEISEGANG 1924, 42–49.
[4] LEISEGANG 1951, 243.

Den diese These belegenden Teil seiner Philo-Interpretation eröffnet Leisegang mit der Wiedergabe von *Her.* 133b–140, einem Passus, der *in nuce* Philos Kosmologie enthält. Dieser Passus sei hier – wie auch noch eine weitere Philo-Stelle – in drei verschiedenen Übersetzungen präsentiert. Der englischen Übersetzung von F. H. Colson und G. H. Whitaker in der linken Spalte seien die deutsche Übersetzung Joseph Cohns in der mittleren und Leisegangs eigene Übersetzung in der rechten Spalte gegenübergestellt. Durch diese synoptische Präsentation mehrerer wichtiger Übersetzungen hoffe ich, Lesern und Leserinnen, die keine Griechisch-Kenntnisse besitzen, wenigstens einen Eindruck davon vermitteln zu können, an welchen Stellen der griechische Originaltext Interpretationsspielräume eröffnet.

[133b]Just as the great Artificer divided our soul and limbs in the middle, so too, when He wrought the World, did He deal with the being of all that is. [134]This He took and began to divide as follows. First He made two sections, heavy and light, thus distinguishing the element of dense from that of rare particles. Then again He divided each of these two, the rare into air and fire, the dense into water and land, and these four He laid down as first foundations, to be the sensible elements of the sensible world. [135]Again He made a second division of heavy and light on different principles. He divided the light into cold and hot, giving to the cold the name of air and to the naturally hot the name of fire. The heavy he divided into wet and dry, and He called the dry „land" and the wet „water." [136]Each of these was subjected to further dissections. Land was divided into continents and islands, water into sea and rivers and into drinkable and undrinkable, air into the changes which mark summer and winter, and fire into the merely useful variety, which is also voracious and destructive, and on the other hand the preservative variety which was set apart to form the heaven. [137]Just as He divided the main

[133b]Gleichwie nämlich der Künstler [gemeint ist der Schöpfer] unsere Seele und Gliedmaßen mitten durch geteilt hat, so machte er es auch mit der Substanz des Ganzen. [134]Er fing an, sie folgendermaßen zu teilen. Zuerst machte er zwei Stükke, das Schwere und das Leichte, indem er das Grobe von dem Feinen schied. Hierauf teilte er wieder jedes von beiden, das Feine in Luft und Feuer und das Grobe in Wasser und Erde, die er auch als sinnlich wahrnehmbare Elemente der sinnlich wahrnehmbaren Welt, gleichsam als Grundsteine, niederlegte. [135]Wiederum teilte er das Schwere und das Leichte auf andere Art: das Leichte in Kaltes und Warmes – er nannte das Kalte Luft und das von Natur Warme Feuer – und das Schwere in Nasses und Trockenes und nannte das Trockene Erde und das Nasse Wasser. [136]Jedes von diesen erhielt noch andere Teilungen; die Erde wurde in Festlande und Inseln geteilt, das Wasser in Meer und Flüsse und alles Trinkbare, die Luft in die Wandlungen des Sommers und des Winters, das Feuer in das zum Gebrauch notwendige – es ist dieses unersättlich und verzehrend – und im Ge-

[133b]Wie der Schöpfer unsere Seele und ihre Teile in der Mitte zerlegte, so auch die Substanz des Weltalls, als er den Kosmos schuf. [134]Er nahm sie und begann, sie folgendermaßen zu zerteilen: Zuerst machte er zwei Teile: das Schwere und das Leichte, indem er das Dichte von dem Dünnen schied. Dann teilte er wiederum beides, das Dünne in Luft und Feuer, das Dichte in Wasser und Erde, die auch als wahrnehmbare Elemente der sinnlich wahrnehmbaren Welt als deren Fundamente zuerst festgelegt wurden. [135]Wieder teilte er das Schwere und Leichte nach anderen Ideen, das Leichte in das Kalte und Warme – er nannte aber das Kalte Luft und das Warme Feuer –, das Schwere aber in das Feuchte und das Trockene; er nannte aber das Trokkene Erde und das Feuchte Wasser. [136]Jedes von diesen erhielt dann andere Zerlegungen: die Erde wurde zerteilt in Festländer und Inseln, das Wasser in Meer und Flüsse und was sonst trinkbar ist, die Luft in die wechselnden Zustände des Sommers und des Winters, das Feuer in das zum menschlichen Gebrauch – es ist unersättlich und verderbenbringend – und dem entge-

constituents of the universe, so did He also with their subdivisions. These are partly living and partly lifeless. Among the lifeless some remain in the same place, held together by the tie of „cohesion"; others move by expansion, without changing their position, vitalized by natural and unconscious growth, and among them, those which are of wild stuff produce wild fruits, which serve for food to the beasts of the field. Others are of a stuff which admits of cultivation, the management of which is a charge allotted to husbandry, and these produce fruits for the enjoyment of the animal most removed from the wild, that is man. [138]Further, as He had divided the lifeless, so did He with those which participate in life, distinguishing one species as rational, the other as irrational. Then again He split up each of these. The irrational He divided into the domesticated and undomesticated, and the rational into immortal and mortal. [139]Of the mortal He made two portions, one of which He named men, the other women. And while following one principle He split up the animal kingdom as a whole into male and female, it was also subjected to other necessary partitions, which distinguished the winged from land animals, these from the aquatic, the last named being intermediate to the other two. [140]Thus God sharpened the edge of his all-cutting Word, and divided universal being, which before was without form or quality, and the four elements of the world which were formed by segregation from it, and the

gensatz dazu in das heilsame, das zur Bildung des Himmels bestimmt wurde. [137]Gleichwie aber die ganzen (Elemente), so teilte er auch die einzelnen Dinge, die teils unbeseelt, teils beseelt waren. Zu den unbeseelten gehören einerseits diejenigen, die in demselben Zustand verharren und deren Band der (bloße) Zusammenhalt ist, andererseits diejenigen, die nicht durch Ortsveränderung sondern durch Wachstum sich bewegen und die die vorstellungslose Naturkraft belebt. Von den letzteren haben die einen wilden Stoff und tragen wilde Früchte, die den Tieren zur Nahrung dienen; die anderen, deren Wartung und Pflege der Landbau übernommen hat, haben veredelten Stoff und bringen Früchte hervor zum Genusse für den Menschen, das zahmste aller Lebewesen. [138]Und ebenso wie die unbeseelten Wesen teilte er die einer Seele teilhaftigen; von diesen sonderte er eine Gattung vernunftloser und eine Gattung vernunftbegabter ab und teilte wiederum jede der beiden Gattungen, die vernunftlose in eine ungezähmte und eine zahme, die vernunftbegabte in eine unvergängliche und eine sterbliche Gattung. [139]Von den sterblichen machte er zwei Abteilungen, deren eine er die der Männer, deren andere er die der Frauen nannte. Auf andere Weise teilte er auch das Tierreich in das männliche und das weibliche Geschlecht; es erhielt aber noch andere notwendige Teilungen, die die Vögel von den Landtieren, die Landtiere von den im Wasser lebenden

gengesetzt in das heilbringende, das zur Herstellung des Himmels erwählt wurde. [137]Wie die Ganzheiten, so zerlegte er auch ihre Teile, von denen die einen unbeseelt, die anderen beseelt waren. Und von den seelenlosen Wesen sind die einen solche, die immer auf derselben Stelle bleiben, deren (die Teile festhaltendes) Band der (innere) Zusammenhalt ist, die anderen solche, die sich nicht durch Ortsveränderung, sondern nur durch Wachstum bewegen und die eine Natur ohne Vorstellungsvermögen belebte. Und von diesen tragen die einen wilde Waldfrüchte, die den Tieren zur Nahrung dienen, die anderen veredelte, die die Fürsorge und Sorgfalt des Ackerbaus genossen; denn sie bringen die Früchte zum Genuß für das zahmste aller Tiere, den Menschen, hervor. [138]Und wie die seelenlosen Wesen, so teilte er auch die beseelten – unter ihnen nämlich unterschied er eine unvernünftige und eine vernünftige Art – und dann nahm er wieder jede von beiden und teilte die unvernünftige in die wilde und zahme Art, die vernünftige in die unvergängliche und die sterbliche. [139]Und von der sterblichen machte er zwei Teile, von denen er den einen Männer, den anderen Frauen nannte. Und andererseits teilte er die Lebewesen überhaupt in männliche und weibliche; sie erhielten aber auch noch andere wichtige Teilungen, durch die die Vögel von den Landtieren, die Landtiere von den Wassertieren und diese von beiden getrennt wurden. [140]So

[5] PHILO 1958, 349, 351 und 353.

animals and plants which were framed with them as materials.[5]

und diese von den beiden anderen schieden. [140]So teilte Gott, nachdem er seinen Logos, den Teiler aller Dinge, geschärft hatte, die form- und eigenschaftslose Substanz des Weltganzen und die aus ihr abgesonderten vier Elemente der Welt und die vermittelst derselben geschaffenen Lebewesen und Pflanzen.[6]

trieb Gott seinen Logos, den Alleszerleger, an und zerteilte die gestalt- und qualitätslose Substanz des Alls und die aus ihr ausgeschiedenen vier Weltelemente und die aus ihnen bestehenden Tiere und Pflanzen.[7]

Ohne in die Erörterung philologischer Detailprobleme eintreten und ohne insbesondere genauer herausarbeiten zu müssen, wie sich in der Philonischen Kosmologie Motive aus Platos *Timaios* mit stoischem Gedankengut[8] (etwa der Lehre vom doppelten Feuer, *Her.* 136) mischen, kann hier festgehalten werden: Für Philo verdankt sich die Schöpfung der Anwendung des von Plato (428 v. Chr.–348 v. Chr.) etwa im *Philebos* so wirkungsmächtig propagierten Verfahrens der διαίρεσις durch den göttlichen Logos. Der göttliche Logos erschafft die Welt durch sukzessive Unterteilung einer ursprünglichen Ganz- und Gesamtheit. „Unterteilung" ist dabei durchaus in zweifacher Bedeutung zu nehmen. Denn in *Her.* 133b–140 gebraucht Philo das griechische διαιρεῖν insofern stets doppeldeutig, als es ihm immer *zugleich* buchstäbliches „Trennen"/„Aufteilen" *und* „(begriffliches) Unterscheiden" bedeutet. Jeder Eröffnung einer begrifflichen Alternative durch einander entgegengesetzte Unterbegriffe innerhalb eines durch einen Oberbegriff abgesteckten Gegenstandsbereiches entspricht bei Philo ein Akt buchstäblicher Separation. Die Abfolge der Teilungen gemäß Leisegangs Übersetzung geht aus Fig. 1 und Fig. 2 hervor.[9]

---

[6] PHILO 1962, 254–255.

[7] LEISEGANG 1951, 241–242.

[8] Vgl. PHILO 1962, 254, Anm. 3, 278, Anm. 1 und LEISEGANG 1951, 243. Als gute Einführung in das Denken Philos kann SANDMEL 1979 gelten.

[9] In der Übersetzung von Colson und Whitaker verläuft unter anderem die Einteilung des Wassers (*Her.* 135) anders, weil dort *zusätzlich* zur Unterscheidung in Meere und Flüsse noch eine Unterscheidung in Trinkbares und Nichttrinkbares auftaucht. Demgegenüber legt Leisegangs Übertragung die Deutung nahe, daß in *Her.* 135 das Wasser in das Meer einerseits und die Flüsse *samt allem sonst Trinkbaren* andererseits zerlegt wird. Anders als Leisegang selbst habe ich mich allerdings auf der Basis von *Her.* 133b–140 nicht dazu entschließen können, „Kosmos" als Überbegriff für ein erstes Alternativenpaar „tote Materie"–„lebendige Wesen" einzusetzen. Denn die Unterscheidung „tote Materie"–„lebendige Wesen" taucht so in *Her.* 133b–140 nicht auf, auch ist der Neueinsatz bei *Her.* 137a überhaupt in seinem Bezug sehr dunkel. Von Leisegangs Rekonstruktion der Philonischen Begriffspyramide unterscheidet sich die mit Fig. 1 und 2 veranschaulichte Deutung auch dadurch, daß sie ausdrücklich die Unterteilung der seelenlosen Wesen in solche, „die immer auf derselben Stelle bleiben", und solche, „die sich [...] nur durch Wachstum bewegen" (*Her.* 137b), berücksichtigt. Sind die seelenlosen Wesen, die nicht einmal wachsen, überhaupt Lebendiges? Wenn nicht, so spräche auch dies gegen Leisegangs Operieren mit einer obersten Alternative „tote Materie"–„lebendige Wesen".

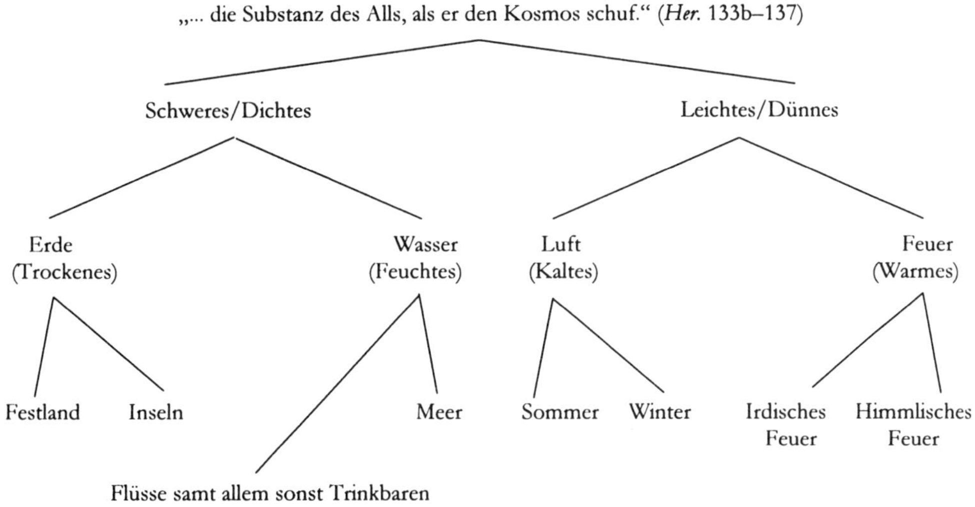

Fig. 1: Philos kosmologische Begriffspyramide (Teil 1). Vgl. LEISEGANG 1951, 243.

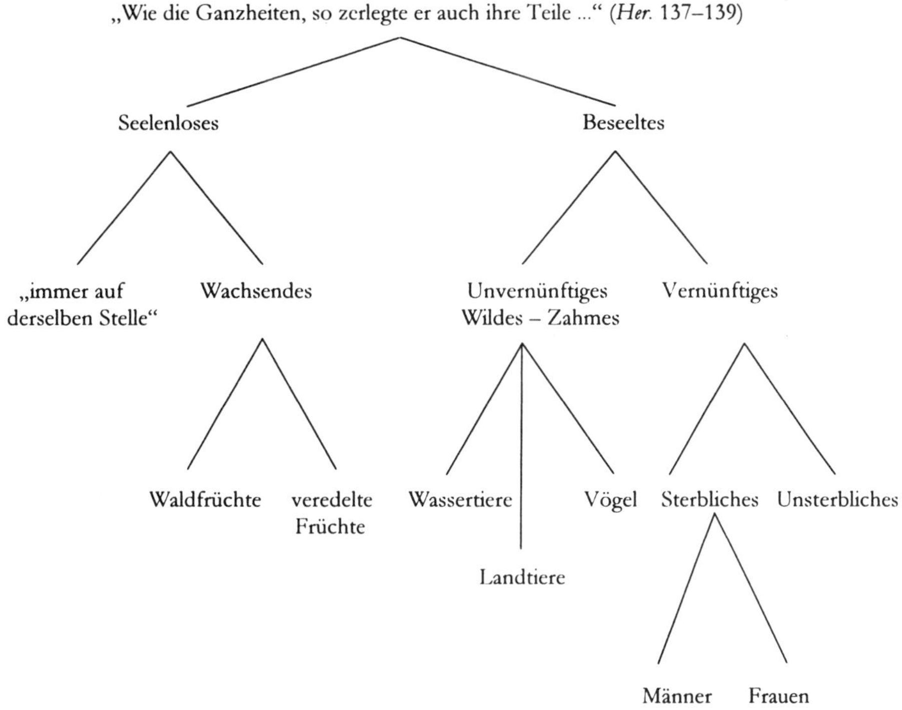

Fig. 2: Philos kosmologische Begriffspyramide (Teil 2). Vgl. LEISEGANG 1951, 243. Man beachte, daß die Einteilungen in diesem Teil der Philonischen Begriffspyramide recht lose und unsystematisch durchgeführt sind. Zum Beispiel gilt die Einteilung in Männer und Frauen nach Philos eigenem Bekunden im Bereich der Lebewesen *überhaupt*. Auch fallen die unter „Unvernünftiges" fallenden Wasser- und Landtiere sowie die Vögel ebenso unter den Begriff „Sterbliches" wie die Menschen-Männer und -Frauen.

Daß ein System von Dihäresen überhaupt das adäquate Mittel ist, um den Schöpfungsakt gedanklich nachzuvollziehen, steht für Philo deshalb außer Frage, weil der göttliche Logos als Alleszerleger bei der Erschaffung der Welt ebenso arbeitet wie die menschliche Vernunft in den Wissenschaften. Ebenso nämlich wie der menschliche Geist die Dinge einteilt und zerlegt, die er (wissenschaftlich) begreift, so erzeugt der göttliche Logos buchstäblich durch Scheidung und Unterscheidung die Vielheit der Dinge in der Welt.[10] Mit *Her.* 235–236a:

[235]The divine Word separated and apportioned all that is in nature. Our mind deals with the things material and immaterial which the mental process brings within its grasp, divides them into an infinity of infinities and never ceases to cleave them. [236a]This is the result of its likeness to the Father and Maker of all.[11]	[235]Denn der göttliche Logos hat alle Dinge in der Natur geteilt und zerlegt, und unser Verstand teilt alle Sachen und Körper, die er denkend erfaßt, in unendlich viele Teile und hört nicht auf zu zerlegen. [236a]Das geschieht (bei beiden) wegen ihrer Ähnlichkeit mit dem Schöpfer und Vater des Alls.[12]	[235]Denn der göttliche Logos zerteilt und zerlegt alles in der Natur, und unser Geist zerlegt alle Dinge und Körper, die er denkend begreift, in unendlich mal unendlich viele Teile und hört mit Zerteilen nicht auf. [236a]Das aber kommt von seiner Ähnlichkeit mit dem Schöpfer und Vater des Alls.[13]

Wenn aber der göttliche Logos im Akt der *creatio* selbst die Technik der διαίρεσις anwendet, dann ist diese Technik nicht einfach nur eine wissenschaftliche,

> sondern die Anleitung zum Nachdenken des Schöpfungsgedankens selbst.[14]

Im weiteren soll nicht genauer erörtert werden, ob sich eine Schöpfung durch διαίρεσις etwa als *creatio ex nihilo* denken läßt und wie überhaupt Unterscheiden *an* Dingen als Hervorgehenlassen *von* Dingen verstanden werden kann; auch soll Leisegangs zunächst keineswegs zwingende Lesart, daß innerhalb der in *Her.* 133b–140 entwickelten Begriffspyramide das Begriffspaar „tote Materie"–„lebendige Wesen" als oberste Alternative fungiert, nicht weiter durch Einbeziehung *anderer* Philo-Stellen auf ihre Angemessenheit überprüft werden.

An dieser Stelle genügt es, mit Leisegang zu konstatieren, daß bei Philo der göttliche Logos die Dinge erschafft, indem er eine Taxonomie, also ein Begriffssystem auf sie auswirft und daß nach Philo das göttliche Schöpfungswerk dem menschlichen Verstand gerade deshalb einsichtig werden kann, weil auch der menschliche Verstand klassifiziert. Einzig auf die Herausstellung dieser beiden grundlegenden Denkfiguren kommt es an, wo die Philonische Kosmologie als Beleg für die These dienen soll, daß die Philosophie in ihrer Tradition Klassifikationen für enorm leistungsstarke Denkmittel gehalten hat. So hat die Philosophie dem Ordnen, dem begrifflichen Unterteilen von Gegenstandsbereichen gelegentlich eine im wahrsten Sinne des Wortes *schöpferische* Macht zugesprochen.

---

[10] Vgl. LEISEGANG 1951, 242.
[11] PHILO 1958, 401.
[12] PHILO 1962, 276.
[13] LEISEGANG 1951, 242–243.
[14] LEISEGANG 1951, 243.

1.2 Romantische Naturphilosophie und Typuswiedererkennung

Neben der Methode des Klassifizierens, wird in der vorliegenden Untersuchung unter anderem auch das für die klassische Morphologie zentrale Verfahren der Typuswiedererkennung vorzustellen sein. Auch dieses Verfahren ist nicht erst seit Entstehung der modernen Wissenschaftstheorie Gegenstand philosophischer Reflexion.
So hat die dieses Verfahren nutzende klassische Morphologie beispielsweise in der *romantischen Naturphilosophie* große Beachtung gefunden. Der romantischen Naturphilosophie hat die klassische Morphologie nämlich als Kronzeugin dafür hergehalten, daß auch und gerade im Bereich der Naturerforschung ein ursprüngliches Wissen um die den vielfältigen und verschiedenen Naturerscheinungen zugrunde liegende *göttliche Einheit* der Welt zum Ausdruck kommt und fruchtbar wird.
Um diese Deutung der klassischen Morphologie durch die romantische Naturphilosophie verstehen zu können, muß man sich wenigstens kurz vergegenwärtigen, wie das etwa in der pantheistischen Monaslehre eines Giordano Bruno (1548–1600) oder Baruch Spinoza (1632–1677) vorgebildete Motiv der All-Einheit in der romantischen Naturphilosophie wirksam geworden ist.
Als ein prominenter Zeuge für die Wirksamkeit dieses Motivs in der romantischen Naturphilosophie kann der Arzt, Morphologe und Maler Carl Gustav Carus (1789–1868) gelten. In seiner zwischen 1815 und 1835 entstandenen Schrift *Zehn Briefe über Landschaftsmalerei mit zwölf Beilagen und einem Brief von Goethe als Einleitung* (CARUS 1982) entwirft Carus eine pantheistisch gefärbte Naturphilosophie. Den systematischen Ausgangspunkt bildet dabei die Auffassung, daß der Mensch ein tiefes, unerschütterliches Wissen darum besitzt, daß der Mannigfaltigkeit des konkreten Einzelnen letztlich eine göttliche Einheit zugrunde liegt:

> Allem aber, was wir empfinden und denken, allem, was ist und was wir sind, liegt eine ewige, höchste, unendliche Einheit zugrunde. Ein tiefes innerstes Bewußtsein, welches, eben weil durch dasselbe die Möglichkeit alles Erkennens, Beweisens und Erklärens gegeben ist, selbst nie erklärt oder bewiesen werden kann, gibt uns davon, und zwar nach dem Grade unserer Entwicklung, bald dunkler, bald klarer die feste Überzeugung. Die Sprache deutet jenes Unermeßliche an in dem Worte: Gott.[15]

Ausdruck findet diese fundamentale

> Überzeugung [von] der Einheit in der Unendlichkeit des Alls[16]

nach Carus sowohl in wissenschaftlichen Bemühungen um die Zurückführung der verschiedenen Naturerscheinungen auf ein ihnen Gemeinsames als auch in der künstlerischen Produktivität des Menschen. Während sich aber der Mensch in den Wissenschaften als Teil einer auf dem Wege wissenschaftlichen Denkens erst Stück für Stück zu erschließenden ursprünglichen göttlichen All-Einheit erfährt, vergewissert er sich in der künstlerischen Produktion seiner Fähigkeit, selbst ein Ganzes, einen Mikrokosmos[17] aus sich herauszusetzen:

> Im höhern geistigen Leben wird [...] eine doppelte Richtung möglich, entweder nämlich sind wir bestrebt, das Mannigfaltige und Unendliche in Natur und Vernunft zurückzuführen zu

---

[15] CARUS 1982, 24.
[16] CARUS 1982, 25.
[17] Vgl. CARUS 1982, 26.

ursprünglicher göttlicher Einheit; oder, indem das Ich selbst produktiv wird, stellt die innere Einheit durch äußere Mannigfaltigkeit sich dar. Im letzteren Falle zeigt sich das Können, im ersteren Falle das Erkennen. Aus dem Erkennen geht das Wissen, die Wissenschaft hervor, aus dem Können die Kunst. In der Wissenschaft fühlt der Mensch sich in Gott, in der Kunst fühlt er Gott in sich.[18]

Zusammen etwa mit der Geognosie des als Lehrer von Novalis (1772–1801) und Alexander von Humboldt (1769–1859) zu Nachruhm gelangten Geologen Abraham Gottlieb Werner (1749–1817) hat nun gerade die klassische Morphologie in der romantischen Naturphilosophie als Beispiel dafür gedient, wie der ursprünglich gewußten göttlichen All-Einheit der Dinge im Bereich des Lebendigen *wissenschaftlich* nachgedacht werden kann und wird.[19] So schreibt Carus in seinem Aufsatz *Grundzüge allgemeiner Naturbetrachtung:*

Haben wir nun die Natur als ein in ewiger innerer Bindung Begriffenes erkannt, so müssen wir sie zugleich als das Lebendige schlechthin betrachten, dessen Urleben die Quelle ist, aus welcher die Lebenserscheinungen jedes besonderen Lebendigen, d. i. überhaupt alle besonderen Naturkräfte sich ableiten.[20]

Mit dieser Sicht auf die Morphologie knüpft die romantische Naturphilosophie an Deutungen an, die Johann Wolfgang von Goethe (1749–1832) seiner eigenen morphologischen Forschungsarbeit gegeben hat.[21]

Muß man Forschung im Rahmen der klassischen Morphologie auch keineswegs vor dem Hintergrund eines monistisch-pantheistischen Weltbildes zu verstehen suchen – völlig abwegig ist die Inanspruchnahme der klassischen Morphologie durch die romantische Naturphilosophie nicht. Denn die klassische Morphologie ist buchstäblich eine *identifizierende* Wissenschaft. Die klassische Morphologie ist nämlich in der Lage, mit Hilfe topologischer Ähnlichkeitskriterien (Form-, Lage- und Konnektionsidentität) scheinbar ganz unterschiedlich aufgebaute anatomische Gefüge als Repräsentanten ein und desselben morphologischen Typus auszuweisen und in diesem Sinne als verschiedene Ausprägungen eines Identischen wiederzuerkennen.

Was die romantische Naturphilosophie an diesem, in der vorliegenden Arbeit noch genauer vorzustellenden Verfahren der „Typuswiedererkennung“[22] faszinieren mußte, ist seine einheitsstiftende Kraft. Am Ende einer gelungenen morphologischen Analyse steht oft nicht die Erkenntnis von Verschiedenheit, sondern die Erkenntnis von „Einheit in der Vielheit“. Denn wo es gelungen ist, mit Hilfe topologischer Identitätskriterien nachzuweisen, daß sich höchst unterschiedliche anatomische Gefüge als Abwandlungen ein und desselben Gefügemusters oder -planes verstehen lassen, und wo sogar das Vorkommen bestimmter Teile in dem Sinn vorhergesagt werden kann, daß sich angeben läßt, mit dem Vorkommen welcher Teile bei Zugehörigkeit der unter-

[18] CARUS 1982, 24.
[19] Vgl. auch QUERNER 1979, VIII–IX.
[20] Zitiert nach QUERNER 1979, VIII. Der Aufsatz von Carus erschien erstmals 1824 im zweiten Heft des zweiten Bandes von Goethes Zeitschrift *Zur Naturwissenschaft.* Vgl. TROLL o. J., 452.
[21] Vgl. LEISEGANG 1951, 135–141.
[22] Vgl. FROEBE 1985, 366.

suchten Gefüge zum selben Typus zu rechnen ist,[23] da werden tatsächlich Unterschiede überbrückt und Gemeinsamkeiten aufgedeckt.

1.3 Zwei Richtungen historisch-rekonstruktiver Evolutionsforschung

Diejenige Forschungsrichtung *innerhalb* der historisch-rekonstruktiven Evolutionsbiologie, die sich methodisch vor allem durch den Einsatz von *Klassifikationen* auszeichnet, ist als „Phylogenetik" bekannt; die Forschungsrichtung, die de facto aus Versuchen erwachsen ist, die Formenreihen der klassischen Morphologie evolutionsbiologisch zu interpretieren, kann als „Anagenetik" bezeichnet werden.
Als Richtungen oder Ansätze innerhalb der historisch-rekonstruktiven Evolutionsforschung gehören Phylogenetik und Anagenetik der allgemeinen Evolutionsbiologie an.[24]
Der allgemeinen Evolutionsbiologie lassen sich all diejenigen biologischen Forschungsaktivitäten zuordnen, deren Gegenstand die biotische[25] Evolution ist.
Innerhalb der allgemeinen Evolutionsbiologie stehen Ansätzen, deren Ziel die Rekonstruktion der Evolutions*geschichte* ist, *kausalanalytisch* ausgerichtete Ansätze und Disziplinen gegenüber: Als kausalanalytisch ausgerichtet können diejenigen evolutionsbiologischen Forschungsaktivitäten gelten, die darauf zielen, *Mechanismen* der Evolution, zum Beispiel molekulargenetische Ursachen der Mutabilität von Organismen etc., aufzudecken.

1.3.1 Phylogenetik

Die Phylogenetik ist die prominenteste Richtung innerhalb der historisch-rekonstruktiven Evolutionsforschung. Das Ziel phylogenetischer Forschung besteht darin, die Evolutionsgeschichte als *Stammes-* oder *Verwandtschafts*geschichte von *Arten* zu rekonstruieren.
Klassifikationen bilden dabei insofern den Ausgangspunkt, als phylogenetische Aussagen im Prinzip dadurch erzeugt werden, daß die auf Übereinstimmungen hinsichtlich ausgezeichneter Merkmale beruhende Zugehörigkeit von bestimmten Arten zum selben artübergreifenden Taxon (vgl. Abschnitt 2.3) als Ausdruck der Abstammung dieser Arten von einer ihnen gemeinsamen Vorfahrart gedeutet wird. Die verschieden weiten Taxa zoologischer und botanischer Klassifikationen werden also in der Phylogenetik als verschieden weite Verwandtschaftskreise interpretiert.
Historische Aussagen im weitesten Sinn, besser wohl: sukzessorische Aussagen können bei Anwendung dieses Grundprinzips zum Beispiel dann gebildet werden, wenn drei Arten A, B und C zwar einem gemeinsamen Taxon angehören, A und B

---

[23] Ein Beispiel für diese „Vorhersagekraft" der Morphologie ist die Entdeckung des *Os intermaxillare* beim Menschen. Vgl. FROEBE 1985, 360–361.

[24] Zu grundsätzlichen Problemen bei der Abgrenzung von Disziplinen und Forschungsrichtungen innerhalb der Biologie vgl. WOLF 2000, 95–99.

[25] Die vorbiotische, d. h. präzelluläre Evolution, wie sie zum Beispiel EIGEN 1987 und DE DUVE 1994 erforscht haben, ist nicht unmittelbar Gegenstand *biologischer* Evolutionsforschung. Denn der Ablauf der vorbiotischen Evolution wird ohne Rückgriff auf genuin biologische Begriffe und Methoden rekonstruiert. Hauptsächlich werden Prozesse der vorbiotischen Evolution mit Hilfe von Methoden untersucht, die aus Physik und Chemie stammen.

aber ihrerseits einem Taxon zuzuordnen sind, das, weil ihm C *nicht* angehört, auf niedrigerer Hierarchiestufe rangiert als das A, B *und* C vereinende Taxon. In diesem Fall ist nämlich die phylogenetische Deutung möglich, daß A, B und C gemeinsame Vorfahren dergestalt haben, daß der allen drei Arten gemeinsame Vorfahr zugleich Vorfahr des letzten gemeinsamen Vorfahren von AB ist.

Aussagen über das *Nacheinander* von Vorfahren je bestimmter, umfangsverschiedener und ineinander geschachtelter Artgruppen können die Form graduell-genealogischer Aussagen annehmen. Eine graduell-genealogische Aussage wird getroffen, wenn mit Hilfe des mindestens dreistelligen Relators „- - - ist näher mit + + + als mit ~ ~ ~ verwandt" über den *relativen* Grad der zwischen mindestens drei Arten bestehenden phylogenetischen Verwandtschaft geurteilt wird. Um eine graduell-genealogische Aussage handelt es sich also zum Beispiel bei der These: *Tachyglossus aculeatus* ist näher mit *Zaglossus bruijni* verwandt als mit *Ornithorhynchus anatinus*.[26]

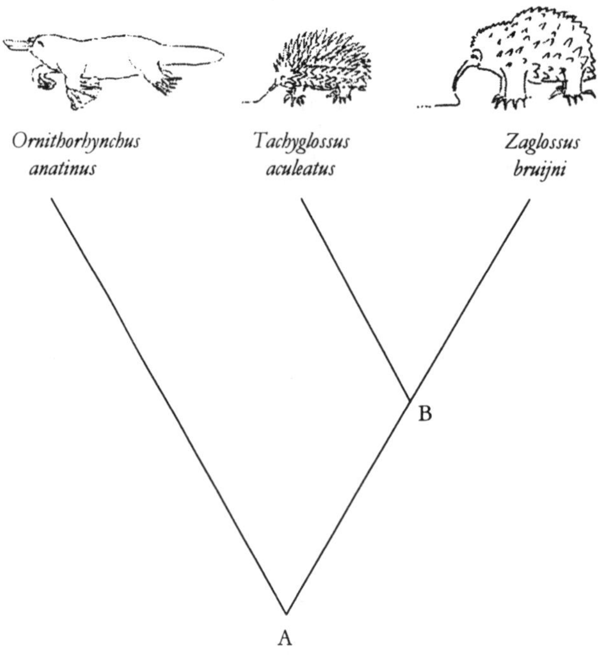

Fig. 3: Kladogramm zur Veranschaulichung der zwischen *Ornithorhynchus anatinus*, *Zaglossus bruijni* und *Tachyglossus aculeatus* bestehenden graduell-genealogischen Beziehungen. (Zeichnungen: Andreas Vilter.)

Graduell abgestufte phylogenetische Verwandtschaftsverhältnisse können mit Hilfe von Stammbäumen (auch: „Klado-" oder „Dendrogrammen") veranschaulicht werden. Einen besonders wichtigen Stammbaum-Typus repräsentieren Kladogramme, die sich dadurch auszeichnen, daß die als Abstammungslinien interpretierten Äste nur an ihren *Spitzen* mit Namen und/oder Abbildungen bekannter Arten besetzt sind, *Verzweigungs*stellen hingegen keine Belegung mit Namen und/oder Abbildungen von bekannten Arten aufweisen, sondern nur mit schematischen, für *hypothetische* Stammarten stehenden Buchstaben versehen sind (vgl. Fig. 3).

So einfach sich das Grundprinzip phylogenetischer Verwandtschaftsforschung auch darstellt, so groß sind doch die Schwierigkeiten, die sich bei der Anwendung dieses Grundprinzips ergeben. Denn ob bestimmte Arten ein und demselben artübergreifen-

[26] „Tachyglossus aculeatus" und „Zaglossus bruijni" sind die zoologischen Namen der beiden rezenten Arten von Schnabeligeln, „Ornithorhynchus anatinus" ist der zoologische Name des Schnabeltieres. Bei diesen drei Arten handelt es sich um die rezent bekannten Vertreter der *Monotremata* („Kloakentiere"). Die Beispielaussage ist richtig, wenn der gemeinsame Vorfahr aller drei rezent bekannten *Monotremata* Vorfahr des Vorfahren der beiden Schnabeligel-Arten ist.

den Taxon angehören, hängt ersichtlich davon ab, welche Merkmale überhaupt als Kriterien für die Zugehörigkeit zu dem jeweiligen artübergreifenden Taxon ausgezeichnet worden sind. Denn je nachdem, welche Merkmale als Kriterien für die Zugehörigkeit zu einem bestimmten supraspezifischen Taxon festgelegt sind, gehören zwei Arten demselben Taxon an oder eben nicht. Wenn aber aus der Zugehörigkeit und Nichtzugehörigkeit von Arten zu demselben Taxon phylogenetische Schlüsse gezogen werden sollen, so stellt sich die Frage, welche der verschiedenen möglichen Zuordnungen diejenige ist, die über die zwischen den untersuchten Arten tatsächlich bestehenden phylogenetischen Verwandtschaftsbeziehungen Auskunft gibt.

Aufgrund dieses Problems sind Kriterien notwendig, die zwischen phylogenetisch *zuverlässigen* und phylogenetisch *un*zuverlässigen Merkmalsübereinstimmungen bzw. Zuordnungskriterien zu unterscheiden gestatten.

In der Frage, welchen Kriterien Merkmalsübereinstimmungen genügen müssen, um als Indikatoren für phylogenetische Verwandtschaft dienen zu können, folgt die moderne Phylogenetik weitgehend den Vorschlägen, die der Entomologe Willi Hennig (1913–1976) im Zuge der Begründung seiner *Phylogenetischen Systematik* ausgearbeitet hat. Obwohl sich der Kriterienapparat der Phylogenetischen Systematik faktisch in weiten Bereichen phylogenetischer Forschung durchgesetzt hat, sind – gerade auch innerbiologisch – die Zweifel an der Einlösbarkeit phylogenetischer Rekonstruktionsansprüche bis heute nicht verstummt.[27] Von verschiedener Seite wird immer wieder in Frage gestellt, ob die Phylogenetik die zwischen Arten faktisch bestehenden graduell-genealogischen Aussagen methodisch kontrolliert zu ermitteln vermag. Im Mittelpunkt der Kritik stehen dabei gerade auch die von Hennig vorgeschlagenen Kriterien zur Beurteilung der phylogenetischen Aussagekraft von Merkmalsübereinstimmungen.

Die vorliegende Arbeit geht in den Kapiteln 2, 3 und 4 der Frage nach, ob die nie verstummten Bedenken gegenüber der Phylogenetik berechtigt oder unberechtigt sind. Näherhin soll aus wissenschaftstheoretischer Perspektive eine Antwort auf die Frage gegeben werden, ob die mit Hennigs Phylogenetischer Systematik zur Verfügung stehenden Kriterien ausreichen, um phylogenetisch zuverlässige Merkmalsübereinstimmungen von unzuverlässigen unterscheiden und so methodisch kontrolliert Stammbäume für Arten rekonstruieren zu können.

Diese Aufgabenstellung kann als *quasi-normativ* charakterisiert werden. Denn während die Zielsetzung der Phylogenetik, die Rekonstruktion der Stammesgeschichte der Arten, selbst unhinterfragt bleibt, wird immerhin die Frage gestellt, ob die Phylogenetik über Mittel verfügt, die ausreichen, um das von ihr selbst gesteckte Ziel zu erreichen. Diese Frage kann auch als Frage nach der Leistungsfähigkeit der in der Phylogenetik faktisch zur Verfügung stehenden Mittel verstanden werden.

Mit den Teilen (Kapitel 2, 3 und 4), in denen die Mittel der Phylogenetischen Systematik auf ihre Leistungsfähigkeit untersucht werden, liefert die vorliegende Arbeit einen Beitrag zu der vor allem von Roger Buck, David Hull[28], Rudolf Löther[29] und Michael T. Ghiselin[30] angestoßenen und in letzter Zeit besonders von John Dupré[31]

---

[27] Vgl. zum Beispiel PETERS 1998b, 81–82.

[28] Grundlegend immer noch: BUCK/HULL 1966.

[29] Vgl. LÖTHER 1972.

[30] Besonders stark rezipiert wurde GHISELIN 1974.

[31] Vgl. DUPRÉ 1994 und DUPRÉ 1999.

und Marc Ereshefsky[32] befruchteten wissenschaftstheoretischen Diskussion um die verschiedenen biologischen Art-Begriffe und die Leistungsfähigkeit des Vergleichens und Klassifizierens.

1.3.2 Anagenetik

Die Untersuchungen zu den Kriterien, die Merkmalsübereinstimmungen in der Phylogenetischen Systematik Hennigs erfüllen müssen, um als genealogisch *zuverlässig* gelten zu können, werden in Kapitel 4 unter anderem folgendes Ergebnis zeitigen: Unter der Bedingung, daß eine Gruppe von beispielsweise drei bekannten Arten A, B und C solche Arten enthält, die miteinander einen *nur* ihnen gemeinsamen Vorfahren teilen, kommt ein Merkmal m, in dem etwa A und B übereinstimmen und das C fehlt, nur dann als genealogisch zuverlässiges Merkmal in Frage, wenn es *unter anderem* relativ zu der bei C ausgebildeten m-Alternative abgeleitet, d. h. evolutiv aus der bei C ausgeprägten m-Alternative hervorgegangen ist.

Weil ein Merkmal, in dem Arten übereinstimmen, unter anderem diese Bedingung der Abgeleitetheit erfüllen muß, um verwandtschaftsgeschichtlich verwertbar zu sein, entsteht im Rahmen der Phylogenetischen Systematik die Notwendigkeit, relativ abgeleitete Merkmale von relativ ursprünglichen Merkmalen zu unterscheiden. Indem diese Notwendigkeit entsteht, sieht sich die Phylogenetische Systematik auf anagenetische Methoden angewiesen.

Als anagenetisch können Methoden gelten, mit deren Hilfe Aussagen darüber begründet werden, *ob* und, wenn ja, *wie* ein bestimmtes anatomisches Element, dessen Besitz zum Merkmal einer Organismengruppe gemacht werden kann, evolutiv aus einem bestimmten anderen Element hervorgegangen ist. Anagenetische Methoden liefern also Aussagen über evolutive Transformationswege. Als Beispiel für eine anagenetische Aussage sei hier die Gegenbaur-Hypothese[33] vorgestellt: Der Kieferapparat der *Pisces* ist aus den ersten beiden Kiemenbögen einer kieferlosen (agnathen) Stammform hervorgegangen.

Wie sich leicht erkennen läßt, lassen sich aus anagenetischen Aussagen immer auch Aussagen ableiten, die darüber Auskunft geben, welches von zwei Merkmalen, zwischen denen ein Transformationszusammenhang besteht, relativ ursprünglicher und welches relativ abgeleitet ist.[34] Gemäß der Gegenbaur-Hypothese ist etwa der Besitz eines Kieferapparates relativ abgeleitet gegenüber dem Besitz zusätzlicher vorderer Kiemenbögen.

Die Möglichkeit, daß zwischen beispielsweise zwei anatomischen Elementen überhaupt irgendein Transformationszusammenhang besteht, verbürgt in der historisch-rekonstruktiven Evolutionsforschung traditionell die morphologische *Ähnlichkeit.* Verschiedene anatomische Gefüge, die denselben morphologischen Grundplan (Abschnitt 4.1.2.3) repräsentieren, sind nach traditioneller Auffassung

---

[32] Vgl. ERESHEFSKY 2001.

[33] Benannt nach dem Morphologen Carl Gegenbaur (1826–1903), einem frühen Anhänger der Evolutionstheorie in Deutschland. Zur Biographie Gegenbaurs vgl. SCHMIDT/HACKETHAL 2000, 830.

[34] Obwohl also Aussagen über anagenetische *Prozesse* nicht unmittelbar klassifikatorisch verwertet werden können, bedarf die Phylogenetische Systematik ihrer doch in dem Sinn, daß sie auf die aus Aussagen über anagenetische Prozesse *ableitbaren* Aussagen über relative Ursprünglichkeit und Abgeleitetheit von Merkmalen angewiesen ist.

Kandidaten für Elemente, die ein und derselben, in welcher Richtung auch immer abgelaufenen und wie auch immer verzweigten Transformationsreihe angehören.

Selbst wenn man das Zugeständnis macht, daß morphologische Ähnlichkeit ein Indiz für die Zugehörigkeit zur selben Transformationsreihe ist, muß man einräumen, daß rein topologische Kriterien nicht ausreichen, um im konkreten Fall zu entscheiden, welches von zwei anatomischen Merkmalen, die derselben Transformationsreihe angehören, relativ zum anderen abgeleitet bzw. ursprünglich ist.

Das Problem, wie über relative Abgeleitetheit oder Ursprünglichkeit von Merkmalen entschieden werden kann, firmiert in der historisch-rekonstruktiven Evolutionsbiologie unter dem Namen „Lesrichtungsproblem".

Die ältere Evolutionsgeschichtsschreibung hat zur Lösung des Lesrichtungsproblems neben stratigraphischen Kriterien die sogenannten progressiven Entwicklungsgesetze und unter letzteren vor allem das Biogenetische Grundgesetz herangezogen. Genauere Untersuchungen zeigen jedoch, daß nicht nur stratigraphisch begründete Lesrichtungsentscheidungen, sondern auch Lesrichtungsentscheidungen, die sich der Anwendung der progressiven Entwicklungsgesetze verdanken, in höchstem Maße unzuverlässig sind (Abschnitt 4.1.3).

Der Umstand, daß die gängigen Kriterien keine zuverlässigen Lesrichtungsentscheidungen zu treffen gestatten, hat die Mitglieder einer um 1970 entstandenen Forschungsgruppe am Senckenberg-Institut Frankfurt a. M. dazu veranlaßt, das Lesrichtungsproblem von Grund auf neu zu durchdenken. Als Frucht dieses Nachdenkens bildete sich ein Ansatz heraus, der unter dem Namen „Konstruktionsmorphologie" bekannt geworden ist.

Im Rahmen dieses Ansatzes werden Subsysteme von Organismen nicht mehr nur topologisch als Gefüge verschieden geformter Teile, sondern als mechanische Aufgaben übernehmende Konstruktionen aufgefaßt. Als Konstruktionen erscheinen Subsysteme von Organismen in der Konstruktionsmorphologie da, wo ihren Elementen die Funktionen von Elementen technischer Geräte, näherhin Funktionen von Elementen statischer Konstruktionen und einfacher Maschinen (Hebel etc.) zugewiesen werden.

Zugleich konzipiert die Konstruktionsmorphologie Organismen als Energiewandler, die der Selektion insofern unterliegen, als energetisch effizientere Varianten ihren weniger effizienten Konkurrenten überlegen sind, nämlich auf längere Sicht die besseren Persistenz-Chancen haben.

Das Verfahren der technikanalogen Beschreibung von anatomischen Gefügen sowie das Energiewandler-Konzept bieten aus Sicht der Konstruktionsmorphologie Ansatzpunkte für die Begründung zweier Lesrichtungskriterien, die sich von denjenigen Kriterien, die üblicherweise zur sukzessorischen Deutung von morphologischen Formenreihen herangezogen werden, markant unterscheiden:

1) Wenn die von der klassischen Morphologie rein topologisch beschriebenen anatomischen Subsysteme erst einmal als Arbeitseinheiten durchschaut sind, die bestimmten mechanischen Prinzipien gehorchen müssen, dann läßt sich nach konstruktionsmorphologischer Auffassung zumindest auch darüber befinden, in welcher Reihenfolge Veränderungen an ihnen *nicht* vorgenommen werden können, weil die jeweils neu entstehenden Varianten inkohärent und damit funktions*un*tüchtig sind.

2) Wenn die Selektion energetisch effizientere Varianten bevorzugt, dann sind solche konstruktiv möglichen Transformationen, im Zuge derer bestimmte Leistungen optimiert werden, gute Kandidaten für evolutiv abgelaufene Transformationen.
Der Ansatz der Konstruktionsmorphologie wird, vor allem von Seiten klassisch ausgebildeter Morphologen und Morphologinnen, bis heute kritisiert. Diese Kritik bietet Anlaß dazu, den anagenetischen Methodenapparat der Konstruktionsmorphologie erneut vorzustellen und daraufhin zu untersuchen, ob er geeignet ist, die von der Senckenberg-Gruppe selbst proklamierten Forschungsziele zu verfolgen. Wie die Phylogenetische Systematik wird also auch die konstruktionsmorphologische Anagenetik im folgenden – quasi-normativ – an ihrem eigenen Anspruch gemessen.
Besondere wissenschaftstheoretische Verdienste um die Verteidigung des konstruktionsmorphologischen Ansatzes gegen Kritik haben sich bereits Autoren und Autorinnen erworben, die dem sogenannten „Methodischen Kulturalismus"[35] nahe stehen. Unter diesen seien besonders Mathias Gutmann, Bernd Herkner, Christine Hertler und Michael Weingarten hervorgehoben. Ihren seit ca. 1990 in rascher Folge erscheinenden Büchern und Aufsätzen ist es zu verdanken, daß bereits viele methodische und methodologische Unachtsamkeiten der älteren konstruktionsmorphologischen Fachliteratur aufgedeckt werden konnten und Vorschläge zu ihrer Vermeidung gemacht wurden. Entsprechend kann sich die vorliegende Arbeit bei der Darstellung der Methoden konstruktionsmorphologischer Anagenetik auf schon geleistete wissenschaftstheoretische Vorarbeiten stützen.

1.4 Ablauf der Untersuchung

In der vorliegenden Arbeit wird der anagenetische Ansatz gleichsam durch Subtraktion aus Hennigs Phylogenetischer Systematik gewonnen. Denn weil die Phylogenetische Systematik Hennigs auf anagenetische Methoden da angewiesen ist, wo sie Informationen über die Abgeleitetheit oder Ursprünglichkeit von Merkmalen benötigt, kann der anagenetische Ansatz aus der Phylogenetischen Systematik herausgelöst werden. Es wird sich jedoch herausstellen, daß zwar die Phylogenetische Systematik auf bestimmte *Folgerungen*, die aus anagenetischen Aussagen immer auch gezogen werden können, angewiesen ist, die Anagenetik selbst aber vom Verfahren der Klassifikation nicht in der für die Phylogenetik charakteristischen Weise Gebrauch machen muß, ja, streng genommen, auch nicht Gebrauch machen *kann*. Denn die Anagenetik erforscht gerade auch Übergänge zwischen einem Ausgangszustand und einem Endzustand.
Die Grundidee, die Fragestellung der konstruktionsmorphologischen Anagenetik aus dem Komplex der in der Phylogenetischen Systematik auftretenden Fragestellungen gleichsam herauszulösen, bleibt auch im Aufbau meiner Arbeit erkennbar. Näherhin liegt meinen Untersuchungen die folgende Gliederung zugrunde:
Kapitel 2 setzt noch einmal bei dem Verhältnis zwischen Phylogenetik und Systematik an. Gezeigt werden soll, wie die Phylogenetik als evolutionsbiologische Forschungsrichtung historisch aus Versuchen erwächst, die verschieden weiten Ähnlichkeits-

[35] Zum Programm dieser aus der Erlanger Schule Wilhelm Kamlahs (1905–1976) und Paul Lorenzens (1915–1994) hervorgegangenen, Ansätze der konstruktiven Wissenschaftstheorie (vgl. LORENZEN 2000) aufnehmenden Strömung vgl. HARTMANN/JANICH 1996 und HARTMANN/JANICH 1998.

klassen biosystematischer Klassifikationen als verschieden weite Verwandtschaftskreise zu deuten (Abschnitt 2.2), und wie gerade diese phylogenetische Deutung biosystematischer Ergebnisse eine Antwort auf die in der Systematik entstandene Frage nach dem „natürlichen System“ der Lebewesen zu geben verspricht (Abschnitt 2.1 und 2.4). Im Zuge der Reflexion auf die Anfänge der Phylogenetik wird auch genauer zu klären sein, was unter „Klassifizieren“ zu verstehen ist (Abschnitt 2.3).

In Kapitel 3 wird sodann mit der Präsentation des wohl ambitioniertesten Ansatzes innerhalb der zeitgenössischen Phylogenetik, der von Willi Hennig begründeten Phylogenetischen Systematik, begonnen. Im Mittelpunkt von Kapitel 3 stehen die Grundbegriffe und die methodisch zentralen Prämissen dieses Ansatzes. Als Grundbegriffe werden insbesondere „phylogenetische Art“ (Abschnitt 3.1), „Synapomorphie“ (Abschnitt 3.3.2) sowie „Monophylum“ (Abschnitt 3.3.3) rekonstruiert. Als methodisch besonders wichtige Prämissen werden unter anderem die Dichotomie-Prämisse und die starke Monophylie-Annahme vorgestellt. Die Reflexion auf Hennigs Grundbegriffe und -annahmen in Kapitel 3 dient vor allem dem Zweck, verständlich zu machen, warum in Hennigs Phylogenetischer Systematik Synapomorphien als Monophylie-Indizien fungieren können. Deutlich werden soll näherhin dies: Synapomorphien sind solche Merkmale, die qua Definition nur Arten gemeinsam sein können, bei denen es sich um sämtliche Nachfahren genau einer Stammart und damit um ein Monophylum handelt.

Nachdem der Synapomorphie-Begriff bereitsteht, kann in Kapitel 4 gefragt werden, mit Hilfe welcher Kriterien Hennig entscheiden zu können glaubt, ob es sich bei einer zwischen Arten faktisch bestehenden Übereinstimmung um eine Synapomorphie handelt oder nicht. Es wird zu zeigen sein, daß Hennig Synapomorphien *ex negativo*, d. h. durch Ausschluß sämtlicher denkbarer Alternativen zum Synapomorphie-Fall ermitteln zu können hofft: Stimmen beispielsweise von drei nachfahrenlosen Arten A, B und C, unter denen sich überhaupt zwei Arten befinden, die miteinander ein Monophylum bilden (Vollständigkeitsbedingung), zwei Arten in einem Merkmal m überein, und fehlt m insofern der dritten Art, als diese ein alternatives Positivmerkmal zu m besitzt, so kann die Übereinstimmung der beiden m-Träger als Synapomorphie und damit als eine die Monophylie der m-Träger bezeugende Ähnlichkeit gelten, wenn folgende Bedingungen erfüllt sind:

1) Das Merkmal m ist gegenüber der positiven Merkmalsalternative, die beim ¬m-Träger ausgebildet ist, apomorph, d. h. m gehört nicht nur in dieselbe Transformationsreihe wie die beim ¬m-Träger auftretende positive m-Alternative, sondern m ist gegenüber dieser Alternative auch evolutiv abgeleitet.

2) Die von der beim ¬m-Träger ausgebildeten positiven m-Alternative hin zu m führende Transformation ist irreversibel.

3) Diese Transformation ist historisch auch nur genau *einmal* abgelaufen.

Nachdem diese Bedingungen als notwendig und hinreichend herausgestellt sind, wird im Fortgang von Kapitel 4 (Abschnitte 4.1, 4.2, 4.3 und 4.4) untersucht, ob Hennig über Kriterien verfügt, die in einem konkreten Fall zuverlässig zu entscheiden gestatten, ob die Bedingungen 1), 2) und 3) sowie die Bedingung (Vollständigkeitsbedingung), daß das zu untersuchende Set von Arten überhaupt Arten enthält, die miteinander ein Monophylum bilden, *erfüllt* sind. Das Ergebnis dieser Untersuchungen fällt *negativ* aus: Insbesondere den mit der Bedingung 3 und der Vollständigkeitsbedingung entstehenden Nachweispflichten vermag Hennig prinzipiell *nicht* nachzukommen.

Wenn aber die Stammesgeschichte der Arten mit den Mitteln der Phylogenetischen Systematik Hennigs nicht zuverlässig rekonstruiert werden kann und wenn auch sonst keine zuverlässigen phylogenetischen Rekonstruktionsmethoden bereitstehen – was können wir dann über die Geschichte des Lebens auf der Erde wissen? Einen Versuch zur Beantwortung dieser Frage stellt Kapitel 5 dar. In Kapitel 5 wird nämlich der Phylogenetischen Systematik die konstruktionsmorphologische Anagenetik als eine insgesamt erfolgversprechendere Variante historisch-rekonstruktiver Evolutionsforschung gegenübergestellt.

Zunächst (Abschnitt 5.1) soll herausgearbeitet werden, daß sich der konstruktionsmorphologischen Anagenetik durch den Verzicht auf Monophyliebehauptungen bestimmte methodische Probleme, die sich für die Phylogenetische Systematik in Kapitel 4 als unlösbar erwiesen haben, *nicht* stellen. Im weiteren (Abschnitt 5.2) soll darauf eingegangen werden, wie in der Konstruktionsmorphologie das Verfahren der Modellierung genutzt wird. Nach Untersuchungen zur allgemeinen Organismustheorie der Konstruktionsmorphologie (Abschnitt 5.3) sollen schließlich (Abschnitt 5.4.1.2) die beiden Lesrichtungskriterien analysiert werden, die die konstruktionsmorphologische Anagenetik aus ihrer allgemeinen Organismustheorie abzuleiten vermag. Es wird sich zeigen, daß mit einem dieser beiden Kriterien (Kohärenzkriterium, „innere Selektion") dazu aufgefordert wird, physikalische Rahmenbedingungen bei der Aufstellung anagenetischer Hypothesen zu berücksichtigen. Was die Anwendbarkeit des anderen Lesrichtungskriteriums, des sogenannten Optimierungsprinzips, anbetrifft, so wird aus wissenschaftstheoretischer Sicht auf folgendes Problem hinzuweisen sein: Die konstruktionsmorphologische Rede von „Optimierung" bezieht sich auf Energiebilanzen von Organismen. Da die Konstruktionsmorphologie aber Energiebilanzen weder für Teilsysteme von Organismen noch für komplette Organismen exakt zu eröffnen vermag, und da Optimierungen einer bestimmten Leistung unter Umständen zu Verschlechterungen anderer Leistungen führen, vermag die Konstruktionsmorphologie letztlich niemals auszuschließen, daß Gewinne, die durch die Optimierung einer bestimmten Leistung erzielt werden, durch Leistungsverschlechterungen an anderer Stelle zumindest aufgehoben werden, oder daß sogar die Verluste, die etwaig durch Verschlechterungen anderer Leistungen entstehen, sich stärker in der Gesamtenergiebilanz bemerkbar machen als die durch Optimierung der betrachteten Leistungen erzielbaren Einsparungen.

Trotz der hier skizzierten Schwierigkeit kann der Ansatz der konstruktionsmorphologischen Anagenetik am Ende von Kapitel 5 als erfolgversprechende Variante historisch-rekonstruktiver Evolutionsforschung eingestuft werden. Denn dieser Ansatz liefert zumindest befriedigende *Teil*lösungen für jenes Abfolge-Problem, dessen Lösbarkeit Hennig mit der Rede von der „relativen Ursprünglichkeit" bzw. „Abgeleitetheit" von Merkmalen letztlich nur voraussetzt.

> Nach der Größe verteile ich die Wale auf drei Hauptbücher, die ihrerseits wieder in Kapitel unterteilt sind, und darin sind sie alle enthalten, große und kleine:
> 1. der Foliowal, 2. der Oktavwal und 3. der Duodezwal.
>
> Herman Melville: *Moby Dick*

2 Biosystematik und Phylogenetik

Zum Stichwort „Systematik" finden sich im Band 4 der *Enzyklopädie Philosophie und Wissenschaftstheorie* unter anderem folgende Erläuterungen:

> Systematik (engl. Systematics), Bezeichnung für den methodisch geordneten Zusammenhang eines Wissensgebietes, insbes[ondere] das Studium der Ordnung der lebenden Natur und die Methoden, diese Ordnung begrifflich zu fassen. In der Biologie ist die S[ystematik] [...] ein Spezialforschungsgebiet und eine Grunddisziplin. Sie besteht aus einer Klassifikation der biologischen Arten [...] und aus den Prinzipien ihrer Ordnung und kategorialen Hierarchie.[36]

Erläuterungen dieser Art könnte man heranziehen, um eine Verständigung darüber herbeizuführen, was mit „Systematik" gemeint ist, wenn dieses Wort als Name einer biologischen Disziplin fungiert. Der gerade zitierte Lexikonartikel von Peter McLaughlin stellt die Systematik als diejenige Teildisziplin der Biologie vor, in der die Ordnung der lebenden Natur thematisch wird, insofern dort Ordnungsbeziehungen zwischen biologischen Arten in einer noch näher zu bestimmenden Weise erforscht werden.

2.1 Das „natürliche System" als Gegenstand der Biosystematik

Indem McLaughlin in seinem Lexikonartikel den Ausdruck „Ordnung der lebenden Natur" verwendet, greift er auf eine in der Biologie geläufige Redeweise zurück, um den Forschungsgegenstand der Systematik zu kennzeichnen. So bestimmt zum Beispiel der Biosystematiker Peter Ax in seinem Buch *Systematik in der Biologie* Gegenstand und Aufgabe seiner Disziplin folgendermaßen:

> Systematik ist die Theorie und Praxis in der Aufdeckung und Wiedergabe der Ordnung in der lebenden Natur, die auf dem materiellen Zusammenhang aller Lebewesen in der Zeit beruht.[37]

Äquivalent zu Formulierungen wie „Ordnung in der lebenden Natur" oder „Ordnung der lebenden Natur" werden in der biosystematischen Fachliteratur Ausdrücke wie „System der Natur", „natürliche Zusammenhänge" und, im englischsprachigen Raum, „natural pattern" gebraucht, um den Gegenstand biosystematischer Forschung zu bestimmen. Ausführungen, in die die Formulierung „natürliche Zusammenhänge" eingeht, lesen sich zum Beispiel so:

> [...] in der Systematischen Botanik und der Systematischen Zoologie ist das Bestreben darauf gerichtet, in der Natur deutlich erkennbare, konstant auftretende Unstetigkeiten und Unterschiede zur Abgrenzung natürlicher Gruppen jeweils als gleichförmig anzusehender

[36] McLaughlin 1996, 189.
[37] Ax 1988, 2.

> Individuen heranzuziehen und bei der Auswahl der Klassifikationskriterien möglichst den „natürlichen Zusammenhängen" [...] gerecht zu werden.[38]

Noch ein weiteres Zitat aus biologischer Fachliteratur sei hier angeführt. Dieses Zitat läßt erkennen, wie in der Biologie zwischen einem die „Ordnung der Natur" wiedergebenden *natürlichen* System einerseits und *künstlichen* Systemen andererseits unterschieden wird. Als Aufgabe der Systematik wird die Aufstellung eines natürlichen Systems der Lebewesen proklamiert:

> Ein System ist die Gliederung einer Mannigfaltigkeit mit der Zielsetzung, eine Übersicht zu gewinnen. Systeme sind primär vom Menschen aufgestellte Ordnungen, und das beste System ist dasjenige, das die Mannigfaltigkeit am besten beherrscht. In der Biologie wurden zunächst die heute künstlich genannten Systeme errichtet. Bei diesen handelt es sich um Klassifikationen, die durch sehr unterschiedliche Einteilungsprinzipien gekennzeichnet sind. [...] Solche Systeme sind oft sehr klar aufgebaut und praktisch brauchbar, wenn es z. B. darum geht, Pflanzen und Tiere zu bestimmen und einzuordnen. Aber schon Linné erkannte, daß es eine andere Gruppierung gibt, die auf einer in der Natur gegebenen Übereinstimmung beruht. Ein System, welches diese Gruppierungen ordnet, nennt man „Natürliches System".[39]

Die vorgestellten Textproben haben, so unterschiedlich in ihnen einzelne Akzente gesetzt sein mögen, eine Gemeinsamkeit: Ihnen zufolge besteht das Ziel biosystematischer Forschung in der Aufdeckung und Nachzeichnung von Ordnungsbeziehungen zwischen Lebensformen, die die Natur selbst vermittelt oder vermittelt hat.

Wie der Lexikonartikel McLaughlins und der zitierte Passus aus WEBERLING/STÜTZEL 1993 zeigen, wird als Methode zur Erforschung natürlicher Ordnungsbeziehungen zwischen Lebensformen in der Systematik das Verfahren des Klassifizierens eingesetzt. Mit Hilfe von Klassifikationen sollen in der Systematik die natürlichen Zusammenhänge zwischen einzelnen Arten sichtbar gemacht werden.

Was hat man sich nun aber unter „natürlichen Zusammenhängen" vorzustellen? Worauf, vor allem, beruht nach innerbiologischer Auffassung deren Natürlichkeit? Und wie lassen sie sich von künstlichen Zusammenhängen unterscheiden?

Auf Fragen wie diese werden in der Biologie seit der zweiten Hälfte des 19. Jahrhunderts *phylogenetische* Antworten gegeben. Diese Antworten fallen im Prinzip so aus: Die natürlichen Ordnungsbeziehungen zwischen Lebensformen, wie sie die Systematik erforscht, sind die Abstammungsbeziehungen zwischen ihnen, näherhin die unterschiedlich engen, evolutiv gewordenen Verwandtschaftsbeziehungen, die zwischen verschiedenen Arten je nach dem Abstand zum letzten ihnen gemeinsamen Vorfahren bestehen. Insofern diese Beziehungen auf Verwandtschaft beruhen, kann davon die Rede sein, daß „die Natur selbst" sie vermittelt oder vermittelt hat. Klassifikationen, die das System der unterschiedlich engen verwandtschaftsgeschichtlichen Beziehungen zwischen bestimmten Lebewesen richtig wiedergeben, zeichnen sich dadurch aus, daß sie Einteilungen liefern, die jeweils bestimmten *Verwandtschaftskreisen* adäquat sind. Damit unterscheiden sie sich von *künstlichen* Klassifikationen, die keine Rücksicht auf Abstammungsbeziehungen zwischen den Arten nehmen, sondern nur irgendwelche Ähnlichkeitsbeziehungen zwischen ihnen berücksichtigen.

---

[38] WEBERLING/STÜTZEL 1993, 2.
[39] STORCH/WELSCH 1989, 42.

2.2 Die Anfänge der Phylogenetik

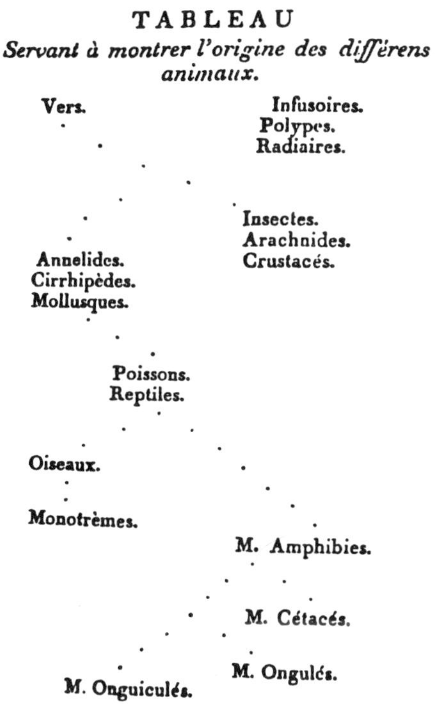

Fig. 4: Das wohl erste zur Veranschaulichung von Abstammungshypothesen dienende Baumdiagramm der Biologiegeschichte findet sich in Lamarcks *Philosophie zoologique* (1809). Man beachte, daß dieses Baumdiagramm – anders als heute üblich – von oben nach unten zu lesen ist. Vgl. PANCHEN 1992, 43.

Historisch finden sich Anknüpfungspunkte für derartige phylogenetische Antworten unter anderem bei Jean Baptiste de Lamarck (1744–1829) und Charles Darwin (1809–1882). Während sich in Lamarcks *Philosophie zoologique* (1809) das vermutlich erste abstammungstheoretisch gedeutete Baumdiagramm der Biologiegeschichte findet (vgl. Fig. 4), entwickelt Darwin in seinem erstmals 1859 erschienenen Werk *On the Origin of Species* die These, daß die verschieden weiten Taxa[40] der biosystematischen Klassifikationen den verschiedenen Graden der Verwandtschaft entsprechen, in denen verschiedene Arten je nach ihrer Abstammung zueinander stehen. So schreibt Darwin etwa:

> Endlich haben wir gesehen, daß die natürliche Zuchtwahl [...] den großen und allgemeinen Zug in den Verwandtschaften aller Lebewesen erklärt, nämlich deren Anordnung in Gruppen unter Gruppen. Wir benutzen das Element der Abstammung, um die Individuen beider Geschlechter und jeden Alters (obgleich sie [mitunter] nur wenige Merkmale gemeinsam haben), zu einer Art zusammenzustellen, und wir benutzen ferner die Abstammung, um anerkannte Varietäten zu klassifizieren, wie sehr sie auch von ihrer Stammart abweichen. [...] Es wird uns verständlich, warum alle lebenden und ausgestorbenen Formen in wenige große Klassen zusammengestellt werden können und warum die verschiedenen Glieder der Klassen durch verwickelte, weit auseinanderstrahlende Verwandtschaftslinien verbunden sind.[41]

Freilich haben nicht erst Lamarck und Darwin biosystematische Taxa als Verwandtschaftskreise interpretiert. Wie LEFÈVRE 1984 mitteilt, hat bereits im 17. Jahrhundert, also lange vor Lamarck und Darwin, der französische Naturforscher Pierre Magnol (1638–1715) biosystematische Forschungsergebnisse phylogenetisch gedeutet, insofern

[40] Zum Begriff „Taxon" vgl. Abschnitt 2.3.

[41] DARWIN 1963, 603–604.

er bestimmte Grade biosystematischer Ähnlichkeit als Grade der genealogischen Verwandtschaft zwischen den Vertretern bestimmter Lebensformen interpretierte.[42]
Auch George-Louis Leclerc Comte de Buffon (1707–1788) hat schon vor Lamarck und Darwin die Möglichkeit einer abstammungsgeschichtlichen Interpretation biosystematischer Klassifikationssysteme bedacht, diese Möglichkeit jedoch aus schöpfungstheologischen Gründen verworfen. In seinem berühmten Werk *Histoire naturelle* untersucht Buffon Konsequenzen, die ein phylogenetisches Verständnis biosystematischer Klassifikationen nach sich zieht. Buffons Analysen sind umso bemerkenswerter, als in ihnen mit aller Deutlichkeit die starke Monophylieprämisse, also die im Fortgang meiner Arbeit noch eingehend zu behandelnde Annahme, daß alle bekannten Arten von einer einzigen Ur-Art abstammen, erwogen und diskutiert wird:

> Die Naturforscher, die so leichthin unter den Tieren und Pflanzen Familien aufstellen, scheinen den ganzen Umfang dieser Folgerung nicht genug bemerkt zu haben, Folgen, die das unmittelbare Erzeugnis der Schöpfung auf eine beliebig kleine Anzahl von Individuen zurückführen würden; denn sobald einmal dargetan wäre, daß man mit Recht diese Familien feststellen könnte, wenn es nachgewiesen wäre, daß es im Tierreich und selbst im Pflanzenreich, ich sage nicht mehrere Arten, sondern nur eine einzige gäbe, die durch die Entartung einer anderen hervorgebracht worden [...], so gäbe es für die Macht der Natur keine Schranken mehr, und man hätte nicht unrecht anzunehmen, daß sie aus einem einzigen Wesen mit der Zeit alle anderen organisierten Wesen herleiten konnte. Aber nein: es ist gewiß, durch die Offenbarung gewiß, daß alle Tiere [und Pflanzen] auf gleiche Weise an der Gnade der Schöpfung teilgenommen, daß die beiden ersten einer jeden Art [...] völlig gestaltet aus der Hand des Schöpfers hervorgegangen [sind].[43]

Die sich bei Magnol, Buffon und anderen bereits im 17. und 18. Jahrhundert abzeichnende Auffassung, daß die Zugehörigkeit zu den unterschiedlich weiten Taxa biosystematischer Klassifikationen Ausdruck der verschieden engen Verwandtschaftsbeziehungen zwischen den Arten ist, wurde seit dem Siegeszug deszendenztheoretischer Vorstellungen in der zweiten Hälfte des 19. Jahrhunderts mobilisiert, um die auf Carl von Linné (1707–1778) zurückgehende Unterscheidung zwischen künstlichen Systemen und natürlichem System einzuholen. Bis dahin war die Systematik eine biologisch befriedigende Erläuterung dieser Distinktion schuldig geblieben. Erst mit der verwandtschaftsgeschichtlichen Deutung biosystematischer Forschungsergebnisse schienen die Probleme ausgeräumt zu sein, an denen Versuche, ein genuin biologisches Natürlichkeitskriterium für Klassifikationen anzugeben, bisher gescheitert waren.
Diese Probleme werden auf ihre Ursachen hin erst verständlich, wenn man sich über das Verfahren des Klassifizierens selbst Rechenschaft gibt.

2.3 „Klassifizieren" – ein Definitionsvorschlag

Als „Klassifizieren" bezeichnet man das Anwenden von Taxonomien auf Individuen.[44] Eine Taxonomie ist eine Begriffspyramide, d. h. ein System von hierarchisch geordneten Ober-

---

[42] Vgl. LEFÈVRE 1984, 200.

[43] Zitiert nach LEFÈVRE 1984, 213–214.

[44] Nach Auffassung der Methodischen Philosophie, der ich mich hier anschließe, stehen Individuen sprachlich zur Verfügung, wo Gegenstände in einer Vergleichssituation hinsichtlich des Besitzes oder Fehlens bestimmter Eigenschaften als „einzigartig" hervorgehoben und mit Kennzeichnungen oder Eigennamen (Nominatoren) aufgewiesen werden. „Einzigartig" ist ein Gegenstand nach dieser Auffassung

und Unterbegriffen (Gattungs- und Artbegriffen[45]), unter die ein Individuum jeweils fällt oder nicht fällt, je nachdem, welchen Subsumtionskriterien es genügt. Ein Individuum genügt einem Subsumtionskriterium für das Fallen unter einen bestimmten Begriff, wenn es genau das Merkmal oder das Merkmalsarrangement[46] erkennen oder vermissen läßt, das nach Vereinbarung[47] bei ihm vorliegen oder fehlen muß, damit es berechtigtermaßen als unter den jeweiligen Begriff fallend angesehen werden kann.[48] Als Subsumtionskriterium kann also sowohl das *Vorliegen* bestimmter Merkmale als auch das *Fehlen* bestimmter Merkmale dienen. Dient etwa im Linnéschen Pflanzensystem das Negativmerkmal „Fehlen sichtbarer Geschlechtsorgane" als Kriterium für das Fallen von Pflanzen unter den Begriff „kryptogam", so fallen unter „kryptogam" genau diejenigen Pflanzen, die keine sichtbaren Geschlechtsorgane besitzen. Fallen Individuen nach festgelegten Subsumtionskriterien unter einen bestimmten Begriff p, so gehören sie zu dem durch den jeweiligen Begriff abgesteckten *Taxon* {P}, d. h. zur (offenen) Klasse aller unter p fallenden Gegenstände. Insofern Taxonomien hierarchische Systeme von Ober- und Unterbegriffen sind, d. h. Systeme, in denen Begriffe verschiedenen Umfangs angeordnet sind, gestatten sie die verschieden genaue Klassifikation von Individuen. Denn da ein Begriff p bezüglich eines anderen Begriffs q genau dann Unterbegriff ist, wenn zwar alle Individuen, die unter p fallen, auch unter q fallen, nicht aber alle q zugleich p sind, kann in *Systemen* von Ober- und Unterbegriffen ein Individuum je nach den bestehenden Ober- und

---

also immer nur bezüglich des Besitzes oder Fehlens ausgezeichneter Eigenschaften, sowie im Vergleich zu bestimmten anderen Gegenständen, von denen er sich hinsichtlich des Besitzes oder des Fehlens der jeweils ausgezeichneten Eigenschaften überhaupt unterscheiden läßt. Vgl. KAMLAH/LORENZEN 1973, 31–34 und LORENZ 1970, 214–220. Zu Position und Geschichte der Methodischen Philosophie vgl. JÄGER 1998, 143–167 und THIEL 2001.

45 Zu „Gattung" und „Art" im logischen Sinn vgl. auch THIEL 1980a, 39–40.

46 „Merkmal" hier synonym zu „Eigenschaft". Zur Rede von „Eigenschaft" vgl. THIEL 1980b, 145.

47 Die Vereinbarungen über die Merkmale, die ein Individuum aufweisen oder vermissen lassen muß, um unter einen bestimmten Begriff zu fallen, sind – je nachdem, ob es sich bei dem Begriff um einen alltagssprachlichen oder wissenschaftssprachlichen Begriff handelt – empraktisch erlernt worden bzw. aus einer Definition bekannt. Vgl. KAMLAH/LORENZEN 1973, 78–82. Während KAMLAH/LORENZEN 1973, 86–90, „Begriff" und „Prädikator" auf *verschiedenen* Abstraktionsstufen ansiedeln, werden die beiden Ausdrücke im folgenden *synonym* gebraucht. Zum Terminus „Prädikator" vgl. KAMBARTEL 1971, 51–53, KAMLAH/LORENZEN 1973, 34–44 und 70–78, LORENZ 1970, 167–194 sowie MITTELSTRASS 1974a.

48 Hier tritt ein Anfangsproblem auf. Man kann nämlich nicht schon für *erste* Begriffe *explizite* Vereinbarungen darüber einfordern, welche Merkmale bei Individuen vorliegen oder fehlen müssen, damit sie je unter diese Begriffe fallen. Denn *explizite* Vereinbarungen (Definitionen) über die Kriterien für das Fallen von Individuen unter einen bestimmten Begriff trifft man ja, indem man *endlich viele andere* Begriffe und/oder Komplementbegriffe auswählt und die ausgewählten Begriffe dann zum Beispiel logisch so miteinander verknüpft, daß genau diejenigen Individuen unter den zu definierenden Begriff fallen, die *zugleich* unter *alle* ausgewählten Begriffe und/oder Komplementbegriffe fallen. Fordert man Definitionen aber bereits für erste Begriffe, so müßte man nun auch wieder für die jeweils definierenden Begriffe oder Begriffskomplemente Definitionen fordern. Hier droht ein infiniter Regreß. Das Erlernen erster begrifflicher Einteilungen wäre also nicht möglich, wenn nur *aus einer Definition* bekannt sein könnte, welche Merkmale bei einem Individuum vorliegen oder fehlen müssen, damit es unter einen bestimmten Begriff oder dessen Komplement fällt. Die Methodische Philosophie gibt angesichts dieses Problems zu bedenken, daß erste begriffliche Einteilungen *exemplarisch*, d. h. zum Beispiel durch hinweisende Gesten eingeführt und damit empraktisch erlernt werden können, ohne daß die jeweiligen Zu- oder Absprechungskriterien *expliziert* werden müssen. Vgl. LORENZ 1970, 176, KAMLAH/LORENZEN 1973, 27–31 und JANICH/KAMBARTEL/MITTELSTRASS 1974, 50–59.

Unterbegriff-Verhältnisssen verschieden weiten Taxa zugeordnet werden. Der an der Spitze einer vorgelegten Taxonomie stehende, d. h. oberste Begriff weist jeweils den größten Umfang auf. Unter ihn fallen alle Individuen, die nur überhaupt unter irgend einen seiner Unterbegriffe fallen. In diesem Sinn steckt er den Gegenstandsbereich der jeweiligen Taxonomie ab.[49]

Diese Definition ist bereits scharf genug, um die Schwierigkeiten sichtbar zu machen, die mit der Methode des Klassifizierens in der Biosystematik auftreten. Gleichwohl möchte ich der gegebenen Definition noch einige Erläuterungen hinzufügen, bevor ich auf die Explikationsprobleme eingehe, die für die Systematik im Zusammenhang mit der Unterscheidung zwischen „natürlichem System" und „künstlichen Systemen" bis ins 19. Jahrhundert bestanden haben:

1) Die obige Definition trägt der Tatsache Rechnung, daß auch ganze Gegenstands-*klassen* (Abstrakta) klassifiziert werden können.[50] Denn Gegenstandsklassen können je nach Besitz oder Fehlen von Klasseneigenschaften wie „leer", „offen" etc. unter Begriffe bzw. deren Komplemente gebracht werden.[51]

2) Unterbegriffe in Taxonomien müssen innerhalb des durch ihren Oberbegriff abgesteckten Taxons nicht nur überhaupt eine Alternative bilden, sondern die von ihnen gebildete Alternative muß auch vollständig sein.[52] Zwei Unterbegriffe bilden eine Alternative, wenn gilt: Fällt ein Individuum unter den einen der beiden Begriffe, so fällt es *nicht* unter den jeweils anderen Begriff. Eine *vollständige* Alternative bilden Unterbegriffe innerhalb eines durch einen Oberbegriff abgesteckten Taxons, wenn *beliebige* Individuen, die unter den Oberbegriff fallen, auch unter genau einen der angebotenen Unterbegriffe fallen. Eine vollständige Alternative kann dabei nicht nur durch einen Unterbegriff und sein Komplement aufgemacht werden;[53] vielmehr können auch Unterbegriffe, die in dem Sinn eigenständig sind, daß unter sie Individuen jeweils bei Besitz eines bestimmten *positiven* Merkmals oder Merkmalsarrangements fallen, zusammen eine *vollständige* Alternative bilden. Zum Beispiel bilden innerhalb des Taxons „Vertebrata" die zwei eigenständigen Begriffe „poikilotherm" (wechselwarm)

---

[49] Vgl. HARTMANN 1998, 41.

[50] In LANGANKE 2000, 21–27, habe ich zwischen dem Klassifizieren von Konkreta („Rubrizieren") und dem Klassifizieren von Abstrakta („Klassieren") unterschieden. Diese Unterscheidung greife ich in der vorliegenden Arbeit nicht mehr auf. Denn „konkretes" Sprechen und „abstraktes" Sprechen können immer nur relativ zueinander bestimmt und unterschieden werden. Abstraktes Sprechen ist „abstrakt" immer relativ zu einer jeweils konkreteren Ebene des Sprechens. Der Unterscheidung zwischen „Rubrizieren" und „Klassieren" kommt damit aber nur eine sehr untergeordnete, nämlich eine buchstäblich relative Bedeutung zu.

[51] Hingegen wird mit Sätzen wie „*Acinoyx jubatus* hat nicht-einziehbare Krallen" nicht das Vorliegen einer *Klassen*eigenschaft konstatiert. Denn in der angeführten Beispielaussage wird die Eigenschaft, „nicht-einziehbare Krallen zu haben", *nicht* von der *Klasse* „Acinoyx jubatus", sondern von den *Elementen* dieser Klasse ausgesagt. Vgl. LANGANKE 2000, 23–27. Ich übernehme hier die Abstraktionstheorie, die KAMLAH/LORENZEN 1973, 86–95, LORENZ 1970, 194–231, LORENZEN 1968, 35–36, LORENZEN 2000, 161–169, THIEL 1972 und THIEL 1992 ausgearbeitet haben.

[52] Vgl. HARTMANN 1998, 41.

[53] In diesem Fall ist die Alternative notwendig zweigliedrig. Ein Komplementbegriff läßt sich im übrigen nicht unabhängig von, d. h. nicht *vor* dem ihm zugehörigen positiven Begriff bilden. Denn unter einen Komplementbegriff fallen gerade diejenigen Individuen, die unter einen bestimmten positiven Begriff *nicht* fallen. Die Kriterien für das Fallen unter einen Komplementbegriff lassen sich also nur ex negativo angeben.

und „homoiotherm" (gleichwarm) eine *vollständige Alternative*. Denn *kein* Wirbeltier ist *zugleich* poikilo- *und* homoiotherm, und darüber hinaus ist *jedes* Wirbeltier *entweder* poikilo- *oder* homoiotherm.

3) Es gibt keinen prinzipiellen Abschluß von Taxonomien nach unten. Denn die Einteilungen auf der jeweils niedrigsten Ebene einer vorgelegten Taxonomie (im Falle etablierter biosystematischer Taxonomien also die Einteilungen in „Arten" oder „Subspecies") lassen sich stets weiter verfeinern. Dazu genügt es, innerhalb eines auf der jeweils niedrigsten Ebene abgesteckten Gegenstandsbereiches neue und feinere Einteilungen zu etablieren. Solche neuen Einteilungen kann man vornehmen, indem man das Auftreten eines Merkmals oder Merkmalsensembles, dessen Vorliegen *zwischen* dem obersten und dem jeweils betrachteten niedrigsten Begriff einer vorgelegten Taxonomie noch *nicht* als Kriterium für das Fallen unter einen Begriff herangezogen wurde, zum Kriterium für das Fallen unter einen neuen, dann noch merkmalsreicheren und entsprechend tiefer rangierenden Begriff macht. Diese Möglichkeit, niedrigste (Art-)Begriffe ihrerseits wieder als Oberbegriffe (Gattungsbegriffe) bezüglich noch niedrigerer Begriffe einzusetzen, anders ausgedrückt: unterste Species zu Genera zu erheben, steht – rein logisch betrachtet – für jede vorgelegte Taxonomie offen.[54]

4) In Taxonomien gilt mit gewissen Einschränkungen das *Kontragredienzgesetz*. Denn in Taxonomien entstehen Unterbegriffe zur Bildung von Einteilungen *innerhalb* eines durch einen Begriff q abgesteckten Gegenstandsbereiches {Q} dadurch, daß zu den als Subsumtionskriterien für das Fallen unter den Oberbegriff q ausgezeichneten Merkmalen weitere Merkmale hinzugenommen werden, die – außer q ist ein Individualbegriff oder bereits ein leerer Begriff – von *nur einem Teil* der unter q fallenden Individuen besessen werden. In Folge dieses Vorgehens *wächst* in Taxonomien mit der *Abnahme* des Umfanges der Merkmalsreichtum von Begriffen. Der oberste Begriff einer Taxonomie hat also zwar den größten Umfang, ist aber zugleich auch der merkmalsärmste.[55]

5) Individuen lassen sich nach verschiedensten Kriterien klassifizieren, insofern sie bezüglich des Auftretens oder Fehlens verschiedenster Einzelmerkmale und/oder Merkmalskombinationen eingeteilt und unter entsprechende Begriffe subsumiert werden können. Es gibt also nie nur eine Möglichkeit, konkretes Einzelnes zu klassifizieren.

Die Möglichkeit, unterschiedlichste Taxonomien auf konkretes Einzelnes anzuwenden, schafft in der Systematik dann Probleme, wenn dort an Klassifikationen der Anspruch gestellt wird, daß sie „natürliche" Ordnungsbeziehungen zwischen Organismen korrekt wiedergeben sollen. Denn entweder genügen die verschiedensten überhaupt nur möglichen Klassifikationen von Organismen bereits diesem Anspruch, so daß dann aber auch die verschiedensten möglichen Ordnungsbeziehungen zwischen Organismen „natürlich" genannt werden könnten, oder aber es muß eine ganz bestimmte Art von Klassifikationen gegenüber anderen möglichen Klassifikationen als einzig „natürliche" ausgezeichnet werden können.

---

[54] Selbst wenn ein Begriff hinsichtlich seiner Subsumtionskriterien schon so reich ist, daß unter ihn nur noch genau *ein* Gegenstand fällt, lassen sich durch Hinzunahme von weiteren Merkmalen (und deren Komplementen) doch noch feinere Einteilungen vornehmen. Die so entstehenden Unterbegriffe sind allerdings unter Umständen leer.

[55] Vgl. THIEL 1989, 12.

2.4 Zur Rede von „natürlich“ und „künstlich“ bei Linné

Als Urheber der Unterscheidung zwischen natürlichem System und künstlichen Systemen glaubte Linné, zumindest für den Gegenstandsbereich der Pflanzen, ein Kriterium angeben zu können, das bestimmte Klassifikationen als „natürlich“ hervorzuheben und damit, ex negativo, auch bestimmte Klassifikationen als „künstlich“ zu identifizieren gestattet.

Linnés Vorschlag für ein Natürlichkeitskriterium läßt sich ausgehend von dem Terminus „character naturalis“ rekonstruieren, den er in seiner *Philosophia botanica* (1751) eingeführt hat. Linné definiert diesen Terminus in *Philosophia botanica* so:

> Descriptio est totius plantae character naturalis, qui describat omnes ejusdem partes externas.[56]

Nach dieser Definition gilt die Beschreibung eines konkreten botanischen Individuums dann als „character naturalis“, d. h. als „natürliche Charakterisierung“[57] der ganzen Pflanze („totius plantae“), wenn *alle* äußeren Teile („*omnes* partes externas“) des jeweiligen Individuums deskriptive Berücksichtigung erfahren. Was trägt nun diese Definition für Linnés Theorie der natürlichen Klassifikation aus?

Zunächst einmal ist zu sagen: Der prinzipielle Zusammenhang zwischen Beschreiben und Klassifizieren wird deutlich, wenn man sich vergegenwärtigt, daß Beschreibungen Behauptungen über das Vorliegen oder Fehlen bestimmter Merkmale bei Individuen und in diesem Sinn Merkmalserhebungen an Individuen sind. Mit Behauptungen über das Vorliegen oder Fehlen bestimmter Merkmale bei einem Individuum wird das jeweilige Individuum aber – logisch betrachtet – unter bestimmte Begriffe gebracht. Wird zum Beispiel von einem Tier ausgesagt, es zeige ein getüpfeltes Fell, so wird es mit dieser Beschreibung ja dem Bereich derjenigen Tiere zugeschlagen, die ein getüpfeltes Fell haben; es wird also, mit anderen Worten, unter den Begriff „Tier mit getüpfeltem Fell“ gebracht oder subsumiert. Beschreiben erweist sich damit als ein dem Klassifizieren verwandtes sprachliches Verfahren. Will man das Wort „Klassifizieren“ nicht speziell für solche Fälle reservieren, in denen ganze Systeme von Ober- und Unterbegriffen auf Individuen angewendet werden, so könnte man sogar behaupten: Mit jeder Beschreibung wird konkretes Einzelnes klassifiziert.

An dieser Stelle zeigt sich nun die Bedeutung von Linnés Begriff der natürlichen Charakterisierung. Wenn nämlich Linné eine Beschreibung, die *alle* äußeren Merkmale einer Pflanze berücksichtigt, als „natürliche Charakterisierung“ bezeichnet, so kann er eine Klassifikation dann als „natürlich“ ausweisen, wenn ihre untersten, merkmalsreichsten Begriffe „natürlichen Charakterisierungen“ der jeweils zu klassifizierenden botanischen Individuen in dem Sinn entsprechen, daß als Kriterien für das Fallen unter sie *alle* äußeren Merkmale fungieren, die an den unter sie fallenden einzelnen Pflanzen überhaupt erhoben werden können. Ausgehend von solchen untersten Begriffen, die dann miteinander ja die Gesamtheit der im Pflanzenreich überhaupt vorkommenden äußeren Merkmale abdecken, könnte durch schrittweise *Subtraktion* von immer mehr

[56] Zitiert nach MÜLLER-WILLE 1999, 224. Ich gebe den lateinischen Wortlaut wieder, weil Müller-Willes deutsche Übertragung in dem Versuch, die lateinische Satzstellung nachzubilden, ausgesprochen unklar geraten ist. Vgl. MÜLLER-WILLE 1999, 223.

[57] Müller-Wille übersetzt „character naturalis“ mit „natürliche Kennzeichnung“. Vgl. MÜLLER-WILLE 1999, 223.

Merkmalen eine Taxonomie, d. h. ein hierarchisches System von Begriffen immer größeren Umfanges aufgebaut werden. Ein solches System, das schließlich in einem obersten Begriff gipfelt, der nur noch wenige, aber allen klassifizierten Individuen gemeinsame Merkmale enthält, würde nicht nur beliebige Pflanzen unter überhaupt irgendwelche Begriffe zu bringen erlauben, sondern es würde mit seinen untersten Begriffen auch der Gesamtheit aller äußeren botanischen Merkmale Rechnung tragen.
Folgt man diesem Vorschlag Linnés, so tritt freilich ein gravierendes Problem auf. Wie kann überhaupt entschieden werden, wann eine vorgelegte Beschreibung *alle* äußeren Merkmale einer Pflanze erfaßt, wo sich doch für keine Liste deskriptiv erhobener Merkmale nachweisen läßt, daß sie prinzipiell nicht mehr über die je aufgeführten Merkmale hinaus erweitert werden kann?
Nach MÜLLER-WILLE 1999 verspricht sich Linné eine Lösung dieses Vollständigkeitsproblems für den Bereich Pflanzen von der Einführung einer botanischen Terminologie:

> Der [...] strenge Aufbau der Merkmalsterminologie Linnés erinnert nicht ohne Grund an [...] dihäretisch[e] [...] Klassifikationssysteme [...]. Tatsächlich handelt es sich bei der Merkmalsterminologie Linnés um nichts anderes als um dihäretisch entwickelte Definitionen von Merkmalsalternativen zu einer Vielzahl von Merkmalskategorien: Ein Staubblatt kann der Gestalt seines Staubfadens nach nur entweder „keilförmig" oder „spiralförmig" oder „pfriemförmig" etc. sein, der Lage seines Staubgefäßes nach nur entweder eines sein, bei dem das Staubblatt „der Spitze" des Staubfadens angefügt ist, usw.[58]

Von der Fixierung einer derartigen Terminologie kann sich Linné die Lösung des skizzierten Problems deshalb erwarten, weil eine Terminologie ja aus lauter Begriffen besteht, die jeweils mit Hilfe *endlich vieler* anderer, schon bekannter Begriffe definiert worden sind (vgl. Anm. 47 und 48).
Indem aber in einer Definition immer *endlich viele* bekannte Begriffe herangezogen werden, um den Bereich derjenigen Individuen abzustecken, die unter den jeweils neuen Begriff fallen sollen, kann auch an Beschreibungen, die sich der Anwendung definierter Begriffe verdanken, der Anspruch der Vollständigkeit gestellt werden. Solche Beschreibungen können nämlich in dem Sinn vollständig sein, daß die Überprüfung, ob ein Individuum unter einen definierten Begriff fällt oder nicht, überhaupt an ein Ende kommen, d. h. *abgeschlossen* werden kann. Abgeschlossen ist eine derartige Überprüfung dann, wenn ein Individuum auf das Vorliegen oder Fehlen genau derjenigen *endlich vielen* Merkmale untersucht worden ist, die per definitionem vorliegen oder fehlen müssen, damit es berechtigtermaßen als unter den jeweiligen Begriff fallend angesehen werden kann. Ein Beispiel: Nach MÜLLER-WILLE 1999 subsumiert Linné in den Kapiteln 3 und 4 seiner *Philosophia botanica* Individuen genau dann unter den Begriff „Blütenpflanze", wenn sie „Wurzel", „Stamm" und „Blatt" als vegetative Organe und „Blütenkelch", „-krone", „Staubblätter", „Stempel", „Fruchthülle", „Samen" und „Blütenboden" als Fruchtbildungsorgane aufweisen.[59] Gemäß dieser Vereinbarung ist eine konkrete Pflanze offenbar dann *vollständig* als „Blüten-

[58] MÜLLER-WILLE 1999, 230.
[59] Vgl. MÜLLER-WILLE 1999, 229.

pflanze" beschrieben oder klassifiziert, wenn an ihr alle diese Organe aufgewiesen werden konnten.[60]

So vielversprechend Linnés Vorschlag auch anmuten mag, so untragbar sind doch seine Konsequenzen. Denn der Preis für die Einlösbarkeit des Vollständigkeitsanspruches ist nach diesem Vorschlag die Gebundenheit an Beschreibungsregeln, die dazu verpflichten, an Individuen immer wieder nur das Vorliegen oder Fehlen derjenigen Merkmale zu diagnostizieren, deren Vorliegen oder Fehlen die Definitionen der merkmalsreichsten Begriffe fordern. Die Anpassung botanischer Definitionen an neue Untersuchungsmethoden, die dann auch ganz neue Merkmale zu erheben gestatten, kommt dabei nicht in Frage.[61] Denn sobald zugestanden wird, daß einmal gegebene Definitionen modifiziert, zum Beispiel erweitert werden können, garantieren sie nicht mehr die Abschließbarkeit botanischer Beschreibungen und damit die Vollständigkeit unterster Begriffe in dem oben skizzierten Sinn. Ich will Linné hier nicht vorwerfen, die Botanik auf dem Wissensstand seiner Zeit eingefroren zu haben; ich möchte allerdings auf die hohen Kosten aufmerksam machen, zu denen vollständige Beschreibungen möglich werden, wenn die jeweilige Beschreibungssprache auf einen fixen Bestand von Termini ein für allemal eingefroren wird: Mit einer so eingefrorenen Beschreibungssprache könnte über botanische Individuen für alle Zukunft nur in ganz bestimmten Merkmalsalternativen gesprochen werden. Damit wäre die Botanik aber zur deskriptiven Blindheit gegenüber solchen Merkmalen verurteilt, die die jeweils fixierte botanische Beschreibungssprache gar nicht abdeckt, die sie also weder zu- noch auch nur abzusprechen gestattet.

Wo also versucht wird, ein System von ganz bestimmten Ober- und Unterbegriffen in der diskutierten Weise vor anderen Begriffssystemen als „natürlich" auszuzeichnen, da hat diese Auszeichnung nur den Wert, *irgendein* System begrifflicher Alternativen hervorzuheben. Denn es kann nie sichergestellt werden, daß die *untersten* Begriffe, deren Anwendung eine als „natürlich" ausgezeichnete Taxonomie vorsieht, *alle* Merkmale von Individuen (eines bestimmten Gegenstandsbereiches) erfassen, die im (wissenschaftlichen) Umgang mit diesen Individuen überhaupt nur jemals *zugänglich* und *relevant* werden können.

Der Aufweis dieses Problems soll hier nicht fortgesetzt werden. Dazu wird im Abschnitt 4.3.1 noch einmal Gelegenheit sein. An dieser Stelle genügt folgender Hinweis: Geht man mit Müller-Wille davon aus, Linné habe sein natürliches System

---

[60] Mit dieser Definition sind freilich nicht schon weitere *Detailmerkmale* der einzelnen Pflanzenteile abgedeckt. Welche Merkmale bei einer konkreten Struktur zum Beispiel vorliegen oder fehlen müssen, damit diese Struktur „Fruchthülle" genannt werden kann, muß erst eigens festgelegt werden. Eine vollständige Normierung des botanischen Sprechens über Pflanzen bis hin zu ersten botanischen Begriffen ist allerdings nicht möglich (vgl. Anm. 48). Erste botanische Begriffe müßten exemplarisch bereitgestellt werden.

[61] In diesem Zusammenhang verdient folgender Umstand Beachtung: Linnés Pflanzensysteme – seien es nun die künstlichen oder natürlichen – sind blind gegenüber solchen äußeren Merkmalen, die erst mit Hilfe moderner mikroskopischer Untersuchungsmethoden an Pflanzen erhoben werden können. Dies ist natürlich kein Defizit dieser Systeme in dem Sinn, daß Linné bereits zukünftige biologische Möglichkeiten hätte voraussehen müssen. Wollte man aber eines der Pflanzensysteme Linnés noch heute als „natürlich" durchsetzen und die Erhebung neuer äußerer Merkmale und die Eröffnung entsprechender neuer Merkmalsalternativen in der Botanik gleichsam untersagen, so würde man das botanische Sprechen über Pflanzen in ein Korsett begrifflicher Alternativen einschnüren, das dem botanischen Forschungsstand und den methodischen Möglichkeiten unserer Tage nicht mehr Rechnung zu tragen erlaubt.

der Pflanzen als *vollständiges* System in dem Sinn verstanden wissen wollen, daß dieses System Pflanzen nach jeweils endlich vielen definitorisch festgelegten Kriterien unter niedrigste Begriffe oder ihre Komplemente zu bringen erlaubt, so liefe die endgültige Festschreibung dieses Systems darauf hinaus, einen fixen Bestand botanischer *Termini* auf Kosten der deskriptiven Zugänglichkeit neuer Merkmale durchzusetzen. Darüber hinaus ist noch festzuhalten: Rekonstruiert man Linnés Theorie der natürlichen Klassifikation in der von Müller-Wille nahegelegten Weise, so kann „Natürlichkeit" für ganz verschiedene botanische Taxonomien reklamiert werden. Denn nach der vorgestellten Lesart ist ja bei Linné eine Taxonomie genau dann ein „natürliches System", wenn ihr unterstes Stockwerk aus lauter botanischen *Termini* besteht. Diese Bedingung erfüllt aber jede Taxonomie, sobald ihre untersten Begriffe nur überhaupt definitorisch stabilisierte Begriffe sind.

Angesichts dieser Problemlage scheint die eingangs erläuterte phylogenetische Deutung biosystematischer Forschungsergebnisse einen echten theoretischen Fortschritt zu markieren. Denn mit dieser Deutung scheint die Unterscheidung zwischen „natürlichen" und „künstlichen" Klassifikationen nicht mehr auf das Problem zu führen, daß (selbst noch nach dem Kriterium der „Durchdefiniertheit") verschiedenste Klassifikationen gleichermaßen als „natürlich" angesehen werden können. Es mag zwar verschiedenste logisch gleichwertige Taxonomien geben, aber für bestimmte Lebewesen kann es nur genau einen richtigen Stammbaum und damit auch nur genau ein System (wirklich) bestehender graduell abgestufter Verwandtschaftsbeziehungen geben. Dieses System von Verwandtschaftsbeziehungen, das zwischen bestimmten Lebewesen qua Evolution besteht, ist das „natürliche" System dieser Lebewesen.

*

Im nächsten Kapitel möchte ich zeigen, wie die sogenannte Phylogenetische Systematik evolutiv gewordene Verwandtschaftsbeziehungen zwischen Arten zu rekonstruieren versucht.[62] Es wird herauszuarbeiten sein, daß die Phylogenetische Systematik genau solche Ähnlichkeiten zwischen Arten zu ermitteln versucht, die sich der Abkunft dieser Arten von einem *nur* ihnen gemeinsamen Vorfahren verdanken. Den Nachweis, daß dieses Ziel mit den angebotenen Methoden *nicht* zu erreichen ist, werde ich dann im Kapitel 4 führen.

---

62 Es lassen sich fünf Schulen oder Richtungen innerhalb der modernen Systematik unterscheiden (vgl. LANGANKE 2000, 81–83 sowie HULL 2001, 223–235). Die beiden prominentesten Schulen – die *Phylogenetische Systematik* und die *Evolutionäre Klassifikation* – verstehen biosystematische Forschung explizit als evolutionsbiologische Verwandtschaftskreisforschung. Mit der *Kladistik* und dem Ansatz des *Pattern Cladism* sind zwei neuere, die methodische Unabhängigkeit der Biosystematik von der Evolutionsbiologie betonende Schulen aus der Phylogenetischen Systematik hervorgegangen. Die fünfte Schule schließlich ist die von Robert Sokal und Peter Sneath begründete *Numerische Taxonomie*. Die Numerische Taxonomie betont allerdings die Neutralität der Biosystematik gegenüber den Anliegen der historisch-rekonstruktiven Evolutionsbiologie (vgl. SOKAL/SNEATH 1963, 55–57) von Anfang an so stark, daß sie in der vorliegenden Arbeit unberücksichtigt bleiben kann. (Zu den Anfängen der Numerischen Taxonomie vgl. VERNON 2001.) Die anderen vier Schulen werden jedoch zu behandeln sein: So informiert Abschnitt 3.4 über die Position der Evolutionären Klassifikation. Die Kladistik und den Ansatz des Pattern Cladism stelle ich als Ableger der Phylogenetischen Systematik im Abschnitt 4.3 vor, denn beide Schulen akzentuieren die methodische Bedeutung des im Mittelpunkt von Abschnitt 4.3 stehenden Parsimonieprinzips.

„Wonach sieht es denn aus?"
„Am meisten nach einer Katze."
„Nun, dann nennen wir's doch ne Katze."

F. Scott Fitzgerald: *Das Stadion*

3 Phylogenetische Systematik nach Hennig

Sein Projekt einer (Konsequent-)Phylogenetischen Systematik stellte der Entomologe Willi Hennig erstmals 1950 in seinem Buch *Grundzüge einer Theorie der phylogenetischen Systematik* vor.[63] Zwar wurden die *Grundzüge* zunächst kaum rezipiert[64], aber als Hennig 1966 mit der Arbeit *Phylogenetic Systematics* seine Position im englischsprachigen Raum vorstellte, löste er eine breite, bis heute andauernde Diskussion in Fachkreisen aus. Hennigs Vorhaben, die Biosystematik ganz in den Dienst der evolutionsbiologischen Verwandtschaftskreisforschung zu stellen, bildet seither einen wichtigen Bezugspunkt in der Diskussion um Aufgaben und Methoden der Phylogenetik.
Ich werde im folgenden den Ansatz Hennigs in Umrissen vorstellen. Dabei werde ich mich vor allem auf den 1982 unter dem Titel *Phylogenetische Systematik* publizierten deutschsprachigen Originaltext[65] von *Phylogenetic Systematics* (HENNIG 1982) beziehen. Darüber hinaus werde ich noch die *Allgemeinen Vorbemerkungen zum System der Tiere* aus Hennigs *Wirbellose 1* (HENNIG 1994) und den in Hennigs Nachlaß erhalten gebliebenen und 1984 erschienenen Text *Aufgaben und Probleme stammesgeschichtlicher Forschung*[66] (HENNIG 1984) berücksichtigen.

3.1 Hennigs phylogenetischer Art-Begriff

Seinen phylogenetischen Art-Begriff hat Hennig auf die Formel

> Art = geschlossene Fortpflanzungsgemeinschaft[67]

gebracht. Immer wieder ist zur Interpretation dieser Formel der biologische Art-Begriff aus MAYR 1967 herangezogen worden. Nach MAYR 1967 sind Arten

> Gruppen von wirklich oder potentiell sich fortpflanzenden natürlichen Populationen, die reproduktiv von anderen solchen Gruppen isoliert sind.[68]

---

[63] Über Leben und Werk von Willi Hennig informiert sehr ausführlich SCHMITT 2001.

[64] Man beachte zum Beispiel, daß im Literaturverzeichnis von REMANE 1956 Hennigs *Grundzüge* nicht aufgeführt werden.

[65] Zur Publikationsgeschichte der deutschsprachigen Textfassung vgl. die Ausführungen des Herausgebers Wolfgang Hennig in HENNIG 1982, 5.

[66] Zu Problemen bei der Edition dieses nur teilweise in Reinschrift vorliegenden Fragments vgl. die Bemerkungen des Herausgebers Wolfgang Hennig in HENNIG 1984, 5–6.

[67] Vgl. zum Beispiel HENNIG 1982, 71, sowie HENNIG 1984, 13 und 16.

[68] MAYR 1967, 28. In einer leicht abweichenden, durch den Verzicht auf die Rede von „*potentiellen* Fortpflanzungsbeziehungen" charakterisierten Version stellt Mayr seinen biologischen Art-Begriff in MAYR 2000a, 17 und MAYR 2000b, 178 vor. Zum biologischen Art-Konzept vgl. auch SOKAL 1973, 362, AX 1988, 25–26, WEBERLING/STÜTZEL 1993, 24–31 und PETERS 1998a, 64–65. Einen Überblick über die verschiedenen Art-Begriffe in der Biologie geben zum Beispiel MAYR 1967, 22–29, VRBA 1985, IX–XI, SUDHAUS/REHFELD 1992, 49, SPRING/BUSCHMANN 1998, 21 sowie CRACRAFT 2000, 3–14. Eine Einführung in die biophilosophische Diskussion um die verschiedenen Art-Begriffe geben DUPRÉ 1994, 271–279 und DUPRÉ 1999, 3–22. Zum Art-Begriff in der Botanik vgl. EHRENDORFER 1984, 234–263.

Wird aber Hennigs Art-Begriff mit dem biologischen Art-Begriff Ernst Mayrs ineins gesetzt, treten exegetische Probleme auf. Denn gerade vom „biologischen Art-Begriff" hat sich Hennig – zwar noch nicht in den *Grundzügen*[69], spätestens jedoch in HENNIG 1982 – distanziert. Worauf aber beruhen Hennigs Vorbehalte, wenn sein phylogenetischer Art-Begriff letztlich mit dem biologischen Art-Begriff zusammenfällt? Gibt Hennig dem biologischen Art-Begriff einfach nur einen anderen Namen?

3.1.1 Geschlossene Fortpflanzungsgemeinschaften

Im folgenden soll eine Lesart von Hennigs Art-Formel vorgeschlagen werden, die erkennen läßt, wo Hennig den biologischen Art-Begriff Mayrs für korrekturbedürftig hält, zumindest aber bestimmte Akzente anders setzt als Mayr.[70]

Bevor jedoch damit begonnen werden kann, das Hennigsche Art-Verständnis so zu rekonstruieren, daß dabei Hennigs Vorbehalte gegenüber dem Mayrschen Art-Begriff sichtbar werden, ist es zunächst erforderlich, die beiden Relatoren „- - - ist reproduktiv isoliert von + + +" und „- - - ist *nicht* reproduktiv isoliert von + + +" so vorzustellen, wie sie *Hennig* faktisch gebraucht. Beide Relatoren können nach Hennig sowohl auf Paare von *einzelnen* Organismen *verschiedenen Geschlechts* als auch auf Paare von jeweils *gemischtgeschlechtig* zusammengesetzten Organismen*gruppen* angewendet werden. Näherhin gilt:

– Zwei Organismen verschiedenen Geschlechts sind reproduktiv voneinander isoliert, wenn sie nicht nur *miteinander* keine Nachkommen haben können, sondern jeweils auch nur Fortpflanzungsbeziehungen zu *solchen* anderen Individuen aufnehmen können, die ihrerseits *nicht* in der Lage sind, miteinander erfolgreich sexuell zu interagieren.
– Zwei gemischtgeschlechtig zusammengesetzte Organismengruppen A und B sind reproduktiv voneinander isoliert, wenn nicht nur beliebige Individuen aus A und beliebige (entsprechend andersgeschlechtige) Individuen aus B *keine* Nachkommen miteinander haben können, sondern wenn auch diejenigen Individuen aus weiteren Organismengruppen C, D, ..., zu denen jeweils Individuen aus A und B Fortpflanzungsbeziehungen aufnehmen können, *untereinander nicht* zur Produktion von Nachkommenschaft befähigt sind.
– Zwei Organismen verschiedenen Geschlechts sind *nicht* reproduktiv voneinander isoliert, wenn sie – ohne die Fähigkeit zur Aufnahme direkter Fortpflanzungsbeziehungen besitzen zu *müssen* – in der Lage sind, wenigstens Nachkommen mit jeweils solchen Organismen (entsprechend anderen Geschlechts) zu haben, die *untereinander* erfolgreich sexuell interagieren können.
– Zwei gemischtgeschlechtig zusammengesetzte Organismengruppen A und B sind *nicht* reproduktiv voneinander isoliert, wenn entweder manche Individuen aus A und manche (entsprechend andersgeschlechtige) Individuen aus B Nachkommen miteinander haben können, oder wenn zumindest diejenigen Individuen aus weiteren Organismengruppen C, D, ..., zu denen Individuen aus A und B jeweils Fortpflanzungsbeziehungen aufnehmen können, *untereinander* zur Produktion von Nachkommenschaft befähigt sind. Diese Fähigkeit zur Aufnahme *indirekter*

[69] Zum Art-Begriff der *Grundzüge* vgl. MEIER/WILLMANN 2000, 31.
[70] Vgl. demgegenüber PETERS 1970, 8. Dort wird der Phylogenetischen Systematik der biologische Art-Begriff Mayrs unterlegt.

Fortpflanzungsbeziehungen kann zwischen A und B bestehen, *ohne* daß auch nur ein einziges Individuum aus A mit auch nur einem einzigen (entsprechend andersgeschlechtigen) Individuum aus B *direkt* zur Produktion von Nachkommen befähigt sein *muß*.

So, wie sie gerade vorgestellt wurden, gehen die beiden Relatoren „- - - ist reproduktiv isoliert von + + +" und „- - - ist *nicht* reproduktiv isoliert von + + +" auf relationale *Dispositionen*. Denn Paare von einzelnen Organismen verschiedenen Geschlechts oder Paare von je gemischtgeschlechtig komponierten Organismengruppen erfüllen diese beiden Relationen bei Besitz bzw. *Nicht*-Besitz einer bestimmten *Fähigkeit*, nämlich der *Fähigkeit* zur Aufnahme wenigstens indirekter Fortpflanzungsbeziehungen.

Nach diesen ersten Klärungen kann nunmehr mit der Analyse der zwischen Mayrs und Hennigs Art-Begriff bestehenden *Unterschiede* begonnen werden.

1) Anders als Mayr siedelt Hennig seinen Art-Begriff nicht erst auf der Populationsebene an. Die kleinsten Einheiten der Arten sind bei ihm nicht gemischtgeschlechtige Individuen-*Gruppen*, sondern *einzelne* Organismen. Damit vermeidet er folgendes logisches Problem: Nimmt man die weiter oben zitierte Definition sozusagen beim Wort, so kann mit dem Mayrschen Art-Begriff eine kleine, gemischtgeschlechtig zusammengesetzte Organismengruppe, die einerseits nicht in Populationen zerfällt, andererseits aber von einer bestimmten anderen gemischtgeschlechtig zusammengesetzten Individuen-Gruppe reproduktiv isoliert ist, *nicht* als gegenüber der anderen Gruppe eigenständige *Art* erfaßt und ausgewiesen werden. Denn wenn Gruppen von Organismen aus Populationen zusammengesetzt sein müssen, um überhaupt Kandidaten für Arten zu sein, dann kommt eine *nicht* in Populationen untergliederte, aber von anderen Gruppen reproduktiv isolierte Gruppe nicht als eine „Art" in Frage.

2) Hennig gibt zu bedenken, daß

> die erweiterte Definition des Artbegriffes als der Gemeinschaft aller Individuen, zwischen denen uneingeschränkt fruchtbare Geschlechtsbeziehungen möglich sind [...], den naturgegebenen Verhältnissen nicht gerecht werden kann, denn die Endglieder solcher Ketten oder Kreiskomplexe engerer Fortpflanzungsgemeinschaften [...] nur deswegen als nicht zur gleichen Art gehörig zu betrachten, weil die Fähigkeit zu Fortpflanzungsbeziehungen zwischen ihnen vollständig fehlt, ist nicht angängig.[71]

Zwischen Organismen verschiedenen Geschlechtes, die ein und derselben Art angehören, müssen also nach Hennig nicht *uneingeschränkt* Fortpflanzungsbeziehungen möglich sein. Vielmehr gehören einzelne Organismen verschiedenen Geschlechts für Hennig auch dann noch zur selben Art, wenn sie sich zwar miteinander nicht *direkt* fortpflanzen können, jedoch Nachkommen mit jeweils solchen Individuen haben können, die *untereinander* zur Aufnahme von Fortpflanzungsbeziehungen befähigt sind.[72] An dieser Stelle wird deutlich, warum Hennigs Gebrauch der beiden Relatoren „- - - ist reproduktiv isoliert von + + +" und „- - - ist *nicht* reproduktiv isoliert von + + +" weiter oben unter ausdrücklicher Berücksichtigung der Möglichkeit *indirekter* (vermittelter) Fortpflanzungsbeziehungen rekonstruiert wurde.

---

[71] HENNIG 1982, 53.

[72] Hennig denkt dabei an Arten wie *Phasianus colchicus* und *Streptopelia chinensis*, innerhalb derer zwischen entfernt lebenden Populationen nur noch eingeschränkt Fortpflanzungsbeziehungen möglich sind. Vgl. HENNIG 1982, 53.

3) Hennig insistiert stärker als Mayr auf der evolutionsbiologischen Bedeutung von geographischen Fortpflanzungs*hindernissen*:

> Wenn nun der von einer Art besiedelte Gesamtraum durch mehr oder weniger schwer zu überschreitende Ausbreitungshindernisse in ein Mosaik von mehr oder weniger streng voneinander geschiedenen Kleinräumen aufgeteilt ist, dann wird statt eines gleichmäßigen Gefälles der Fortpflanzungsbeziehungen ein dem Mosaik von Kleinräumen entsprechendes Nebeneinander engerer Fortpflanzungsgemeinschaften vorhanden sein, deren Angehörige nur selten in Geschlechtsbeziehungen treten, auch dann, wenn die [...] Fähigkeit zu solchen trotz der räumlichen Trennung uneingeschränkt erhalten bleibt.[73]

Hennig versucht also, mit seinem Art-Begriff der evolutionsbiologischen Einsicht Rechnung zu tragen, daß zwei geographisch voneinander separierte, je gemischtgeschlechtig zusammengesetzt Organismengruppen A und B, die *zueinander* in direkten oder zumindest indirekten Fortpflanzungsbeziehungen stehen können, gute Kandidaten für *künftige* phylogenetische Arten darstellen. Zwei voneinander separierte je gemischtgeschlechtig zusammengesetzte Organismengruppen A und B können sich nämlich in dem Sinn evolutiv auseinander entwickeln, daß – mutativ induziert – in der einen Gruppe ein *neues* ethologisches, physiologisches oder anatomisches etc. Merkmal auftreten und sich durchsetzen kann, während in der anderen Gruppe beispielsweise das ursprünglichere Merkmal erhalten bleibt: Sind nun beide Gruppen dergestalt geographisch voneinander separiert, daß mögliche Fortpflanzungsbeziehungen zwischen ihren Vertretern *faktisch* ganz ausbleiben, so wird das in der einen Gruppe neu aufgetretene Merkmal zum einen *nicht* in die andere Gruppe hineingetragen. Zum anderen kann aber Auftreten und Dominant-Werden eines neuen ethologischen, physiologischen oder anatomischen Merkmals in genau einer von zwei geographisch separierten Gruppen den Verlust der indirekten Fortpflanzungs*fähigkeit* zwischen beiden Gruppen zur Folge haben. Indem also zwei geographisch voneinander separierte Organismengruppen, zwischen denen *faktisch* keine Fortpflanzungsbeziehungen bestehen und damit auch keine genetische Durchmischung stattfindet, bis hin zum Auftreten von Fortpflanzungsbarrieren ein unterschiedliches Transformationsschicksal haben können, bilden sie nach Hennig Anwärter für möglicherweise einmal reproduktiv voneinander isolierte Gruppen.

4) Insgesamt schließlich betont Hennig sehr stark, daß seine phylogenetischen Arten *historische* Gebilde sind: Neue Arten entstehen, sobald *innerhalb* einer Fortpflanzungsgemeinschaft Fortpflanzungsbarrieren entstehen, d. h. sobald Nachkommen von Angehörigen derselben Art ein neues anatomisches, physiologisches oder ethologisches Merkmal mit der Konsequenz ausbilden, daß sie *keine* Fortpflanzungsbeziehungen zu den Trägern des alten Merkmals aufzunehmen vermögen. Spaltet sich eine Art dergestalt auf, so erlischt sie in ihre Tochterarten hinein.[74] Die Grenzen der Arten im Zeitlängsschnitt sind mithin

> durch zwei Artspaltungsprozesse bestimmt; denjenigen, durch den sie als selbständige Fortpflanzungsgemeinschaft geschaffen wurde, und denjenigen, mit dem die leiblichen

---

[73] HENNIG 1982, 52.

[74] Vgl. auch HENNIG 1984, 14-15. MEIER/WILLMANN 2000, 31 weisen darauf hin, daß eine phylogenetische Art auch durch Aussterben erlöschen kann. AX 1988, 27 gibt darüber hinaus noch den Fall zu bedenken, daß das Ende einer rezenten phylogenetischen Art offen ist.

Nachkommen dieser Ausgangspopulation aufhörten, eine einheitliche Fortpflanzungsgemeinschaft zu sein.[75]

Eine Rekonstruktion des phylogenetischen Art-Begriffes, die allen vier Akzentsetzungen Hennigs Rechnung trägt, könnte lauten:
Phylogenetische Arten sind geschlossene Fortpflanzungsgemeinschaften. Eine geschlossene Fortpflanzungsgemeinschaft ist eine gemischtgeschlechtig zusammengesetzte Gruppe faktisch zusammenlebender Organismen oder eine Gruppe von geographisch gegeneinander separierten gemischtgeschlechtig zusammengesetzten Organismengruppen, innerhalb derer weder zwischen beliebigen Männchen und Weibchen und/oder beliebigen Organismengruppen uneingeschränkt Fortpflanzungsbeziehungen möglich sein, noch auch nur faktisch bestehen müssen, innerhalb derer aber keine Organismen und/oder Organismengruppen von den anderen reproduktiv isoliert sein dürfen. Reproduktive Isolation kann unter anderem physiologisch, ethologisch und anatomisch bedingt sein. Ihr Auftreten wird durch lang anhaltende wechselseitige geographische Separation begünstigt. Isolieren sich innerhalb einer phylogenetischen Art verschiedengeschlechtige Individuen und/oder gemischtgeschlechtig zusammengesetzte Organismengruppen reproduktiv voneinander, so teilt sich die jeweilige Art in Tochterarten. Teilt sich eine Art in Tochterarten auf oder stirbt sie aus, so erlischt sie.[76]
Diesem Rekonstruktionsvorschlag möchte ich Erläuterungen folgen lassen:
1) Der Relator „- - - ist reproduktiv isoliert von + + +" ist *nicht* transitiv. Denn wenn zum Beispiel eine gemischtgeschlechtig zusammengesetzte Organismengruppe A reproduktiv von einer ebensolchen Organismengruppe B isoliert ist, und wenn B ihrerseits von einer dritten, gemischtgeschlechtig zusammengesetzten Organismengruppe C reproduktiv isoliert ist, dann ist *nicht* auch A automatisch von C reproduktiv isoliert. Dies bedeutet aber, daß A unter Umständen relativ zu B eine eigene Art, relativ zu C aber gerade *keine* eigene Art bildet.
2) Ob Individuen verschiedenen Geschlechts oder je gemischtgeschlechtig komponierte Organismengruppen die Disposition besitzen, miteinander Fortpflanzungsbeziehungen eingehen zu können, oder aber reproduktiv voneinander isoliert sind, läßt sich nicht immer *eindeutig* entscheiden. Denn einerseits reichen zwar vergleichende *anatomische* Untersuchungen oft aus, um *auszuschließen*, daß bestimmte Organismen die Fähigkeit zur Aufnahme von Fortpflanzungsbeziehungen besitzen (anatomische Inkompatibilität der Geschlechtsorgane etc.). Da aber auch *ethologische* Merkmale mit der Folge auftreten können, daß Besitzer dieser Merkmale zu Besitzern jeweils alternativer Merkmale keine Fortpflanzungsbeziehungen aufzunehmen vermögen, sind insbesondere Fälle denkbar, in denen bestimmte Organismen trotz großer anatomischer Ähnlichkeiten durch Fortpflanzungsbarrieren voneinander getrennt sind. Hennigs spezieller Gebrauch des Relators „- - - ist reproduktiv isoliert von + + +" schafft darüber hinaus noch das Problem, daß selbst da, wo sich durch Kreuzungsversuche feststellen läßt, daß zwei Organismen verschiedenen Geschlechts oder zwei je gemischtgeschlechtig komponierte Organismengruppen keine direkten Fortpflanzungsbeziehungen miteinander unterhalten können, *nicht ohne weiteres* auf das *Erfülltsein* der Relation „- - - ist reproduktiv isoliert von + + +" geschlossen werden kann. Denn diese Relation ist nach Hennig *nicht* erfüllt, wenn zwar zwischen A und B keine *direkten*, jedoch immerhin *indirekte* Fortpflanzungsbeziehungen möglich sind.

---

[75] HENNIG 1982, 65.
[76] Ganz ähnlich wird Hennigs phylogenetisches Art-Konzept in MEIER/WILLMANN 2000, 31 rekonstruiert.

2 see below p. 75

3) Wie der biologische Art-Begriff Mayrs, so läßt sich auch Hennigs Art-Begriff prinzipiell nicht auf uniparentale Organismen anwenden. Denn Fortpflanzungsgemeinschaften bestehen nur dort, wo es genetische Vernetzung gibt.[77]
4) In der Paläontologie kann die Zuordnung von fossil überlieferten Organismen zu phylogenetischen Arten deshalb Probleme bereiten, weil etwa *Unterschiede* zwischen Organismen hinsichtlich morphologischer Skelett-Merkmale (die ja der Paläontologie oft allein zur Verfügung stehen) ziemlich signifikant sein müssen, damit das Bestehen einer Fortpflanzungs*barriere* zwischen diesen Organismen vermutet werden kann. Die Option aber, strittige Fälle mit Hilfe von Kreuzungsversuchen zu klären, besteht in der Paläontologie nicht.

3.1.2 Engere Fortpflanzungsgemeinschaften innerhalb der Arten

Wie bereits deutlich geworden sein dürfte, *können* geschlossene Fortpflanzungsgemeinschaften nach Hennig aus geographisch voneinander separierten Teilgruppen zusammengesetzt sein. Der in Mayrs Art-Definition vorausgesetzte Fall ist bei Hennig also zumindest einer von zwei möglichen. Entsprechend unterscheidet Hennig von den „phylogenetischen Arten" die *„engeren* Fortpflanzungsgemeinschaften" *innerhalb* der Arten.
Eine engere Fortpflanzungsgemeinschaft ist eine gemischtgeschlechtig zusammengesetzte Gruppe von faktisch auf demselben Areal zusammenlebenden Individuen, innerhalb derer beliebige männliche mit beliebigen weiblichen Individuen (und umgekehrt) direkte Fortpflanzungsbeziehungen nicht nur überhaupt eingehen können, sondern deren Mitglieder faktisch auch durch keine geographischen Faktoren an der Aufnahme direkter Fortpflanzungsbeziehungen gehindert werden.
Auch dieser Definition sollen ein paar Erläuterungen folgen:
1) Nach Mayr 1967 gehören zu ein und derselben „Population" die

> an einer bestimmten Lokalität lebenden Individuen, welche potentiell eine einzige sich untereinander kreuzende Gemeinschaft bilden.[78]

Damit wird in Mayr 1967 ein Populationsbegriff etabliert, der mit Hennigs Begriff der engeren Fortpflanzungsgemeinschaft zusammenfällt. Im folgenden wird also *nicht* zwischen „Population" und „engerer Fortpflanzungsgemeinschaft" unterschieden. Entsprechend verwende ich auch die Ausdrücke „Population" und „engere Fortpflanzungsgemeinschaft" synonym. +
2) Geographische Faktoren, die verschiedengeschlechtige Individuen faktisch daran hindern können, miteinander Fortpflanzungsbeziehungen einzugehen, sind neben zu großen räumlichen Distanzen auch Barrieren wie Wüsten, Meere oder Gebirge etc.
3) Angehörige derselben engeren Fortpflanzungsgemeinschaft sind immer auch Angehörige derselben phylogenetischen Art, nicht aber umgekehrt. Denn Organismen, zwischen denen *direkte* Fortpflanzungsbeziehungen möglich sind, sind zwar per definitionem *nicht* reproduktiv voneinander isoliert und gehören damit zur selben geschlossenen Fortpflanzungsgemeinschaft; aber nicht *alle* Organismen, die ein und

+ This is a dumb choice.

[77] Vgl. Peters 1998a, 65.
[78] Mayr 1967, 349.

derselben phylogenetischen Art angehören, bilden miteinander notwendig nur eine *einzige* engere Fortpflanzungsgemeinschaft. [79]

4) Gerade im Freiland läßt sich natürlich nicht durch Kreuzungsversuche feststellen, ob innerhalb einer gemischtgeschlechtig zusammengesetzten Organismengruppe beliebige männliche mit beliebigen weiblichen Organismen (und umgekehrt) erfolgreich sexuell zu interagieren vermögen. In der Biologie setzt man deshalb die allseitige Befähigung zur Aufnahme direkter Fortpflanzungsbeziehungen oft da als gegeben *voraus*, wo die Mitglieder einer verschiedengeschlechtig zusammengesetzten lokal konzentrierten Organismengruppe in ausgezeichneten anatomisch-morphologischen Merkmalen übereinstimmen. Ähnlichkeit muß also bei der Identifizierung engerer Fortpflanzungsgemeinschaften vielfach als Zusatzkriterium herhalten. Doch anatomische Ähnlichkeit kann – streng genommen – nicht mehr als den *Verdacht* begründen, daß es sich bei einer gemischtgeschlechtig zusammengesetzten Gruppe faktisch zusammenlebender Organismen um eine engere Fortpflanzungsgemeinschaft oder Population handelt.

5) Das Kriterium der allseitigen Fertilität löst immer wieder logische Irritationen aus: Können zwei oder mehr Individuen *gleichen* Geschlechtes überhaupt zu ein und derselben Population gehören, obwohl sie miteinander ja gar nicht zur Zeugung von Nachwuchs befähigt sind?

Die in solchen und ähnlichen Fragen anklingenden Bedenken lassen sich meines Erachtens leicht ausräumen. Denn eine Population ist definitionsgemäß eine *gemischtgeschlechtig* zusammengesetzte Gruppe von *lokal konzentrierten* Organismen, innerhalb derer *beliebige Männchen* mit *beliebigen Weibchen* erfolgreich sexuell interagieren können. Wenn aber (nur) beliebige, je *gemischtgeschlechtig* zusammengesetzte Paare aus einer Gruppe von faktisch zusammenlebenden Organismen die Bedingung der sexuellen Kompatibilität erfüllen müssen, damit jeweils die gesamte Gruppe eine Population heißen darf, so können auch zwei oder mehr Weibchen Mitglieder ein und derselben Population sein, und zwar genau dann, wenn sie a) Mitglieder einer Gruppe von Organismen sind, die auf einem bestimmten geographisch abgegrenzten Areal faktisch zusammenleben, wenn b) diese Gruppe auch noch Männchen enthält und wenn c) zwischen beliebigen Männchen und Weibchen dieser Gruppe Fortpflanzungsbeziehungen möglich sind.

6) Zwischen allen *engeren* Fortpflanzungsgemeinschaften, deren Organismenbestände zusammen den Gesamtbestand einer phylogenetischen Art ausmachen, müssen wenigstens *indirekte* Fortpflanzungsbeziehungen möglich sein.[80]

Hat man sich vergegenwärtigt, daß für Hennig Arten als *geschlossene* Fortpflanzungsgemeinschaften aus miteinander verwobenen *engeren* Fortpflanzungsgemeinschaften bestehen *können*, so wird auch verständlich, wieso Hennig „Art" bisweilen

> als einen *Komplex* [von ...] Fortpflanzungsgemeinschaften[81]

---

[79] Daß eine einzige Population auch eine geschlossene Fortpflanzungsgemeinschaft bilden *kann*, räumt Hennig ausdrücklich ein. Vgl. HENNIG 1982, 69.

[80] Vgl. HENNIG 1984, 53.

[81] HENNIG 1982, 54. (Hervorhebung im Zitat durch M. L.)

und bisweilen einfach nur als Fortpflanzungsgemeinschaft definiert. Man muß lediglich beachten, daß Hennig das Wort „Fortpflanzungsgemeinschaft“ in zwei verschiedenen Bedeutungen verwendet.

3.2 Abstammungsbeziehungen zwischen Arten

Nach Hennig ist die

> Erforschung der *Abstammungs*gemeinschaften der Arten [...] die Aufgabe der phylogenetischen Systematik.[82]

Im folgenden soll geklärt werden, welche der Beziehungen, die zwischen phylogenetischen Arten bestehen können, Hennig als „Abstammungsbeziehungen“ anspricht und wie durch diese Abstammungsbeziehungen diejenigen Abstammungs*gemeinschaften* der Arten konstituiert werden, die Gegenstand der Phylogenetischen Systematik sind.
Das Wort „Abstammung“ ist Teil unserer Alltagssprache. So wie wir dieses Wort alltagssprachlich verwenden, besteht eine „Abstammungsbeziehung“ zum Beispiel zwischen einzelnen Menschen oder Tieren, allgemeiner: zwischen einzelnen Organismen dann, wenn diese Organismen in einer Vorfahr-Nachfahr-Beziehung oder insbesondere in einer Elternteil-Kind-Beziehung zueinander stehen.

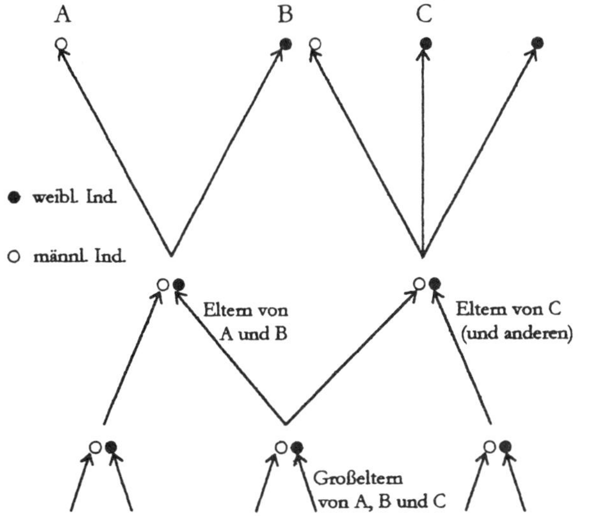

Fig. 5: Beispiel für einen Stammbaum, demzufolge für die Personen A, B und C die Relation „A ist näher mit B als mit C verwandt“ erfüllt ist.

Abstammungsbeziehungen zwischen einzelnen Organismen können graduell abgestuft sein. Solche graduell abgestuften oder hierarchischen Abstammungsbeziehungen zwischen einzelnen Organismen werden alltagssprachlich mit Hilfe des dreistelligen Relators „- - - ist näher mit + + + als mit ~ ~ ~ verwandt“ aufgewiesen. Dieser Relator funktioniert so, daß eine Aussage wie „A ist näher mit B verwandt als mit C“ zum Beispiel dann wahr ist, wenn für das Individuenpaar AB die Relation „- - - ist Bruder/Schwester von + + +“ und für AC sowie für BC die Relation „- - - ist Cousin/Cousine von + + +“ erfüllt ist. Dabei entscheiden wir über das Erfülltsein beider Relationen anhand eines *bekannten* Stammbaums, indem wir den generationalen Abstand der Individuen A und B zum letzten ihnen gemeinsamen Vorfahren mit dem generationalen Abstand der Individuen A und C bzw. der Individuen B und C zum letzten ihnen jeweils gemeinsamen Vorfahren vergleichen, anders ausgedrückt: das

[82] HENNIG 1984, 14.

relative verwandtschaftsgeschichtliche Alter der jeweils letzten gemeinsamen Vorfahren bestimmen.

Einen Stammbaum für die Personen A, B und C, demzufolge AB Geschwister und AC sowie BC Cousins/Cousinen sind, zeigt Fig. 5. Nach diesem Familienstammbaum erklärt sich der unterschiedliche Grad der relativen Verwandtschaft zwischen AB einerseits und AC bzw. BC andererseits schlicht damit, daß die letzten gemeinsamen Vorfahren von AC und BC, nämlich die allen drei Personen gemeinsamen Großeltern, eine Generation *weiter* zurückliegen als die letzten gemeinsamen Vorfahren von AB, nämlich deren Eltern.

Abstammungsbeziehungen, wie sie Fig. 5 zeigt, verdanken sich biparentaler Fortpflanzung. Von „biparentaler Fortpflanzung" sei fortan die Rede, wo Individuen Nachkommen von genau zwei verschiedengeschlechtigen Individuen, kurz: Nachkommen eines *Elternpaares* sind.

Neben biparentalen Organismen kennt die Biologie auch Organismen, die sich uniparental reproduzieren. Heißen Organismen dann „uniparental", wenn sie *im weitesten Sinn* Nachkommen genau *eines* Individuums sind, so können Nachkommen derjenigen zwittrigen Organismen, die sich sexuell, jedoch *nur* durch Selbstbefruchtung vermehren, ebenso als „uniparentale" Organismen gelten wie Einzeller, die sich auf dem Wege der Selbstteilung und damit ungeschlechtlich reproduzieren.

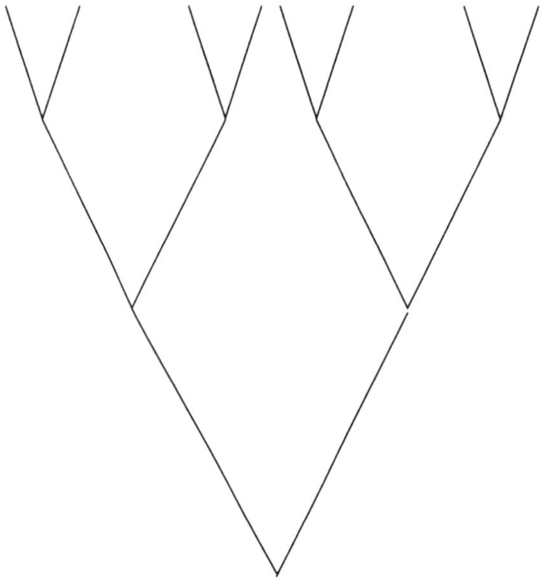

Fig. 6: Ideale Generationenentwicklung eines sich durch Selbstteilung reproduzierenden Einzellers.

Fixiert man Abstammungsbeziehungen, wie sie zwischen uniparentalen Organismen bestehen können, in einem Stammbaum, so zeigt dieser Stammbaum eine Verzweigungsstruktur, die sich markant von der Netzstruktur unterscheidet, die für Stammbäume einzelner biparentaler Organismen charakteristisch ist. Denn in solchen Stammbäumen bestehen zwischen Individuen keinerlei *Fortpflanzungs*-, sondern nur *Abstammungs*beziehungen. Darüber hinaus gilt: Stammbäume solcher uniparentaler Organismen, die sich ungeschlechtlich *qua Selbstteilung* reproduzieren, sind im Unterschied zu Stammbäumen biparentaler Organismen stets *dichotomisch* verzweigt (vgl. Fig. 6).

Gleichwohl läßt sich auch auf uniparentale Organismen der dreistellige Relator „- - - ist näher mit + + + als mit ~ ~ ~ verwandt" anwenden. Man kann nämlich festlegen, daß drei uniparentale *Individuen* A, B und C die Relation „A ist näher mit B als mit C verwandt" genau dann erfüllen, wenn die Anzahl der Verzweigungspunkte, die zwischen A und dem letzten gemeinsamen Vorfahren von AB liegen, kleiner ist als die Anzahl der Verzweigungspunkte, die zwischen A und dem letzten gemeinsamen Vorfahren von AC liegen.

In HENNIG 1984 vergleicht Hennig die Struktur der Abstammungsbeziehungen, die im Zuge der Generationenentwicklung uniparentaler Organismen auftreten, mit der Struktur derjenigen Beziehungen, die er „Abstammungsbeziehungen zwischen Arten" oder „phylogenetische Beziehungen" nennt:

> Die Struktur der phylogenetischen Beziehungen der Arten ist formal vollkommen identisch mit der Struktur der [...] *genealogischen* Beziehungen, die zwischen den Individuen eineltriger Organismen bestehen. Sie lassen sich wie diese in einem Stammbaum (Dendrogramm) darstellen, in dem aber die Arten die Stellen einnehmen, die bei den eineltrigen Organismen die Individuen besetzen. So wie bei diesen gibt es auch bei den Arten Abstammungsgemeinschaften, zu denen alle diejenigen Arten gehören, die von einer nur ihnen gemeinsamen Ahnenart (Stammart) abstammen. Wie bei den eineltrigen Organismen, so bilden auch die Abstammungsgemeinschaften der Arten ein *hierarchisches* Gefüge von Artgruppen, die auf Stammarten (Ahnenarten) *verschiedenen Alters* zurückgehen.[83]

Dieses Zitat läßt nicht nur erkennen, daß nach Hennig Arten miteinander dann eine Abstammungsgemeinschaft bilden, wenn sie auf eine gemeinsame Stammart zurückgehen; vielmehr artikuliert Hennig in dem zitierten Passus auch seine Auffassung, daß zwischen Arten hierarchisch abgestufte Abstammungsbeziehungen bestehen, die mit Hilfe des dreistelligen Relators „- - - ist näher mit + + + als mit ~ ~ ~ verwandt" aufgewiesen werden können.

Wie sich Hennig zufolge der Grad der Abstammung, anders ausgedrückt: der relative Grad der zwischen verschiedenen Arten bestehenden phylogenetischen Verwandtschaft bemißt, geht aus folgendem Textstück hervor:

> Die Arten nehmen im Stammbaum, der ihre phylogenetische Verwandtschaft anschaulich darstellt, die Stelle der Individuen im Stammbaum eineltriger Organismen ein. Wie bei diesen bemißt sich auch der Grad der phylogenetischen Verwandtschaft der Arten nach ihrer Abstammung von jüngeren oder älteren nur ihnen gemeinsamen Vorfahren bzw. Stammarten. Danach ergibt sich die Definition: *Eine Art A ist mit einer Art B dann und nur dann phylogenetisch näher verwandt als mit einer beliebigen Art X, wenn A und B Deszendenten einer Stammart sind, die nicht zugleich auch die Stammart von X ist.*[84]

Und noch etwas später heißt es in HENNIG 1984:

> Es ist z. B. sinnvoll zu sagen, der Seeigel sei mit dem Menschen näher verwandt als der Regenwurm [...]. Entscheidend für die Beurteilung der relativen Verwandtschaft dieser Arten ist allein die Stellung der Stammarten in der chronologischen Sequenz der Verzweigungen des Stammbaums.[85]

Der dreistellige Relator „- - - ist näher mit + + + als mit ~ ~ ~ verwandt" kann also nach Hennig auf phylogenetische Arten deshalb angewendet werden, weil sich verschiedene phylogenetische Arten in so etwas wie eine Generationen*abfolge* bringen, anders ausgedrückt: hinsichtlich ihres relativen verwandtschaftsgeschichtlichen *Alters* unterscheiden lassen.

---

[83] HENNIG 1984, 14. (Hervorhebungen im Zitat durch M. L.)

[84] HENNIG 1984, 19. (Hervorhebung im Original.)

[85] HENNIG 1984, 20.

Wie aber hat man sich mit Hennig das Zustandekommen von Vorfahr-Nachfahr-Beziehungen zwischen *Arten* vorzustellen? Wie kommt es zur abstammungs- oder verwandtschaftsgeschichtlichen Sukzession verschiedener *Arten*?
„Arten" im Sinne Hennigs sind geschlossene Fortpflanzungsgemeinschaften biparentaler Organismen. Zwischen diesen Fortpflanzungsgemeinschaften können nach Hennig graduell abgestufte phylogenetische Beziehungen deshalb bestehen, weil neue Fortpflanzungsgemeinschaften entstehen, indem sich alte Fortpflanzungsgemeinschaften teilen (vgl. Fig. 7).[86]

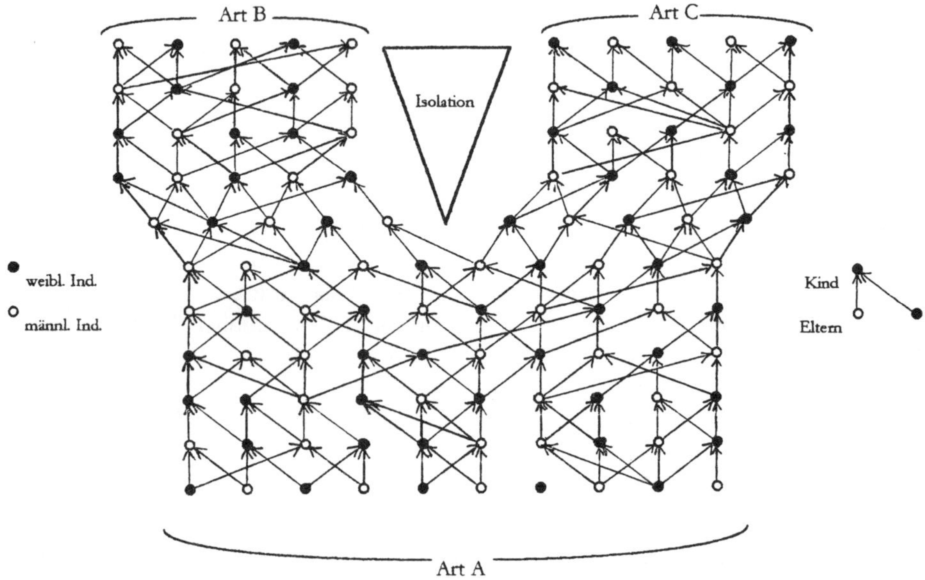

Fig. 7: Schematische Darstellung des Vorganges der Art-Spaltung nach HENNIG 1982, 27.

Wenn auch

> die Arten relativ beständige, über verhältnismäßig lange Zeitspannen bestehende Komplexe sind, so sind sie doch nicht absolut beständig. Die moderne Genetik belehrt uns darüber, wie neue Arten entstehen: Dadurch, daß den Fortpflanzungsbeziehungen der Individuen Schranken gesetzt werden, entstehen im Strome der genealogischen Beziehungen neue Lücken, d. h. neue Artgrenzen, neue Arten [...]. Wie DOBZHANSKY und viele andere annehmen spielen geographische Schranken dabei die Hauptrolle.[87]

Spaltet sich eine Fortpflanzungsgemeinschaft dadurch auf, daß – mutativ induziert – Nachkommen von *Mitgliedern* ein und derselben Fortpflanzungsgemeinschaft ein neues Merkmal ausbilden, dessen Besitz zu Lasten der Fähigkeit geht, mit Trägern des alten Merkmals auch nur *indirekte* Fortpflanzungsbeziehungen aufzunehmen, so sind nach Hennig nicht nur zwei neue Fortpflanzungsgemeinschaften entstanden, sondern die alte Fortpflanzungsgemeinschaft hat zugleich auch *aufgehört* zu bestehen. Denn Hennig

[86] Wege der Artbildung werden in WEBERLING/STÜTZEL 1993, 32–44 diskutiert. Dabei wird auch auf die von Hennig so sehr betonte Bedeutung der geographischen Separation eingegangen.
[87] HENNIG 1982, 26.

will den Moment, in dem zwischen Nachkommen von Mitgliedern derselben Art Fortpflanzungsbarrieren auftreten, als historischen Beginn je neuer Fortpflanzungsgemeinschaften aufgefaßt wissen.[88] Näherhin gilt für Hennig: Eine Fortpflanzungsgemeinschaft hat ab dem Zeitpunkt ihres Hervorgehens aus der Vorläufer-Art so lange Bestand, bis sie entweder durch Weiterspaltung oder durch Aussterben erlischt.[89]
Macht man sich klar, daß für Hennig eine Fortpflanzungsgemeinschaft im Moment ihrer Spaltung in den je neu entstandenen Nachfolgegemeinschaften aufgeht, so wird verständlich, wieso er das Entstehen neuer Fortpflanzungsgemeinschaften analog zur Generationenentwicklung uniparentaler Organismen als einen Prozeß der Stammbaumentwicklung in der Zeit beschreibt und beschreiben kann. Die Analogie erscheint dabei umso plausibler, als zum Beispiel im Falle der Vermehrung durch Selbstteilung Abstammungsbeziehungen zwischen Organismen konstituiert werden, indem das sich teilende Individuum in seine Nachfolger-Individuen sozusagen hineinverschwindet.
Trotz ihrer strukturellen Ähnlichkeit mit den zwischen bestimmten uniparentalen Organismen bestehenden Abstammungsverhältnissen müssen die auf Spaltungen von Fortpflanzungsgemeinschaften beruhenden *phylogenetischen* Abstammungsverhältnisse sorgfältig von denjenigen Verwandtschaftsbeziehungen unterschieden werden, die *innerhalb* phylogenetischer Arten durch sexuelle Fortpflanzung verschiedengeschlechtiger *Individuen* entstehen. Entsprechend ist zu beachten: Der Relator „- - - ist näher mit + + + als mit ~ ~ ~ verwandt" geht da, wo er auf Hennigsche Arten so angewendet wird, daß eine Art A zum Beispiel dann näher mit einer Art B verwandt ist als mit einer Art C, wenn der Prozeß ihrer Entstehung nach dem in Fig. 8 gezeigten *Aufspaltungs*schema abgelaufen ist, *nicht* auf Abstammungsbeziehungen, wie sie innerhalb phylogenetischer Arten zwischen *Individuen* bestehen können.

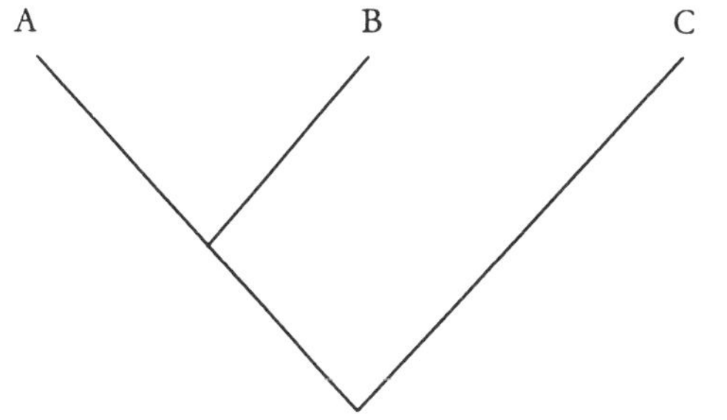

Fig. 8: Aufspaltungsschema, nach dem für die Hennigschen Arten A, B, C gilt: A ist näher mit B als mit C verwandt.

Was darüber hinaus das Verhältnis zwischen biparentaler *Abstammung* und Art*zugehörigkeit* anbetrifft, so verdient folgendes Problem Beachtung:
Versteht man a) unter „biparentaler Abstammung" die Abstammung eines Individuums von einem Eltern*paar*, und geht man b) davon aus, daß Biparentalität im Laufe der Evolution allererst entstanden ist, so kann man *nicht* annehmen, daß Individuen, um zu ein und derselben phylogenetischen Art gehören zu können, in biparentalen Abstammungsbeziehungen stehen *müssen*. Setzt man nämlich voraus, daß es zu einem bestimmten Zeitpunkt der Evolutionsgeschichte ein historisch erstes Elternpaar (also eine erste Hennigsche Art) gegeben hat, so ist *ebensowenig* denkbar, daß ein Elternteil Kind des anderen ist, wie denkbar ist, daß beide Teile dieses Elternpaars gemeinsame

[88] Vgl. besonders HENNIG 1982, 25–27, 36–38 und 70–75 sowie HENNIG 1984, 14–15 und HENNIG 1994, 14–15.
[89] Vgl. HENNIG 1984, 14–15.

Eltern haben oder Kinder verschiedener Eltern sind. Wäre nämlich eines der beiden Individuen, die das historisch erste Elternteil gebildet haben, Kind des anderen gewesen, so wäre nicht dieses Paar, sondern das Elternpaar, aus dessen Verbindung eben dieses Individuum hervorgegangen ist, das historisch erste Elternpaar gewesen. Des weiteren: Wären die beiden Teile des historisch ersten Elternpaares Kinder desselben Elternpaares, also Geschwister gewesen, so wären nicht sie, sondern ihre Eltern das erste Elternpaar gewesen. Derselbe Widerspruch tritt auf, wenn beide Teile des historisch ersten Elternpaares Kinder verschiedener Eltern sind.

In allen drei Fällen tritt also ein Widerspruch zur Voraussetzung auf. Damit ist aber nachgewiesen, daß zwischen den Individuen, aus denen sich eine bestimmte Hennigsche Art oder Fortpflanzungsgemeinschaft zusammensetzt, keine Verwandtschaft in derjenigen Wortbedeutung bestehen *muß*,[90] die zum Vorschein kommt,

> wenn man bei menschlichen Individuen von Verwandtschaft 1., 2., 3., ... n. Grades spricht.[91]

Um sie von phylogenetischen Abstammungsbeziehungen, in denen *Arten* zueinander stehen können, terminologisch abzusetzen, charakterisiert Hennig Abstammungsbeziehungen zwischen *einzelnen* Organismen, die auf uni- oder biparentaler Reproduktion beruhen, als „*tokogenetische* Beziehungen".

> Auch zwischen verschiedenen Individuen bestehen genetische Beziehungen. Wir nennen sie im folgenden „tokogenetische Beziehungen". Sie entstehen durch die Erscheinung, die man „Fortpflanzung" nennt.[92]

Während „phylogenetische Beziehungen" zwischen *Arten* bestehen, die durch Spaltung einer Stammart entstanden sind, können „tokogenetische Beziehungen" sowohl zwischen biparentalen *Individuen* (vgl. Fig. 9) innerhalb phylogenetischer Arten als auch zwischen uniparentalen *Individuen* qua Reproduktion bestehen.

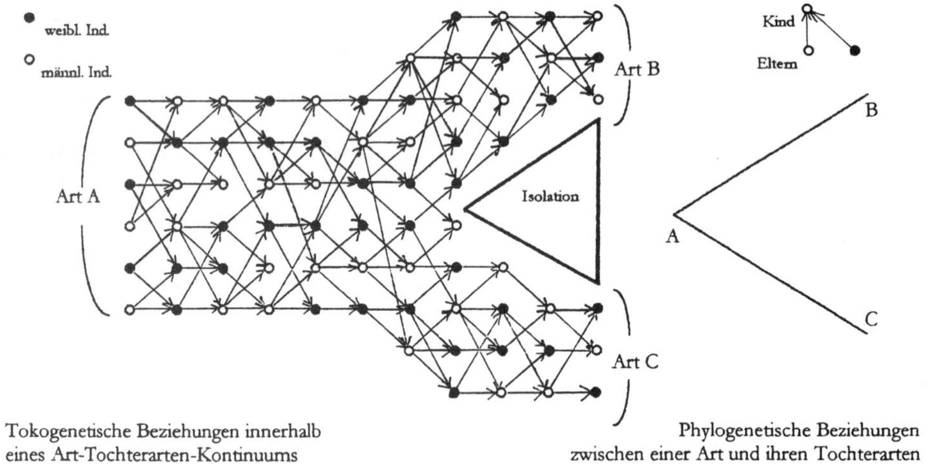

Fig. 9: Tokogenetische Beziehungen und Artspaltung. Vgl. HENNIG 1982, 37.

---

[90] Sonst hätte es ja nie eine historisch erste Hennigsche Art, also nie ein historisch erstes Elternpaar geben können.

[91] HENNIG 1984, 19.

[92] HENNIG 1982, 36.

Verfügt man über die Unterscheidung zwischen „tokogenetischen" und „phylogenetischen Abstammungsbeziehungen", so ist man in der Lage, eine Argumentation, die in HENNIG 1984 an prominenter Stelle entwickelt wird, zu analysieren:

> Aus den beiden Praemissen [sic!], daß
> 1) alle Organismen durch genealogische Beziehungen miteinander verbunden sind, und daß
> 2) bei den zweigeschlechtigen Organismen Fortpflanzung sich nur innerhalb geschlossener Fortpflanzungsgemeinschaften, die wir Arten nennen, vollzieht,
> ergibt sich der zwingende Schluß, daß genealogische Charaktere auch zwischen *den* Arten bestehen müssen. Wir nennen sie deren „*phylogenetische* Beziehungen".[93]

Gibt man den Ausdruck „genealogische Beziehungen", der in der ersten der beiden Prämissen vorkommt, sowie den Ausdruck „genealogische Charaktere", dessen sich Hennig in der Konklusion bedient, mit „Abstammungsbeziehungen" wieder, so läßt sich zunächst festhalten: Während mit der ersten Prämisse konstatiert wird, daß zwischen *allen* je aufgetretenen *einzelnen Organismen* Abstammungsbeziehungen, d. h. *tokogenetische* Beziehungen bestehen, wird mit der Konklusion das Bestehen von phylogenetischen[94] Abstammungsbeziehungen zwischen *Arten* behauptet.
Untersucht man in einem nächsten Schritt den Wortlaut der Konklusion noch genauer, so gelangt man zu folgendem Ergebnis: Mit der Konklusion wird nicht nur behauptet, daß es *überhaupt* Arten gibt, zwischen denen Abstammungsbeziehungen bestehen; vielmehr läßt sich die Konklusion auch als Behauptung über das *Ausmaß*, in dem zwischen Arten phylogenetische Abstammungsbeziehungen auftreten, interpretieren: Zwischen „*den* Arten" nämlich, also offenbar zwischen *beliebigen* (allen) Arten, bestehen laut Konklusion Abstammungsbeziehungen.
Geht man von dieser Lesart aus, so fällt die Konklusion mit der für Hennig methodisch zentralen, nämlich die phylogenetische Bearbeitung *beliebiger* Arten-Ensembles rechtfertigenden Annahme zusammen,

> daß sämtliche Arten durch phylogenetische Beziehungen miteinander verbunden sind [...], daß [also] je zwei oder mehr beliebige Arten gemeinsame Stammarten haben müssen.[95]

Läßt sich diese starke Monophylie-Annahme, also die Annahme, daß alle Arten (von Biparentalen) auf eine einzige Ur-Fortpflanzungsgemeinschaft zurückgehen, aber tatsächlich aus den beiden zitierten Prämissen ableiten?
Bevor ich dieser Frage nachgehe, möchte ich noch zwei exegetische Bemerkungen zur ersten Prämisse nachreichen:
1) Bei der Annahme, daß alle *Organismen* durch genealogische Beziehungen verbunden sind, handelt es sich *nicht* um eine Variante der starken Monophylie-Annahme – zumindest nicht, wenn man als „starke Monophylie-Annahme" die Hypothese bezeichnet, daß *alle* phylogenetischen *Arten* auf eine einzige Stammart zurückgehen und deshalb *phylogenetisch* miteinander verwandt sind. Denn wie schon verdeutlicht wurde, wird mit der ersten Prämisse keine Behauptung über den Umfang *phylogenetischer* Verwandtschaftsbeziehungen zwischen *Arten*, sondern eine Behauptung über den Umfang *tokogenetischer* Beziehungen auf der Ebene der *einzelnen* Organismen aufgestellt.

---

93 HENNIG 1984, 14 (Hervorhebungen im Zitat durch M. L.)
94 Man beachte die an die Konklusion anschließende Definition.
95 HENNIG 1984, 20.

2) Bei den „genealogischen Beziehungen“, die laut erster Prämisse zwischen „allen Organismen“ bestehen, kann es sich keinesfalls nur um diejenigen tokogenetischen Beziehungen handeln, die zwischen *Biparentalen* vorkommen. Denn die Biologie kennt Organismen, die sich uniparental reproduzieren. Diejenigen tokogenetischen Beziehungen, die zwischen *Biparentalen* auftreten können, bestehen also von vornherein nicht zwischen *allen* Organismen.

Damit sind die interpretatorischen Vorarbeiten soweit gediehen, daß zunächst einmal die Frage beantwortet werden kann, ob *allein* aus der Annahme, daß zwischen allen Organismen tokogenetische Beziehungen bestehen, Hennigs starke Monophylie-Annahme folgt.

Meines Erachtens besteht ein solcher *unmittelbarer* Folgerungszusammenhang nicht. Die erste Prämisse impliziert für sich genommen nicht die in der Konklusion getroffene Aussage. Denn mit der Annahme, daß alle erdgeschichtlich je aufgetretenen Organismen tokogenetisch miteinander verwandt sind, ist logisch die Annahme *vereinbar*, daß es historisch *mehrere* gleich ursprüngliche Ur-Arten gegeben hat.

Tokogenetisch miteinander verwandt sind *alle* Organismen nur unter der Bedingung, daß *alles* Leben auf genau *einen* Ur-Organismus zurückgeht. Dieser muß sich zunächst uniparental (durch Selbstteilung?) reproduziert haben. Hingegen bestünde tokogenetische Verwandtschaft zwischen *allem* Leben auf der Erde *nicht*, wenn es mehrere gleich ursprüngliche (vielleicht von allem Anfang an biparental interagierende) Ur-Organismen gegeben hätte. Wenn aber alles Leben auf einen einzigen Ur-Organismus zurückgeht, dann kann Biparentalität nur entstanden sein, indem Individuen mit letztlich uniparentaler Abstammung zu reproduktiver Interaktion übergegangen sind. Theoretisch aber ist keineswegs ausgeschlossen, daß dieser Übergang mehrfach stattgefunden hat, indem sich mehrere Paare von Uniparentalen zu mehreren *gleich* ursprünglichen (Proto-)Elternpaaren zusammengefunden haben. Monophylie der Biparentalen wäre aber in diesem Fall *nicht* gegeben, da mit mehreren gleich ursprünglichen ersten Elternpaaren auch mehrere gleich ursprüngliche erste Arten entstanden wären.

Hilft nun in dieser Situation Hennigs zweite Prämisse weiter? Mit der zweiten Prämisse wird ausgesagt, daß die Biparentalen reproduktiv in verschiedene Fortpflanzungsgemeinschaften zerfallen, die gegeneinander insofern abgeschlossen sind, als zwischen ihnen jeweils keine Fortpflanzungsbeziehungen bestehen können. Wenn aber diese Deutung zutrifft, so folgt auch aus der Verbindung von erster *und* zweiter Prämisse *nicht*, daß zwischen beliebigen Arten *phylogenetische* Beziehungen auftreten. Aus der Verbindung beider Prämissen mag sich ableiten lassen, daß zwischen *Mitgliedern* beliebiger *verschiedener* Arten (weit entfernte) tokogenetische Verwandtschaftsbeziehungen auftreten müssen, aber beide Prämissen berechtigen nicht zu der Konklusion, daß *beliebige Arten* miteinander *phylogenetisch* verwandt sein *müssen*. Wie wir gesehen haben, könnte alles Leben tokogenetisch miteinander verwandt sein, selbst wenn es historisch *mehrere* erste Arten gegeben haben sollte.

Damit aber ist der Punkt erreicht, an dem eine Gesamteinschätzung vorgenommen werden kann. Diese Gesamteinschätzung fällt negativ aus: Hennigs Schluß ist in der von mir entwickelten Lesart unzulässig. Die Prämissen sind nicht stark genug, um die von Hennig aufgestellte Konklusion zu tragen.

3.3 Prämissen und Ziele der Phylogenetischen Systematik

Die Erforschung der graduell abgestuften, auf fortgesetzte Teilung von Fortpflanzungsgemeinschaften zurückgehenden Beziehungen zwischen Hennigschen Arten ist die Aufgabe der konsequent-phylogenetischen Systematik.

3.3.1 Drei methodisch wichtige Vorannahmen Hennigs

Das von Hennig zur Bewältigung dieser Aufgabe vorgeschlagene phylogenetische Rekonstruktionsverfahren greift *nur*, wenn folgende drei Prämissen als gültig zugestanden werden.

Voraussetzung I besteht in der Annahme, *daß sich die Entstehung der uns bekannten biologischen Formenvielfalt im Bereich der biparentalen Organismen der fortgesetzten Aufspaltung einer Ur-Fortpflanzungsgemeinschaft in immer weitere Fortpflanzungsgemeinschaften verdankt.*

Die Voraussetzung tritt zu Tage, wenn Hennig betont, daß zwei oder mehr *beliebige* Arten eine ihnen gemeinsame Stammart haben müssen.[96] Auf diese mit der Annahme, daß die Biparentalen ein Monophylum bilden, zusammenfallende Behauptung bin ich bereits am Schluß von Abschnitt 3.2 eingegangen. Dort habe ich insbesondere darauf hingewiesen, daß Hennig *beliebige* Ensembles von Arten mit den Methoden der phylogenetischen Systematik bearbeiten zu können glaubt, weil seines Erachtens beliebige Arten A, B, C, ... die Relation „- - - ist phylogenetisch verwandt mit + + +" erfüllen. Diesem Hinweis möchte ich hier nun folgende Gestalt geben:

Die Annahme, daß alle phylogenetischen Arten historisch aus einer einzigen Ur-Fortpflanzungsgemeinschaft hervorgegangen sind, fällt mit der Annahme zusammen, daß *beliebige* Paare von phylogenetischen Arten eine ihnen gemeinsame Stammart haben. Damit aber kann Hennigs weiter oben zitierte Äußerung, Aufgabe der phylogenetischen Systematik sei *die Erforschung der Abstammungsgemeinschaften der Arten*[97], keinesfalls so gemeint sein, daß für verschiedene Arten allererst geklärt werden muß, *ob* sie überhaupt eine gemeinsame Stammart haben. Denn genau diese Bedingung erfüllen nach Voraussetzung beliebig zusammengestellte Paare von Hennigschen Arten. Für Hennig kann es also nur darum gehen, die relativen Grade der zwischen mindestens drei Arten bestehenden phylogenetischen Verwandtschaft zu ermitteln sowie festzustellen, welche Arten zusammen eine nur ihnen gemeinsame Stammart besitzen. Wenn nämlich alle Arten miteinander verwandt sind, bleibt nur noch zu klären, *in welchem Grad bestimmte Arten* miteinander verwandt sind und ob sie die letzte ihnen gemeinsame Stammart mit anderen Arten teilen oder nicht.

Voraussetzung II besteht in der Annahme, daß die fortgesetzte Aufspaltung der Ur-Fortpflanzungsgemeinschaft in immer weitere Fortpflanzungsgemeinschaften *dichotomisch* erfolgt ist. Diese Prämisse ist wirksam, insofern Hennigs Stammbäume faktisch nie der Möglichkeit einer multiplen Artspaltung Rechnung tragen, sondern immer nur Verzweigungen einer Stammart in genau zwei Folgearten erkennen lassen. Zwar räumt Hennig die Möglichkeit einer multiplen Art-Spaltung ausdrücklich ein, er gibt aber zu bedenken,

---

[96] Vgl. das in Anm. 95 (Seite 49) nachgewiesene Zitat aus HENNIG 1984.

[97] Vgl. das in Anm. 82 (Seite 43) nachgewiesene Zitat aus HENNIG 1984.

daß auch dann, wenn wir nur für eine größere Zahl von Arten angeben können, daß sie aus einer nur ihnen gemeinsamen Stammart hervorgegangen ist, [wir] niemals beweisen können, daß hier tatsächlich multiple Artspaltung vorliegt. Es könnte sich um ein dichte Folge von Dichotomien handeln, die nur mit unseren Mitteln nicht aufzulösen sind. Wenn wir dichotomische Artspaltung als Grundprinzip annehmen, so hat das heuristischen Wert: Dadurch werden Untersuchungen angeregt, die das Ziel haben, wenn möglich auch dort eine Folge von Dichotomien nachzuweisen, wo ein solcher Nachweis bisher nicht gelungen ist.[98]

Voraussetzung III ist von besonderem Interesse. Denn diese Voraussetzung läßt erahnen, wie Hennig den historischen Prozeß fortgesetzter dichotomischer Art-Spaltungen rekonstruiert wissen will. Mit den Voraussetzungen I und II hat man ja nur zugestanden, daß sich im Prinzip alle Hennigschen Arten in ein an allen Knoten dichotomisch verzweigtes Dendrogramm mit genau einer Erstverzweigung bringen lassen. Wie aber herausgefunden werden kann, welche Arten an welchen Astspitzen und Verzweigungspunkten lokalisiert sind, bleibt von der ersten Voraussetzung her noch dunkel. Genau dies ändert sich mit Voraussetzung III. Hennig gibt nämlich zu bedenken, *daß der Prozeß der Art-Aufspaltung mit Änderungen in der Merkmalsausstattung bei wenigstens einer der beiden entstehenden Tochterarten einhergeht*:

Wenn eine Art (Fortpflanzungsgemeinschaft) in zwei gegeneinander isolierte Fortpflanzungsgemeinschaften aufgespalten wird [...], dann ist damit immer auch eine Änderung (Transformation) mindestens eines Merkmals der Ausgangsart bei mindestens einer der beiden Nachfolgearten verbunden.[99]

Man wird Hennig an dieser Stelle gewiß nicht so verstehen dürfen, daß Isolation *kausal* auf die Merkmalsausstattung von Organismen wirkt. Vielmehr genau umgekehrt: Setzt sich zum Beispiel – mutativ induziert – innerhalb genau einer bestimmten Teilgruppe, die von anderen Teilgruppen *derselben* geschlossenen Fortpflanzungsgemeinschaft geographisch separiert ist, ein neues Merkmal durch, so besteht die Möglichkeit, daß die Träger des neu entstandenen Merkmals mit den Besitzern des alten Merkmals sexuell nicht mehr kompatibel sind. Ist dieser Fall – vielleicht erst in der Aufsummierung *mehrerer* Mutationsereignisse – eingetreten, so kann davon die Rede sein, daß eine neue phylogenetische Art entstanden ist, die sich von dem nach Hennig dann ja ebenfalls als neue Art firmierenden, unverändert gebliebenen Rest der alten Fortpflanzungsgemeinschaft durch den Besitz eines bestimmten Merkmals *unterscheidet*.
Im Fortgang meiner Argumentation konzediere ich die Voraussetzungen I, II und III – wohlwissend, daß vor allem Hennigs Monophylie- und seine Dichotomie-Annahme (Prämisse I und II) umstritten sind. Ich werde jedoch Hennigs Ansatz so problematisieren, daß nichts davon abhängt, ob die gegen beide Annahmen erhobenen Einwände triftig oder unberechtigt sind. Gleichwohl sei an dieser Stelle auf die sehr instruktiven Bemerkungen in SUDHAUS/REHFELD 1992[100] zum Dichotomie-Problem sowie auf diejenigen Passagen von Abschnitt 3.5 verwiesen, in denen die verschiedenen und verschieden starken Versionen der Monophylie-Annahme bei Hennig noch einmal behandelt werden sollen.

[98] HENNIG 1984, 16.
[99] HENNIG 1984, 40.
[100] Vgl. SUDHAUS/REHFELD 1992, 104 sowie 118–119.

3.3.2 „Synapomorphie" bei Hennig

Hennig hat den Begriff „Synapomorphie" stets im Zusammenhang mit dem Begriff „Symplesiomorphie" erläutert. Dabei hat er sich jedesmal auf seine Unterscheidung zwischen „apomorphen" und „plesiomorphen" Merkmalen bezogen. Ich möchte mich diesem Vorgehen anschließen und zunächst Hennigs Begriffspaar „apomorph"–„plesiomorph" vorstellen.

Von Publikation zu Publikation hat Hennig immer wieder neue Formulierungen gewählt, um zu erläutern, wie er die Ausdrücke „apomorph" bzw. „plesiomorph" verstanden wissen will.[101] Die für meine Zwecke geeignetste Definition des Begriffspaares findet sich in HENNIG 1984. Dort heißt es:

> Merkmale, deren Verschiedenheit gegenüber dem homologen Merkmalspartner auf der Veränderung irgendwelcher Art beruht, nennen wir *apomorphe* Merkmale. Der unveränderte homologe Merkmalspartner ist dagegen ein *plesiomorphes* Merkmal.[102]

In dieser Definition werden zwar die Termini „homolog" und „Merkmalspartner" als bekannt vorausgesetzt; die Bereitstellung beider Termini erfordert aber keinen allzu großen Aufwand.

Der Gebrauch des Ausdrucks „homolog" wird in HENNIG 1982 wie folgt expliziert:

> Verschiedene Merkmale, die als Transformationsstufen ein und desselben Ausgangszustandes anzusehen sind, werden allgemein als homologe Merkmale bezeichnet.[103]

Mit anderen Worten: Besitzt eine Hennigsche Art A ein Merkmal a, so ist a *homolog* zu einem Merkmal b der Art B, wenn a *und* b beispielsweise durch Transformation[104] aus einem Merkmal c der A und B gemeinsamen Stammart C hervorgegangen sind. Hennigs Explikation trägt dabei sowohl dem Fall Rechnung, daß a und b *denselben* Transformationszustand von c, als auch dem Fall, daß sie *verschiedene* Transformationszustände von c darstellen. Denn in beiden Fällen wären a und b Transformationszustände von c.

Wir werden uns mit diesem Homologie-Begriff in Kapitel 4 noch genauer auseinanderzusetzen haben, von daher beschränke ich mich hier auf zwei Anmerkungen:

1) Ich verwende im folgenden die Kunstausdrücke „P-Homologie" bzw. „p-homolog" („P"/„p" steht dabei für „Phylogenetische"/„phylogenetisch"), wenn ich die Wörter „Homologie" bzw. „homolog" in der soeben erläuterten Bedeutung verwende. Demgegenüber treten die Ausdrücke „M-Homologie" bzw. „m-homolog" („M"/„m" steht für „Morphologische"/„morphologisch") im folgenden immer dann auf, wenn es um den phylogenetisch zunächst neutralen, morphologischen Homologie-Begriff geht: Anatomische Gefüge oder Gefügeteile sind m-homolog zueinander, wenn sie in einem

---

[101] Vgl. auch HENNIG 1982, 93: „Wir nennen im folgenden die Merkmale bzw. Merkmalszustände, von denen innerhalb einer monophyletischen Gruppe die Transformation ausgegangen ist [...] plesiomorph, die abgeleiteten Folgezustände [...] apomorph." Ebenso HENNIG 1994, 16: „Plesiomorph heißt ein Merkmal, das von der Stammart, die sein Träger mit dem Träger des anderen Merkmalspartners teilt, relativ unverändert übernommen wurde. Apomorph heißt ein Merkmal, das im Vergleich mit dem Merkmalspartner den relativ stärker veränderten Zustand repräsentiert."

[102] HENNIG 1982, 93.

[103] HENNIG 1984, 37.

[104] Zum Begriff „Transformation" vgl. Abschnitt 4.1.1.

bestimmten *Ähnlichkeits*verhältnis zueinander stehen. (Zur Rede von „M-Homologie" und „m-homolog" vgl. Abschnitt 4.1.2.2.)

2) Wenn wir behaupten, ein bestimmtes biologisches Merkmal q „habe sich im Laufe der Evolution verändert", so ist etwa ein unter den Formbegriff q fallender und seinerseits aus Teilen aufgebauter anatomischer Teil, dessen Besitz zum Merkmal einer bestimmten Organismenklasse gemacht werden kann, Gegenstand unseres Redens. Wir behaupten dann, a) Informationen darüber zu besitzen, wie der Teil q bei q-Trägern aus einem Zeithorizont t_2 sowie bei *Vorfahren* dieser q-Träger aus einem erdgeschichtlich *älteren* Zeithorizont t_1 beschaffen gewesen ist, und b) beim Vergleich unserer Informationen festgestellt zu haben, daß der Teil q bei *Vorfahren* der erdgeschichtlich jüngeren q-Träger wenigstens *ein* bestimmtes *Merkmal*[105] besessen hat, das er bei erdgeschichtlich jüngeren q-Trägern vermissen läßt, oder umgekehrt (sonst läge kein *Wandel*, keine *Veränderung* vor!). Mit welchem Recht aber können wir angesichts dieses Befundes die These vertreten, daß es sich bei den Einzelerscheinungen, die uns als Beispiele für q-Seiendes im t_1-Zustand bzw. als Beispiele für q-Seiendes im t_2-Zustand dienen, überhaupt um verschiedene Zustände von q-Seiendem handelt und nicht um Teile, die *verschiedenen* Sorten anatomischer Gegenstände angehören? Diese Problematik tritt deutlich hervor, wenn man sich klar macht: a) Unsere Informationen über den t_1-Zustand von q haben wir ebenso wie unsere Informationen über den t_2-Zustand von q durch Untersuchung konkreter Einzelerscheinungen, d. h. durch Merkmalserhebung an je bestimmten Einzelerscheinungen gewonnen; beide Informationen können demnach als *Auflistungen* von Eigenschaften je bestimmter Einzelerscheinungen stilisiert werden. b) Wir können Aussagen über die *Verschiedenheit* oder *Identität* von Einzelerscheinungen immer nur *relativ* zu *endlich* langen Auflistungen von Eigenschaften der jeweiligen Einzelerscheinungen überprüfen sowie gegen Zweifel verteidigen. Während wir bei der Verteidigung von Verschiedenheitsaussagen die *Nicht-Übereinstimmung* von Einzelerscheinungen hinsichtlich bestimmter Merkmale akzentuieren, betonen wir bei der Verteidigung von Identitätsaussagen die *Übereinstimmung* von Einzelerscheinungen hinsichtlich bestimmter Merkmale. Der oben skizzierte Befund besteht nun in der Feststellung, daß von zwei Listen, die jeweils Eigenschaften bestimmter Einzelerscheinungen aufführen, die eine Liste zumindest *ein* Merkmal aufführt, das die andere Liste gerade als fehlend verzeichnet, oder umgekehrt. Liegen uns damit nicht aber Informationen über Einzelerscheinungen vor, die unter *verschiedene* Begriffe fallen? Die Antwort auf diese Frage kann meines Erachtens nur lauten: Wir müssen uns von

[105] Die sich hier anbahnende Rede von „Merkmalsmerkmalen" ist nicht unproblematisch. Denn weil zum Beispiel „Farbmerkmal-Sein" zwar ein Merkmal des Merkmals „Grün", nicht aber ein Merkmal grüner Dinge ist, kann mit Carnap konstatiert werden: „Eine Eigenschaft einer Dingeigenschaft ist nicht [notwendig] selbst eine Dingeigenschaft." (Vgl. Carnap 1934, 230.) Wo allerdings – wie bei Hennig zumeist – unter „Merkmalen" räumlich abgrenzbare, aus ihrerseits wieder räumlich abgrenzbaren *Teilen* zusammengesetzte anatomische *Teile* von Organismen verstanden werden, läßt sich die Rede von „Merkmalsmerkmalen" oder „Merkmalszuständen" *mereologisch* rekonstruieren: Der Besitz eines bestimmten Teiles, dessen Vorhandensein zum Merkmal eines Organismus oder einer Organismenklasse gemacht werden kann, impliziert den Besitz der den jeweiligen Teil aufbauenden Teile. Die je übergeordnete Ganzheit hat sich verändert, wenn sich eines der sie aufbauenden Teile verändert hat (Ausfall und Neuentstehung als Grenzfälle von Veränderung!). Zur Rede von „Merkmal" bei Hennig vgl. auch Hertler 2001, 48–49.

Point made by Ghiselin many years ago + subsequently.

Fall zu Fall *entscheiden*, ob wir Merkmalslisten, die einerseits Unterschiede, andererseits Übereinstimmungen zwischen bestimmten Einzelerscheinungen erkennen lassen, als Auskünfte über Individuen *derselben* Sorte auffassen wollen oder nicht. Die jeweils getroffene Entscheidung ist dabei *begründungsbedürftig*. Dies bedeutet aber: Wenn wir in der Phylogenetik sagen, „das Merkmal q habe sich im Laufe der Evolution verändert", so *haben* wir bereits die begründungsbedürftige Entscheidung getroffen, mehrere Merkmalslisten, die *sowohl* Übereinstimmungen *als auch* Unterschiede zwischen bestimmten Einzelerscheinungen erkennen lassen, als Informationen über Repräsentanten *derselben* offenen Klasse {Q} von q-seienden anatomischen Teilen anzusehen. Sprechen wir vom evolutionsgeschichtlichen Wandel des Merkmals q, so interpretieren wir dieses Ineinander von Verschiedenheit und Identität als Übergang von dem bei q-Trägern des Zeithorizonts t_1 ausgeprägten q-*Zustand* zu dem bei q besitzenden Nachfahren aus dem *jüngeren* Zeithorizont t_2 auftretenden q-*Zustand*. Der evolutive Wandel besteht dann eben im Verschwinden oder Hinzutreten bestimmter Teile von q-seienden Teilen in der Generationenfolge zwischen t_1 und t_2.

Ich komme nun zum Terminus „Merkmalspartner". Als „Merkmalspartner" bezeichnet Hennig Merkmale, die zueinander *alternativ sind*, d. h. Merkmale, die *nicht zugleich am selben Organismus auftreten können*. Eine Alternative bilden in diesem Sinn nicht nur zwei Merkmale, die einander als *Positiv*merkmal und *Negativ*merkmal zugeordnet sind,[106] sondern auch positive Merkmale, die nicht zugleich am selben Organismus auftreten können:

> Das Fehlen von Flügeln wird nur dadurch zu einem Merkmal (hier: Negativmerkmal), daß es auch geflügelte Tiere gibt; oder Homoiothermie [Warmblütigkeit] dadurch, daß es auch poikilotherme [wechselwarme] Tiere gibt. Die phylogenetische Verwandtschaftsforschung hat es infolgedessen stets mit Merkmalspaaren (oder mehrgliedrigen Merkmalsreihen, die in Merkmalspaare zerlegt werden können) zu tun. [107]

Die Merkmale „hat Flügel" und „hat keine Flügel" sind einander als Positiv- und Negativmerkmal zugeordnet. Sie bilden eine Merkmalsalternative, indem sie zueinander komplementär sind.[108] Eine so gebildete Alternative ist *stets* zweigliedrig und vollständig in dem Sinn, daß ein Individuum nur entweder das Positivmerkmal „hat Flügel" oder das dazu komplementäre Negativmerkmal „hat keine Flügel" besitzen kann. Hingegen ist zwar auch die durch die beiden eigenständigen Positivmerkmale „Homoiothermie" und „Poikilothermie" gebildete Alternative vollständig; bei Paaren von zueinander alternativen *Positiv*merkmalen ist aber insofern Vorsicht geboten, als zwei alternative positive Merkmale a und b zusammen *keine*

---

[106] Vgl. auch SUDHAUS/REHFELD 1992, 20 und 110–111.

[107] HENNIG 1994, 16.

[108] Einem Positivmerkmal m das Merkmalskomplement $\neg m$ entgegenzusetzen, ist sinnvoll nur *relativ* zu einem bestimmten, m übergeordneten Positivmerkmal, dessen Besitz der Besitz von m impliziert. Wird zum Beispiel dem Merkmal „viereckig" das Merkmalskomplement „nicht-viereckig" entgegengesetzt, so wird der Besitz von „nicht-viereckig" allem, was irgendwie anders als viereckig *geformt* oder *form*los ist, nicht aber Trägern von Merkmalen der Textsorte „Novelle" attestiert. Das übergeordnete Positivmerkmal, dessen Besitz der Besitz von „viereckig" impliziert, ist dabei „geformt". Hier wird nun auch deutlich, wieso es in der diese Anmerkung eröffnenden Explikation „relativ zu", nicht aber „innerhalb von" heißt. Denn Amorphes als Träger des Merkmals „nicht-viereckig", gehört gerade *nicht* zur (offenen!) Klasse der Gegenstände, die Träger des Merkmals „formbesitzend" sind.

vollständige Alternative bilden, wenn es zum Beispiel ein sowohl zu a als auch zu b alternatives *drittes* Merkmal c gibt.[109]

Nach diesen Begriffsklärungen kann nunmehr Hennigs Unterscheidung zwischen „apomorphen“ und „plesiomorphen“ Merkmalen rekonstruiert werden. Geht man davon aus, daß Hennig die Ausdrücke „homolog“/„Homologie“ und „Merkmalspartner“ in der skizzierten Weise gebraucht, läßt sich seine Definition des Begriffspaares „apomorph“ –„plesiomorph“ folgendermaßen rekonstruieren:

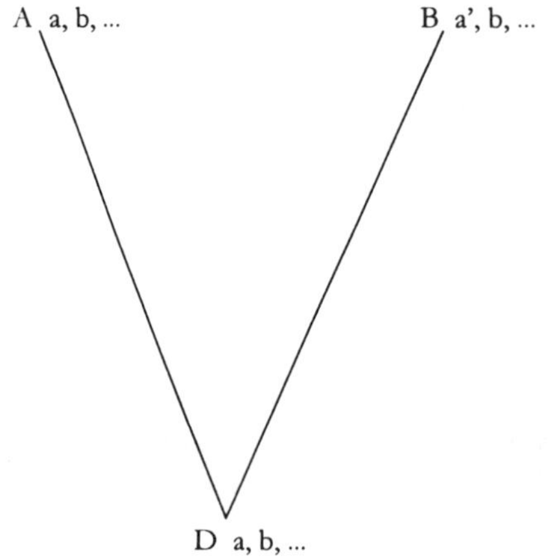

Fig. 10: Auftreten eines gegenüber seinem Merkmalspartner a apomorphen Merkmals a’ von D nach B.

Ist eine Art A Nachfahr einer ihr mit B gemeinsamen Stammart D und hat A ein Positivmerkmal a von D in dem Sinn übernommen, daß auch schon die Vertreter von D dieses Positivmerkmal hatten und an die Vertreter von A in der Generationenfolge weitervererbt haben, so ist das Auftreten von a bei A plesiomorph. Tritt hingegen bei B ein zu a alternatives positives Merkmal a’ auf und verdankt sich dessen Vorliegen einer evolutiven Transformation des Merkmals a im Übergang von D nach B, so ist das Vorliegen von a’ bei B apomorph. Vgl. dazu Fig. 10.

Bei dieser Rekonstruktion könnte man es zunächst bewenden lassen. Ich möchte aber mit der Erläuterung von Hennigs Unterscheidung „apomorph“–„plesiomorph“ noch bis zu dem Punkt fortfahren, an dem eine Definition des Begriffspaares „Synapomorphie“–„Symplesiomorphie“ ansetzen kann. Denn die Unterscheidung „apomorph“–„plesiomorph“ ist für mich insofern wichtig, als Hennig auf diese Unterscheidung rekurriert, um die Termini „Synapomorphie“ und „Symplesiomorphie“ einzuführen.

Betrachten wir also das in Fig. 11 gezeigte Dendrogramm. Diesem Dendrogramm können wir zunächst die folgenden Informationen entnehmen: Eine Hennigsche Art E, deren Mitglieder die Positivmerkmale a, b, ... besitzen, spaltet sich zunächst in zwei Arten A und D. Die Tochterart D geht dann durch eine weitere Art-Spaltung in die Nachfolgearten B und C auf. Nach Voraussetzung sind beide Aufspaltungen dichotomisch, zugleich kommt es im Zusammenhang mit beiden Art-Spaltungen jeweils bei wenigstens einer Tochterart zu der von Hennig geforderten Änderung in je mindestens einem Merkmal. So wandelt sich entlang der Abstammungslinie ED das

[109] So bilden die zwei Merkmale „hat Linsenaugen“ – „hat Facettenaugen“ keine vollständige Merkmalsalternative. Denn es gibt auch Organismen, die überhaupt keine Augen besitzen. Ein vollständige Merkmalsalternative bilden jedoch die Merkmale „hat Linsenaugen“ – „hat keine Linsenaugen“. Das Negativmerkmal „hat keine Linsenaugen“ schließt nämlich nicht nur die Möglichkeit, daß ein Organismus irgendeine andere *Sorte* von Augen besitzt, sondern auch die Möglichkeit, daß ein Organismus *gar keine* Augen besitzt, ein.

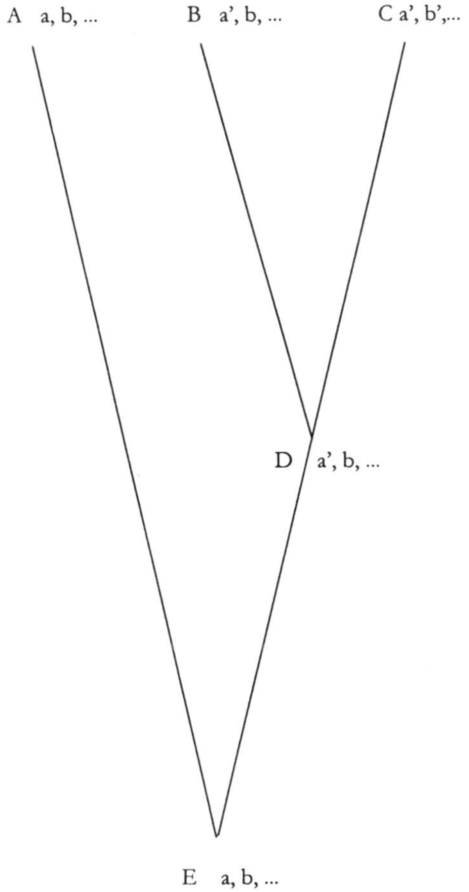

Fig. 11: Aufspaltungsschema nach dem Vorbild einer Illustration, anhand derer Hennig die Begriffspaare „apomorph"–„plesiomorph" und „Synapomorphie"–„Symplesiomorphie" erläutert. Vgl. HENNIG 1984, 36.

Merkmal a zu dem zu a alternativen Positivmerkmal a' um. Das Merkmal a' von D ist also gegenüber seinem Merkmalspartner a bei E *apomorph*. Demgegenüber wird ein weiteres, zu a und a' *nicht-alternatives* Positivmerkmal b von E nach A sowie von E nach D unverändert tradiert. Das Vorliegen dieses Positivmerkmals b bei A und D ist also jeweils *plesiomorph*, es entspricht dem Zustand von b bei der A und D gemeinsamen Stammart E. Des weiteren gilt nach Fig. 11: Während sich D durch das gegenüber a apomorphe Merkmal a' von E unterscheidet, wird nicht nur das Merkmal b, sondern auch das Merkmal a von E nach A beibehalten. A stimmt also mit seiner Stammart E in a überein. Damit unterscheiden sich aber die beiden Schwesterarten A und D bezüglich a–a'. Denn A weist das gegenüber a' *plesiomorphe* Merkmal a, D hingegen die gegenüber a *apomorphe* a-Alternative a' auf.

Von entscheidender Bedeutung ist nun für Hennig, daß B und C, weil sie beide von D das bei D apomorphe Merkmal a' übernommen haben, eindeutig als Tochterarten von D identifiziert werden können, *obwohl* sie sich durch das im Übergang von D nach C neu entstandene, apomorphe Merkmal b' voneinander unterscheiden. Denn B und C können nur Tochterarten von D sein, wenn einzig von E nach D der gegenüber a apomorphe Zustand a' aufgetreten ist.

Dies ist genau der Punkt, an dem eine Definition von Hennigs Begriffspaar „Synapomorphie" – „Symplesiomorphie" ansetzen kann.

Denn die Übereinstimmung von B und C in dem Merkmal a' ist eine Übereinstimmung in einem Merkmal, das schon bei der letzten Stammart beider Arten vorgelegen hatte. Das Auftreten von a' ist also bei B und C jeweils plesiomorph. *Übereinstimmungen in plesiomorphen Merkmalen nennt Hennig „Symplesiomorphien".*

Bei der Symplesiomorphie von B und C bezüglich a' handelt es sich aber für Hennig – eben deshalb, weil sie es erlaubt, B und C als Tochterarten von D zu identifizieren – um einen methodisch besonders *interessanten* Fall. Denn B und C haben zwar a' von ihrer letzten gemeinsamen Stammart D übernommen, aber bei genau dieser Stammart

D (und *nur* bei dieser) ist a' zum erstenmal aufgetreten. Die Übereinstimmung von B und C in dem von ihrer letzten gemeinsamen Stammart D übernommenen und bei D erstmals aufgetretenen Alternativmerkmal a' ist für Hennig ein Beispiel für eine „Synapomorphie". Anders als man vielleicht erwarten würde, gelten also nicht Übereinstimmungen zweier Arten in einem bei beiden Arten je neu entstandenen Merkmal als Synapomorphien. So wäre die Übereinstimmung von BC in a' *keine* Synapomorphie im Sinne Hennigs, wenn a' von D nach B sowie von D nach C jeweils *eigens neu* entstanden, also bei D noch nicht vorhanden gewesen wäre. Weil aber das Merkmal a', in dem B und C übereinstimmen, auch bei D vorliegt *und zugleich* a' von E nach D als Apomorphie erstmals und einmalig neu aufgetreten ist, handelt es sich bei der Symplesiomorphie von BC bezüglich a' zugleich um eine Synapomorphie im Sinne Hennigs. So sehr es auch irritieren mag: „Synapomorphien" sind eine bestimmte *Sorte* von Symplesiomorphien.[110]

Man kann also definieren: *Die Übereinstimmung zweier Arten B und C in einem Merkmal heißt „Synapomorphie", wenn B und C dieses Merkmal von der nur ihnen gemeinsamen Stammart D übernommen haben und wenn dieses Merkmal von einer Art E aus, die D mit anderen Arten* (in Fig. 11 die Art „A") *ihrerseits als nur ihnen gemeinsame Stammart teilt, durch Transformation seines Merkmalspartners einmalig neu entstanden ist.*

Diese Definition deckt sich an den entscheidenden Stellen mit der Definition, die in HENNIG 1984 gegeben wird. So heißt es in HENNIG 1984 mit Bezug auf jene Illustration, die mir als Vorbild für Fig. 11 gedient hat:

> Das apomorphe Merkmal a' der Arten B und C [ist] bei einer nur diesen beiden Arten gemeinsamen Stammart [D] entstanden, die es an alle ihre Deszendenten weitergegeben hat. In solchen Fällen sprechen wir von Synapomorphie. Eine Synapomorphie ist also die Übereinstimmung der Arten B und C im Merkmal a'. Aber nicht jede Übereinstimmung mehrerer Arten in einem apomorphen Merkmal ist eine Synapomorphie. Wenn apomorphe Merkmale solche sind, die sich [...] verändert haben, dann muß auch mit der Möglichkeit gerechnet werden, daß übereinstimmende apomorphe Merkmale ganz unabhängig bei Arten entstanden sind [...].[111]

Für mißverständlich halte ich hingegen die Definition, die sich in HENNIG 1982 findet. Denn dort wird „Synapomorphie" zusammen mit „Symplesiomorphie" folgendermaßen eingeführt:

> Das Vorhandensein plesiomorpher Merkmale bei verschiedenen Arten nennen wir „Symplesiomorphie", das Vorhandensein apomorpher Merkmale „Synapomorphie".[112]

---

[110] Vgl. REHFELD/SUDHAUS 1992, 108–109: „Strenggenommen ist nur die Autoapomorphie der einzelnen (Stamm-)Art eine evolutive Neuheit. Wird diese an die Tochterarten weitergegeben, so teilen sie damit schon ein ‚altes' Merkmal. Eine Synapomorphie ist also das von der letzten Stammart erworbene gemeinsame Merkmal und gilt deshalb nur für Schwestertaxa." Vgl. auch HENNIG 1984, 41: „Leider werden in manchen Arbeiten die Begriffe „Apomorphie" und „Synapomorphie" gleichgesetzt. Das kann zu schwerwiegenden Fehlschlüssen oder mindestens Mißverständnissen führen. Wenn man sich jedoch klar macht, daß die Begriffe apomorph und plesiomorph (bzw. Apomorphie und Plesiomorphie) auf einzelne Merkmale und deren Vergleich mit anderen Merkmalen, die Begriffe Synapomorphie [...] und Symplesiomorphie aber auf Merkmalsübereinstimmungen beziehen, können solche Fehlschlüsse und Mißverständnisse leicht vermieden werden."

[111] HENNIG 1984, 41.

[112] HENNIG 1982, 93.

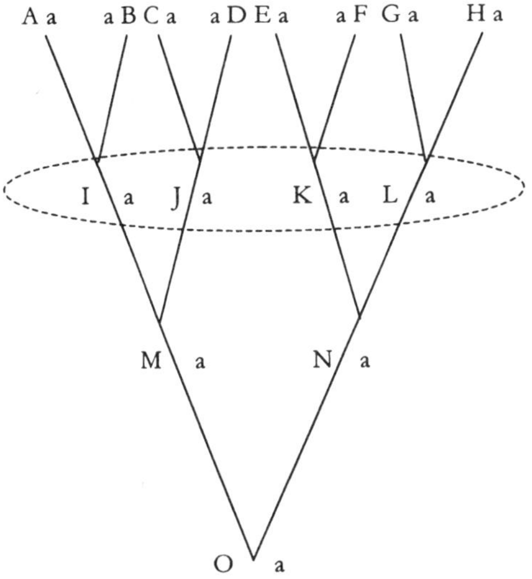

Fig. 12: Ist a bei O einmalig neu entstanden und teilen alle O-Deszendenten a, so kann bei Zugrundelegung der Definition aus HENNIG 1994 bereits die Übereinstimmung von I, J, K und L in a (a geht ja auf den Vorfahren der *nur* IJKL gemeinsamen *Vorfahren* M und N zurück), nicht jedoch erst die Übereinstimmung *sämtlicher* vierzehn Arten A, B, C, D, E, F G, H, I, J, K, L, M und N in a als Synapomorphie gelten. Nach HENNIG 1984 liegt aber eine Synapomorphie allererst dann vor, wenn Arten in einem bei dem *nur ihnen* gemeinsamen Vorfahren einmalig entstandenen Merkmal übereinstimmen. Der gemeinsame Vorfahr von IJKL ist aber nicht *nur* (genau) Vorfahr dieser vier Arten, sondern auch Vorfahr von A, B, C, D, E, F, G und H sowie von M und N.

Diese Definition verdeckt meines Erachtens, daß Hennig zum Beispiel nicht Übereinstimmungen in einem Merkmal, das bei zwei Arten in der Wegentwicklung von der ihnen gemeinsamen Stammart *je unabhängig* neu entstanden ist, als „Synapomorphien“ anspricht, sondern nur Übereinstimmungen in einem Merkmal, das Arten einerseits von dem nur ihnen gemeinsamen Vorfahren übernommen haben und dessen Besitz andererseits eine Apomorphie dieses Vorfahren gegenüber *seinen* Vorfahren ist.

Aber auch die Definition, die in HENNIG 1994 gegeben wird, erweist sich als problematisch. Dort heißt es nämlich:

> Synapomorphie: Übereinstimmung in einem apomorphen Merkmal, das von mehreren Arten von einer *nur deren Vorfahren gemeinsamen* Stammart übernommen wurde, bei einer älteren Stammart, die diese Artgruppe mit anderen Arten teilt, aber noch nicht vorhanden war.[113]

Wenn aber ein Merkmal schon als „synapomorph“ gelten kann, sobald es einmalig bei einer Stammart entstanden ist, die lediglich den *Vorfahren der Trägerarten*, nicht aber genau den *Trägerarten* vorbehalten sein muß, dann kann etwa in Fig. 12 das Auftreten von a in der Artgruppe IJKL, die ja sowohl die an den Kladogrammspitzen positionierten Arten als auch die beiden Vorfahren M und N *nicht* einschließt, als Auftreten einer *Synapomorphie* gelten. Damit jedoch ist der Synapomorphie-Begriff zu schwach für die Aufgaben, die er bei Hennig übernehmen soll. Denn bei einer Artgruppe, wie sie in Fig. 12 mit IJKL herausgehoben ist, handelt es sich um keine Artgruppe, die *sämtliche* Deszendenten einer einzigen Stammart umfaßt. Genau solche Artgruppen, die aus *sämtlichen* Deszendenten einer einzigen Stammart bestehen, will Hennig aber – wie wir im folgenden Abschnitt 3.3.3 sehen werden – auf dem Wege der Synapomorphie-Erkennung ermitteln.

[113] HENNIG 1994, 17 (Hervorhebung im Zitat durch M. L.)

Zwar könnte man zu bedenken geben, daß sich das in Fig. 12 veranschaulichte Problem der Phylogenetischen Systematik zumindest dann nicht stellt, wenn diese sich auf die Analyse von rezenten und damit an den Baumspitzen lokalisierten Arten beschränkt. Nichts desto weniger gilt rein logisch: Der Synapomorphie-Begriff aus HENNIG 1994 ist nicht stark genug, um Artgruppen, die sämtliche Deszendenten einer einzigen Stammart umfassen, sicher als solche zu identifizieren.
Somit wird in der vorliegenden Arbeit der Synapomorphie-Begriff ausschließlich in der in HENNIG 1984 entwickelten Fassung verwendet: *Synapomorphien sind Übereinstimmungen zwischen Arten in einem Merkmal, das bei der nur (genau) diesen Arten gemeinsamen Stammart einmalig neu entstanden ist.*

3.3.3 Synapomorphien als Monophylie-Indizien

Synapomorphien liefern nach Hennig die entscheidenden Hinweise, wenn es zu ermitteln gilt, welche Arten miteinander monophyletische Gruppen bilden. Synapomorphien können also nach Hennig als Monophylie-Indizien fungieren:

> Es ist leicht einzusehen, daß der Besitz übereinstimmender Merkmale bei [...] Arten nur dann als Begründung für die Annahme, daß diese Arten zusammen eine monophyletische Gruppe bilden, dienen kann, [...] wenn ihre Übereinstimmung auf Synapomorphie beruht.[114]

Bevor ich erläutere, wie Hennig Synapomorphien als Monophylie-Indizien nutzen zu können glaubt, möchte ich das Vorverständnis der Ausdrücke „Monophylum“, „monophyletische Einheit“ und „monophyletische Gruppe“, auf das ich bereits in Abschnitt 3.2 im Zusammenhang mit Hennigs starker Monophylie-Prämisse abgestellt habe, noch weiter präzisieren.
Eine „monophyletische Gruppe“ ist nach HENNIG 1982

> eine Gruppe von Arten, die Nachkommen einer einzigen („Stamm-“)Art sind und in der zugleich auch *alle* diejenigen Arten vereinigt sind, die Nachkommen dieser Stammart sind.[115]

Nach dieser Definition gilt zum Beispiel: Zwei Arten bilden zusammen eine monophyletische Gruppe dann, wenn sich beide an den Ast-Spitzen eines Baumes befinden, also keine von beiden ihrerseits Tochterarten besitzt, und wenn es sich bei ihnen um Schwesterarten handelt. Erst wenn *beide* Bedingungen erfüllt sind, ist garantiert, daß eine aus zwei Arten bestehende Gruppe *alle* Deszendenten einer einzigen Stammart umfaßt (vgl. Fig. 13a, b und c).

---

[114] HENNIG 1982, 93.

[115] HENNIG 1982, 77 (Hervorhebung im Zitat durch M. L.) Ebenso HENNIG 1994, 15: „Monophyletische Gruppe[:] Gleichbedeutend mit ‚geschlossene Abstammungsgemeinschaft‘. Zu einer monophyletischen Gruppe gehören alle Arten, die Nachkommen einer nur ihnen gemeinsamen Stammart sind.“ Die Ausdrücke „Monophylum“ und „monophyletische Einheit“ verwendet Hennig in derselben Bedeutung wie „monophyletische Gruppe“. Das Wort „Monophylie“ bezeichnet die Eigenschaft mehrerer Arten, ein Monophylum zu bilden.

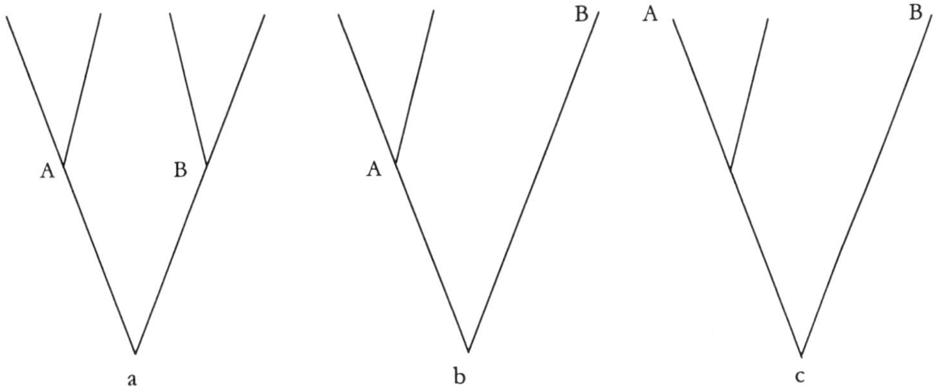

Fig. 13: In 13a sind A und B zwar Schwesterarten, bilden jedoch, weil sie je Tochterarten haben, *kein* Monophylum miteinander. Denn es handelt sich bei ihnen nicht – wie in HENNIG 1984 gefordert – um *sämtliche* Deszendenten einer einzigen, nämlich der letzten ihnen gemeinsamen Stammart. In 13b sind A und B zwar ebenfalls Schwesterarten, aber weil A zwei Tochterarten besitzt, besteht das Art-Tupel AB auch in 13b nicht aus *sämtlichen* Nachfahren einer einzigen Stammart. In 13c sind A und B keine Schwesterarten. Vielmehr gehört zu A noch eine Schwesterart. Obwohl sich A und B also an den Baumspitzen befinden, bilden sie zusammen keine monophyletische Gruppe.

Aber nicht nur Schwesterarten-Paare können monophyletische Gruppen sein. Genauso gilt nämlich: Vier Arten bilden ein Monophylum, wenn es sich a) um zwei Schwesterarten-Paare handelt, b) eine Art des einen Paares die letzte gemeinsame Stammart des anderen Paares und c) dieses andere Paar seinerseits monophyletisch ist.[116] Natürlich können auch beliebige andere, geradzahlig (wegen der Dichotomie-Prämisse!) viele Arten umfassende Gruppen, also Gruppen von sechs, acht, zehn usw. Arten monophyletische Gruppen sein. Es muß sich jeweils nur um *sämtliche* Deszendenten genau einer Stammart handeln. In Fig. 11 (Seite 57) bilden also sowohl ABCD (bezügl. E) als auch BC (bezügl. D) jeweils eine monophyletische Gruppe. Hingegen sind AB, ABC (es fehlt D) sowie AC (es fehlen B und D), AD (es fehlen B und C) und DC (es fehlen A und B), aber auch je einzelne Arten wie A oder E keine monophyletischen Gruppen.

Daß einfache Symplesiomorphien zur Begründung monophyletischer Einheiten prinzipiell nicht ausreichen können, geht aus den Definitionen für „Symplesiomorphie" und „monophyletische Gruppe" hervor. Denn Symplesiomorphien, die *nicht* Synapomorphien sind, können auch zwischen Arten, die keinen *nur* ihnen gemeinsamen Vorfahren haben, auftreten. In Fig. 11 (Seite 57) zum Beispiel tritt zwischen A und B bezüglich b eine Symplesiomorphie auf, aber ihren letzten gemeinsamen Vorfahren, nämlich E, teilen A und B nicht nur miteinander, sondern auch mit C und D. Dies bedeutet aber nach der Definition für „monophyletische Gruppe", daß AB *keine* monophyletische Gruppe ist. Eine einfache Symplesiomorphie

[116] Monophyletisch ist ein Schwesterarten-Paar *nicht*, wenn beide Schwesterarten je Nachfahren haben (vgl. Fig. 13a).

kann also nicht zur Begründung der Annahme dienen, daß Arten ein Monophylum bilden.[117]

Auch die Feststellung, daß Arten in einem *abgeleiteten Merkmal* übereinstimmen, reicht so noch nicht aus, um eine Monophylie-Behauptung zu stützen. Denn theoretisch kann sich eine Übereinstimmung in einem abgeleiteten Merkmal auch der je unabhängigen Entstehung eines Merkmals von zwei *verschiedenen* Verzweigungspunkten aus verdanken. Arten aber, die in einem von *verschiedenen* Verzweigungspunkten aus entstandenen Merkmal übereinstimmen, bilden zusammen keine monophyletische Gruppe, da es nach der Dichotomie-Annahme zumindest zu einer von beiden ein noch nicht erfaßtes Schwestertaxon geben muß (vgl. Fig. 14).

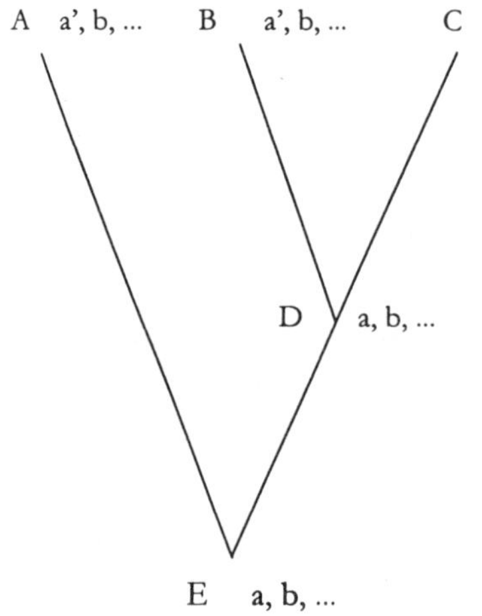

Fig. 14: Die Arten A und B stimmen in einem von zwei verschiedenen Verzweigungspunkten aus neu entstandenen Merkmal a' überein. Sie bilden miteinander *kein* Monophylum.

Erst die Feststellung, daß zum Beispiel zwei Arten A und B, die Teil eines Art-Tripels ABC sind, in einem morphologischen Merkmal übereinstimmen, das bei dem *nur ihnen* gemeinsamen Vorfahren genau einmal entstanden, also *synapomorph* ist, reicht unter den in 3.3.1 herausgestellten Prämissen zur Begründung der Annahme aus, daß A und B ein Monophylum bilden.

Unter der Annahme, daß die Biparentalen ein Monophylum bilden (Voraussetzung I aus Abschnitt 3.3.1) und daß Artspaltungen stets dichotomisch ablaufen (Voraussetzung II aus Abschnitt 3.3.1) liefert nämlich die Behauptung, daß

a) zwei Arten A und B in einem morphologischen Merkmal übereinstimmen, das einer dritten Art C gerade *fehlt* (diese Möglichkeit besteht gemäß der in Abschnitt 3.3.1 herausgestellten Prämisse III, daß Artspaltungen mit Merkmalswandel einhergehen), und daß es sich

b) bei dieser morphologischen Übereinstimmung zwischen A und B um eine Übereinstimmung in einem Merkmal handelt, das bei dem nur A und B gemeinsamen Vorfahren einmalig neu entstandenen ist, eine zwischen dem letzten gemeinsamen Vorfahren von AB und A bzw. dem letzten gemeinsamen Vorfahren von AB und B nicht weiter verzweigte Astgabel. Die dritte Art C kann dann einfach unten angehängt werden. Ich möchte dies schrittweise zeigen:

Gemäß der Annahme, daß Artspaltungen mit morphologischem Merkmalswandel einhergehen, besteht zunächst einmal überhaupt die Möglichkeit, daß von drei Arten, die durch sukzessive Aufspaltung einer ihnen gemeinsamen Stammart entstanden sind, zwei ein morphologisches Merkmal besitzen, das der dritten fehlt. Im folgenden

[117] Vgl. HENNIG 1982, 93.

Beispielfall sei a' ein morphologisches Positivmerkmal, das A und B miteinander teilen, während a ein bei C auftretendes *alternatives* morphologisches Positivmerkmal zu a' sei. Aus der Prämisse, daß die Biparentalen ein Monophylum bilden, folgt des weiteren, daß sich drei Arten A, B und C in einem Stammbaum mit genau *einer* Erstverzweigung lokalisieren lassen müssen. Diese Erstverzweigung kann historisch weit zurückliegen, ausgeschlossen sind aber von vornherein Kladogramme, wie sie Fig. 15 zeigt.

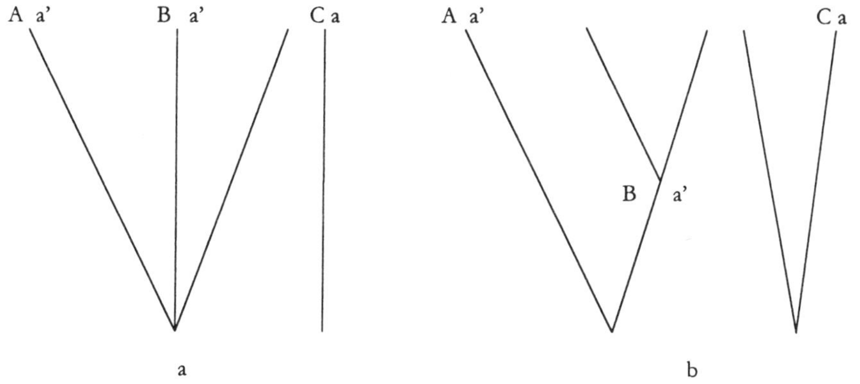

Fig. 15: Kladogramme mit mehrfachem Ursprung.

Nach der Dichotomie-Prämisse Hennigs scheidet sodann die Möglichkeit *multipler* Artspaltungen aus. Damit verbietet es sich, Stammbäume mit Drei- und Mehrfachverzweigungen einzusetzen. Es kommen also zur phylogenetischen Erklärung des Befundes, daß die beiden Arten A und B in einem Merkmal a' übereinstimmen, das der dritten Art C als Besitzerin des zu a' alternativen Positivmerkmals a *fehlt*, keine Stammbäume in Frage, die zwar genau eine Erstverzweigung besitzen, jedoch multipel verzweigt sind (vgl. Fig. 16).

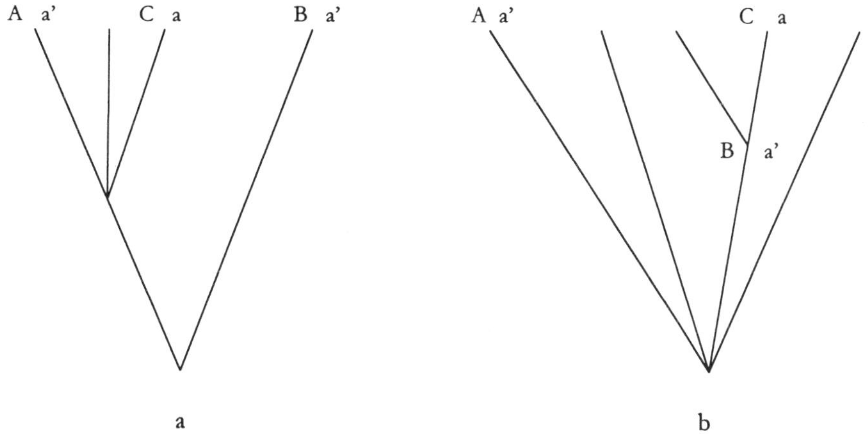

Fig. 16: Nicht-dichotomische Kladogramme mit genau einer Erstverzweigung.

So bleiben nur noch Alternativen übrig, wie sie Fig. 17 aufführt. Unter diesen zunächst als möglich verbleibenden Szenarien ist aber sofort eine Entscheidung zugunsten des Szenarios 17b gefallen, sobald behauptet wird, das Merkmal a', in dem A und B übereinstimmen, sei bei dem nur A und B gemeinsamen Vorfahren einmalig neu entstanden. Denn in den Fällen 17a, 17c und 17d ist der letzte gemeinsame Vorfahr von AB immer auch Vorfahr weiterer Arten. In 17a ist C ein weiterer Nachfahr des letzten, A und B gemeinsamen Vorfahren, in 17c haben A und B je Tochterarten, so daß es keine nur AB vorbehaltene Stammart gibt, und in 17d schließlich ist X ein Nachfahr des letzten gemeinsamen Vorfahren von AB.

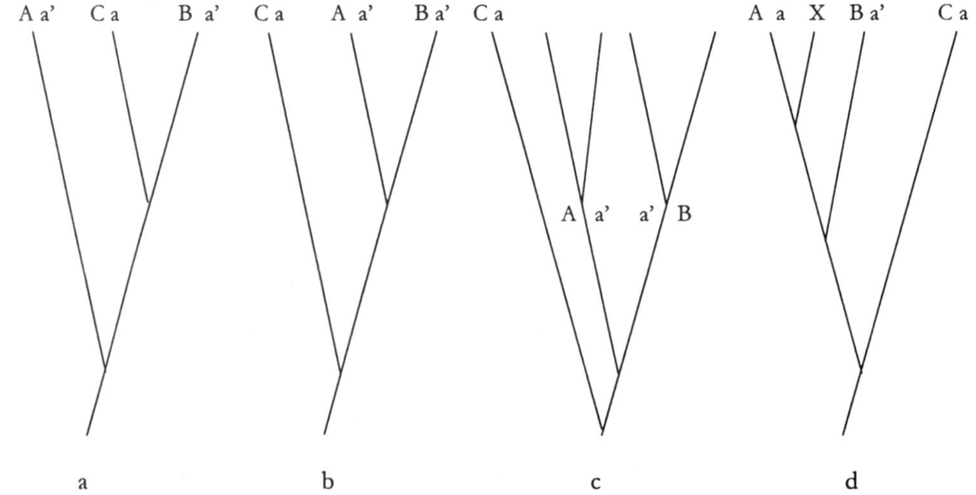

Fig. 17: Strikt dichotomisch verzweigte Kladogramme mit genau einer Erstverzweigung.

Somit gilt: Unter den in 3.3.1 herausgestellten Prämissen liefert die Behauptung, daß A und B in einem morphologischen Merkmal übereinstimmen, das bei dem nur ihnen gemeinsamen Vorfahren einmalig neu entstanden ist, ein sowohl zwischen dem letzten gemeinsamen Vorfahren von AB und *A* als auch zwischen dem letzten gemeinsamen Vorfahren von AB und *B* nicht weiter aufgegabeltes Baumstück mit A und B an den Baumspitzen. Dies bedeutet aber nichts anderes, als daß es sich bei AB um ein Monophylum, d. h. um eine *sämtliche* Deszendenten einer einzigen Stammart umfassende Artgruppe handelt.

An dieser Stelle sei nun noch der Hinweis nachgereicht, daß *Vorfahren* derjenigen nachkommenlosen Arten, die Gegenstand einer phylogenetischen Verwandtschaftsanalyse sein können, bei Hennig stets *Konstrukte* bleiben. Von Stammarten nachfahrenloser Arten ist nach Hennig bestenfalls bekannt, daß sie bestimmte Merkmale, bezüglich derer die an den Baumspitzen lokalisierten Arten miteinander verglichen wurden, besessen bzw. nicht besessen haben:

> Ist eine monophyletische Gruppe erkannt, können wir Aussagen über die Merkmale ihrer letzten gemeinsamen Stammart machen. Wir suchen diese Stammart aber nicht als fossilen Beleg, sondern sie bleibt ein gedankliches Konstrukt [...].[118]

[118] SUDHAUS/REHFELD 1992, 122.

Wie wir gesehen haben, funktioniert Hennigs Synapomorphie-Begriff unter bestimmten Prämissen so, daß Arten in dem Moment als Monophylum identifiziert sind, in dem auch nur eine einzige zwischen diesen Arten bestehende Synapomorphie nachgewiesen ist. Damit ist dieser Synapomorphiebegriff in der Phylogenetischen Systematik auch der Schlüssel zur Ermittlung der zwischen drei oder mehr Arten bestehenden *graduell-genealogischen* Beziehungen. Denn wenn es unter den genannten Prämissen zum Beispiel gelingt, zunächst für zwei Arten A und B nachzuweisen, daß zwischen ihnen eine Synapomorphie besteht, und sodann zu zeigen, daß eine weitere Art C mit A, B und dem AB-Vorfahren E eine Synapomorphie bezüglich eines weiteren Merkmals teilt, ergibt sich für ABC mit Notwendigkeit ein Stammbaum, wie ihn Fig. 18 zeigt.

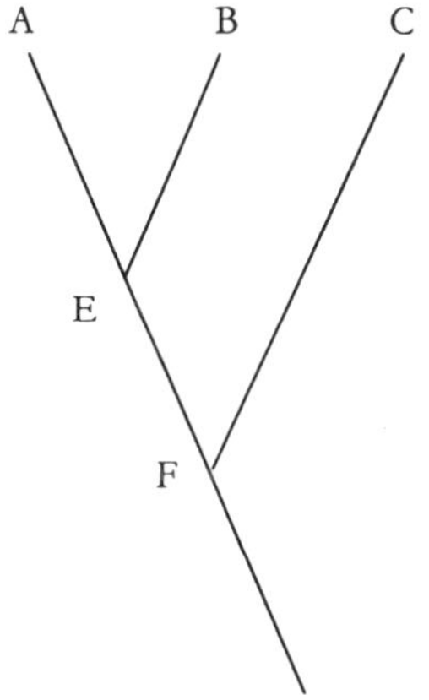

Fig. 18.

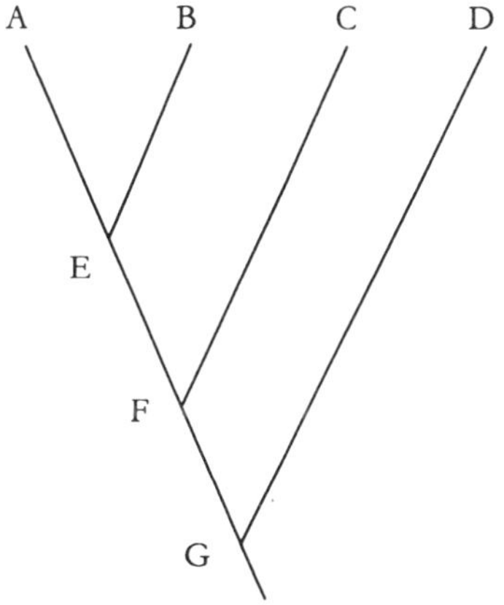

Fig. 19.

Ein solcher Stammbaum erlaubt dann aber Aussagen, die zur Sorte der *graduell-genealogischen Aussagen*, also zur Sorte derjenigen phylogenetischen Aussagen gehören, in denen der dreistellige Relator „- - - ist näher mit + + + als mit ~ ~ ~ verwandt" auf Arten und höhere Taxa angewendet wird. Denn nach Fig. 18 gilt für ABC: A ist näher mit B als mit C verwandt. Oder: A und B sind miteinander enger verwandt als A mit C und B mit C.

Wird noch eine vierte Art D hinzugenommen, die mit A, B, C, dem AB-Vorfahren D und dem ABC-Vorfahren F bezüglich eines dritten Merkmals eine Synapomorphie teilt, so kann der Stammbaum aus Fig. 18 nach unten um ein weiteres, genau einmal verzweigtes Baumstück verlängert werden. Zwischen A, B, C und D müssen dann ja die aus Fig. 19 hervorgehenden Verwandtschaftsverhältnisse bestehen.

3.3.4 Vom Kladogramm zur Begriffshierarchie

Es läßt sich leicht denken, wie durch Hinzunahme je immer neuer Arten und Merkmale ein bereits ermitteltes Kladogramm immer weiter nach unten verlängert werden kann, wenn es gelingt, Synapomorphien zwischen der jeweils neu hinzukommenden Art und den Arten, die oberhalb des mit der neuen Art neu hinzukommenden Verzweigungspunktes liegen, festzustellen. Man erhält mit jeder neuen Art, die über Synapomorphien in Beziehung zu den schon abgeklärten Arten gesetzt werden kann, ein immer reicher gestaffeltes System graduell-genealogischer Beziehungen, d. h. ein Baumdiagramm mit immer mehr Verzweigungspunkten.

Ein solches System graduell-genealogischer Beziehungen läßt sich nach Ansicht Hennigs und seiner Schule[119] nicht nur mit Hilfe von Baumdiagrammen veranschaulichen, es läßt sich auch durch ein hierarchisches oder enkaptisches System[120] von Begriffen, d. h. durch eine Taxonomie wiedergeben. Wie in der Phylogenetischen Systematik ein Dendrogramm in eine Taxonomie übersetzt wird, läßt sich am besten anhand eines konkreten Beispiels verdeutlichen:

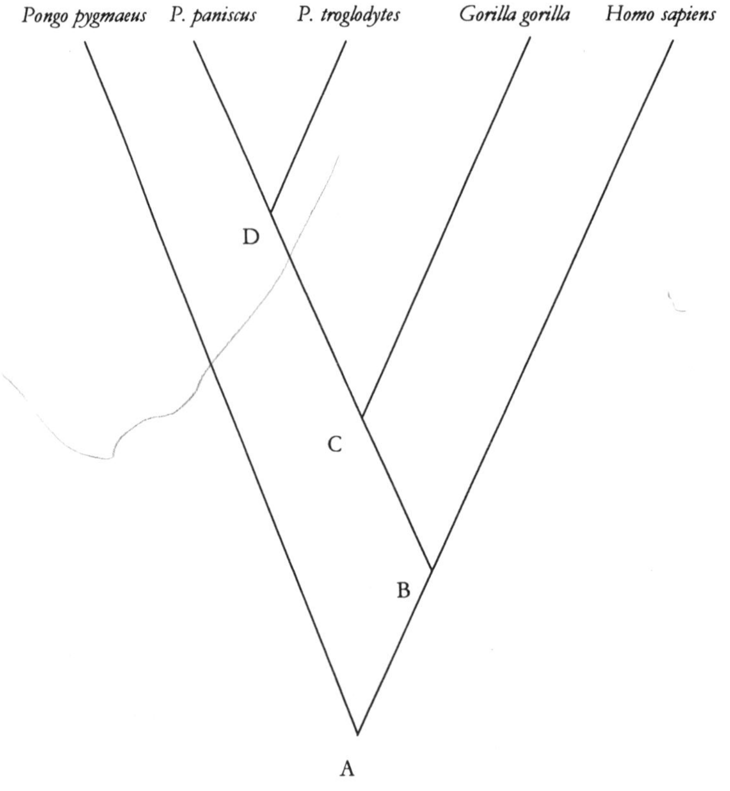

Fig. 20: Stammbaum der *Hominidae*. Vgl. Ax 1988, 55.

In der Phylogenetik wird aus Gründen, die hier nicht zur Diskussion stehen, davon ausgegangen, daß die fünf *Hominidae*-Arten *Pongo pygmaeus* (Orang-Utan), *Pan paniscus*, *Pan troglodytes* (die beiden Schimpansen-Arten), *Gorilla gorilla* und *Homo sapiens* auf einen gemeinsamen Vorfahren zurückgehen. Als gültig wird der Stammbaum angesehen, den Fig. 20 zeigt.

Aus Fig. 20 geht hervor, daß sich die letzte gemeinsame Stammart A aller fünf Arten zuerst in *Pongo pygmaeus* und in eine Art B aufgespaltet hat. Diese Art B ist der letzte gemeinsame Vorfahr der monophyletischen Gruppe „*Homo sapiens* + Art C + *Gorilla gorilla* + Art D + *Pan paniscus* + *Pan troglodytes*". Denn B hat sich nach Fig. 20 weiter in C und *Homo sapiens* aufgespaltet. C bildet sodann den Ausgangspunkt für das stammesgeschichtliche Auseinandertreten von D, der letzten gemeinsamen Stammart beider Schimpansen-Arten, einerseits und von *Gorilla gorilla* andererseits.

Sollen diese Abstammungsbeziehungen durch eine Begriffshierarchie oder ein enkaptisches System wiedergegeben werden, so ist dies in folgender Weise möglich:

---

[119] Vgl. HENNIG 1982, 75–76 sowie SUDHAUS/REHFELD 1992, 130–136.

[120] Zum Begriff „enkaptisches System" vgl. MÜLLER-WILLE 1999, 27–40.

Man kann Begriffe einführen, unter die immer genau diejenigen Arten fallen, die bezüglich einer bestimmten Stammart miteinander ein Monophylum bilden.
So kann man einen Begriff „Hominidae“ einführen, der sowohl die beiden Tochterarten von A, also *Pongo pygmaeus* und B, sowie alle Deszendenten von B unter sich vereint. Genauso kann man mit den Deszendenten von B, also mit C + allen Deszendenten von C + *Homo sapiens*, verfahren. Ein entsprechender Begriff ist „Homininae“.
Behandelt man in dieser Weise alle jeweils ein Monophylum bildenden Artgruppen, so erhält man ein Klassensystem, das im Stile von Fig. 21 oder Fig. 22 notiert werden kann.[121]

1 Hominidae
  1.1 Homininae
    1.1.1 Panini
      1.1.1.1 Pan
        1.1.1.1.1 Pan paniscus
        1.1.1.1.2 Pan troglodytes
      1.1.1.2 Gorilla gorilla
    1.1.2 Homo sapiens
  1.2 Pongo pygmaeus

Fig. 21.

Auf monophyletische Artgruppen wie *Hominidae* oder *Homininae* kann dann auch der Monophylie-Begriff Hennigs angewendet werden. Eine Aussage wie „Die *Homininae* sind eine monophyletische Gruppe“ ist dabei so aufzulösen: „Die der Gruppe der *Homininae* angehörenden Arten haben eine nur ihnen gemeinsame Stammart.“ Wird darüber hinaus auch der Relator „- - - ist näher mit + + + als mit ~ ~ ~ verwandt“ auf monophyletische supraspezifische Taxa angewendet, so gilt nach Hennig:

> Eine monophyletische Gruppe A ist mit einer anderen monophyletischen Gruppe B dann (und nur dann) näher verwandt als mit einer beliebigen anderen monophyletischen Gruppe C, wenn beide Gruppen A und B (zusammen mit den jeweils ihnen eigenen Stammarten) eine Stammart gemeinsam haben, die nicht zugleich auch die Stammart der Gruppe C ist.[122]

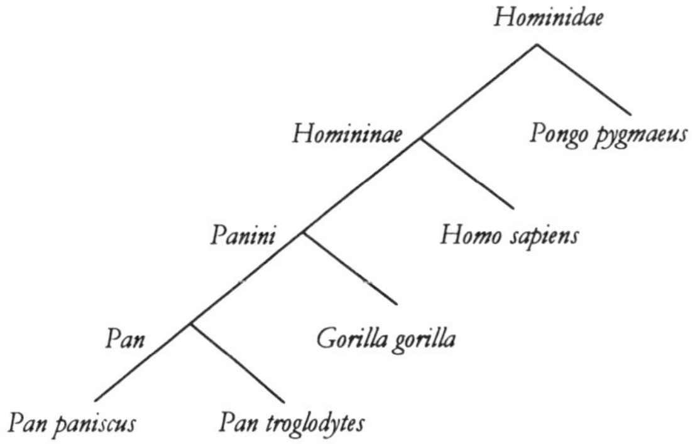

Fig. 22.

Bei der Umsetzung von Stammbäumen in Taxonomien tritt allerdings eine logische Schwierigkeit auf, die zumindest in der Nachfolge Hennigs oft übersehen worden ist.
Vergleicht man Fig. 21 und Fig. 22 mit Fig. 20, so fällt auf, daß die in Fig. 20 für postulierte Stammarten stehenden Buchstaben A, B, C und D in dem entsprechenden enkaptischen System, das Fig. 21 und Fig. 22 auf je eigene Weise veranschaulichen, verschwunden sind. Statt dessen treten dort die *Begriffe* „Hominidae“, „Homininae“, „Panini“ und „Pan“ auf. Die Ablösung der wie *Namen* funktionierenden Buchstaben A, B, C und D durch die *Begriffe* „Hominidae“, „Homininae“, „Panini“ bzw. „Pan“ geht besonders deutlich aus Fig. 22 hervor.

---

[121] Für Fig. 21 vgl. SUDHAUS/REHFELD 1992, 134.
[122] HENNIG 1984, 21 (im Original kursiv).

Ersetzt man Buchstaben, die für postulierte Stammarten stehen und damit wie Art*namen* funktionieren, dergestalt durch *Begriffe*, so schafft man sich folgendes logische Problem: Wäre die Stammart S eines bestimmten Monophylums M bekannt, könnte also ein Vertreter von S konkret aufgewiesen werden, so müßte bei der Umsetzung des entsprechenden Dendrogramms in ein hierarchisches Begriffssystem deutlich gemacht werden, daß S auf eigenartige Weise dem Begriff m, d. h. dem Begriff, unter den diejenigen Arten fallen, die bezüglich S miteinander ein Monophylum bilden[123], gleichwertig ist. Denn einerseits kann S nicht einfach unter m subsumiert werden. Immerhin verdankt sich ja das Fallen von Arten unter den Begriff m gerade dem Erfülltsein des Kriteriums, „bezüglich S miteinander ein Monophylum zu bilden". S selbst aber bildet bezüglich S kein Monophylum, erfüllt also auch nicht das Kriterium für das Fallen unter m. Anderseits fungiert „S" in dem Ausdruck „bezüglich S miteinander ein Monophylum bilden" als *Name* einer bestimmten phylogenetischen Art. Unter den *Namen* einer bestimmten Art können aber nicht andere, von der jeweiligen Art verschiedene Arten so fallen, wie verschiedene Arten unter einen ein supraspezifisches Taxon absteckenden *Begriff* fallen können.
Den Vorwurf, diese durch die logische Binnenstruktur des Subsumtionskriteriums „bezüglich einer Art miteinander ein Monophylum bilden" verursachten Probleme übersehen zu haben, möchte ich Hennig selbst nicht machen. Denn obwohl ich die von Hennig vorgeschlagene Problem*lösung* für unbefriedigend halte, bin ich der Ansicht, daß man Hennig zumindest Problem*bewußtsein* konzedieren muß. In HENNIG 1982 wird die skizzierte Schwierigkeit am Beispiel des Monophylums *Aves* nämlich folgendermaßen diskutiert:

> Aus der Tatsache, daß [...] die Grenzen einer Stammart mit den Grenzen des Taxons zusammenfallen, das alle aus ihr hervorgegangenen Nachfolgearten umfaßt, geht hervor, daß auch die „Stammart" selbst in dieses Taxon gehört. Aber da sie gleichsam mit allen aus ihr hervorgegangenen Arten identisch ist, nimmt sie in diesem Taxon eine besondere Stellung ein. Wäre uns z. B. die Stammart der Vögel mit Sicherheit bekannt [...], dann müßten wir sie zweifellos in die Gruppe „Aves" einordnen. Sie könnte aber keiner Teilgruppe der „Aves" zugewiesen werden. Vielmehr müßten wir unmißverständlich zum Ausdruck bringen, daß sie im phylogenetischen System der Gesamtheit aller Arten der Gruppe Aves gleichwertig ist.[124]

3.4 Zur Position der Evolutionären Klassifikation

Galten meine Bemerkungen im Teilkapitel 3.3.4 dem Problem, wie die Stammbäume der Phylogenetischen Systematik in hierarchische Begriffssysteme übersetzt werden können, so möchte ich nun auf die Kontroverse zwischen der sogenannten Evolutionären Klassifikation und der Phylogenetischen Systematik eingehen.
Meine Entscheidung, die Kontroverse zwischen Evolutionärer Klassifikation und Phylogenetischer Systematik an dieser Stelle zu behandeln, glaube ich mit dem Hinweis rechtfertigen zu können, daß es in dieser Kontroverse vor allem um die Frage geht, ob

---

[123] Bei der Umsetzung eines Dendrogramms in eine Begriffshierarchie fungiert auf jedem Stockwerk die Eigenschaft, „miteinander bezüglich einer von zwei Schwesterarten ein Monophylum zu bilden", als Klassifikationskriterium. Diese Eigenschaft ist aber *relational*, so daß nicht sinnvoll für eine einzelne Art gefragt werden kann, ob sie diese Eigenschaft besitzt. Aufgrund der Definition von „Monophylum" kann allererst für zwei oder mehr Arten die Frage gestellt werden, ob sie *miteinander* diese Eigenschaft haben.
[124] HENNIG 1982, 76.

das von der Phylogenetischen Systematik vorgeschlagene Monophylie-Kriterium bei der *Klassifizierung* von Organismen in der Biosystematik herangezogen werden sollte.
Die folgenden Ausführungen stützen sich insbesondere auf die Aufsätze *Die drei Schulen der Systematik* von Ernst Mayr (MAYR 1990), *Philosophical Foundations of Classical Evolutionary Classification* von Walter Bock (BOCK 1973) sowie auf die sehr ausgewogene Gegenüberstellung von Evolutionärer Klassifikation und Phylogenetischer Systematik in SUDHAUS/REHFELD 1992.
Die auf Walter Bock, Ernst Mayr und andere[125] zurückgehende Schule der Evolutionären Klassifikation stilisiert sich, wie unter anderem die Überschrift des dritten Kapitels von MAYR 1990[126] erkennen läßt, als „klassische" biosystematische Position. Näherhin reklamiert sie für sich, in einer bis zu Darwin und Haeckel zurückreichenden fachwissenschaftlichen Tradition zu stehen.[127] Der Phylogenetischen Systematik hält sie vor, das Informationssystem traditioneller Klassifikationen zu zerstören.[128]
Für die Kritik der Evolutionären Klassifikation an der Hennig-Schule ist gleichwohl bezeichnend, daß sie nicht fundamental ansetzt, sondern mit einer Reihe von Zugeständnissen einhergeht, die ich an späterer Stelle noch als zu weit gehend problematisieren werde. So konzediert etwa MAYR 1990 der Phylogenetischen Systematik folgende Positionen:

- Eine wichtige Aufgabe der Biosystematik besteht in der Rekonstruktion der zwischen Arten qua Evolution bestehenden phylogenetischen Verwandtschafts- oder Abstammungsverhältnisse.[129]
- Die Phylogenetische Systematik verfügt über Kriterien zur Ermittlung von Synapomorphien und damit über eine Methode, die es erlaubt, die zwischen Arten bestehenden phylogenetischen Beziehungen zu rekonstruieren.[130]

Bezweifelt wird in MAYR 1990 also *nicht*, daß die Phylogenetische Systematik ihren Anspruch, die evolutiv gewordenen Verwandtschaftsbeziehungen zwischen Arten ermitteln zu können, methodisch einzulösen vermag. Vielmehr gilt Mayrs Kritik allein dem Vorschlag, diejenigen Klassifikationen, die bei der Umsetzung von Klado-

---

[125] Vgl. MAYR 1990, 274.
[126] Vgl. MAYR 1990, 274.
[127] Vgl. MAYR 1990, 274.
[128] Vgl. MAYR 1990, 276.
[129] Vgl. MAYR 1990, 266: Die kladistische Analyse, „die zur Aufstellung eines Abstammungsschemas, dem Kladogramm, führt, [...] ist [...] ein äußerst wertvoller Beitrag zur Methodik der Systematik [...]."
[130] Vgl. zum Beispiel MAYR 1990, 166: Das Studium von „Synapomorphien *erlaubt* die Konstruktion eines phylogenetischen Diagramms, das [...] sich auf die Abzweigungen beschränkt [...]." Desgleichen MAYR 1990, 271: „In der kladistischen Analyse [der Phylogenetischen Systematik] kann man nur Synapomorphien benützen, um das beste Kladogramm zu konstruieren und diese Regel hat sich in der Tat *sehr bewährt*." (Hervorhebungen in den Zitaten durch M. L.) Vgl. auch MAYR 1990, 167: „Hennigs Methodik der kladistischen Analyse hat zwei enorme Vorzüge: erstens betont sie, daß Taxa das Produkt der Evolution sind und daß diese Tatsache [...] in der Abgrenzung der Taxa sorgfältig berücksichtigt werden muß, und zweitens schlägt sie eine Methode vor, wie man die Wertigkeit von Merkmalen für das Aufstellen eines Kladogramms bestimmen kann, nämlich die Einteilung aller Merkmale in neu abgeleitete (apomorphe) und in primitive, [...] plesiomorphe Merkmale. Diese Methodik erfordert gleichzeitig eine genaue Bestimmung der Homologie aller verwerteten Merkmale. [...] Abgesehen von einigen später zu besprechenden Schwierigkeiten *ermöglicht* diese Methodik die Abzweigungsstellen aller phyletischen Linien zu rekonstruieren." (Hervorhebung im Zitat durch M. L.)

grammen in hierarchische Begriffssysteme entstehen, in der Biologie zu verwenden.[131] Seine Bedenken gegen diesen Vorschlag gründen dabei nicht auf den von mir weiter vorn aufgewiesenen logischen Problemen bei der taxonomischen Verortung von Stammarten, sondern Mayr hält es für untragbar, daß mit den Klassifikationen der Phylogenetischen Systematik nur noch monophyletische Gruppen als biosystematische Taxa gelten würden.[132] Vor dieser Konsequenz meint er insbesondere aus zwei Gründen[133] warnen zu müssen:

1) In der Systematik kann es angezeigt sein, Arten, die miteinander *kein* Monophylum, sondern bloß ein *Paraphylum* bilden, zu einem eigenen Taxon zusammenzufassen.

2) Klassifikationen, die dem Monophylie-Kriterium gehorchen, sind zu instabil, um als diagnostische Systeme in Frage zu kommen.

Zu 1): Die Stoßrichtung dieses Einwandes wird deutlich, wenn man sich über den aus der Phylogenetischen Systematik stammenden Terminus „Paraphylum" Rechenschaft gibt:

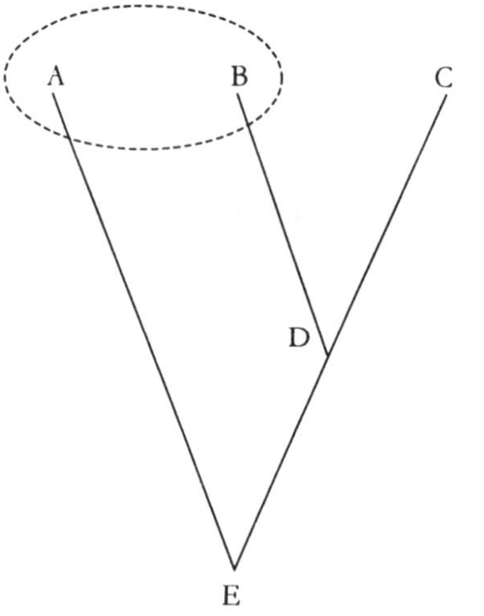

Fig. 23: A und B bilden ein Paraphylum.

Als „Paraphylum" bezeichnet man in der Phylogenetischen Systematik eine Gruppe von Arten, die nur aus einem Teil der Folgearten einer Stammart besteht.[134]

Äquivalent zu dieser Definition ist folgende Begriffsbestimmung: *Ein Paraphylum umfaßt Arten, die keine nur ihnen gemeinsame Stammart besitzen.*[135]

Der Sinn beider Definitionen erhellt aus Fig. 23. Fig. 23 zeigt, wie sich eine Stammart E zunächst in zwei Tochterarten A und D, sowie D dann weiter in zwei Arten B und C aufgespaltet hat. Wie bereits bekannt ist, bildet das Art-Ensemble ABCD ein Monophylum bezüglich E, denn es besteht aus sämtlichen Folgearten von E. Hingegen setzt sich das Art-Tupel AB *nicht* aus Arten zusammen, die eine *nur ihnen* gemeinsame Stammart besitzen. Der letzte gemeinsame Vorfahr von AB, die Art E, ist nämlich auch Vorfahr von C und D. AB umfaßt also nur einen *Teil* der Folgearten von E und ist damit ein Paraphylum oder eine paraphyletische Gruppe.

---

131 Vgl. MAYR 1990, 266.

132 Vgl. SUDHAUS/REHFELD 1992, 132: Es gibt „eine anhaltende Kontroverse darüber, ob unter Umständen auch paraphyletische [...] Gruppen in einem System zulässig sind. Bejaht wird dies von der evolutionären Systematik [entspr.: ‚Evolutionäre Klassifikation'], verneint wird es von der konsequent phylogenetischen (cladistischen) Systematik."

133 Ich beschränke mich auf die am stärksten rezipierten Einwände Mayrs. Vgl. SUDHAUS/REHFELD 1992, 132–133.

134 Vgl. zum Beispiel SUDHAUS/REHFELD 1992, 131: „Ein paraphyletisches Taxon enthält eine Stammart und nur einen Teil ihrer Folgearten."

135 Vgl. zum Beispiel AX 1988, 65.

Verfügt man über den Terminus „Paraphylum", so ist man in der Lage, Mayrs Einwände gegen Klassifikationen, die auf dem Monophylie-Kriterium der Phylogenetischen Systematik beruhen, zu rekonstruieren.
Mayr erläutert seine Position am Beispiel des traditionellen Taxons *Reptilia*: Mit der Phylogenetischen Systematik stimmt MAYR 1990 dahingehend überein, daß die traditionell unter den Begriff „Reptilia" subsumierten Arten keine nur ihnen gemeinsame Stammart besitzen. Denn nach der auch von Mayr akzeptierten Lehrmeinung sind aus der letzten gemeinsamen Stammart aller unter „Reptilia" subsumierten Arten zugleich auch die *Mammalia* und die *Aves* hervorgegangen. Damit aber erkennt Mayr an, daß die *Reptilia* kein Monophylum, sondern ein Paraphylum bilden.[136]

1 Sauropsida
  1.1 Lepidosauria
    1.1.1 Rhynchocephalia
    1.1.2 Squamata
  1.2 Archosauromorpha
    1.2.1 Chelonia
    1.2.2 Archosauria
      1.2.2.1 Crocodilia
      1.2.2.2 Aves
2 Mammalia

Fig. 24: Konsequent-phylogenetische Klassifikation der *Amniota*.

Anders als die Phylogenetische Systematik will jedoch Mayr dieser Lehrmeinung nicht durch Preisgabe des traditionell den „Aves" und den „Mammalia" gleichgeordneten Taxons „Reptilia" Rechnung tragen. Mayr wendet sich *dagegen*, die traditionelle Einteilung der *Amniota* in *Reptilia*, *Aves* und *Mammalia* durch eine dichotomische Einteilung in das Taxon „Sauropsida" (das dann zwar die *Aves*, nicht aber die traditionell als Reptilien geltenden *Pelycosauria* umfaßt) einerseits und das Taxon „Mammalia" (das dann die *Pelycosauria* einschließt) zu ersetzen (vgl. Fig. 24). Mayr möchte, mit anderen Worten, das Paraphylum „Reptilia" weiterhin als eigenes biosystematisches Taxon geführt wissen.[137]
Er begründet dies insbesondere damit, daß die „Pelycosauria" außer dem Merkmal „Schädelfenster" kaum Säugetiereigenschaften besitzen:

> Die Mammalia in dieser sogenannten Klassifikation [der Phylogenetischen Systematik, vgl. Fig. 24] schließen die Pelycosauria ein, eine Gruppe von primitiven Reptilien, die auch nicht ein einziges der Merkmale besitzt wie Haarkleid, Endothermie, Ernährung der Jungen mit Milch, Mittelohrknöchelchen, die die herkömmlichen Merkmale der Säugetiere sind. Eine solche Anordnung steht mit jedem traditionellen Prinzip der Klassifikation im Widerspruch.[138]

Und an anderer Stelle heißt es in MAYR 1990:

> Das erste Taxon auf der Stammlinie, die zu den Vögeln führt, war wahrscheinlich ein recht gewöhnlicher Dinosaurier, nur dadurch gekennzeichnet, daß sich die Schuppen in federähnliche Strukturen verwandelt hatten. Er wird von dem klassischen Taxonom bei den Dinosauriern eingeordnet, mit denen er in 99% aller Merkmale übereinstimmt. Dasselbe gilt für die synapsiden Reptilien, wie die Pelycosauria, die ihren Schwestergruppen viel ähnlicher sind als den Säugern.[139]

Um der Biosystematik paraphyletische Taxa wie „Reptilia" zu erhalten, formuliert Mayr seine Regeln für die Evolutionäre Klassifikation. Die wichtigsten gegen die Phylogenetische Systematik gerichteten Bestimmungen lauten dabei:

---

136 Vgl. MAYR 1990, 269.
137 MAYR 1990, 269.
138 MAYR 1990, 269.
139 MAYR 1990, 275.

> Monophylie wird [in der Evolutionären Klassifikation] nicht als eine Methode benützt, um Taxa abzugrenzen. [...]
> Das Prinzip der Paraphylie wird [in der Evolutionären Klassifikation] nicht anerkannt.[140]

Aus philosophischer Sicht muß das Mißverhältnis zwischen der Intensität, mit der das Paraphylum-Problem diskutiert wird,[141] und der theoretischen Dignität dieses Problems verwundern. Zum einen konzediert Mayr, daß die Aussage „Die Reptilia bilden ein Paraphylum" wahr ist. Zum anderen gibt es keinen *logischen* Grund dafür, die begriffliche Zusammenfassung bestimmter paraphyletischer Arten nach *typologischen* Kriterien und die Vergabe von Namen für entsprechende Taxa zu *untersagen*. Solange deutlich ist, daß es sich dabei um Klassen handelt, denen Arten rein aufgrund *typologischer* Gemeinsamkeiten angehören, muß sich die Phylogenetische Systematik in ihrem Anliegen, Monophyla zu identifizieren, durch paraphyletische Taxa nicht bedroht fühlen. Immerhin ermöglicht allererst die Zusammenfassung von Organismen zu dem Taxon „Reptilia" die für die Hennig-Schule so bemerkenswerte, nämlich eine neue biologische Einsicht darstellende Aussage „Die *Reptilia* bilden ein Paraphylum". Zudem kann die Phylogenetische Systematik, ohne damit ihre eigene Position aufzugeben, das Zugeständnis machen, daß mit der Zusammenfassung von Arten zu einem Taxon wie „Reptilia" ein bestimmtes *anagenetisches* Evolutionsniveau, also ein bestimmtes evolutionäres Niveau in der Merkmalsausstattung von Organismen erfaßt wird.[142] (Zur Unterscheidung „Anagenese"–„Phylogenese" vgl. die Abschnitte 4.5 und 5.1)

Zu 2): Auch dieser zweite Einwand Mayrs richtet sich nicht gegen den Anspruch der Phylogenetischen Systematik, Monophyla nachweisen zu können. Mayr kritisiert vielmehr, daß Klassifikationen, die bei der Umsetzung von Kladogrammen in Begriffshierarchien entstehen, instabil sind. Zur Begründung führt er aus:

> Aus zwei Gründen sind kladistische [entspr. hier: konsequent-phylogenetische] Klassifikationen sehr unstabil. Erstens verursachen selbst kleine Unterschiede im Kladogramm einer Gruppe oft schwerwiegende Unterschiede in der Klassifikation. Zweitens führt die Entdeckung neuer Arten und Gattungen oft zu einem veränderten Kladogramm und damit zu einer veränderten Klassifikation.[143]

Diese wenigen Bemerkungen Mayrs lassen sich meines Erachtens zu folgender Argumentation ausbauen: Hypothesen über die stammesgeschichtlichen Beziehungen zwischen bestimmten Arten bleiben stets offen für Widerspruch. So kann die Entdeckung einer neuen biologischen Form, aber auch die Heranziehung neuer Merkmale beim Vergleich schon bekannter Lebensformen zu einer Revision der bisher

---

[140] MAYR 1990, 275 Regel 4) und Regel 6).

[141] Vgl. nicht nur MAYR 1990, sondern auch SUDHAUS/REHFELD 1992, 132–136.

[142] Vgl. MAYR 1990, 266: Die „Phylogenie wird durch zwei Prozesse gekennzeichnet, erstens die Verzweigung von Stammlinien, die Kladogenese, und zweitens durch den Grad der nachfolgenden Divergenz [in der Merkmalsausstattung] dieser Linien, die Anagenese." Vgl. ebenso die Rekonstruktion des für die Position der Evolutionären Klassifikation charakteristischen Anagenese-Arguments bei SUDHAUS/REHFELD 1992, 132: „Innerhalb einer geschlossenen Verwandtschaftsgruppe sollten unterschiedliche anagenetische Niveaus zum Ausdruck kommen, was mittels paraphyletischer Gruppen möglich ist. Zum Beispiel repräsentieren die ‚Reptilien' ein nahezu unverändert gebliebenes Amnioten-Niveau, gekennzeichnet durch eine Vielzahl von Symplesiomorphien, während die Vögel durch Anagenese eine ganz neue ökologische Zone erschlossen haben [...]."

[143] MAYR 1990, 273.

geltenden Lehrmeinung über die phylogenetische Stellung bestimmter Arten führen. Benutzt man nun, dem Vorschlag der Phylogenetischen Systematik folgend, bei der Klassifizierung von Organismen ausschließlich das Monophylie-Kriterium, so findet jede Änderung in der phylogenetischen Lehrmeinung ihren Niederschlag automatisch in einer neuen Taxonomie. Weil aber biosystematische Taxonomien stabile terminologische Systeme zur begrifflichen Einteilung von Organismen sein sollen, erweist sich die Revisionsanfälligkeit konsequent-phylogenetischer Klassifikationen als Manko.[144]
Unter der Voraussetzung, daß mit biosystematischen Taxonomien ein dauerhaft oder zumindest über längere Zeit verbindliches System von Termini zur Unterscheidung biologischer Formen bereitgestellt werden soll, halte ich diese Argumentation Mayrs für triftig. Die Klassifikationen der Phylogenetischen Systematik sind zu änderungssensibel, um stabile terminologische Konventionen zu liefern.
Aus wissenschaftstheoretischer Sicht ist jedoch an der in MAYR 1990 skizzierten Position zu kritisieren, daß sich in ihr die berechtigte Forderung nach einem *verbindlichen System von Termini* zur Erfassung der biologischen Formenvielfalt mit dem Anliegen mischt, *evolutionsbiologische Zusammenhänge* biosystematisch im Sinne eines „natürlichen“ Systems kenntlich zu machen.[145] Denn dem Anspruch auf Verbindlichkeit, Stabilität (und übrigens auch: Erweiterbarkeit) wäre bereits mit einem System formenkundlicher Termini Genüge getan. Ein solches formenkundliches Begriffssystem läßt sich nicht nur in der Praxis am besten anwenden, es garantiert vor allem eine gewisse terminologische Stabilität über die allgemeineren evolutionsbiologischen und spezielleren phylogenetischen Kontroversen hinweg.
Da sich mir noch in Abschnitt 4.5 die Gelegenheit zu einem Plädoyer für eine neue, formenkundlich-taxonomische Bescheidenheit in der Biosystematik bieten wird, gehe ich hier auf weitere Details nicht ein. Zum Abschluß des laufenden Teilkapitels möchte ich vielmehr meine Entscheidung rechtfertigen, die Evolutionäre Klassifikation in der vorliegenden Arbeit nur als *kritische Stimme*, nicht aber *als eigenständige phylogenetische Forschungsmethode* zu behandeln.
Bisher dürfte so viel deutlich geworden sein: Die Evolutionäre Klassifikation gesteht zu, daß die Phylogenetische Systematik über Methoden zur Rekonstruktion der Stammesgeschichte verfügt. An diesen Methoden übt sie keine tiefergehende Kritik. Im Gegenteil: In MAYR 1990 wird Hennigs Vorschlag, Stammbäume ausgehend von Synapomorphie-Hypothesen zu rekonstruieren, akzeptiert, sogar ausdrücklich gutgeheißen.
Dieses Zugeständnis geht nun aber so weit, daß zwar die Evolutionäre Klassifikation mit ihren „Homologien“ eine von Hennigs Synapomorphien verschiedene Ähnlichkeitssorte klassifikatorisch genutzt wissen will, zur Ermittlung dieser Homologien aber

[144] Vgl. SUDHAUS/REHFELD 1992, 133: „Ein geschriebenes System hat mehr den Charakter des Abgeschlossenen und Stabilen, was ungern aufgegeben wird. Die Praxis erfordert eine gewisse Stabilität des Referenzsystems. Hingegen dient ein begründeter Stammbaum der Darlegung der Argumente und ist diskussionsoffen. Ein dem Stammbaum entsprechendes System müßte u. U. nach jeder Diskussion geändert werden. Aus diesem einerseits konservativen und andererseits dynamischen Aspekt ist *eine Trennung von System und Stammbaum* vorteilhaft“ (Hervorhebungen im Zitat durch W. S. und K. R.)
[145] Vgl. dazu auch MAYR 1990, 264: „Es ist [...] offensichtlich, daß eine Klassifikation der Organismen zwei Grundprinzipien gehorchen muß, Ähnlichkeit und gemeinsame Abstammung.“

ein Verfahren heranzieht, das Hennig gerade als eines der Mittel der Synapomorphie-Erkennung propagiert.

Als „Homologie“ wird innerhalb der Evolutionären Klassifikation die Übereinstimmung hinsichtlich eines Merkmals bezeichnet, das im einfachsten Fall zwei Taxa von dem letzten ihnen gemeinsamen Vorfahren übernommen haben:

> A feature (or condition of a feature) is homologous to a feature (or condition of a feature) in another organism if the two features (or conditions) can be traced phylogenetically to the same feature or condition in the immediate common ancestor of both organisms.[146]

Bei „Homologien“ im Sinne dieser Definition Bocks handelt es sich also um Ähnlichkeiten, die qua Definition *nicht nur* zwischen den Angehörigen einer Artgruppe, die *sämtliche* Deszendenten einer *einzigen* Stammart[147] umfaßt, bestehen können; denn Bocks Definition legt ja nicht fest, daß ein Merkmal, in dem Taxa übereinstimmen, nur dann als „homolog“ gelten kann, wenn dieses Merkmal beim letzten, *nur* den Trägern dieses Merkmals gemeinsamen Vorfahren *genau einmal* entstanden ist.

Allerdings dient bei Bock zur Ermittlung von Homologien eine Methode, die – wie an späterer Stelle (Abschnitt 4.3) nachgewiesen werden kann – in Hennigs Phylogenetischer Systematik mithelfen soll, Synapomorphien zu identifizieren. Folgt man nämlich Bock, so liefern sowohl *Übereinstimmungen* der jeweils betrachteten Merkmale hinsichtlich bestimmter *Merkmalsmerkmale* als auch Übereinstimmungen der Merkmals*träger* hinsichtlich *weiterer* Merkmale Indizien dafür, daß eine Übereinstimmung in einem bestimmten Merkmal als „Homologie“ gelten kann:

> The phylogenetic definition of homology is a nonoperational one and does not provide the methodology by which homologues are recognized. The recognizing criteria used in ascertaining homologues are similarities of all sorts [...], be they of appearance, material composition, positional relationship with other features, embryological or whatever. Moreover, similarity between features is the only criterion by which homologues can be recognized.[148]

Angesichts dieser Übereinstimmung habe ich mich dafür entschieden, die Abgrenzungsbestrebungen der Evolutionären Klassifikation gegenüber der Phylogenetischen Systematik zu ignorieren und die Evolutionäre Klassifikation nicht als eigenständigen *phylogenetischen* Ansatz vorzustellen. Denn die Evolutionäre Klassifikation propagiert *keine* anderen phylogenetischen Forschungsmethoden als die Hennig-Schule. Bei den Auseinandersetzungen zwischen beiden Schulen geht es letztlich nur um die Frage, ob in der *Biosystematik* Klassifikationen verwendet werden sollen, die auf der Anwendung des Monophylie-Kriteriums beruhen. Konsens zwischen beiden Schulen besteht dahingehend, daß Monophyla im Rahmen der Biosystematik ermittelt werden können und sollen. Denn beide Schulen halten die Erforschung von monophyletischen Gruppen mit den Mitteln biosystematischer Ähnlichkeitsforschung sowohl für möglich als auch für lohnend.

---

146 Bock 1973, 386–387.

147 Zwar spricht Bock von „organisms“, aus dem Kontext geht jedoch eindeutig hervor, daß Homologien nach Bock zwischen *Klassen* von Organismen, insbesondere zwischen Arten bestehen.

148 Bock 1973, 387.

3.5 Kritische Zwischenbilanz

Mit den Schlußbemerkungen von Abschnitt 3.4 bin ich bereits zur Frage nach den Synapomorphie-Kriterien Hennigs vorausgeeilt. Den damit eingeschlagenen Weg zu Kapitel 4 möchte ich aber nicht fortsetzen, ohne zuvor einige Einwände gegen die Phylogenetische Systematik Hennigs angesprochen zu haben, die zwar meines Erachtens greifen, die ich selbst aber im Fortgang meiner Argumentation *nicht* gegen Hennig verwenden werde.

1) Hennigs Ansatz fußt auf einem speziellen Art-Begriff: Eine Hennigsche Art ist eine geschlossene Fortpflanzungsgemeinschaft. Dieser Art-Begriff ist zu Beginn von Kapitel 3 erläutert und gegen eine bestimmte Version von Mayrs biologischem Art-Begriff abgegrenzt worden. Dabei hat sich herausgestellt, daß mit der Anwendung des Hennigschen Art-Begriffes in Systematik und Taxonomie Schwierigkeiten verbunden sind. Für triftig halte ich die folgenden Einwände gegen diesen Art-Begriff:

a) Der Relator „- - - ist reproduktiv isoliert von + + +“ ist nicht transitiv: Gilt für drei Fortpflanzungsgemeinschaften A, B und C, daß A von B und B von C isoliert ist, so muß nicht auch A von C reproduktiv isoliert sein. Damit tritt das Problem auf, daß die Mitglieder von A unter Umständen zwar relativ zu B, nicht aber relativ zu C eine eigene Art bilden.

b) Weil sich das Erfülltsein des Kriteriums, „miteinander zumindest in indirekten Fortpflanzungsbeziehungen stehen zu können“, *in der Praxis* kaum je durch Kreuzungsversuche überprüfen läßt, müssen Art-Zuordnungen von Individuen auch in der Phylogenetischen Systematik primär nach typologischen Kriterien erfolgen. Kann auch zugestanden werden, daß sehr markante anatomische Unterschiede zwischen Organismen in bestimmten Fällen auf die *Un*fähigkeit zur wechselseitigen Aufnahme von Fortpflanzungsbeziehungen schließen lassen, so liefern doch vergleichende anatomische Untersuchungen in vielen interessanten Fällen gerade *keine* eindeutigen Ergebnisse. Dies erweist sich, wie die anhaltende Debatte über etwaige Fortpflanzungsbeziehungen zwischen modernem Mensch und Neandertaler zeigt, besonders in der Paläontologie als Problem. Dort können strittige Fälle ja *prinzipiell* nicht mit Hilfe von Kreuzungsversuchen abgeklärt werden.

c) Das Abgeschlossenheitskriterium und das Fortpflanzungskriterium lassen sich nicht auf uniparentale Organismen anwenden.

Ich bin der Ansicht, daß die durch die Thesen 1a), b) und c) zum Ausdruck gebrachten Zweifel an der Anwendbarkeit von Hennigs Art-Begriff berechtigt sind. Gerade *weil* dieser Art-Begriff bestimmten evolutionstheoretisch berechtigten Vorstellungen über die Entstehung und Veränderlichkeit von geschlossenen Fortpflanzungsgemeinschaften Rechnung zu tragen versucht, unterliegt die taxonomische Leistungsfähigkeit dieses Begriffes in der biologischen Systematik starken Beschränkungen. Denn ob bestimmte Individuen ein und derselben Hennigschen Art oder aber verschiedenen Hennigschen Arten angehören, ist unter Umständen *nicht* entscheidbar.

Diese Problematik wird auch nicht durch die Behauptung aus der Welt geschafft, daß es geschlossene Fortpflanzungsgemeinschaften in der Natur wirklich gibt.[149] Denn

---

[149] Vgl. zum Beispiel SUDHAUS/REHFELD 1992, 38: „Unsere Position ist, daß biologische Arten reale Natureinheiten [...] sind.“ Ähnlich AX 1988, 30: Die einzelne Art ist „eine zeitlich determinierte Erscheinung in der Realität des Lebendigen [...].“

ohne bestreiten zu müssen, daß Hennigs Hypothesen über den Ablauf der Phylogenese wahr und von daher Aussagen über die biologische Wirklichkeit[150] sind, wird man doch anmerken können, daß sich über die *Zusammensetzung* einzelner Fortpflanzungsgemeinschaften jetzt und in der Vergangenheit unter Umständen keine sicheren Aussagen gewinnen lassen.
Im übrigen bleibt aus wissenschaftstheoretischer Sicht daran festzuhalten, daß Hennigsche Arten relativ zu den einzelnen Organismen *abstrakte* Gegenstände sind. Ihre Eigenschaften sind *nicht* auf dieselbe Weise epistemisch zugänglich wie die Eigenschaften der einzelnen, sie konstituierenden Organismen. Gegen die Tendenz zur Vergleichgültigung des gegenstands- und erkenntnistheoretischen Unterschiedes zwischen *Organismen* und *phylogenetischen Arten* bei Ax 1988[151] und Sudhaus/Rehfeld 1992[152] ist einzuwenden: Einzelne Hennigsche Arten könnten zwar, wenn sie sich identifizieren ließen, in Aussagen durch Eigennamen vertreten werden, d. h. Eigennamen von geschlossenen Fortpflanzungsgemeinschaften könnten in Aussagen der Form „X hat die Eigenschaft p"/„X fällt unter den Begriff p" an der X-Stelle auftreten; aber Aussagen über *Eigenschaften* einer bestimmten Hennigschen Art hätten doch wohl erst dann Anspruch auf Geltung, wenn sich nachweisen ließe, daß alle oder zumindest relevant viele Art-*Vertreter* die jeweiligen Eigenschaften besitzen.[153] Der Hinweis darauf, daß X etwa in dem Satz „X hat eine grüngesprenkelte Brust" Eigenname einer Art ist und damit ein logisches Individuum vertritt, ändert daran nichts.
2) In Abschnitt 3.3.1 wurden drei methodisch wichtige Vorannahmen Hennigs diskutiert. Die ersten zwei dieser Prämissen lassen sich zu der These zusammenziehen, *daß sich die Entstehung der uns bekannten biologischen Formenvielfalt im Bereich der biparentalen Organismen der fortgesetzten dichotomen Aufspaltung einer Ur-Fortpflanzungsgemeinschaft in immer weitere Fortpflanzungsgemeinschaften verdankt.* In Abschnitt 3.3.1 habe ich erklärt, daß ich unter anderem diese Vorannahme Hennigs im weiteren Verlauf meiner Argumentation konzediere. Ich habe aber auch deutlich gemacht, daß dieses Zugeständnis keineswegs selbstverständlich ist. Denn die Monophylie-Annahme gibt ebenso wie die Dichotomie-Prämisse Anlaß zu gravierenden Bedenken. Im folgenden sollen nur die mit der Begründung der Monophylie-Prämisse verbundenen Probleme zur Sprache kommen. Was das Dichotomie-Problem anbetrifft, so verweise ich hier erneut auf Sudhaus/Rehfeld 1992.[154]

---

[150] Ich folge in der Bestimmung des Verhältnisses von „wahr" und „wirklich" Kamlah/Lorenzen 1973, 138: „Da eine wahre Aussage eine Tatsache darstellt, wollen wir ferner – wie sprachgebräuchlich – sagen: sie stellt einen ‚wahren Sachverhalt' dar oder einen ‚*wirklichen Sachverhalt*' (durch diese Normierung werden die Ausdrücke ‚Tatsache' und ‚wirklicher Sachverhalt' synonym). [...] Wir haben [also] den Terminus ‚wirklich' definiert mit Hilfe des Terminus ‚wahr', nicht etwa umgekehrt." (Hervorhebung im Zitat durch W. K. und P. L.)

[151] Vgl. Ax 1988, 30–32.

[152] Vgl. Sudhaus/Rehfeld 1992, 38–44.

[153] Es muß eigens geregelt werden, ob *alle* bekannten Vertreter einer phylogenetischen Art eine bestimmte Eigenschaft haben müssen, damit diese Eigenschaft auch der durch sie vertretenen Art berechtigtermaßen attestiert werden kann, oder ob eine Art eine bestimmte Eigenschaft schon hat, wenn sich diese Eigenschaft nur bei einem festgelegt hohen *Teil* der bekannten Art-Vertreter nachweisen läßt.

[154] Vgl. Anm. 100 (Seite 52).

a) Die für Hennig methodisch wichtige Version der Monophylie-Annahme besteht in der Behauptung, daß alle Arten von Biparentalen zusammen ein Monophylum bilden. Geht man von der Richtigkeit dieser Behauptung aus, so ist es möglich, beliebige Ensembles von Hennigschen Arten mit den Methoden der Phylogenetischen Systematik auf die zwischen ihnen bestehenden graduell-genealogischen Beziehungen zu untersuchen. Diese Möglichkeit besteht jedoch nicht, falls es historisch mehrere, unabhängig voneinander aufgetretene Ur-Fortpflanzungsgemeinschaften und damit mehrere, unabhängig voneinander aufgetretene erste Eltern-Paare gegeben hat. Denn da graduell abgestufte phylogenetische Beziehungen nur zwischen Arten bestehen, die eine gemeinsame Stammart haben, diese Bedingung aber von Arten, die je Deszendenten *verschiedener* Ur-Arten sind, *nicht* erfüllt wird, könnten in dem Fall, daß erste biparentale Arten mehrmals unabhängig voneinander entstanden sind, auch nicht *beliebige* Hennigsche Arten, sondern immer nur diejenigen Arten, die jeweils Nachkommen *derselben* Ur-Art sind, auf die zwischen ihnen bestehenden graduell-genealogischen Beziehungen untersucht werden. Welche Arten von welcher Ur-Art abstammen, müßte dann also im Vorfeld geklärt werden.

In den einschlägigen Lehrbüchern wird selten expliziert, daß in der Phylogenetischen Systematik Hennigs die Monophylie der Biparentalen methodisch vorausgesetzt wird. Vor allem aber unterbleibt in der Literatur der Versuch, diese Prämisse zu *begründen.* Mit welchen Argumenten Vertreter und Vertreterinnen der Phylogenetischen Systematik diese Annahme stützen, muß man deshalb auf informellem Weg in Erfahrung bringen. Die Begründungsversuche, die man dabei kennenlernen kann, folgen immer demselben Muster: Zur argumentativen Abstützung dieser Prämisse wird nämlich stets die These angeführt, eine mehrfach unabhängige Entstehung der sehr komplexen biparentalen Lebensformen sei extrem unwahrscheinlich.

Eine tragende Rolle kommt in diesem Argument den Begriffen „komplex" und „wahrscheinlich" zu. Aus wissenschaftstheoretischer Sicht ist aber problematisch, wie diese beiden Begriffe verwendet werden.

- Wo behauptet wird, ein bestimmtes Objekt sei „sehr komplex" oder „komplexer als ein anderes", muß ein *Komplexitätsmaß* angegeben werden. Aus Diskussionen habe ich den Eindruck gewonnen, daß in dem oben vorgestellten Argument die *Zahl der Teile*, aus denen Organismen bestehen, als Komplexitätsmaß fungiert. Macht man sich aber klar, daß für keinen Organismus die Zahl der ihn aufbauenden Teile definitiv angegeben werden kann, da insbesondere immer die Möglichkeit besteht, daß an bereits identifizierten Teilen (mit neuen Untersuchungsmethoden) neue Teile entdeckt werden (die dann als Teile von Teilen auch Teile des jeweils untersuchten Organismus wären), so wird fragwürdig, ob die Anzahl der Teile ein Maß liefert, das Organismen nach verschiedenen Komplexitätsgraden verbindlich anzuordnen gestattet.
- Wie der Begriff „wahrscheinlich" in dem oben vorgestellten Argument funktioniert, ist unklar. Auf keinen Fall kann es sich bei diesem Begriff um den statistischen Wahrscheinlichkeitsbegriff handeln. Denn statistische Aussagen über die Wahrscheinlichkeit, mit der ein Zufallsprozeß bei einem künftigen Durchlauf ein bestimmtes Ereignis a liefern wird, beziehen sich stets auf Annahmen darüber, wie häufig der jeweils untersuchte Prozeß dieses Ereignis a *relativ* zu einer bestimmten

Anzahl von Prozeßdurchläufen erzeugt. Kann man zum Beispiel davon ausgehen[155], daß ein bestimmter Zufallsprozeß ein Ereignis a im Durchschnitt in 50, ein Ereignis b aber durchschnittlich nur in 25 von 100 Durchläufen produziert, so kann man vorhersagen, daß die Wahrscheinlichkeit für das Eintreten von a vor jedem künftigen Durchlauf dieses Prozesses mit 50% doppelt so groß ist wie die bei 25% liegende Wahrscheinlichkeit für das Eintreten von b. Informationen über die relative Häufigkeit, mit der jedes der (theoretisch unendlich vielen) möglichen phylogenetischen Alternativ-Ereignisse „keine Entstehung der Biparentalen", „einmalige Entstehung der Biparentalen", „zweimalige Entstehung der Biparentalen", „dreimalige Entstehung der Biparentalen" etc. auftritt, liegen jedoch gar nicht vor. Dies bedeutet, daß keine statistischen Angaben über die Wahrscheinlichkeit, mit der die Biparentalen im Zuge künftiger Phylogenesen einmal, mehrmals oder gar nicht entstehen, möglich sind. Damit aber fehlt es auch an genau den Informationen, die vorliegen müßten, damit errechnet werden könnte, ob die statistische Wahrscheinlichkeit einer einmaligen Entstehung der Biparentalen größer ist als die Wahrscheinlichkeit einer mehrmaligen Entstehung.

Die hier vorgebrachten Einwände widerlegen nicht die These, daß alle Arten von Biparentalen zusammen ein Monophylum bilden. Sie richten sich vielmehr gegen ein bestimmtes Argument, das faktisch immer wieder zugunsten dieser These vorgebracht wird – und dies auch nur insofern, als sie sich an unzureichend geklärten Begriffen festmachen. Ich möchte mit meinen Überlegungen also lediglich zu bedenken geben: Mit dem oben vorgestellten Argument kann nicht zur Anerkennung der These, daß alle Arten von Biparentalen zusammen ein Monophylum bilden, verpflichtet werden.

b) In Abschnitt 3.2 wurde herausgearbeitet, daß Hennig nicht nur von der Monophylie der Biparentalen ausgeht, sondern darüber hinaus auch noch die Auffassung vertritt, daß alles Leben auf der Erde, d. h. alle je aufgetretenen Organismen durch tokogenetische Beziehungen miteinander verbunden sind. Anders als die These von der Monophylie der Arten (Monophylie der Biparentalen) ist diese Prämisse eine Aussage über die Gesamtheit aller einzelnen Lebewesen, nicht über die Gesamtheit aller Hennigschen *Arten*.

Tokogenetische Beziehungen können sowohl zwischen biparentalen als auch zwischen uniparentalen Organismen bestehen. Einer Einbeziehung der Uniparentalen in die Hypothese, alles Leben sei tokogenetisch miteinander verwandt, steht von daher logisch nichts im Wege. Die Frage ist aber nun: Bestehen tatsächlich zwischen allen Organismen tokogenetische Beziehungen?

Aus wissenschaftstheoretischer Sicht ist bemerkenswert, daß die neuere evolutionsgeschichtliche Forschung diese Frage uneinheitlich beantwortet. Zwei Szenarien stehen einander gegenüber:

> The first postulates that [...] early evolutionary developments happened only at one place, at one moment in time, by one process, and produced only one kind of new organisms.
> Second, organisms might have arisen by a variety of possible mechanisms or processes [...]. Assume that the many different possible sequences of initial events occurred many times, in

---

[155] Wann überhaupt als bekannt gelten kann, mit welcher relativen Häufigkeit ein Zufallsprozeß ein bestimmtes Ereignis produziert, ist eine schwierige methodologische Frage, die hier nicht eigens behandelt werden soll.

many bodies of water, at many locations on the surface of earth, over extended periods of time.[156]

Natürlich kann nicht „vom Schreibtisch aus“ darüber befunden werden, welches der beiden Szenarien das richtige ist. Hier sei nur angemerkt, daß etwaige Versuche, das erste Szenario gegen das zweite mit dem Hinweis auf die Unwahrscheinlicheit einer mehrfachen Entstehung des (biochemisch) so komplexen Phänomens „Leben“ zu verteidigen, den bereits im Zusammenhang mit Hennigs These von der Monophylie der Biparentalen vorgebrachten Bedenken ausgesetzt wären. Denn auch dieses Argument gäbe Anlaß zu der Warnung, daß die Begriffe „komplex“ und „wahrscheinlich“ nicht sorglos verwendet werden sollten. Auch dieses Argument brächte das Problem mit sich, daß ein leistungsfähiges Komplexitätsmaß zur Verfügung gestellt werden und der relative Grad der Häufigkeit, mit der Leben genau einmal bzw. mehrmals oder gar nicht entsteht, abgeschätzt werden müßte.

*

Im folgenden Kapitel 4 möchte ich nun meine eigene Hennig-Kritik entfalten. Diese Kritik setzt mit der Frage ein, welche Kriterien nach Hennig zur Verfügung stehen, um zu entscheiden, ob eine zwischen Arten bestehende Übereinstimmung überhaupt eine Synapomorphie ist.

156 GORDON 1999, 336.

Der Stille Ozean ist gar nicht so still, sondern eher dem Wellensittich verwandt [...].

Dieter Süverkrüp: *Es ist alles ganz anders*

4 Probleme der Synapomorphie-Erkennung

In Abschnitt 3.3.3 wurde herausgearbeitet, daß nach Hennig Arten genau dann als Monophylum identifiziert sind, wenn nachgewiesen ist, daß zwischen ihnen eine Synapomorphie besteht.

Eine Synapomorphie ist die Übereinstimmung von Arten in einem Merkmal, das diese Arten von der genau, d. h. nur ihnen gemeinsamen Vorfahr-Art übernommen haben und das bei dieser Vorfahr-Art *einmalig neu* aufgetreten ist. Im Verbund mit der Dichotomie-Prämisse geht aus dieser Definition hervor, daß Synapomorphien nur zwischen geradzahlig vielen Arten bestehen können.

Anhand welcher Kriterien glaubt Hennig nun aber entscheiden zu können, ob in einem konkreten Fall eine Synapomorphie vorliegt oder nicht? Bevor ich daran gehen kann, diese Frage zu beantworten, habe ich zunächst einmal darüber zu informieren, mit welchen Alternativen zum Bestehen einer Synapomorphie im konkreten Fall zu rechnen ist. Denn erst wenn Klarheit über diejenigen Alternativen besteht, die im konkreten Fall *ausgeschlossen* werden müssen, damit eine Synapomorphie-Behauptung als begründet gelten kann, läßt sich präzise angeben, zur Bewältigung *welcher* Entscheidungsaufgaben im Zuge eines Synapomorphie-Nachweises überhaupt Kriterien bereitgestellt werden müssen.

Die theoretisch möglichen Alternativen zum Bestehen einer Synapomorphie möchte ich anhand eines Beispiels diskutieren. Dabei kommt mir zugute, daß ich bestimmte methodische Vorannahmen Hennigs, die das Panorama der Möglichkeiten vorab einschränken, hier bereits als bekannt voraussetzen kann:

1) Gemäß der Prämisse, daß alle Biparentalen zusammen ein Monophylum bilden, teilen beliebige Hennigsche Arten einen Vorfahren miteinander. Werden also zum Beispiel drei Arten miteinander verglichen, so muß es für diese einen Stammbaum mit genau einer Erstverzweigung geben.

2) Aus der Dichotomie-Prämisse Hennigs folgt, daß *nie* mehr als *zwei* Arten zusammen die Geschwisterarten-Relation erfüllen. Bereits die *drei*stellige Relation „A ist Schwesterart von B und von C" ist nach Hennig *nie* erfüllt.

Aus dem Zusammenspiel der Voraussetzungen 1) und 2) ergibt sich, daß für drei nachfahrenlose (rezente oder nachfahrenlos erloschene) Arten ABC, deren *letzter* gemeinsamer Vorfahr *nicht* Vorfahr weiterer nachfahrenloser, d. h. an Ast*spitzen* lokalisierter Arten ist und die damit eine Bedingung erfüllen, die „Vollständigkeitsbedingung" heißen möge, eines der zwölf Dendrogramme aus Fig. 25 richtig sein muß. Denn weil mit Hennigs Dichotomieprämisse die Möglichkeit ausgeschlossen ist, daß drei Arten gleichzeitig aus einer Stammart hervorgegangen sind, können drei nachfahrenlose Arten, die ihren letzten gemeinsamen Vorfahren mit keiner weiteren nachfahrenlosen Art teilen, nur vermittelt über *zwei* dichotomische Artspaltungsprozesse aus der ihnen gemeinsamen Stammart hervorgegangen sein. Dies wiederum hat zur Folge, daß es zu den drei Arten ABC eine vierte Art geben *muß*, die *Stamm*art entweder von AB, BC oder AC und zugleich *Schwester*art der jeweils dritten ist. Wenn also drei Arten ABC einerseits an den Spitzen des für sie zu ermittelnden Stammbaumes lokalisiert sind und wenn es andererseits *keine weiteren* an Ast*spitzen* positionierten Arten gibt, die den *letzten* gemeinsamen Vorfahren von ABC *ebenfalls* zum Vorfahren haben, dann folgt daraus, daß genau *zwei* der drei rezenten Arten ABC, also entweder AB, AC oder BC ein Monophylum, nämlich ein monophyletisches Schwesterarten-Paar bilden müssen. Wäre hingegen die Vollständigkeitsbedingung nicht erfüllt, gäbe es also noch eine weitere nachfahrenlose Art X, die ebenfalls Deszendent der letzten ABC gemeinsamen Stammart ist, so wäre mit der Möglichkeit zu rechnen, daß sowohl AB als auch AC und BC Paraphyla sind. Dieser prekäre Fall wäre zum Beispiel dann gegeben, wenn X diejenige Art wäre, die mit A, B oder C das innere monophyletische Schwesterartenpaar bildet. Das Tripel ABC enthielte dann nämlich für sich genommen überhaupt keine Arten, die zusammen ein aus zwei rezenten Arten gebildetes Monophylum formieren. Es wäre sozusagen nach innen unvollständig. Erfüllen aber drei nachfahrenlose Arten die Vollständigkeitsprämisse, so muß für sie eines der folgenden Artspaltungsszenarien zutreffen:

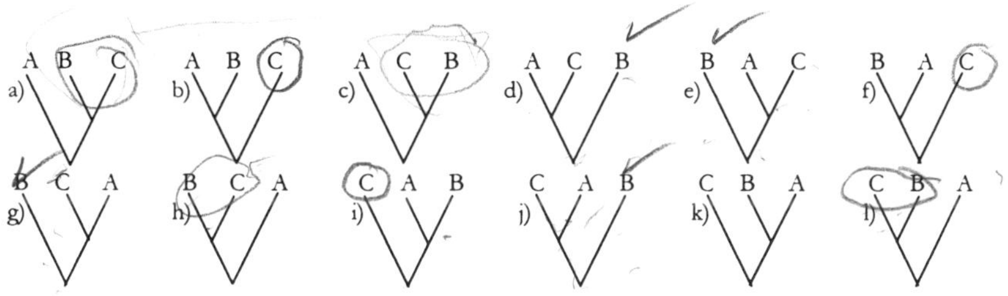

Fig. 25.

Vergleicht man diese zwölf Dendrogramme untereinander, so erkennt man, daß jeweils vier von ihnen dieselbe graduell-genealogische Relation zwischen A, B und C veranschaulichen. So stimmen die Dendrogramme b), f), i) und k) insofern überein, als sie bei Erfülltsein der Relation „A ist näher mit B als mit C verwandt" richtig sind. Die Bäume a), c), h) und l) hingegen gelten übereinstimmend für den Fall, daß B näher mit C als mit A verwandt ist. Die Dendrogramme d), e), g) und j) schließlich sind gültig, wenn A näher mit C als mit B verwandt ist. Die Anzahl der *echten* graduell-genealogischen Alternativen beträgt demnach nicht zwölf, sondern drei (vgl. Tab. 1).

Fälle in Fig. 25	**Graduell-genealogische Relation zwischen A, B und C**
b), f), i), k)	„A ist näher mit B als mit C verwandt"
a), c), h), l)	„B ist näher mit C als mit A verwandt"
d), e), g), j)	„A ist näher mit C als mit B verwandt"

Tab. 1.

In Fig. 26 sind die drei Alternativen α, β und γ, auf die sich die zwölf Dendrogramme aus Fig. 25 zurückführen lassen, aufgeführt:

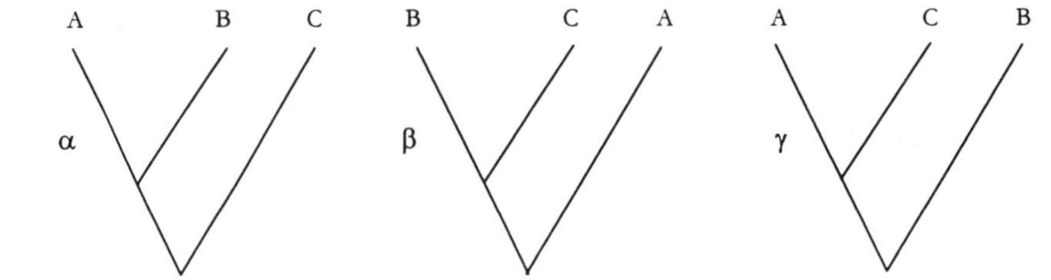

Fig. 26.

Kann vom Erfülltsein der Vollständigkeitsbedingung ausgegangen und damit vorausgesetzt werden, daß sich unter den drei Arten ABC zwei Arten befinden, die monophyletische Schwesterarten sind, so besteht Aussicht darauf, daß es sich bei einer Merkmalsübereinstimmung, die zwischen genau zwei der drei Arten ABC besteht, um eine Synapomorphie handelt. Auf eine solche Übereinstimmung zwischen genau zwei der drei ausgewählten Arten gilt es mithin zu achten.

	A	B	C
a	x	x	x
b	x	x	-
c	x	-	-

Tab. 2: Verteilung der Merkmale a, b und c auf drei Arten A, B und C. Der Eintrag „x" macht den Besitz, der Eintrag „-" das Fehlen eines Merkmals kenntlich.

Im folgenden gehe ich davon aus, daß die drei Arten A, B und C bezüglich der Merkmale a, b und c miteinander verglichen worden sind. Dabei hat sich herausgestellt, daß diese Merkmale folgendermaßen auf die Arten A, B und C verteilt sind: ABC stimmen in a überein, d. h. a liegt bei allen drei Arten vor. A und B stimmen in b überein, während b bei C nicht vorliegt. Das Merkmal c schließlich tritt nur bei A auf, die Arten B und C lassen es nicht erkennen. Bei dieser Merkmalsverteilung, die auch aus Tab. 2 hervorgeht, ist nur die Übereinstimmung von A und B bezüglich b ein Kandidat für eine Synapomorphie. Die Übereinstimmung von ABC in a kommt hingegen als die gesuchte Synapomorphie nicht in Frage, weil diese Merkmalsübereinstimmung zwischen *mehr* als zwei der drei Arten ABC besteht. Merkmal c kann ohnehin unbeachtet bleiben. Denn bezüglich dieses Merkmals gibt es keine *Übereinstimmung* bei den untersuchten Arten, einzig A besitzt ja c.

Unter den von Hennig in Anschlag gebrachten Prämissen sowie unter der Bedingung, daß es keine weitere nachfahrenlose Art gibt, die den letzten gemeinsamen Vorfahren von A, B und C ebenfalls zum Vorfahren hat, muß – wie wir gesehen haben – eines der in Fig. 26 vorgestellten Dendrogramme α, β oder γ zutreffen. Berücksichtigt man dies, so kann das Vorliegen des Merkmals b bei A und B einerseits und das Fehlen dieses Merkmals (¬b) bei C andererseits nur als Resultat eines der Szenarien α, β und γ erklärt werden (vgl. Fig. 27).

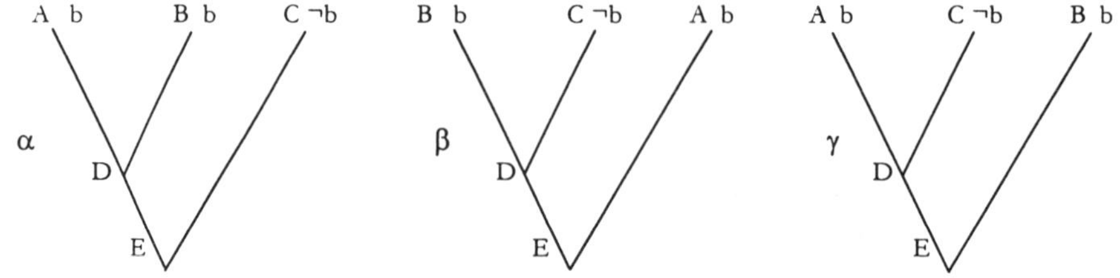

Fig. 27.

Was das Auftreten der Merkmalsalternativen b bzw. ¬b an den beiden Verzweigungsstellen D und E anbetrifft, so lassen sich kombinatorisch die folgenden Möglichkeiten ermitteln:

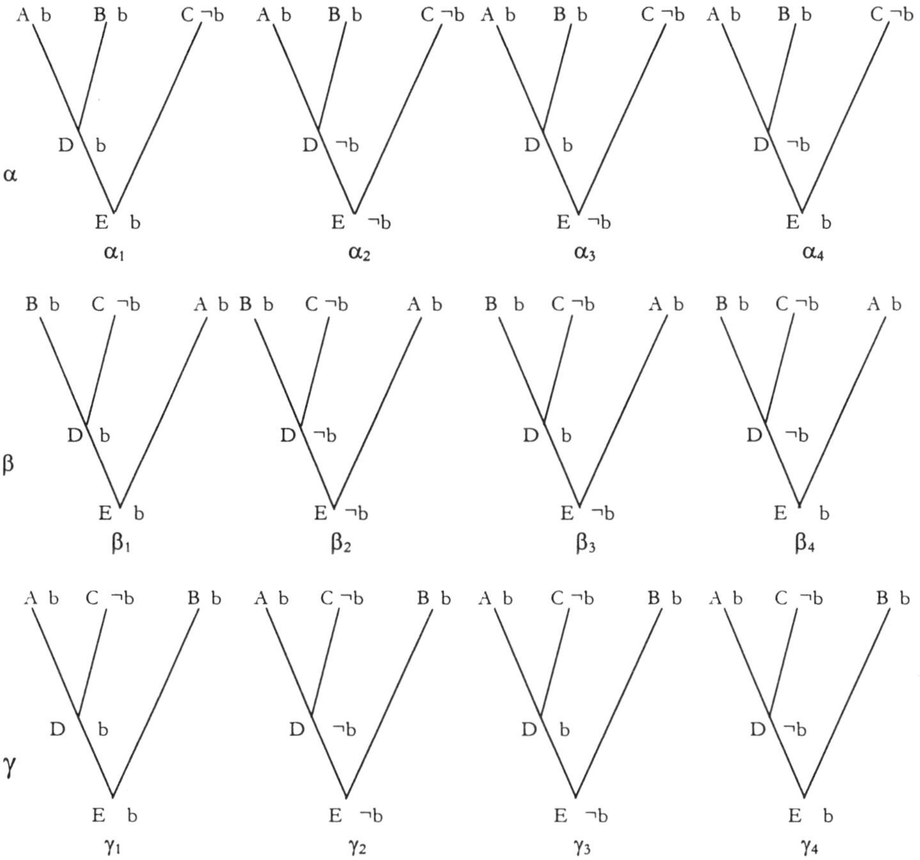

Fig. 28.

Folgt man Hennig zunächst einmal darin, daß auch negative Merkmale in der Phylogenetischen Systematik so selbstverständlich wie positive Merkmale berücksichtigt werden können,[157] so lassen sich die in Fig. 28 aufgeführten Szenarien wie folgt charakterisieren:

In den in jeder Zeile von Fig. 28 ganz links stehenden Fällen, also in den Fällen α_1, β_1 und γ_1 geht das Merkmal ¬b durch Transformation jeweils genau einmal aus seinem Merkmalspartner b hervor. In α_1 geht ¬b von C genau einmal aus b von E hervor, in β_1 und γ_1 geht ¬b von C jeweils aus b von D einmalig hervor. In allen drei Fällen ist also ¬b gegenüber b apomorph, die Transformationsrichtung verläuft entsprechend von b nach ¬b (b→¬b).

Hingegen können die in jeder Zeile ganz rechts stehenden Fälle (also α_4, β_4 und γ_4) und die in der β- und γ-Zeile jeweils an dritter Stelle positionierten Fälle β_3 und γ_3 nur eingetreten sein, falls die Transformationsrichtung für das Merkmalspaar ¬b–b in dem

[157] Vgl. das in Anm. 107 (Seite 55) nachgewiesene Zitat.

Sinn *nicht* festgelegt ist, daß *sowohl* die Transformation b→¬b *als auch* die Transformation ¬b → b möglich ist. In allen fünf Fällen α_4, β_4, γ_4, β_3 und γ_3 ist nämlich jeder der beiden Merkmalspartner zumindest einmal aus dem jeweils anderen hervorgegangen. Die Fälle gleichen einander also insofern, als sie auf der *Reversibilität* der Merkmalpartner b bzw. ¬b beruhen.

Die Szenarien der zweiten Spalte, also α_2, β_2 und γ_2, können sich historisch nur unter der Bedingung abgespielt haben, daß b wenigstens *zweimal* aus seinem Merkmalspartner ¬b entstehen kann. In allen drei Fällen verdankt sich nämlich die Übereinstimmung von A und B hinsichtlich des Merkmals b dem zweimaligen unabhängigen Hervorgehen von b aus ¬b. Während im Fall α_2 A und B zwar immerhin Schwesterarten sind, A und B aber das Merkmal b in der Wegentwicklung von dem nur ihnen gemeinsamen Vorfahren D je *eigens* durch ¬b→b erworben haben, ist in den Fällen β_2 und γ_2 b von A bzw. b von B sogar jeweils von zwei *verschiedenen* Verzweigungspunkten aus entstanden. Unter der Bedingung, daß ¬b zumindest zweimal zu b werden kann, muß mit den Szenarien α_2, β_2 und γ_2 gerechnet werden.

Szenario α_3 schließlich ist der Synapomorphie-Fall.

Szenario in Fig. 28	**Richtung und Anzahl der auftretenden ¬b–b-Transformationen**	**Fallbeschreibung**
α_1, β_1, γ_1	einmal b→¬b	Plesiomorphie von b gegenüber ¬b
α_4, β_4, γ_4, β_3, γ_3	b→¬b→b ¬b→b→¬b	Reversibilität
α_2, β_2, γ_2	zweimal ¬b→b	Nicht-Singularität von ¬b→b
α_3	einmal ¬b→b	Synapomorphie von A und B bzgl. b

Tab. 3: Vgl. Fig. 28.

Hat man sich eine Übersicht darüber verschafft, *welche Richtung* die ¬b–b-Transformationen in den verschiedenen Szenarien von Fig. 28 jeweils haben und *wie oft* sie jeweils auftreten, so ist man in der Lage, diejenigen Richtungs- und Häufigkeitsannahmen zu identifizieren, die die Möglichkeit *zulassen*, daß A und B in b übereinstimmen, obwohl sie *keine* Schwesterarten, und damit *kein* Monophylum *innerhalb* des aus A, B, C und D gebildeten Monophylums bilden.

Schwesterarten und damit im vorliegenden Fall ein Monophylum sind A und B in allen α-Fällen von Fig. 28. Hingegen erfüllen A und B in den β- und γ-Fällen die Schwesterarten-Relation *nicht*. Bevor also im Zuge einer phylogenetischen Ähnlichkeitsanalyse vom Vorliegen des Merkmals b bei A *und* B auf die Monophylie von A und B geschlossen werden kann, müssen erst alle denkbaren β- und γ-Alternativen zur Monophylie von A und B eliminiert worden sein. Denn erst wenn gezeigt ist, daß keines der prinzipiell möglichen β- und γ-Szenarien zur Erklärung der Übereinstimmung von A und B in b dienen kann, ist auch der Nachweis erbracht, daß die Übereinstimmung von A und B in b *nicht anders* als mit der Abstammung beider Arten von einem nur ihnen gemeinsamen Vorfahren erklärt werden kann, mit anderen Worten: daß die Übereinstimmung von A und B in b eine Synapomorphie sein *muß*.

Ein erster Schritt in Richtung dieses Beweiszieles ist getan, sobald *ausgeschlossen* werden kann, daß das Merkmal b, bezüglich dessen A und B übereinstimmen, gegenüber seinem Merkmalspartner ¬b plesiomorph ist. Wie nämlich aus Spalte 1 von Fig. 28 hervorgeht, können zwei Arten in einem gegenüber seinem Merkmalspartner ¬b plesiomorphen Merkmal b keineswegs *nur* übereinstimmen, wenn sie miteinander ein Monophylum bilden. Zwar schließt der gemeinsame Besitz eines gegenüber seinem Merkmalspartner ¬b plesiomorphen Merkmals b die Möglichkeit nicht aus, daß die Träger von b miteinander ein Monophylum bilden (Fall α_1 ist ja durchaus möglich), aber der gemeinsame Besitz eines gegenüber ¬b plesiomorphen Merkmals b ist eben *auch* in den Konstellationen β_1 und γ_1, in denen A und B gerade *keine* Schwesterarten sind, denkbar. Ist jedoch die Apomorphie von ¬b gegenüber b, anders ausgedrückt: die Plesiomorphie von b gegenüber ¬b ausgeschlossen, so sind *alle* Fälle der ersten Spalte (α_1, β_1, und γ_1) und damit auch die beiden Problemfälle β_1 und γ_1 eliminiert.

Es bleiben dann aber immer noch die neun Möglichkeiten α_2, α_3, α_4, β_2, β_3, β_4, γ_2, γ_3 und γ_4 und mit ihnen die Option, die Übereinstimmung von A und B in b auf ein Szenario der β- oder γ-Reihe zurückzuführen, offen. Damit die Behauptung, es handle sich bei der Übereinstimmung von A und B in b um eine Synapomorphie, also Geltung für sich beanspruchen kann, muß auch noch gezeigt werden, daß ein Rückgriff auf die *verbliebenen* β- und γ-Szenarien nicht in Frage kommt. Dieser Nachweis kann theoretisch in zwei weiteren Schritten erfolgen.

Die Heranziehung eines der Szenarien β_3, β_4, γ_3 oder γ_4 verbietet sich genau dann, wenn für das Merkmalspaar ¬b–b nachgewiesen werden kann, daß nur *entweder* b→→¬b *oder* ¬b→→b möglich ist. Denn β_3, β_4, γ_3 und γ_4 können sich nur abgespielt haben, wenn sowohl b aus ¬b als auch ¬b aus b hervorgehen kann. Ist aber nur *entweder* die Transformation b→→¬b *oder* die Transformation ¬b→→b möglich, so können sich die Fälle β_3, β_4, γ_3 und γ_4 gar nicht ereignet haben. Es sind dann nur noch der Synapomorphie-Fall α_3, die Szenarien α_1, β_1, und γ_1 sowie die Möglichkeiten in Spalte 2, also α_2, β_2 und γ_2 denkbar. Konnten aber α_1, β_1, und γ_1 bereits durch den Nachweis, daß b relativ zu ¬b apomorph ist, ausgeschieden werden, verengt sich mit dem Nachweis, daß *nicht* sowohl b→→¬b als auch ¬b→→b möglich sind, die Anzahl der möglichen Szenarien auf den Synapomorphie-Fall α_3 sowie auf Fälle der zweiten Spalte, also auf α_2, β_2 und γ_2.

Die Möglichkeit, daß die Fälle α_2, β_2 und γ_2 und damit insbesondere die prekären Fälle β_2 und γ_2 historisch eingetreten sein können, besteht aber nicht, wenn die Möglichkeit eines mehrfachen Hervorgehens von b aus ¬b auszuschließen ist. Kann für das Merkmalspaar ¬b–b ausgeschlossen werden, daß ¬b→→b mehr als einmal abgelaufen ist, kommt nur noch der Synapomorphie-Fall α_3 in Frage, um die Koinzidenz von A und B bezüglich b zu erklären.

Durch den schrittweisen Ausschluß der theoretisch bestehenden Möglichkeiten b→→¬b (Apomorphie von ¬b gegenüber b), b→→¬b→→b bzw. ¬b→→b→→¬b (Reversibilität) und Mehrmaligkeit von ¬b→→b (Nicht-Singularität) hat sich also das Panorama derjenigen phylogenetischen Szenarien, die zur Erklärung der Übereinstimmung von A und B bezüglich b in Frage kommen, auf den Synapomorphie-Fall verengt. Bestehen nämlich all die genannten Transformationsmöglichkeiten für das Merkmalspaar ¬b–b *nicht*, so kann die Übereinstimmung von A und B in b phylogenetisch nicht anders als mit der

Abstammung beider Arten von einem nur ihnen gemeinsamen Vorfahren erklärt werden.
An dieser Stelle wird nun sichtbar, welche Begründungsverpflichtungen entstehen, wenn zwei Arten, die Teil eines die Vollständigkeitsbedingung erfüllenden Tripels nachfahrenloser Arten sind, in einem Merkmal b übereinstimmen und wenn von der Übereinstimmung in b auf die Monophylie der beiden Träger von b geschlossen wird. Es muß sich zeigen lassen, daß
1) das jeweilige Merkmal b gegenüber ¬b *nicht* plesiomorph ist,
2) daß ¬b➞b *irreversibel* ist und
3) daß die Transformation ¬b➞b nur *genau einmal* abgelaufen ist.
Diesen drei Begründungsverpflichtungen kann nur nachgekommen werden, wenn Kriterien vorliegen, die im konkreten Fall ein Merkmal b daraufhin zu beurteilen gestatten, ob b plesiomorph oder aber apomorph gegenüber seinem Merkmalspartner ist, ob b reversibel oder irreversibel ist und ob sich die Übereinstimmung von Arten in b einer mehrmaligen Entstehung von b verdanken kann oder nicht. In jedem konkreten Fall stellen sich der Phylogenetischen Systematik genau diese drei Entscheidungsaufgaben wieder neu.
In den folgenden Abschnitten von Kapitel 4 werde ich für die These argumentieren, daß Hennig von der Übereinstimmung verschiedener Arten in einem Merkmal *nicht* sicher auf die Monophylie der Träger dieses Merkmals zu schließen vermag, weil einerseits die Kriterien, die er zur Lösung der Entscheidungsaufgaben 1) und 2) anbietet, *unzuverlässig* sind und weil er andererseits *keine Mittel zur Verfügung hat,* um im konkreten Fall *nachzuweisen,* daß die Übereinstimmung in einem bestimmten Merkmal auf einem historisch *singulären* Transformationsereignis beruht. Schließlich werde ich noch verdeutlichen, daß das gesamte Ausschlußverfahren ohnehin nur funktioniert, wenn die je zu untersuchenden nachfahrenlosen Arten die Vollständigkeitsbedingung erfüllen, also sichergestellt ist, daß außer den zu untersuchenden Arten keine weiteren Arten an Baumspitzen auftreten, die den letzten gemeinsamen Vorfahren der zu untersuchenden Arten gleichfalls zum Vorfahren haben.
Hindernisse bei der Bewältigung der Entscheidungsaufgaben 1) und 2) sollen in den Abschnitten 4.1 bzw. 4.2 herausgestellt werden. In Abschnitt 4.3 begründe ich dann meine Auffassung, daß weder Hennig selbst noch die methodisch an Hennig anknüpfenden Ansätze den unter 3) herausgestellten Begründungsverpflichtungen nachkommen können. In Abschnitt 4.4 werde ich schließlich die Vollständigkeitsvoraussetzung angreifen, bevor ich dann in Abschnitt 4.5 noch die Frage aufwerfe, welche Konsequenzen in der Systematik aus dem vorgelegten kritischen Befund gezogen werden können.

4.1 Die Lesrichtungsproblematik

Das Problem, wie entschieden werden kann, ob ein Merkmal relativ zu einem anderen plesiomorph oder apomorph ist, firmiert traditionell unter dem Namen „Lesrichtungsproblem“[158]. An Stelle von „Lesrichtung“ wird aber in der einschlägigen

[158] Vgl. das „Probleme der Lesrichtungsentscheidung“ überschriebene Kapitel in SUDHAUS/REHFELD 1992, 111–115.

Fachliteratur auch der Ausdruck „Polarität“ [159] gebraucht, so daß man auch von einem Polaritätsproblem sprechen könnte.
Hennig faßt die Lesrichtungsproblematik in folgender Frage zusammen:

> Wie stellt man fest, welches der Anfangs-, welches der Endzustand einer Transformationsreihe [...] ist?[160]

4.1.1 Zu Hennigs Rede von „Transformation“

Ich habe mich bisher auf Hennigs Rede von „Transformation“ bezogen, ohne diese Rede näher erläutert oder gar rekonstruiert zu haben. Dies gilt es nun nachzuholen.
In den mir zugänglichen Texten Hennigs wird der Transformationsbegriff nirgends expliziert, geschweige denn definiert. Vielmehr finden sich in diesen Texten nur *indirekte* Hinweise darauf, was Hennig unter „Transformation“ versteht.
Zunächst sei eine Textstelle angeführt, die erkennen läßt, daß Hennig ganz allgemein Prozesse der Umgestaltung von (positiven) Merkmalen, wie sie sowohl während der Ontogenese als auch während der Phylogenese ablaufen, als „Transformationen“ anspricht.

> Die Untersuchungen SEWERTZOFFs und anderer Autoren haben sich nicht nur mit der Frage beschäftigt, in welchem Umfange die *Transformation einzelner Organe* bzw. *Merkmale* während der *Ontogenese* den Ablauf der *Transformation der gleichen Merkmale* während der *Phylogenese* „rekapituliert“.[161]

Allerdings kennt Hennig noch einen *engeren*, allein *evolutive* Umgestaltungsprozesse abdeckenden Transformationsbegriff:

> Verschiedene Merkmale, die als Transformationsstufen ein und desselben Ausgangszustandes anzusehen sind, werden allgemein als homologe Merkmale bezeichnet. *Mit „Transformation“ ist dabei natürlich an den realhistorischen Evolutionsprozeß zu denken* [...].[162]

Evolutiven Transformationen unterliegen bei Hennig (morphologische, physiologische, ethologische etc.) Merkmale von Organismen im Zuge der Generationenentwicklung. Bedingung der Möglichkeit evolutiver Transformationen ist die genetische Mutabilität der Organismen.

> „Evolution ist eine Transformation der Organismen in Gestalt und Lebensweise, wodurch die Nachfahren andersartig als die Vorfahren werden“ (ZIMMERMANN 1953). Evolution in diesem Sinne (Transformation) ist auch mit Artspaltungsvorgängen [...] verbunden: Wenn eine Art (Fortpflanzungsgemeinschaft) in zwei gegeneinander isolierte Fortpflanzungsgemeinschaften aufgespalten wird [...], dann ist damit immer auch eine Änderung (Transformation) mindestens eines Merkmals der Ausgangsart bei mindestens einer der beiden Nachfolgearten verbunden. Gehen wir von dieser einfachsten Möglichkeit aus, dann wäre also bei der Stammart und bei einer der beiden Nachfolgearten wenigstens ein bestimmtes Merkmal in dem Zustand a, bei der anderen Nachfolgeart aber in einem transformierten („abgeleiteten“) Zustande a’ vorhanden.[163]

---

[159] Vgl. zum Beispiel CARROLL 1993, 9: „Hebt man den Nutzen abgeleiteter Merkmale für die Rekonstruktion phylogenetischer Beziehungen hervor, dann muß man auch eine Methode für die Bestimmung der Richtung des evolutiven Wandels anbieten. [...] Die Richtung des evolutiven Wandels wird als *Polarität* bezeichnet.“ (Hervorhebung im Original.)

[160] HENNIG 1982, 96.

[161] HENNIG 1982, 99 (Hervorhebungen im Zitat durch M. L.)

[162] HENNIG 1982, 96 (Hervorhebung im Zitat durch M. L.)

[163] HENNIG 1982, 92.

X Purely secondary – Langanke does not go back to Sewertzoff or others.

Wie aus dem zitierten Abschnitt hervorgeht, sind für Hennig zwar besonders solche Fälle von evolutiver Merkmalstransformation wichtig, die Artspaltungen zur Konsequenz haben. Gleichwohl geht Hennig auch auf die Möglichkeit ein, daß evolutive Transformationen zwar zur *Veränderung* von Arten, nicht aber zu deren *Aufspaltung* führen. Denn für Hennig gilt: Verändern sich Merkmale von Organismen im Zuge der Generationenentwicklung, so haben diese Veränderungen *nicht notwendig* Artspaltungen zur Folge. Dies wird unter anderem da deutlich, wo Hennig gegenüber seinem Kritiker George Gaylord Simpson (1902–1984) auf der Möglichkeit besteht, daß sich Arten zwischen zwei Artspaltungsvorgängen verändern können:

> So führt SIMPSON (1951) an, es sei „not useful taxonomy" eine Art, die sich zwischen zwei Artspaltungsvorgängen verändert hat [...] „to classify as the same thing throughout". Demgegenüber kann man auf die Erscheinung der Metamorphose hinweisen. Auch verschiedene Metamorphosestadien eines Individualzyklus sind in diesem Sinne nicht „ein und dasselbe Ding". Es ist nicht einzusehen, wo der Unterschied liegen sollte, wenn man analog etwa von Transformationsstadien ein und derselben Art sprechen würde.[164]

Auf die Rede von „Transformationszuständen" bin ich bereits in Abschnitt 3.3.2 zu sprechen gekommen. An die dort vorgenommenen Analysen möchte ich hier zunächst noch einmal anknüpfen:

Verschiedene Organismen besitzen ein und dasselbe Merkmal a, wenn sich an ihnen zum Beispiel je eine Teilstruktur aufweisen läßt, die den Kriterien für das Fallen unter den Begriff a genügt. Wird nun von zwei an verschiedenen Organismen aufweisbaren Teilstrukturen α und β ausgesagt, daß sie *einerseits* beide unter den Begriff a fallen, daß aber *andererseits* der Träger von α das Merkmal a im Zustand a_1 und der Träger von β das Merkmal a im Zustand a_2 besitzt, so werden mit dieser Aussage zwei Begründungsverpflichtungen eingegangen: Zum einen muß sich zeigen lassen, daß α und β hinsichtlich bestimmter Merkmale *übereinstimmen*, denn sonst ließe sich ja gar nicht verteidigen, daß α und β in gewisser Hinsicht miteinander identisch sind und von daher unter ein und denselben Begriff a fallen. Zum anderen muß aber auch der Nachweis erbracht werden können, daß zwischen α und β hinsichtlich bestimmter Merkmale *Unterschiede* bestehen, daß also α zumindest ein Merkmal besitzt, das β gerade vermissen läßt, oder umgekehrt. Wie sonst könnte nämlich davon die Rede sein, mit α liege a in einem *anderen* Zustand vor als mit β? Zur logischen Voraussetzung hat also die Aussage, daß der Träger von α das Merkmal a in einem anderen Zustand besitzt als der Träger von β, ein Ineinander von Übereinstimmungen und Unterschieden zwischen α und β hinsichtlich bestimmter Merkmale.

Im folgenden sollen die zwei von Hennig unterschiedenen Sorten evolutiver Transformation, also

1) evolutive Transformationsprozesse, die *innerhalb* von phylogenetischen Arten ablaufen und *Artwandel* zur Folge haben, und

2) evolutive Transformationsprozesse, die Fortpflanzungsbarrieren entstehen lassen und damit *Artspaltungen* zur Folge haben,

je eigens behandelt werden.

Zu 1): Verschiedene Organismen gehören nach Hennig aufgrund der relationalen Disposition, „miteinander wenigstens indirekt Fortpflanzungsbeziehungen eingehen zu

[164] HENNIG 1982, 69.

können", zur selben Art. Darüber hinaus besteht nach Hennig in phylogenetischen Arten die Möglichkeit, daß – ausgelöst durch Mutationen[165] – vererbliche Veränderungen in der Generationenfolge auftreten und persistent bleiben können. Insofern solche mutativ induzierten Veränderungen nicht bei allen Individuen einer Generation auftreten (müssen), besteht die Möglichkeit, daß *innerhalb* einer phylogenetischen Art Angehörige *derselben* Generation zum Beispiel hinsichtlich eines bestimmten *morphologischen* Merkmals voneinander abweichen.

Damit sich Mitglieder ein und derselben phylogenetischen Art hinsichtlich eines bestimmten morphologischen Merkmals voneinander unterscheiden können, müssen a) die Träger des veränderten Merkmals natürlich überhaupt lebens- und fortpflanzungsfähig sein und b) Träger des veränderten und Träger des unveränderten Merkmals weiterhin erfolgreich miteinander sexuell interagieren können.

Hat sich aber bereits mit dem transformationsbedingten Auftreten eines neuen Merkmals bei nur *einigen* ihrer Mitglieder eine phylogenetische Art auch schon als solche *verändert*?

Ich bin der Ansicht, daß im Sinne Hennigs von der „Veränderung einer phylogenetischen *Art*" nicht schon dann die Rede sein kann, wenn nur überhaupt ein neues Merkmal innerhalb einer phylogenetischen Art aufgetreten ist. Vielmehr ist es zur *Veränderung* einer *Art* erst dann gekommen, wenn sich ein neues Merkmal gegenüber den zu ihm alternativen Merkmalen durchgesetzt hat, d. h. gegenüber ihnen zum *anteilig dominierenden* Merkmal geworden ist. Prozesse evolutiven Artwandels müssen also meines Erachtens als *Prozesse des Umkippens von Häufigkeitsverhältnissen*[166] zwischen zueinander alternativen Merkmalen aufgefaßt werden.

Nehmen wir einmal an, daß in einer geschlossenen Fortpflanzungsgemeinschaft A zu einem bestimmten historischen Zeitpunkt zwei *alternative* vererbliche Zustände a_1 und a_2 desselben Merkmals a vorkommen, wobei alle Träger von $\neg a_1$ a_2-Träger und alle Träger von $\neg a_2$ a_1-Träger sind. Nehmen wir weiter an, daß der Anteil der a_1-Träger an A deutlich über den Anteil der a_2-Träger dominiert. Nehmen wir drittens an, daß a_2 in A erstmals aufgetreten ist, indem sich bei einigen Mitgliedern von A eine Mutation ereignet hat, so daß deren Nachkommen das Merkmal a nicht mehr im Zustand a_1, sondern im Zustand a_2 ausgebildet haben. Begünstigt unter diesen Umständen nun das Merkmal a_2 seine Träger in dem Sinn, daß Träger von a_2 einen *relativ größeren* Fortpflanzungserfolg haben als Träger von a_1, so kann die relative Häufigkeit des Vorkommens von a_2 in A über die Generationen hinweg zunehmen. Schließlich kann das Merkmal a_2 das Merkmal a_1 sogar als das in A vorherrschende Merkmal ablösen. Ist a_1 in diesem Sinn durch a_2 verdrängt worden, so hat a_2 a_1 als anteilig dominierendes Merkmal abgelöst. Erst zu diesem Zeitpunkt hat sich evolutiver Artwandel, d. h. eine „Veränderung der Art A" *sensu Hennig* ereignet (vgl. Fig. 29).

Ausgehend von diesen elementaren populationsbiologischen Überlegungen schlage ich also vor, die Rede von „evolutivem Artwandel" so zu verstehen:

---

[165] Solche Mutationen müssen die Keimzellen betreffen, da somatische Zellen, d. h. Körperzellen nicht in den Vererbungsvorgang einbezogen sind.

[166] Populationsbiologisch läßt sich Artwandel nur als Veränderung bestimmter Genfrequenzen und damit als Veränderung der relativen Häufigkeiten bestimmter genetisch codierter Merkmalsalternativen verstehen. Vgl. HAKEN/HAKEN-KRELL 1995, 82 und WUKETITS 1995, 63.

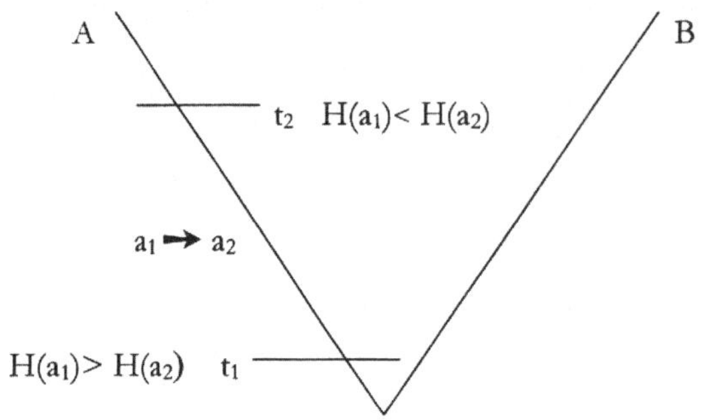

Fig. 29: Während a_1 zum Zeitpunkt t_1 häufiger in A vorkommt als a_2 (H: Häufigkeit), hat sich das Häufigkeitsverhältnis zum Zeitpunkt t_2 umgekehrt.

Eine phylogenetische Art X hat sich in Folge einer Transformation evolutiv verändert, wenn die zu einem bestimmten Zeitpunkt t_1 in X bestehende Vorherrschaft eines Merkmals m zu einem späteren Zeitpunkt t_2 durch die Vorherrschaft einer mutativ neu entstandenen Merkmalsalternative zu m abgelöst worden ist.

Diesem Rekonstruktionsvorschlag möchte ich einige Erläuterungen folgen lassen:

a) Rekonstruiert man die Rede vom „evolutiven Artwandel" in der vorgeschlagenen Weise, so ist zu *normieren*, ob m erst dann „vorherrschend" genannt werden soll, wenn der Anteil der m-Träger an X *größer* ist als der X-Anteil der Träger von allen in X auftretenden m-Alternativen *zusammen*genommen (vgl. Fig. 30), oder ob „Vorherrschaft" von m schon dann besteht, wenn der Anteil der m-Träger an X stärker ist als die Anteile der Träger von in X auftretenden m-Alternativen *je für sich* genommen (vgl. Fig. 31).

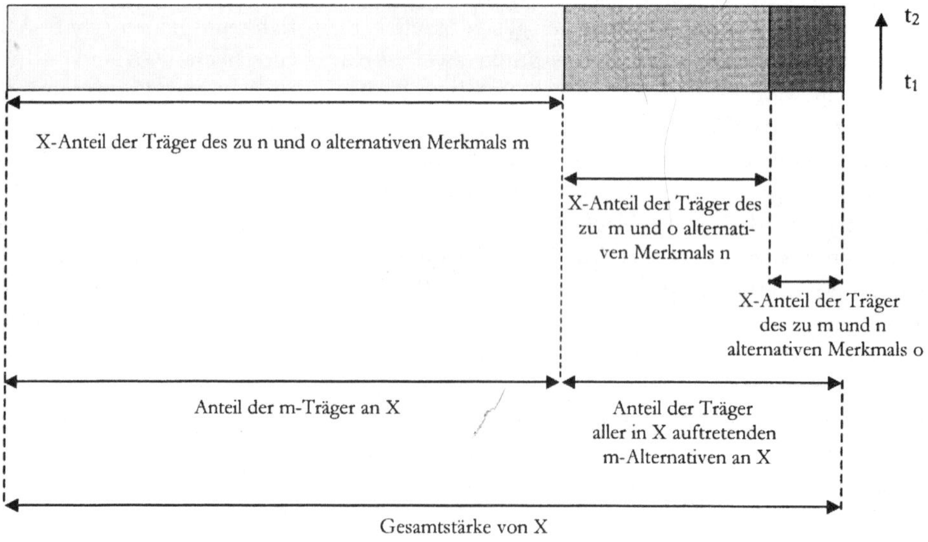

Fig. 30: Der X-Anteil der m-Träger ist nicht nur größer als der X-Anteil der n- bzw. der o-Träger *je für sich* genommen, sondern auch größer als die X-Anteile der Träger aller in X auftretenden m-Alternativen (n und o) *zusammen*genommen. („Absolute Mehrheit" der m-Träger.)

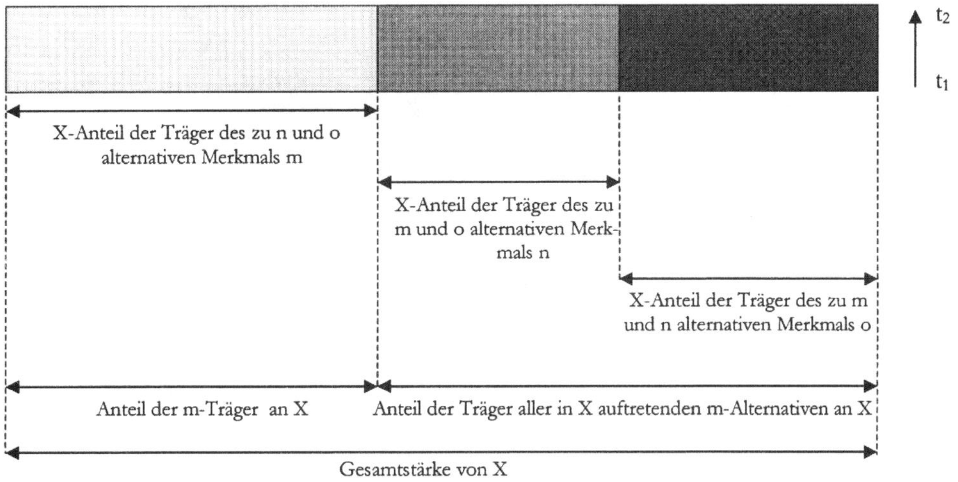

Fig. 31: Der Anteil der m-Träger an X ist zwar größer als der X-Anteil der n-Träger bzw. der o-Träger *je für sich* genommen; aber *zusammen*genommen sind die X-Anteile der n- und o-Träger größer als der Anteil der m-Träger an X. („Relative Mehrheit" der m-Träger.)

Würde man auf diese Normierung verzichten, so könnte in einem Fall, wie ihn Fig. 32a zeigt, bereits zum Zeitpunkt t_2 vom Abgelaufensein evolutiven Artwandels die Rede sein. Denn der Anteil der n-Träger an X ist zum Zeitpunkt t_2 größer als die X-Anteile der m- und o-Träger *je für sich* genommen. Trotzdem bleibt in Fig. 32a der von den m- und o-Trägern *zusammen* gebildete Anteil der ¬n-Träger an X auch zum Zeitpunkt t_2 größer als der X-Anteil der n-Träger (vgl. Fig. 32b).

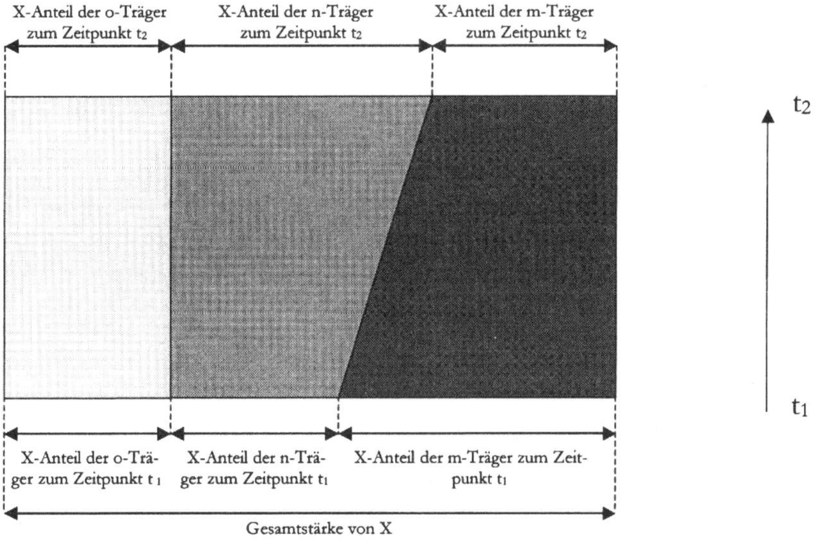

Fig. 32a.

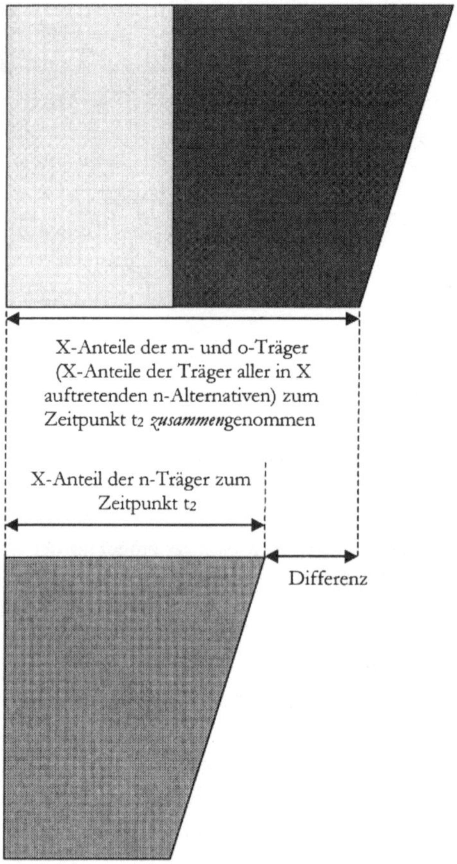

Fig. 32b.

b) Das Auftreten einer Mutation bedeutet noch nicht, daß sich eine Art evolutiv verändert hat. Mutationsereignisse sind zwar notwendig, aber *nicht* hinreichend dafür, daß sich eine Art verändert. Denn es kann zum Beispiel sein, daß die Träger des je veränderten Merkmals(zustandes) gar nicht lebensfähig sind oder daß sie zwar lebensfähig sind, jedoch nachkommenlos bleiben. In beiden Fällen bliebe das Auftreten des mutativ veränderten Merkmals eine folgenlose Episode in der Geschichte der betrachteten Fortpflanzungsgemeinschaft.

c) Die Chancen dafür, daß ein mutativ neu entstandenes, vererbliches Merkmal a_2 von einer Generation zur nächsten weitertradiert wird, sind umso größer, je mehr potentielle a_2-Tradenten[167] es in der Ausgangsgeneration gibt. Kommen zum Beispiel in der Ausgangsgeneration nur ein paar Individuen als a_2-Tradenten in Frage, so ist a_2

[167] Insofern Träger irgendeines vererblichen Merkmals m dieses Merkmal qua Fortpflanzung weitertradieren können, jedoch nicht notwendig weitergeben (vorzeitiger Tod etc.), nenne ich sie „potentielle m-Tradenten". Dabei gilt wegen der möglichen Rezessivität von m bei Mischerbigkeit: Träger von m sind immer auch potentielle m-Tradenten. Hingegen sind potentielle m-Tradenten nicht notwendig m-Träger.

* They are neither necessary nor sufficient

schon dann wieder erloschen, wenn diese wenigen Individuen durch Freßfeinde oder Krankheiten zugrundegehen, bevor sie sich fortpflanzen konnten.

d) Bei der Beschreibung des in Fig. 29 (Seite 90) gezeigten Beispielfalles habe ich von der logischen Möglichkeit Gebrauch gemacht, Repräsentanten verschiedener Merkmals*zustände* als Repräsentanten verschiedener *Merkmale* zu behandeln. Denn ich habe einerseits von verschiedenen *Merkmalen* a_1 und a_2, andererseits von verschiedenen *Zuständen* desselben Merkmals a gesprochen. Auf die Möglichkeit, verschiedene *Zustände* desselben Merkmals als verschiedene *Merkmale* zu behandeln, hat Hennig selbst aufmerksam gemacht. So betont er in HENNIG 1982, es sei

> manchmal einfacher, wenn wir [...] Merkmalszustände [...] als besondere Merkmale bezeichnen. Merkmale sind es ja insofern, als sie ihre Träger voneinander unterscheiden. Wir müssen uns aber immer bewußt bleiben, daß „Merkmale", die wir miteinander vergleichen dürfen, im Grunde genommen nur Merkmalszustände sind, die der Realprozeß der Evolution durch Transformation eines Ausgangszustandes hervorgebracht hat.[168]

Die Möglichkeit, verschiedene Zustände eines Merkmals als verschiedene Merkmale zu behandeln, beruht darauf, daß Strukturen, die verschiedene Zustände desselben Merkmals repräsentieren, hinsichtlich bestimmter Merkmale notwendig Unterschiede erkennen lassen. Denn sonst könnte es sich bei ihnen nicht um Vertreter *verschiedener* Zustände handeln. Diese Unterschiede können dergestalt akzentuiert werden, daß diejenige Struktur, die den einen Merkmalszustand repräsentiert, als Trägerin eines Merkmals m, in dem sie sich von der den anderen Merkmalszustand repräsentierenden Struktur unterscheidet, unter einen Begriff gebracht wird, unter den dann die andere Struktur, weil ihr das Merkmal m ja *fehlt*, gerade *nicht* fällt. Damit wird die Struktur, die das ausgezeichnete Merkmal m besitzt, einer bestimmten Gegenstandssorte zugeschlagen, der die andere Struktur, der m fehlt, gerade *nicht* zugerechnet wird. An dieser Stelle wird auch deutlich, daß sich mehrgliedrige Merkmalsreihen in Paare von jeweils *vollständigen* Merkmalsalternativen zerlegen lassen: Denn mit der Möglichkeit, zwei Repräsentanten verschiedener Merkmals*zustände* als Repräsentanten zweier verschiedener *Merkmale* aufzufassen, ist zugleich auch die Möglichkeit gegeben, von zwei Repräsentanten verschiedener Merkmalszustände den einen als Repräsentanten eines Positiv-, den anderen aber als Repräsentanten des zugehörigen Negativmerkmals aufzufassen. Repräsentiert zum Beispiel ein Objekt α das Merkmal a im Zustand a_1, während eine Struktur β das Merkmal a im Zustand a_2 vertritt, dann ist ja β genauso wenig ein Fall von a_1-Seiendem, wie α dann ein Fall von a_2-Seiendem ist. Insofern kann α als Fall von $\neg a_2$ und β als Fall von $\neg a_1$ aufgefaßt werden.

Zu 2): War bisher von der Möglichkeit die Rede, daß eine evolutive Transformation zur Veränderung einer phylogenetischen Art führt und sich also *innerhalb* einer solchen Art auswirkt, so gilt es nunmehr den für Hennig methodisch wichtigeren Fall, nämlich den Fall, daß die evolutive Transformation eines Merkmals mit einer Artspaltung einhergeht, genauer zu betrachten.

← He treats everything as point mutations, ignoring recombinations & shifts in frequencies due to shifts in conditions of existence,

[168] HENNIG 1982, 93.

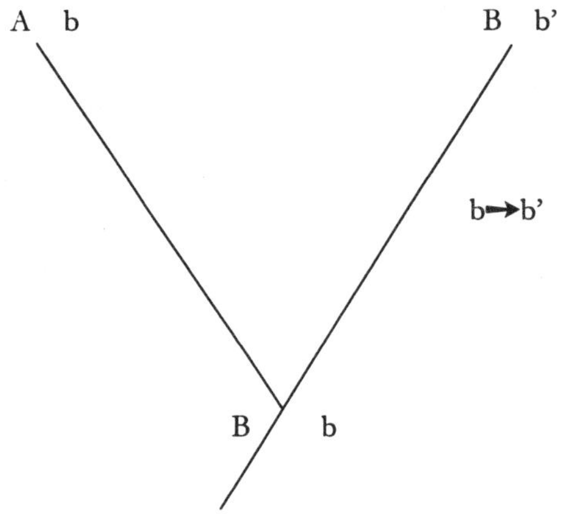

Fig. 33

Verändert sich – mutativ induziert – ein (morphologisches, physiologisches, ethologisches etc.) Merkmal von einer Generation zur nächsten und sind die Träger des veränderten Merkmals zwar *untereinander* fortpflanzungsfähig, jedoch nicht in der Lage, sich mit Trägern des je plesiomorphen Alternativmerkmals erfolgreich fortzupflanzen, so ist es zu einer Artspaltung gekommen. Die vom älteren zum abgeleiteten Merkmal hinführende Transformation hat damit den in der Ausgangsgeneration bestehenden Art-Zusammenhalt aufgesprengt. Entsprechend sollte *nicht* davon die Rede sein, daß evolutive Merkmalstransformationen, die mit der Entstehung von *Fertilitätsbarrieren* einhergehen, zur *Veränderung einer Art*, also zu *Artwandel* führen. Denn während sich Artwandel *innerhalb* einer bestimmten Art so vollzieht, daß der durch wechselseitige Fertilität vermittelte Art-Zusammenhalt zwischen den Individuen fortwährend gegeben bleibt, entstehen als Resultat von transformationsbedingten Artspaltungen zwei Organismengruppen, zwischen denen kein über Fortpflanzungsbeziehungen vermittelter genetischer Austausch mehr möglich ist. Transformationen, die mit der Spaltung einer Art einhergehen, greifen also über Artgrenzen hinaus, indem sie diese Grenzen zugleich erst entstehen lassen.

Dieser markante Unterschied wird in den von mir verwendeten Kladogrammen dadurch zum Ausdruck gebracht, daß bei Transformationen, die *Artspaltungen* zur Folge haben – anders als in Fig. 29 (Seite 90) – der Transformationspfeil „→" zwei Merkmale verbindet, *ohne* daß Zeithorizonte t_1, t_2, ... bestimmte Abstammungslinien *zwischen* zwei Verzweigungspunkten durchschneiden (vgl. Fig. 33).

Bei der Interpretation der symbolischen Schreibweise „m→n" ist da, wo diese Schreibweise so neben einem Kladogramm auftritt wie in Fig. 33 (also das Abgelaufensein einer Transformation symbolisiert, die mit einer *Artspaltung* einherging), folgendes zu beachten:

a) Ein Merkmal m, von dem eine mit einer Artspaltung verbundene Transformation m→n ausgegangen ist, muß in der Ausgangsart nicht anteilig dominant gewesen sein. Denn auch Merkmale, die in einer Ausgangsart erst seit relativ kurzer Zeit vertreten waren und sich also noch nicht durchgesetzt hatten, können evolutiv so transformiert werden, daß die Träger des veränderten Merkmals n mit den m-Trägern keine Fortpflanzungsbeziehungen mehr eingehen können. Anders ausgedrückt: einem Prozeß der Artspaltung *muß* kein *Artwandel* in dem hier explizierten Sinn vorangegangen sein, obwohl das Ausgangsmerkmal m einer zur Artspaltung führenden Transformation m→n natürlich *innerhalb* der Ausgangsart durch Transformation einmal neu aufgetreten sein kann.

b) Geht ein Merkmal n durch evolutive Transformation aus einem Merkmal m hervor und verhindert der Besitz von n die Aufnahme von Fortpflanzungsbeziehungen mit m-Trägern, so ist neben der dann als neue Art firmierenden Gruppe der m-Träger eine neue Art entstanden, die zunächst *ausschließlich* aus n-Trägern besteht.
c) Im Unterschied zu Prozessen des Artwandels lassen sich Artspaltungsprozesse nicht mit statistischen Mitteln als Prozesse der Veränderung relativer Merkmalshäufigkeiten *in* Arten beschreiben. Denn im Zuge von Artspaltungen entstehen neue, voneinander getrennte Arten. Artwandel und Artspaltung sind also Prozesse, die zwar beide mit Transformationen einhergehen, aber während sich Prozesse des Artwandels als Veränderungen der relativen Häufigkeit von Merkmalen *in* Arten bemerkbar machen, handelt es sich bei Artspaltungen um Prozesse, die Arten als solche auseinander hervorgehen lassen.
Nach diesen Überlegungen zum Hennigschen Transformationsbegriff, möchte ich nunmehr zur unmittelbaren Aufgabenstellung von Abschnitt 4.1 zurückkehren. In Abschnitt 4.1 soll ja nach den Kriterien zur Festlegung einer Lesrichtung für Reihen von Merkmalszuständen gefragt werden.

4.1.2 M-Homologie als Indiz für P-Homologie

Zu Beginn von Kapitel 4 habe ich mit Hilfe kombinatorischer Überlegungen für ein Merkmalspaar ¬b–b gezeigt, daß bei einer Merkmalsverteilung, wie sie aus Tab. 2 (Seite 82) hervorgeht, von der Übereinstimmung der Arten A und B in b nur dann auf die Monophylie von A und B geschlossen werden darf, wenn unter anderem *ausgeschlossen* ist, daß ¬b historisch aus b hervorgegangen ist, d. h. wenn zwischen den Lesrichtungs-alternativen b➞¬b oder ¬b➞b zugunsten von ¬b➞b entschieden ist.[169]
Die Lesrichtungsproblematik wird von Hennig vor allem für *positive* anatomische Merkmale diskutiert. Zwar weist Hennig darauf hin, daß sich sein Begriffspaar „Synapomorphie"–„Symplesiomorphie" problemlos auf negative Merkmale anwenden läßt;[170] aber Hennig selbst stellt der Frage nach der Lesrichtung von Merkmalen methodisch die Frage voran, *ob zwei oder mehr verschiedene Merkmale überhaupt Zustände ein und desselben Merkmals sind:*

> Wie stellt man fest, welche Merkmale verschiedener Arten als Transformationszustände ein und desselben Merkmals angesehen werden müssen?[171]

Diese Frage jedoch, die man mit Hennig als die Frage nach der (P-)Homologie von Merkmalen rekonstruieren kann, läßt sich nur für positive Merkmale sinnvoll stellen. Hennig selbst hat dies unter anderem in Anknüpfung an folgende, schon mehrfach zitierte Explikation zu bedenken gegeben:

> Verschiedene Merkmale, die als Transformationsstufen ein und desselben Ausgangszustandes anzusehen sind, werden allgemein als [p-] homologe Merkmale bezeichnet.[172]

---

[169] Dabei habe ich allerdings das Problem ausgeblendet, daß Negativmerkmale wie ¬b keineswegs so unproblematisch zu handhaben sind wie die ihnen jeweils zugehörigen Positivmerkmale. Auf das Problem der negativen Merkmale werde ich aber im folgenden noch mehrfach zu sprechen kommen.
[170] Vgl. HENNIG 1982, 97.
[171] HENNIG 1982, 96. Vgl. Anm. 160 (Seite 87).
[172] HENNIG 1982, 96. Vgl. Anm. 103 (Seite 53) und Anm. 162 (Seite 87).

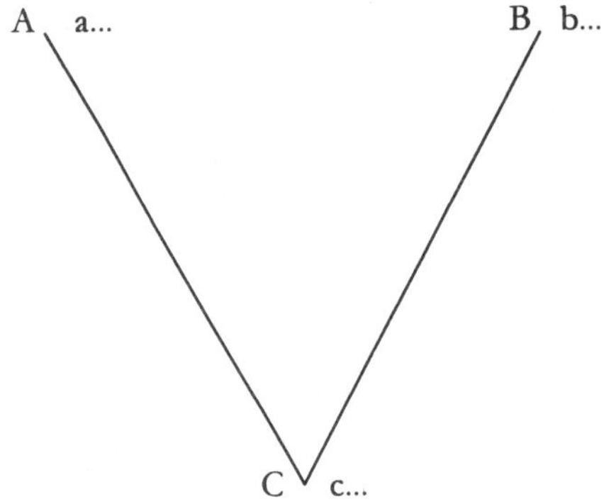

Fig. 34.

Dieser Explikation zufolge ist der P-Homologie-Fall beispielsweise dann gegeben, wenn eine Tochterart ein Merkmal ihrer Stammart in *verändertem* Zustand besitzt.

Ein *negatives* Merkmal ¬m kann jedoch zumindest dann *nicht* als *veränderter Zustand* des zugehörigen Positivmerkmals m gelten, wenn ¬m dadurch vorliegt, daß überhaupt kein zu m alternatives *Positiv*merkmal ausgebildet ist.[173] Mithin kann auch ein Prozeß, im Zuge dessen ein Negativmerkmal ¬m verschwunden oder neu entstanden ist, nicht einfachhin als Transformationsprozeß aufgefaßt werden. Dies ist nur möglich, wenn jeweils das Negativmerkmal ¬m dadurch vorliegt, daß ein zu m alternatives *Positiv*merkmal ausgebildet ist. Andernfalls jedoch ist das Verschwunden- bzw. Entstandensein von ¬m nicht als Resultat eines Merkmals*wandels*, als Ergebnis einer *Transformation* zu interpretieren. Dies zeigt: Negativmerkmale sind Grenzfälle, auf die die Rede von „Transformationsstufen" und damit auch der Begriff der P-Homologie nicht ohne weiteres angewendet werden kann. Mit Hennigs Worten:

> Der Begriff der [P-]Homologie läßt sich ohne Zwang eigentlich nur auf vorhandene Strukturen („Positivmerkmale") anwenden. Ein Merkmal ist [...] aber auch das Fehlen einer Struktur.[174]

Noch ein weiteres logisches Problem zieht die oben angeführte Explikation nach sich: Diese Explikation ist für einen Fall formuliert, wie ihn Fig. 34 zeigt: Zwei Arten A und B sind Tochterarten einer Art C. Bei der Art A tritt ein Merkmal a, bei der Art B ein Merkmal b und bei der Art C ein Merkmal c auf. Die Merkmale a und b sind nun nach obiger Explikation genau dann p-homolog, wenn sie durch c→a bzw. c→b beide aus dem Merkmal c der Art C hervorgegangen sind. Denn c ist dann Ausgangszustand sowohl von a als auch von b. Erfüllen nun aber unter der Bedingung, daß a und b aus c hervorgegangen sind, auch die Merkmalspaare a–c und b–c die P-Homologie-Relation? Die Merkmalspaare a–c und b–c setzen sich *nicht* aus Merkmalen zusammen, *die Transformationsstufen ein und desselben Ausgangszustandes sind.*[175] Denn c ist nach Voraussetzung selbst der Ausgangszustand von a und b. Damit aber erfüllen die Merkmalspaare a–c und b–c streng genommen nicht die P-Homologie-Relation. Erneut also deckt die obige Explikation einen Grenzfall nicht ab.

Ich möchte dem zuletzt aufgewiesenen Problem nicht weiter nachgehen, sondern an die Feststellung anschließen, daß eigentlich nur für positive Merkmale gefragt werden kann, ob sie *Zustände* desselben Merkmals sind.

---

[173] Wo ein Merkmal m fehlt, also das Negativmerkmal ¬m vorliegt, kann aber zum Beispiel ein zu m alternatives Positivmerkmal n ausgebildet sein.

[174] HENNIG 1984, 38. Analog auch HENNIG 1982, 97: „Von [P-]Homologie spricht man im allgemeinen nur bei Organen. Ein ‚Merkmal' kann dagegen auch das Fehlen eines Organs sein."

[175] Vgl. den Wortlaut der obigen Explikation.

4.1.2.1 Konnektionsverhältnisse, Zwischenformen und spezifische Qualitäten

Die Klärung der Frage, ob zwei oder mehr Merkmale von demselben Merkmal abgeleitet sind, wird in jedem Einzelfall dadurch behindert, daß die Transformationen, deren Resultat die Merkmale der fossil oder rezent bekannten Lebensformen sind, in der (erdgeschichtlichen) Vergangenheit abgelaufen und damit heutiger Beobachtung entzogen sind. Was die Phylogenetik vorfindet, sind Merkmale, die zwar im Zuge irgendwelcher Transformationen entstanden sein müssen, deren Hervorgehen aus bestimmten anderen Merkmalen die Phylogenetik aber nicht zu beobachten vermag.
Angesichts dieser epistemischen Barriere fragt Hennig nach Hilfskriterien, die die P-Homologie von Positivmerkmalen festzustellen gestatten:

> Da wir die phylogenetische Transformation eines Merkmals [...] nicht direkt beobachten können, entsteht die Frage, welche Hilfskriterien uns zur Verfügung stehen, um im Einzelfalle die Überzeugung zu gewinnen, daß bestimmte Merkmale bei verschiedenen Arten [p-]homolog sind.[176]

Als wichtigstes Indiz oder Hilfskriterium nennt Hennig Adolf Remanes (1898–1976) „Kriterium der Lageähnlichkeit in vergleichbaren Gefügesystemen".[177] In seiner Arbeit *Die Grundlagen des natürlichen Systems, der vergleichenden Anatomie und der Phylogenetik* (REMANE 1956) hat Remane dieses Kriterium so erläutert:

> Lageähnlichkeit im Gefüge. Selbst in komplizierten Gebilden in der Ebene oder im Raum läßt sich [...] objektiv eine Lageidentität ermitteln, auch wenn sie nicht geometrisch ähnlich sind, nämlich dann, wenn die Teilstrukturen in gleicher Zahl und *gleicher relativer Verknüpfung* vorhanden sind.[178]

Das „Kriterium der Lageähnlichkeit in vergleichbaren Gefügesystemen", das ich – in Anlehnung an die Terminologie des französischen Zoologen Etienne Geoffroy Saint Hilaire (1772–1844) – fortan „Kriterium der Konnektionsidentität"[179] nennen werde, hat seinen systematischen Ort in der Vergleichenden Anatomie bzw. der Morphologie.[180] In beiden biowissenschaftlichen Teildisziplinen wird es bereits seit dem frühen 19. Jahrhundert benutzt, um Organe von Tieren und Pflanzen selbst dann noch miteinander zu identifizieren, wenn sie sich hinsichtlich der zwischen ihren Teilen bestehenden *Lage*beziehungen voneinander unterscheiden. Remane kann also *nicht* als Entdecker, sondern nur als ein besonders wirkungsmächtiger Propagator dieses Kriteriums gelten.
Wie sich das Kriterium der Konnektionsidentität auf Teile von Tieren und Pflanzen anwenden läßt, möchte ich anhand eines Beispiels erläutern.
Fig. 35 zeigt zwei Gefüge α und β, die aus jeweils vier Teilen bestehen. Die vier Teile von α sollen A_1, A_2, A_3 und A_4, die vier ausgezeichneten Teile von β B_1, B_2, B_3 und B_4

[176] HENNIG 1982, 96.
[177] HENNIG 1982, 97.
[178] REMANE 1956, 32 (Hervorhebung im Zitat durch M. L.)
[179] Geoffroy Saint Hilaire hat den Ausdruck „principe des connexions" wenn nicht geprägt, so doch in der Vergleichenden Anatomie bekannt gemacht. Vgl. REMANE 1956, 34.
[180] Zur Geschichte der Etablierung des Konnektionskriteriums in Botanik und Zoologie vgl. zum Beispiel MÖBIUS 1937, 147–170, LEFÈVRE 1984, 163–187, RIEPPEL 1993, 158–164, OESER 1996, 31–90, GEUS 2000, 324–339, JAHN 2000a, 276–280, LANGANKE 2000, 63–77 und QUERNER 2000, 420–425.

heißen. Die Gefüge α und β lassen sich hinsichtlich der Formen ihrer Teile miteinander identifizieren.

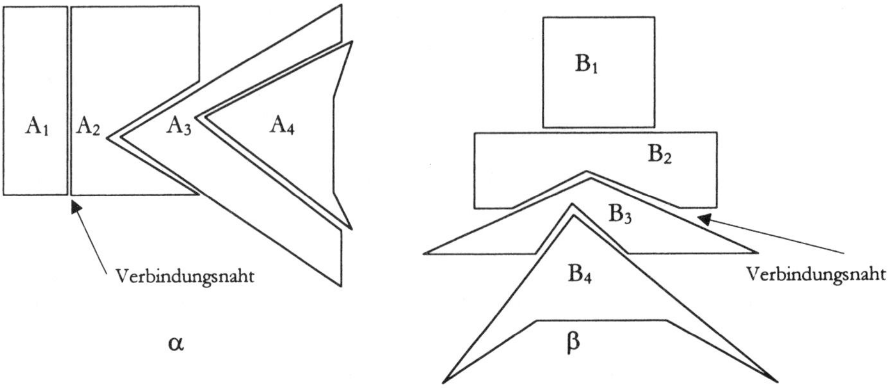

Fig. 35.

Zunächst können A_1 und B_1 als formidentisch behandelt werden. Denn beide Teile besitzen die Eigenschaft, rechteckig zu sein. A_1 und B_1 können damit als zwei verschiedene Rechteck-Ausprägungen angesprochen werden. Teile mit der Eigenschaft, „rechteckig zu sein", subsumiere ich im folgenden unter den Begriff „m". Ich spreche sie mithin als „Fälle von m-Seiendem" an. Die offene Klasse alles m-Seienden, also aller unter m fallenden Einzelerscheinungen, heiße „{M}".

Um die restlichen Teile von α hinsichtlich ihrer Form mit β-Teilen identifizieren zu können, muß man über den Formbegriff m hinaus weitere Formbegriffe zur Anwendung bringen. Als geeignet erweisen sich drei Formbegriffe n, o und p, wenn das Fallen unter n, o bzw. p etwa in folgender Weise geregelt ist: Während eine Struktur unter n fällt, wenn sie die Form eines *Rechteckes mit dreieckiger Einkerbung auf einer Seite* besitzt, fällt eine Struktur, die die Form eines *Dreiecks mit dreieckiger Einkerbung auf einer Seite* besitzt, unter o. Unter p schließlich fällt eine Struktur, die die Form eines *Dreieckes mit trapezförmiger Einsenkung auf einer Seite* besitzt.

Verfügt man über diese sehr flexiblen Formbegriffe n, o und p, so lassen sich A_2 und B_2 als Fälle von n-Seiendem, A_3 und B_3 als Fälle von o-Seiendem und A_4 und B_4 schließlich als Fälle von p-Seiendem identifizieren. Die offene Klasse aller unter n fallenden Individuen heiße „{N}", die offene Klasse aller unter o fallenden Individuen heiße „{O}" und die offene Klasse aller unter p fallenden Individuen heiße „{P}". M_α und M_β, N_α und N_β, O_α und O_β sowie P_α und P_β seien jeweils einzelne *Vertreter* von {M},{N},{O}und {P} in α bzw. β.

Wie sich die vier Formbegriffe m, n, o und p auf die Teile von α bzw. von β anwenden lassen, geht aus Fig. 36 hervor.

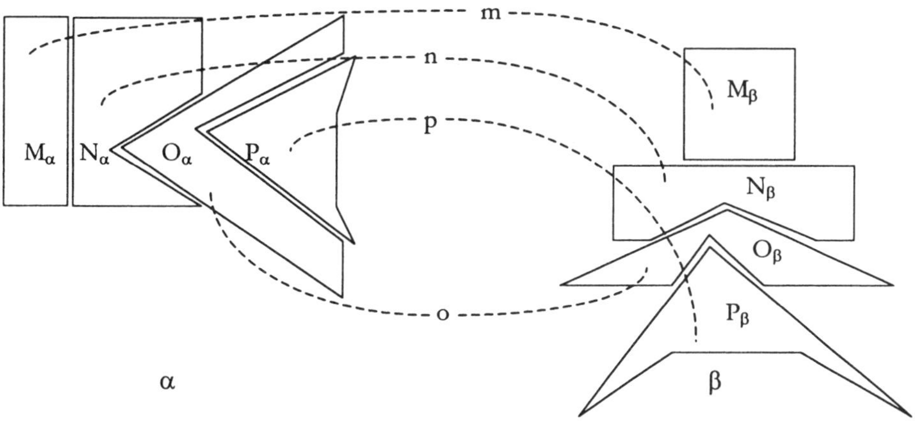

Fig. 36.

Verfügt man über die Formbegriffe m, n, o und p, so kann man nicht nur bestimmte Teile von α mit Teilen von β (und umgekehrt) hinsichtlich ihrer *Form* identifizieren, sondern man kann auch untersuchen, ob die je formidentischen Teile untereinander *identisch verknüpft* sind. Man kann diese Frage nach der Identität der Verknüpfungen, kurz: nach der Konnektionsidentität, im vorliegenden Fall beantworten, indem man überprüft, ob diejenigen Teile, mit denen der in α auftretende {M}-, {N}-, {O}- bzw. {P}-Repräsentant jeweils positive und negative Konnektionsverhältnisse unterhält, *hinsichtlich ihrer Form* den Teilen entsprechen, mit denen der in β auftretende {M}-, {N}-, {O}- bzw. {P}-Repräsentant jeweils positive und negative Konnektionsidentitäten unterhält.

Positive Konnektionsverhältnisse bestehen zwischen Teilen, die unmittelbar aneinander grenzen, negative Konnektionsverhältnisse bestehen zwischen Teilen, die nicht aneinander stoßen.[181]

Konnektionsidentisch sind demnach identische (zum Beispiel formidentische) Teile, die mit identischen (zum Beispiel formidentischen) Teilen ihrer Umgebung dieselben (positiven oder negativen) Konnektionsverhältnisse unterhalten.

In Tab. 4 sind die positiven und negativen Konnektionsverhältnisse, die die Repräsentanten von {M},{N},{O} bzw. {P} in α miteinander unterhalten, den Konnektionsverhältnissen gegenübergestellt, die zwischen den Repräsentanten der Formenklassen {M},{N},{O}bzw. {P} in β bestehen. Tab. 4 zeigt, daß die Konnektionsverhältnisse in α vollständig denen in β entsprechen. Hinsichtlich der zwischen ihren Teilen bestehenden positiven und negativen Konnektionsverhältnisse können also die Strukturen α und β als identisch gelten.

181 Vgl. REMANE 1956, 39: „In manchen Fällen, wie z. B. bei Knochen, kann lediglich die Berührung verschiedener Knochen die Verknüpfung darstellen, in anderen Fällen ist diese funktional bedeutsamer, so z. B. die Verbindung von Muskeln und Skeletteilen oder gar die Blutversorgung der Innervation der Organe."

	α	β
positive **Konnektions-verhältnisse**	$M_\alpha - N_\alpha$	$M_\beta - N_\beta$
	$N_\alpha - O_\alpha$	$N_\beta - O_\beta$
	$O_\alpha - P_\alpha$	$O_\beta - P_\beta$
negative **Konnektions-verhältnisse**	$M_\alpha - O_\alpha$	$M_\beta - O_\beta$
	$N_\alpha - P_\alpha$	$N_\beta - P_\beta$
	$M_\alpha - P_\alpha$	$M_\beta - P_\beta$

Tab. 4: Vergleich zwischen den in α und den in β bestehenden positiven und negativen Konnektionsbeziehungen (vgl. Fig. 36).

	α	γ
positive **Konnektions-verhältnisse**	$M_\alpha - N_\alpha$	$O_\gamma - P_\gamma$
	$N_\alpha - O_\alpha$	$N_\gamma - P_\gamma$
	$O_\alpha - P_\alpha$	$M_\gamma - P_\gamma$
negative **Konnektions-verhältnisse**	$M_\alpha - O_\alpha$	$N_\gamma - M_\gamma$
	$N_\alpha - P_\alpha$	$O_\gamma - M_\gamma$
	$M_\alpha - P_\alpha$	$O_\gamma - N_\gamma$

Tab. 5: Vergleich zwischen den in α und den in γ bestehenden positiven und negativen Konnektionsbeziehungen (vgl. Fig. 37).

Anders als α und β *unterscheiden* sich die Strukturen α und γ, die einander in Fig. 37 gegenübergestellt sind, hinsichtlich der zwischen ihren Teilen bestehenden Konnektionsverhältnisse.

Zwar sind zunächst auch α und γ insofern miteinander vergleichbar, als sie je aus vier Teilen bestehen, und insofern je ein Teil von α und je ein Teil von γ unter den Formbegriff m, je ein Teil von α und je ein Teil von γ unter den Formbegriff n, je ein Teil von α und je ein Teil von γ unter den Formbegriff o sowie je ein Teil von α und je ein Teil von γ unter den Formbegriff p gebracht werden können; aber wie aus Tab. 5 hervorgeht, bestehen zwischen den in α auftretenden Repräsentanten von {M}, {N}, {O} und {P} teilweise *andere* positive und negative Konnektionsverhältnisse als zwischen den in γ aufweisbaren Repräsentanten der Formenklassen {M}, {N}, {O} und {P}.

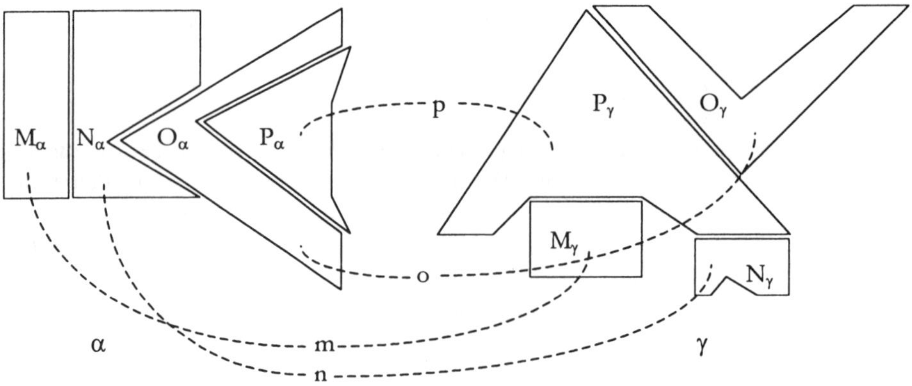

Fig. 37.

Dieses Beispiel zeigt, daß *nicht* schon dann, wenn zwei Gefüge hinsichtlich der *Formen* ihrer Teile *vollständig durch Identitäten* aufeinander bezogen werden können, garantiert ist, daß die jeweiligen Gefüge auch hinsichtlich der zwischen ihren Teilen bestehenden *Konnektionsverhältnisse* identisch sind. Allein die Übereinstimmung von Gefügen hinsichtlich der Formen ihrer Teile berechtigt also noch nicht dazu, die jeweiligen Gefüge als identisch hinsichtlich der zwischen ihren Teilen bestehenden *Konnektionsverhältnisse* zu behandeln.

Die Fig. 35, 36 und 37 gezeigten Gefüge konnten hinsichtlich der zwischen ihren Teilen bestehenden positiven und negativen *Konnektionsverhältnisse* überhaupt nur deshalb verglichen werden, weil sich ihre Teile durch *Formidentitäten* aufeinander beziehen ließen. Allgemeiner ist zu sagen: Damit Gefüge hinsichtlich der zwischen ihren Teilen bestehenden Konnektionsverhältnisse auf Identität untersucht werden können, müssen ihre Teile bereits durch *Ausgangsidentitäten* aufeinander bezogen worden sein. Denn es läßt sich erst dann feststellen, ob ein bestimmtes Teil eines Gefüges mit *denselben* Teilen wie ein Teil eines anderen Gefüges konnektiert ist, wenn die jeweils betrachteten Teile des einen Gefüges bereits mit den jeweils betrachteten Teilen des anderen Gefüges verglichen wurden. Deshalb greift auch das Kriterium der Konnektionsidentität nur unter der von Remane als „Vergleichbarkeit"[182] bezeichneten Voraussetzung, daß die jeweiligen Gesamtgefüge bereits durch *Ausgangsidentitäten* aufeinander bezogen worden sind.

Dabei reichen als Ausgangsidentiäten keine bloß *funktionalen* Identitäten aus. Verschiedene Organe oder Organteile, die nur insofern miteinander identifiziert werden können, als sie dieselbe physiologische, mechanische etc. Funktion erfüllen, berechtigen nicht dazu, andere Teile hinsichtlich der Konnektion mit ihnen als gleichartig aufzufassen. Vielmehr müssen sich Ausgangsidentitäten entweder

1) einem *direkten* Vergleich hinsichtlich *spezifischer Qualitäten*, zum Beispiel a) einem *direkten* Formvergleich, b) einem *direkten* Vergleich hinsichtlich der *Konnektionsverhältnisse* zwischen Teilen auf einer relativ zur Ausgangsebene niedrigeren Strukturebene[183], c) einem *direkten* Vergleich von Teilen hinsichtlich der von ihnen zu Teilen ihrer *Umgebung* unterhaltenen Konnektionsbeziehungen, d) einem *direkten* Vergleich von Teilen hinsichtlich ihrer relativen Lage bzw. der relativen Lage ihres ontogentischen Entstehungsortes, e) einem *direkten* Vergleich hinsichtlich des Bestehens aus bestimmten Teilen etc. oder

2) einem über *Zwischenformen vermittelten* Vergleich hinsichtlich spezifischer Qualitäten verdanken.

Zu 1a): In REMANE 1956 wird nicht expliziert, was unter „spezifischen Qualitäten" von Organen oder Organteilen zu verstehen ist.[184] Remanes *Beispiele* für die Anwendung seines „Kriteriums der spezifischen Qualität" berechtigen jedoch zu der Interpretation, daß unter „spezifischen Qualitäten" zum Beispiel *Form*eigenschaften von Teilen zu verstehen sind:

> Es gibt [...] eine abgestufte Reihe zunehmender Übereinstimmung in den Sondercharakteren der Einzelteile; man denke etwa an die Ausprägungs*formen* eines Knochens wie des Oberarms (Humerus) [...], seine Ausbildungsform ist bei verschiedenen Menschen nahezu identisch, bei

---

182 Vgl. REMANE 1956, 344.

183 Der Terminus „Strukturebene" läßt sich wie folgt einführen: Setzt sich ein Teil A_1, das zusammen mit anderen Teilen A_2, A_3, ... ein Gefüge α aufbaut, seinerseits aus Teilen A_1*, A_1**, A_1***, ... zusammen, so bilden A_1*, A_1**, A_1***, ... miteinander ein Teilgefüge von α auf einer *relativ niedrigeren* Strukturebene als A_1, A_2, A_3, ...

184 Vgl. REMANE 1956, 42–45, 58 und 344.

> Mensch und Schimpanse recht ähnlich, beim Vergleich des gleichen Knochens bei Mensch und Eidechse oder Molch sind nur noch wenige gemeinsame Sondermerkmale vorhanden.[185]

Ausgehend von Remanes Beispielen läßt sich also sagen: Das Kriterium der spezifischen Qualität kommt *unter anderem* da zum Einsatz, wo Übereinstimmungen hinsichtlich der *Form* als Ausgangsidentitäten genutzt werden. Damit aber gilt auch: Die in Fig. 35, 36 und 37 gezeigten Gefüge sind mit Hilfe *des Kriteriums der spezifischen Qualität* aufgeschlossen worden.

Zu 1b): Neben *Formeigenschaften* werden aber in der an REMANE 1956 anknüpfenden neueren morphologischen Fachliteratur auch verschiedenste *andere* nicht-funktionale Eigenschaften von Organismus-Teilen und Organismen als „spezifische Qualitäten" bezeichnet.

Wie großzügig der Begriff der spezifischen Qualität gehandhabt wird, geht unter anderem aus SUDHAUS/REHFELD 1992 hervor. Dort gilt etwa das Auftreten bestimmter

> *Moleküle* [...] (Hämoglobin oder sekundäre Inhaltsstoffe bei Pflanzen [...]), [...] *Feinstrukturen* (z. B. 9+2-Muster der Cilie, Bau des Protonephridiums oder Ommatidiums des Facettenauges, Feinbau einer Vogelfeder, Oberfläche und Wandbildung von Pollen, Aufbau des Angiospermen-Sprosses), *Komplexstrukturen* (Tetrapodenextremität, Kronenmuster eines Backenzahns, Blüte), *ontogenetische[r] Muster* (Spiralfurchung) [...][186]

je als Auftreten einer „spezifischen Qualität". Das Beispiel „Tetrapodenextremität" läßt erkennen, daß auch der Besitz von Teilen, deren Substrukturen in charakteristischen Konnektionsverhältnissen zueinander stehen, als Besitz einer spezifischen Qualität interpretiert werden kann. Das Kriterium der Konnektionsidentität ist also letztlich kein eigenständiges methodisches Hilfsmittel *neben* dem Kriterium der spezifischen Qualität, sondern kann als ein Spezialfall des Kriteriums der spezifischen Qualität angesehen werden:

> Da sich Merkmale in aller Regel in weitere Untermerkmale teilen lassen bzw. umgekehrt Teil übergeordneter Strukturen sind, kann man die besondere Lage im Gefüge [d. h. die Konnektionsverhältnisse eines Teils] auch als eine spezifische Qualität werten. Oft wird deshalb das Lage-Kriterium [d. h. das Konnektionskriterium] als Teil des Kriteriums der spezifischen Qualität angesehen („Lagestruktur", RIEDL 1975).[187]

Diese Bemerkung läßt die Deutung zu, daß charakteristische Konnektionsverhältnisse beispielsweise dann als „spezifische Qualitäten" aufzufassen sind, wenn es sich bei den auf Konnektionsverhältnisse untersuchten Teilen um *Teile von Teilen* handelt, und wenn es letztlich die auf der relativen *höheren* Strukturebene abgegrenzten Teile sind, die als Teile von Gefügen auf die je zwischen ihnen bestehenden Konnektionsverhältnisse untersucht werden sollen. Allgemeiner läßt sich wohl konstatieren: Charakteristische Konnektionsverhältnisse können dann als „spezifische Qualitäten" gelten, wenn Übereinstimmungen in ihnen als *Ausgangsidentitäten* genutzt werden.

Lassen sich auf der jeweils ersten Strukturebene beispielsweise keine *Form*ähnlichkeiten als Ausgangsidentitäten nutzen, so kann nach Konnektionsidentitäten auf einer *tieferen* Strukturebene, d. h. auf der Ebene der (eventuell nur mikroskopisch zugänglichen)

---

[185] REMANE 1956, 43 (Hervorhebung im Zitat durch M. L.)
[186] SUDHAUS/REHFELD 1992, 71 (Hervorhebungen im Original).
[187] SUDHAUS/REHFELD 1992, 71.

Teile von Teilen etc. gesucht werden. Denn Identitäten hinsichtlich der zwischen Teilen bestehenden *Konnektionsverhältnisse* können dazu dienen, die je aus diesen Teilen zusammengesetzten Gefüge, d. h. die nächst höheren Ganzheiten miteinander zu identifizieren. Werden allerdings Konnektionsidentitäten auf einer tieferen Strukturebene als Ausgangsidentitäten für eine relativ höhere Strukturebene herangezogen, so müssen auf der tieferen Strukturebene bereits Ausgangsidentitäten zur Verfügung stehen. Denn nur *identische* Teile können hinsichtlich der je zwischen ihnen bestehenden Konnektionsverhältnisse miteinander verglichen werden. Da es jedoch methodisch nicht angeht, den Rückgang auf tiefere Strukturebenen ins Unendliche fortzusetzen, muß auf irgendeiner Strukturebene ein Begründungsabschluß in dem Sinn möglich sein, daß auf Identitäten (beispielsweise Formidentitäten) verwiesen werden kann, die sich fixieren lassen, ohne daß schon Ausgangsidentitäten zur Verfügung stehen müssen.

Zu 1c): Als ausgangsidentisch hinsichtlich einer spezifischen Qualität können verschiedene, zum Beispiel verschieden geformte Teile auch dann gelten, wenn sie je in eine identische *Umgebung*, d. h. in eine je aus vergleichbaren und untereinander identisch verknüpften Teilen gebildete Umgebung eingebettet sind und dabei hinsichtlich der von ihnen zu den Teilen ihrer Umgebung unterhaltenen Konnektionsverhältnisse übereinstimmen.

Ich möchte die Möglichkeit, Teile hinsichtlich der von ihnen zu Teilen ihrer *Umgebung* unterhaltenen Konnektionsverhältnisse als identisch zu behandeln, anhand von Fig. 38 veranschaulichen.

In dem in Fig. 38 gezeigten Fall wird die Identifikation von A_2 mit B_2 (und umgekehrt) dadurch behindert, daß beide Teile nicht zwanglos unter denselben Formbegriff gebracht werden können.

Allerdings können sowohl die die Umgebung von A_2 als auch die die Umgebung von B_2 bildenden Teile jeweils durch Ausgangsidentitäten aufeinander bezogen, nämlich als formidentisch behandelt werden, sowie hinsichtlich der zwischen ihnen bestehenden (positiven und negativen) Konnektionsverhältnisse als identisch gelten (vgl. Tab. 6).

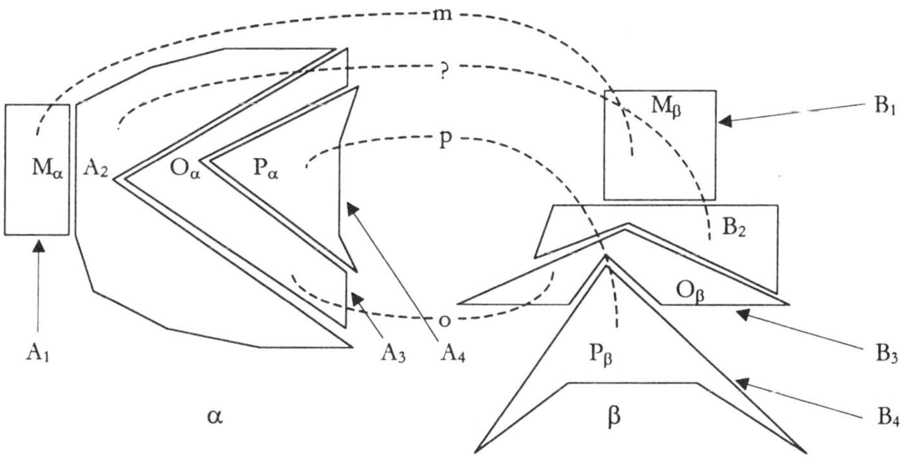

Fig. 38.

	α	β
positive **Konnektionsverhältnisse zwischen den Teilen der A_2- bzw. der B_2-Umgebung**	$O_\alpha - P_\alpha$	$O_\beta - P_\beta$
negative **Konnektionsverhältnisse zwischen den Teilen der A_2- bzw. der B_2-Umgebung**	$M_\alpha - O_\alpha$ $M_\alpha - P_\alpha$	$M_\beta - O_\beta$ $M_\beta - P_\beta$

Tab. 6: Vgl. Fig. 38.

Unter der Voraussetzung nun, daß A_2 und B_2 *nicht* hinsichtlich ihrer jeweiligen *Binnenstrukturierung* voneinander *abweichen*, können A_2 und B_2 als morphologisch identisch hinsichtlich der jeweils zwischen ihnen und den Teilen ihrer Umgebung bestehenden Konnektionsverhältnisse behandelt werden. Denn A_2 bzw. B_2 stehen jeweils mit vergleichbaren Teilen in positiven und negativen Konnektionsbeziehungen. Näherhin sind alle von A_2 mit den Teilen seiner α-Umgebung unterhaltenen positiven und negativen Konnektionsverhältnisse eindeutig auf alle von B_2 mit den Teilen seiner β-Umgebung unterhaltenen positiven bzw. negativen Konnektionsverhältnisse beziehbar. (vgl. Tab. 7).

	α	β
positive **Konnektionsverhältnisse zwischen A_2 bzw. B_2 und den Teilen ihrer Umgebung**	$A_2 - M_\alpha$ $A_2 - O_\alpha$	$B_2 - M_\beta$ $B_2 - O_\beta$
negative **Konnektionsverhältnisse zwischen A_2 bzw. B_2 und den Teilen ihrer Umgebung**	$A_2 - P_\alpha$	$B_2 - P_\beta$

Tab. 7: Vgl. Fig. 38.

Behandelt man A_2 und B_2 aufgrund dieser Übereinstimmung als identisch, so darf diese Identität natürlich *nicht* benutzt werden, um hinsichtlich der mit A_2 bzw. B_2 unterhaltenen Konnektionsverhältnisse wiederum die Identität von A_1–B_1, A_3–B_3 und/oder A_4–B_4 zu begründen. Denn allererst unter der Voraussetzung, daß diese Teile ausgangsidentisch sind, konnten A_2 und B_2 miteinander identifiziert werden. Es käme also zu einem methodischen Zirkel! Die Identität zwischen A_2 und B_2 hinsichtlich ihrer Konnektionsbeziehungen zu bestimmten Teilen ihrer Umgebung kann also nur dazu dienen, *andere, nicht schon als ausgangsidentisch vorausgesetzte* Teile der A_2- bzw. B_2-Umgebung hinsichtlich der von ihnen unterhaltenen Konnektionsverhältnisse zu vergleichen.

Zu 1d): Auch charakteristische relative Positionen (relative Lagen[188]) von Teilen oder von deren ontogenetischen Entstehungsorten können als spezifische Qualitäten dieser Teile gelten. Untersucht man bestimmte Teile von Organismen auf ihre relative Lage, so überprüft man, in welchen der mit Relatoren wie „X liegt unterhalb von Y“, „X liegt in Y“, „X liegt neben Y“, „X liegt außerhalb von Y“ etc. aufweisbaren Verhältnissen bestimmte Teile *relativ* zu anderen, als *Fixpunkte* des Vergleichs dienenden Teilen stehen. Identisch hinsichtlich ihrer relativen Lage sind beispielsweise zwei verschiedene *Teile*, die mit einem bestimmten, in beiden Fällen identisch gewählten Fixpunkt in *derselben Lagerelation* stehen. Hinsichtlich ihrer relativen Lage lassen sich Teile von verschiedenen Organismen also erst vergleichen, wenn die jeweils untersuchten Organismen hinsichtlich anderer Teile bereits durch Ausgangsidentitäten aufeinander

188 Zum Begriff der relativen Lage vgl. REMANE 1956, 32–33. In der an Remane anschließenden Fachliteratur wird zwischen *Lage*- und *Konnektions*beziehungen nicht immer sorgfältig genug unterschieden.

bezogen worden sind. Denn erst dann stehen Fixpunkte zur Verfügung, relativ zu denen sich andere Teile als gleich oder verschieden positioniert bestimmen lassen.
Zu 1e): Kommt es weder auf die räumliche Anordnung von Teilen noch auf die zwischen Teilen bestehenden Konnektionsverhältnisse an, so können Ganzheiten auch einfach hinsichtlich des Bestehens aus überhaupt bestimmten Teilen miteinander verglichen werden. Ein besonderer Fall, in dem trotz des Auftretens von charakteristisch *verschiedenen* Teilen Ganzheiten als identisch hinsichtlich einer spezifischen Qualität aufgefaßt werden, liegt da vor, wo in der Osteologie Ersatzknochen[189] und die durch sie ersetzten knorpeligen[190] Anlagen miteinander identifiziert werden. Dabei spielt die zwischen Ersatzknochen und den durch sie ersetzten knorpeligen Teilen bestehende Identität hinsichtlich der relativen Lage ihres *ontogenetischen Entstehungsortes* eine entscheidende Rolle.[191]
Zu 2): Bereitet die Festlegung von Ausgangsidentitäten für zwei Gefüge α und γ Probleme, ist aber ein weiteres Gefüge β bekannt, so daß sich für α und β sowie für β und γ je *direkt* Ausgangsidentitäten angeben lassen, so können auch α und γ als vergleichbare Gefüge gelten. Das Gefüge β heiße in diesem Fall eine Zwischenform.[192]
Ein Beispiel: Es seien α und δ zwei, aus je vier Teilen zusammengesetzte Gefüge. Des weiteren gelte: Keinem Teil von α kann ein Teil von δ direkt als formgleiches oder gleich aufgebautes Pendant zugeordnet werden (vgl. Fig. 39).

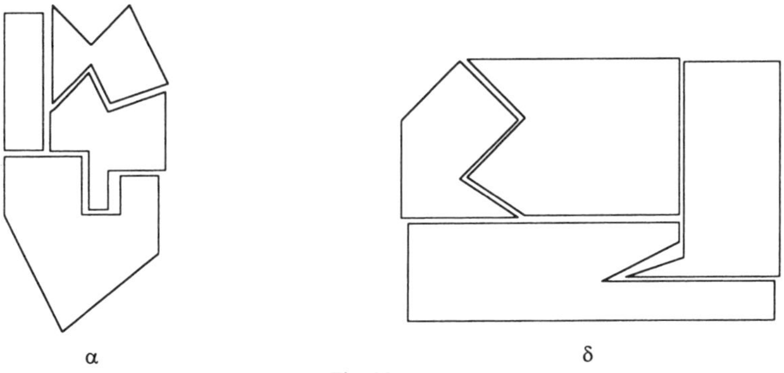

Fig. 39.

Sind jedoch zwei Gefüge β und γ bekannt, so daß sich α-Teile und β-Teile, β-Teile und γ-Teile sowie γ-Teile und δ-Teile einander jeweils aufgrund von Formähnlichkeiten zuordnen lassen, so gehen α und δ als vergleichbare Gefüge durch, *obwohl* sie nicht *direkt* durch Ausgangsidentitäten aufeinander bezogen werden können (vgl. Fig. 40).

---

[189] Vgl. STARCK 1979, 13–15. Als Ersatzknochen gilt echter Knochen, der aufgebaut wird, indem zugleich Knorpelmasse abgebaut wird.
[190] Vgl. STARCK 1979, 4–5.
[191] Vgl. STARCK 1979, 13.
[192] Zum Kriterium der Verknüpfung durch Zwischenformen vgl. REMANE 1956, 45–52, REHFELD/SUDHAUS 1992, 71–75 sowie WEBERLING/STÜTZEL 1993, 59–67.

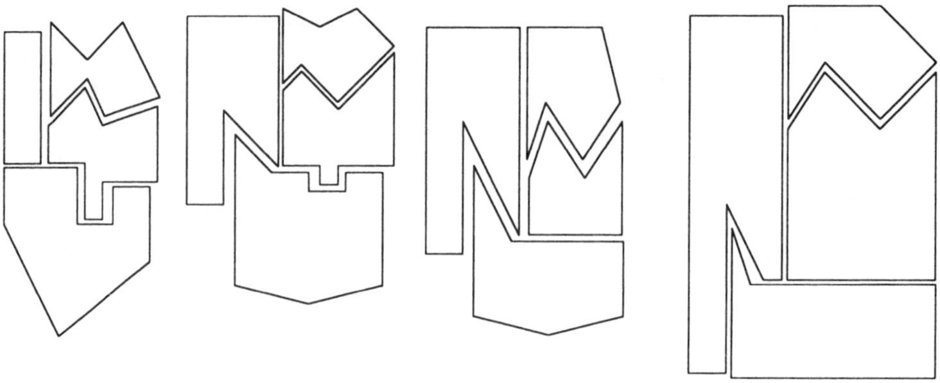

Fig. 40.

In Fig. 40 sind die Zwischenformen β und γ zwischen α und δ nach dem *Prinzip der kleinsten Formabweichung* so eingefügt, daß deutlich wird, welche Teile jeweils welchen anderen Teilen hinsichtlich ihrer Form genügend ähneln, um die Subsumtion unter einen je gemeinsamen Formbegriff plausibel erschienen zu lassen. Zusätzlich wird durch die Anordnung zu einer Reihe α–β–γ–δ der Eindruck fließender Übergänge geschaffen. Damit wird anschaulich, daß α und δ durch Stauchungen und Streckungen ihrer Teile auseinander hervorgegangen sein *könnten.*

Als Zwischenformen sind nach Remane sowohl Teile *adulter*, d. h. ausgewachsener Organismen, als auch *verschiedene ontogenetische Stadien* ein und desselben anatomischen Teiles zulässig:

> Zwischenformen können auf zwei Wegen „geliefert" werden: 1. durch den ontogenetischen Entwicklungsprozeß. 2. durch Aneinanderreihen der Formen ausgebildeter Strukturen oder Organe.[193]

Remane vertritt die These, daß die Nutzung von *Ontogenesen* gegenüber der Konstruktion von Zwischenformen-Reihen durch jeweils *fertig* ausgebildete Gefüge methodisch den Vorteil hat, daß Ontogenesen als *Prozesse* tatsächlich beobachtbar sind, während Reihen adulter Zustände als Abfolgen von Prozeßstadien nur *gedacht* werden können.

> Beim ontogenetischen Ablauf wird die Überbrückung der Formextreme durch eine tatsächlich ablaufende Umbildung gegeben, die als solche ohne weiteres beobachtbar ist [...]. Darin besteht

[193] REMANE 1956, 45. Vgl. demgegenüber WEINGARTEN 1992, 109: „Wenn ein Merkmal eines vollausgebildeten und lebensfähigen Organismus verglichen wird mit einem autonom nicht lebensfähigen Embryonalabschnitt, dann kann zwar nicht die formale Möglichkeit eines solchen Vergleichens bestritten werden, wohl aber der biologische Sinn." Die anagenetische Deutung von Ontogenesen ist zumindest immer da problematisch, wo die ontogenetische Bereitstellung über *nicht* funktionsfähige Zwischenstadien hinweg erfolgt. Denn weil *evolutiver* Wandel je nur von lebensfähigen Organismen aus erfolgen kann, lassen sich funktions*un*tüchtige *Entwicklungs*stadien eines Organs nicht als *anagenetische* Vorstufen dieses Organs verstehen.

die Überlegenheit der ontogenetischen Übergangsstadien gegenüber dem 2. Typ der Zwischenformen [...].[194]

Wie auch immer man zu dieser Position Remanes steht – anzuerkennen ist allemal die Forderung, daß nur *empirisch bekannte*, d. h. *effektiv* aufweisbare Teile von Organismen als Zwischenformen herangezogen werden dürfen. Mit dieser Forderung wird insbesondere der von der idealistischen Morphologie[195] unterschätzten Gefahr vorgebeugt, daß man sich für *beliebige* Paare von geometrischen Formen *vorstellen* kann, daß sie durch Stauchung und/oder Streckung auseinander hervorgegangen sind.[196]

Die bisherigen Überlegungen zum Kriterium der Konnektionsidentität und zu den Voraussetzungen für seine Anwendbarkeit könnte man in folgende Definition einmünden lassen:

Organe, Organgefüge oder Organteile, deren Teile zueinander in identischen (positiven und negativen) Konnektionsbeziehungen stehen, sollen „baugleich" genannt werden.

Obwohl sich dieser erste Definitionsvorschlag noch als ergänzungsbedürftig herausstellen wird, möchte ich ihm sogleich einige Erläuterungen folgen lassen:

a) Baugleiche Organe *können* hinsichtlich ihrer *Form* übereinstimmen, aber auch differieren.

b) Baugleiche Organe können hinsichtlich der zwischen ihren Teilen bestehenden *Lage*beziehungen voneinander abweichen.

c) Die Behauptung, daß verschiedene Organe baugleich sind, verdankt sich immer einem Vergleich hinsichtlich der auf einer *bestimmten Strukturebene* zwischen Teilen bestehenden Konnektionsverhältnisse. Die durch Ausgangsidentitäten aufeinander bezogenen Teile sind auf der je betrachteten Strukturebene ihrerseits nicht als baugleich anzusprechen, unbeschadet der Tatsache, daß sie auf einer *tieferen* Strukturebene baugleich sein können.

d) Lassen sich für zwei nicht *direkt* aufeinander beziehbare Gefüge α und γ durch Heranziehung einer Zwischenform β Ausgangsidentitäten ermitteln und kann sodann für α und β sowie für β und γ je direkt Baugleichheit nachgewiesen werden, so gelten auch α und γ als baugleich (Transitivität).

e) Aus *welchen* und damit auch aus *wie vielen* Teilen ein Organ oder Organgefüge überhaupt besteht, läßt sich *nicht definitiv*, d. h. nicht ein für allemal bestimmen. Denn es ist beispielsweise nie auszuschließen, daß mit neuen Untersuchungsmethoden und/oder bei verändertem Kenntnisstand über die schon bekannten Teile eines Organs hinaus neue Teile oder Teile von Teilen identifiziert werden können. Von daher müssen Aussagen über die Baugleichheit von Organen als Aussagen über Ähnlichkeiten zwischen *Modellen* dieser Organe rekonstruiert werden. Daß Aussagen über die Baugleichheit von Organen genau genommen Aussagen über *Modelle* dieser Organe sind, wird in Morphologie und Vergleichender Anatomie oft übersehen. Aber in die Zeichnungen und Beschreibungen von anatomischen Teilen, die in Morphologie und Vergleichender Anatomie verwendet werden, sind bereits *Entscheidungen* darüber eingegangen, *welche* der Formen, die an je *konkret* untersuchten Einzelerscheinungen festgestellt werden konnten, überhaupt als *Merkmale* zu werten und welche als

[194] REMANE 1956, 46.
[195] Zum Terminus „idealistische Morphologie" vgl. BARON 1968, 21 sowie FROEBE 1971, 127–128.
[196] Vgl. REMANE 1956, 46.

kontingent zu vernachlässigen sind. Als gerechtfertigt gilt in den Biowissenschaften die Komposition eines Modells dann, wenn sich zeigen läßt, daß die je ausgezeichneten Teile unter bestimmten biologischen *Gesichtspunkten* (Funktion, Konstruktion etc.) *relevant* sind. Was freilich bei der Analyse eines Organs oder Organteiles überhaupt als Gesichtspunkt leitend werden kann, hängt von dem jeweils erreichten Kenntnisstand (gerade auch in außerbiologischen Disziplinen) ab. Obwohl es methodologisch höchst bedeutsam ist, daß Aussagen über Baugleichheit einem Vergleich von *Modellen* geschuldet sind, wird im folgenden oft nur von der „Baugleichheit bestimmter Organe oder Gefüge" die Rede sein. Diese Formulierung ist freilich als abkürzend zu verstehen.

Hat man sich über den Begriff der Baugleichheit soweit Rechenschaft gegeben, kann man daran gehen, die Grenzen, *innerhalb* derer Aussagen über die Baugleichheit von Organismenteilen gerechtfertigt werden können, genauer abzustecken. Zu diesem Zweck diskutiere ich im folgenden *drei Problemfälle*.

Problemfall 1: Zwei formidentische oder formdifferente Teile sollen auf Baugleichheit untersucht werden, aber die jeweiligen Modelle dieser Teile sind *zu wenig binnendifferenziert*.[197]

Prinzipiell lassen sich zwei *Arten* mangelnder Binnendifferenzierung voneinander unterschieden:

a) *Homogenität* von Teilen: Zwei Organteile sollen auf Baugleichheit untersucht werden, es sind aber weder innerhalb des einen noch innerhalb des anderen Teiles *überhaupt* Teile voneinander abgrenzt (vgl. Fig. 41).

Fig. 41: Zwei formdifferente *homogene* Teile.

b) *Homoiogenität* von Gefügen: Wird zum Beispiel ein aus vier rechteckigen Teilen bestehendes Gefüge mit einem anderen, ebenfalls aus vier rechteckigen Teilen bestehenden Gefüge verglichen, so gibt es mehrere Möglichkeiten zur Festlegung von Ausgangsidentitäten. Genau genommen kann in diesem Fall jeder beliebige Teil des einen Gefüges mit jedem beliebigen Teil des anderen Gefüges identifiziert werden. Damit aber kann auch jeder Teil des einen Gefüges mit jedem Teil des anderen Gefüges im Sinne des *Konnektionskriteriums* identifiziert werden. Eine eindeutige Entscheidung ist zunächst nicht möglich (vgl. Fig. 42).

197 REMANE 1956, 54–55.

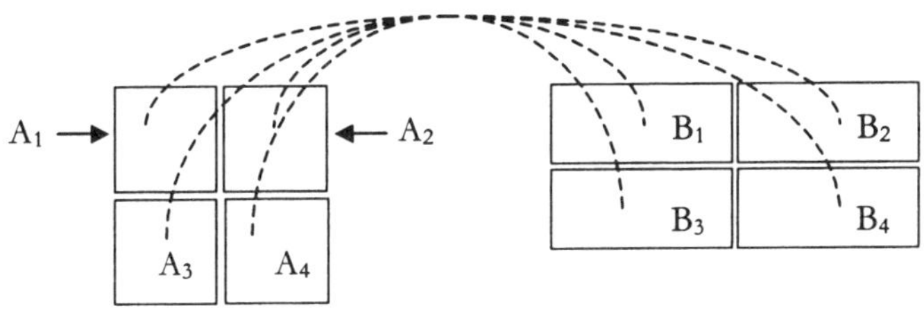

Fig. 42: *Homoiogenität* von Gefügen.

Zu Problemfall 1a): Zwischen dem Auftreten des Homogenitätsproblems und der Strukturebene, auf der untersucht werden soll, ob Baugleichheit vorliegt, besteht ein Zusammenhang. Würde man nämlich die in Fig. 41 gezeigten Teile jeweils als *Teile übergeordneter Ganzheiten* betrachten und wollte man diese *übergeordneten* Ganzheiten auf Konnektionsidentität untersuchen, so bestünde das Homogenitätsproblem nicht. Werden aber die in Fig. 41 einander gegenübergestellten Teile als Ganzheiten behandelt, so stellt sich das Problem, daß das Konnektionskriterium wegen zu geringer Binnendifferenzierung nicht greift.
Sollen homogene Teile auf Baugleichheit untersucht werden, so kann man das dabei auftretende Homogenitätsproblem zum Beispiel dadurch zu lösen versuchen, daß man nach Ontogenesestadien sucht, die belegen, daß die einander gegenübergestellten homogenen Teile jeweils durch Verschmelzung von Teilen entstehen. Diese zeitweilig auftretenden Teile können je miteinander verglichen werden. Bestehen zwischen ihnen Ausgangsidentitäten und sind sie hinsichtlich der zwischen ihnen bestehenden Konnektionverhältnisse identisch, so ist Baugleichheit nachgewiesen.
Hingegen kann die Baugleichheit zweier formdifferenter, für das bloße Auge *homogener* Teile α und δ nicht schon da als erwiesen gelten, wo zum Beispiel zwei Teile β und γ bekannt sind, so daß sich nach dem Prinzip der kleinsten Formabweichung eine Formenreihe α–β–γ–δ bilden läßt, die als Formenkontinuum gedeutet werden kann. Weil laut Definition zwei Strukturen genau dann baugleich sind, wenn sie aus identisch verknüpften *Teilen* bestehen, würden α und δ erst dann als baugleich durchgehen können, wenn sich demonstrieren ließe, daß sie aus identischen Teilen in identischer Verknüpfung bestehen. Aus identischen Teilen in identischer Verknüpfung können aber nur räumliche Gebilde bestehen, die überhaupt aus *irgendwelchen* Teilen aufgebaut sind. Ob aber α und δ genau diese Vorbedingung erfüllen, ist nicht schon dann nachgewiesen, wenn α und δ hinsichtlich ihrer Form über Zwischenformen β und γ aufeinander bezogen werden konnten. Das Verfahren der Identifikation mit Hilfe von Zwischenformen trägt für das Problem der *Baugleichheit* nur dann etwas aus, wenn es eingesetzt wird, um *Teile* eines *Gefüges* mit *Teilen* eines anderen *Gefüges* zu identifizieren. Auf *unstrukturierte Ganzheiten* angewendet, vermag das Verfahren der Verknüpfung durch Zwischenformen Aussagen, mit denen das Bestehen von Baugleichheit behauptet wird, deshalb nicht zu begründen, weil Ganzheiten *Gefüge*charakter besitzen, d. h. *Gefüge* sein müssen, um überhaupt baugleich sein zu können. Dies ergibt sich aus der Definition für „Baugleichheit".
Zu Problemfall 1b): Das Homoiogenitätsproblem kann einerseits gelöst werden, indem gleiche relative *Distanzen* der betroffenen Teile zu ausgezeichneten Körperzonen (wie Schnabel–Schwanz oder Rücken–Bauch) als Ausgangsidentitäten herangezogen

werden. So könnten vielleicht A_1/A_2 und B_1/B_2 hinsichtlich ihrer größeren relativen *Nähe* zum vorderen Körperende von A_3/A_4 bzw. B_3/B_4 abgehoben und sodann etwa hinsichtlich der Lage „rostral" miteinander identifiziert werden. Andererseits könnte das in Rede stehende Problem auch durch den Einsatz von Vergrößerungstechniken zu beseitigen sein. Denn wenn es gelingt, die zunächst ausgezeichneten Teile A_1, A_2, A_3 und A_4 bzw. B_1, B_2, B_3 und B_4 zweier homoiogener Gefüge α und β (vgl. Fig. 42) ihrerseits mikroskopisch aufzuschließen, d. h. Teile *innerhalb* dieser Teile (beispielsweise A_1*, A_1**, A_1***; A_2*, A_2**, A_2***; ... bzw. B_1*, B_1**, B_1***; B_2*, B_2**, B_2***; ...) voneinander abzugrenzen, dann treten unter Umständen zwischen A_1, A_2, A_3 und A_4 einerseits und zwischen B_1, B_2, B_3 und B_4 andererseits jeweils Binnendifferenzierungen hinsichtlich spezifischer Qualitäten zutage, die es erlauben, jedem der Teile A_1, A_2, A_3 und A_4 genau eines der Teile B_1, B_2, B_3 und B_4 zuzuordnen (und umgekehrt). Gelangt man auf diese Weise zu brauchbaren Ausgangsidentitäten zwischen den Teilen von α und den Teilen von β, so können A_1, A_2, A_3 und A_4 bzw. B_1, B_2, B_3 und B_4 hinsichtlich ihrer jeweiligen Konnektionsverhältnisse miteinander verglichen werden.
Problemfall 2: Sämtliche bisher vorgestellten Beispiele für potentiell baugleiche Gefüge zeichnen sich dadurch aus, daß die einander jeweils gegenübergestellten Gefüge hinsichtlich der *Anzahl* der ausgezeichneten Teile *übereinstimmen*. Es ist ein Verdienst Remanes, die *Übereinstimmung* in der Zahl der Bauelemente als eine wesentliche Voraussetzung dafür erkannt zu haben, daß Gefüge über das Konnektionskriterium *direkt* miteinander identifiziert werden können.[198]
Grenzt nämlich in einem Gefüge α ein Teil A_2 an *zwei* andere Teile A_1 und A_3, während in einem Gefügemodell β ein Teil B_2 mit *drei* Teilen B_1, B_3 und B_4 konnektiert ist, so sind A_2 und B_2 im Sinne des Konnektionskriteriums nicht völlig identisch. Denn selbst wenn es gelingt, die zwei an A_2 grenzenden α-Teile mit zwei der an B_2 grenzenden β-Teile hinsichtlich der Form zu identifizieren, so bleibt doch in der B_2-Umgebung ein Teil als *Rest* übrig, der mit keinem Teil von α identifiziert werden kann (vgl. Fig. 43).

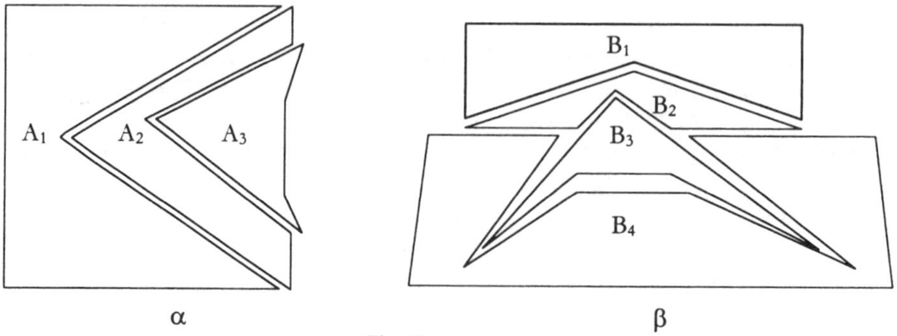

Fig. 43.

Ein besonders prominentes Beispiel dafür, wie die morphologische Einordnung eines Gefügemodells *unter anderem* dadurch erschwert wird, daß es hinsichtlich der *Anzahl* seiner Teile *nicht* mit anderen, prinzipiell vergleichbaren Gefügemodellen überein-

[198] Vgl. REMANE 1956, 38. Vgl. außerdem die unter Anm. 178 (Seite 97) zitierte Explikation des Konnektionskriteriums sowie REMANE 1956, 37, Abb. 16.

stimmt, ist das gängige osteologische Modell der Schädeldecke der *Dipnoi* (Lungenfische). Vergleicht man nämlich dieses Modell mit den aus deutlich weniger Teilen komponierten Modellen von Schädeldecken anderer Altfische, so zeigt sich, daß Identifizierungen mit Hilfe das Konnektionskriteriums kaum möglich sind.[199]
Das Problem, das auftritt, wenn verschiedene Gefüge auf Baugleichheit untersucht werden sollen, obwohl sie aus *verschieden vielen* Teilen bestehen, kann unter bestimmten Umständen durch das Verfahren der Verknüpfung durch Zwischenformen gelöst werden.
Betrachten wir die folgende, in Fig. 44 gezeigte Ausgangssituation:

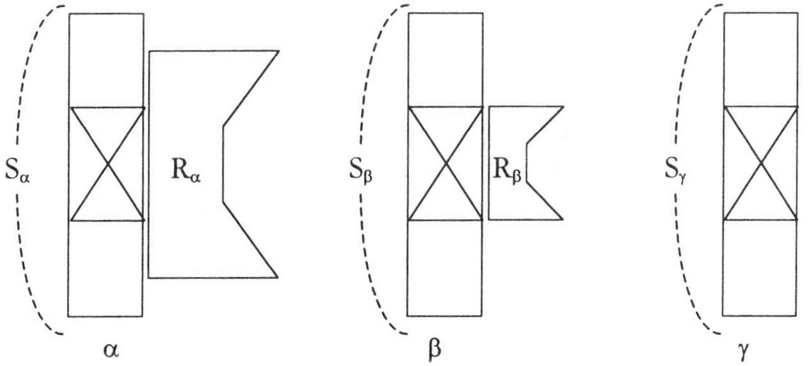

Fig. 44:

a) In den Gefügen α, β und γ kann je ein Teil S_α, S_β bzw. S_γ abgegrenzt werden, der seinerseits je wieder in Teile zerlegt werden kann.[200] Hinsichtlich der Teile von S_α, S_β bzw. S_γ sind α, β und γ identisch im Sinne des Konnektionskriteriums.
b) In γ *fehlt* ein bestimmter Teil R, die α in Gestalt von R_α *zusätzlich* zu S_α *aufweist.*
c) Der in γ fehlende Teil R läßt sich in β dergestalt wiedererkennen, daß R_β *schwächer* als R_α ausgebildet ist.
Unter den skizzierten Bedingungen können α und γ als verschiedene Varianten *desselben* Gefüges aufgefaßt werden: Zunächst kann nämlich darauf hingewiesen werden, daß α, β und γ in S übereinstimmen. Darüber hinaus kann geltend gemacht werden, daß α und β hinsichtlich R übereinstimmen, insofern R bei ihnen nur *verschieden deutlich* ausgeprägt ist. Interpretiert man schließlich – weil die Möglichkeit einer gegenüber R_α *abgeschwächten* Ausprägung von R durch R_β faktisch verbürgt ist und weil S_γ baugleich mit S_α und S_β ist – das *Fehlen* von R bei γ als Ergebnis einer *maximalen Abschwächung*[201] von R bei Erhaltung von S, so kann γ trotz des Fehlens von Teilen zu α in Beziehung gesetzt werden.
Ein besonders eindrucksvolles Beispiel für die Anwendung dieses Verfahrens liefern die Hinterextremitäten von *Equus* (Pferd) einerseits und die Hinterextremitäten der

[199] Vgl. STARCK 1979, 201–202: „Eine Identifizierung der Knochenplatten [des Schädels der Dipnoi] mit Einzelknochen des typischen Musters der Altfische ist nicht möglich [...].“
[200] S_γ fällt im vorliegenden Fall mit γ zusammen.
[201] Wie ich weiter oben zu bedenken gegeben habe, läßt sich das *Fehlen* eines bestimmten Merkmals nicht einfach als Vorliegen eines *veränderten Zustands* des jeweiligen Merkmals auffassen. Ungeachtet dieser merkmalslogischen Grenze kann natürlich das Fehlen eines Organs oder Organteiles als Ergebnis eines Reduktions*prozesses* gedacht werden.

fossil überlieferten Form *Hyracotherium* andererseits. Ob diese beiden anatomischen Gefüge baugleich sind, kann nicht *direkt* entschieden werden, weil sie hinsichtlich der Anzahl der je ausgezeichneten Teile voneinander *abweichen* (vgl. Fig. 45).

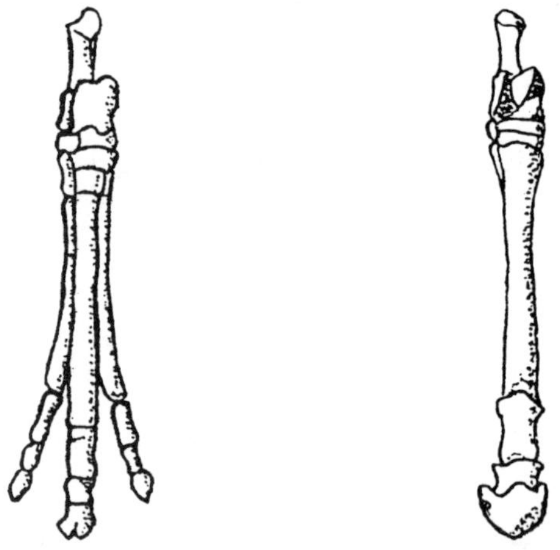

α δ

Fig. 45: Bau der Hinterextremitäten von *Hyracotheirum* (α) und *Equus* (δ). Vgl. WEBERLING/ STÜTZEL 1993, 60.

Allerdings kommt der Morphologie in diesem Fall die fossile Überlieferung zur Hilfe. Mit *Miohippus* und *Merychippus* sind nämlich zwei ausgestorbene Säuger bekannt, die sich hinsichtlich ihrer Hinterextremität zwanglos als Bindeglieder zwischen *Hyracotherium* und *Equus* einfügen lassen. Denn mit dem *mittleren* Autopodium-Strahl[202] der *Hyracotherium*-Hinterextremität (α), der *Miohippos*-Hinterextremität (β) und der *Merychippus*-Hinterextremität (γ) stimmt das einstrahlige Autopodium der *Equus*-Hinterextremität (δ) im Sinne des Konnektionskriteriums weitgehend überein. Die jeweiligen Übergänge lassen sich relativ unproblematisch überbrücken. Darüber hinaus besitzen β und γ seitliche Autopodium-Strahlen, die *deutlich schwächer* ausgebildet sind als die vergleichbaren Teile von α. Damit verbürgen β und γ die Möglichkeit einer gegenüber α schwächeren Ausprägung der seitlichen Autopodium-Strahlen. Wird nun das Fehlen seitlicher Autopodium-Strahlen in δ als Ergebnis der *maximalen Abschwächung* dieser Teile gedeutet, so wird δ als ein Gefüge verständlich, das sich der vollständigen Reduktion seitlicher Autopodium-Strahlen einerseits und der Beibehaltung des mittleren Autopodium-Strahles andererseits verdankt (vgl. Fig. 46).

[202] Zum Terminus „Autopodium" vgl. PETERS 1993, 39.

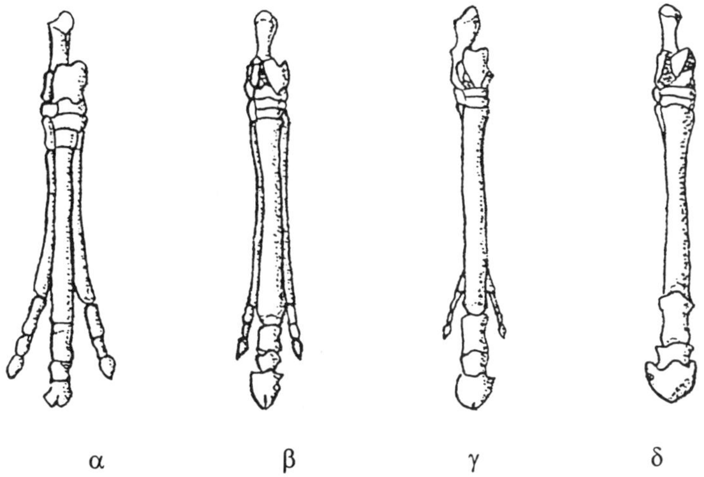

Fig. 46: Bau der Hinterextremitäten von *Hyracotherium* (α), *Miohippus* (β), *Merychippus* (γ) und *Equus* (δ). Vgl. WEBERLING/STÜTZEL 1993, 60.

Problemfall 3: Zwei Gefüge α und β sollen auf Baugleichheit untersucht werden, aber zwischen wenigstens einem Teil A_1 von α und einem Teil B_1 von β besteht keine Ausgangsidentität. Dieser Fall ist zum Beispiel gegeben, wenn A_1 und B_1 hinsichtlich ihrer Teile markant voneinander abweichen (vgl. Fig. 47).

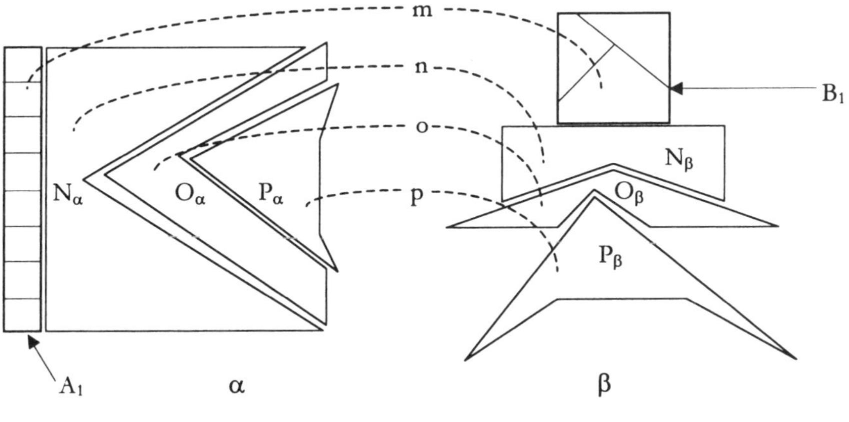

Fig. 47: Die beiden unter den Formbegriff „m“ fallenden Teile A_1 bzw. B_1 sind hinsichtlich der Anzahl, Anordnung und Form *ihrer* Teile *nicht* identisch.

	α	β
aufeinander beziehbare *positive* Konnektionsverhältnisse	$N_\alpha - O_\alpha$ $O_\alpha - P_\alpha$	$N_\beta - O_\beta$ $O_\beta - P_\beta$
aufeinander beziehbare *negative* Konnektionsverhältnisse	$N_\alpha - P_\alpha$	$N_\beta - P_\beta$

Tab. 7: Vgl. Fig. 47.

	α	β
***nicht* aufeinander beziehbare *positive* Konnektionsverhältnisse**	$A_1 - N_\alpha$	$B_1 - N_\beta$
***nicht* aufeinander beziehbare *negative* Konnektionsverhältnisse**	$A_1 - O_\alpha$ $A_1 - P_\alpha$	$B_1 - O_\beta$ $B_1 - P_\beta$

Tab. 8: Vgl. Fig. 47.

In dem in Fig. 47 gezeigten Fall stimmen A_1 und B_1 zwar hinsichtlich ihrer Form überein (beide besitzen die Eigenschaft, rechteckig zu sein), hinsichtlich ihrer Binnenstrukturierung aber unterscheiden sie sich voneinander. Damit sprechen gewichtige Gründe dagegen, A_1 und B_1 als ausgangsidentisch aufzufassen. Verzichtet man aber darauf, A_1 mit B_1 zu identifizieren, entsteht das Problem, daß in dem Gefüge α bestimmte positive und negative Konnektionsverhältnisse bestehen, denen sich *keine* positiven bzw. negativen Konnektionsverhältnisse im Gefüge β zuordnen lassen.

Aus Tab. 7 geht für Fig. 47 hervor, welchen zwischen α-Teilen bestehenden positiven und negativen Konnektionsverhältnissen eindeutig positive bzw. negative Konnektionsverhältnisse zwischen β-Teilen zugeordnet werden können. In Tab. 8 sind hingegen für die in Fig. 47 gezeigten Gefüge α und β diejenigen Konnektionsverhältnisse aufgeführt, die sich *nicht* aufeinander beziehen lassen. Es handelt sich dabei um all die Konnektionsverhältnisse, in denen die nicht ausgangsidentischen Teile A_1 bzw. B_1 als Relata auftauchen.

Man kann das skizzierte Problem zunächst einmal dadurch lösen, daß man die Außenabgrenzungen für α und β jeweils neu festlegt, und zwar so, daß man α nur noch als aus A_2, A_3 und A_4 bzw. β nur noch aus B_2, B_3 und B_4 bestehend beschreibt. Läßt man α bzw. β dergestalt neu aufhören, fällt das Problem der nicht aufeinander beziehbaren Konnektionsverhältnisse weg. Denn allen zwischen α-Teilen bestehenden positiven und negativen Konnektionsverhältnissen lassen sich dann eindeutig positive bzw. negative Konnektionsverhältnisse zwischen β-Teilen zuordnen und umgekehrt.

Auf längere Sicht aber wird man in der Morphologie bemüht sein, in der Umgebung von β eine Struktur X zu finden, die A_1 entspricht bzw. in der Umgebung von α ein Teil Y auszumachen, das mit B_1 morphologisch übereinstimmt. Dabei wird insbesondere das Verfahren der Verknüpfung durch Zwischenformen zum Einsatz kommen. Ziel wird es sein, durch Aneinanderreihung geeigneter Zwischenformen plausibel zu machen, daß ein Gefüge $X–B_2–B_3–B_4$ baugleich mit $A_1–A_2–A_3–A_4$ und ein Gefüge $Y–A_2–A_3–A_4$ baugleich mit $B_1–B_2–B_3–B_4$ ist.

Belegen Zwischenformen zum Beispiel ein allmähliches „Abwandern“ von X und ein „Ersetztwerden“ durch A_1 bzw. – umgekehrt – ein „Abwandern“ von A_1 und ein „Ersetztwerden“ durch X, so können die Gefüge $X–B_2–B_3–B_4$ und $A_1–A_2–A_3–A_4$ als baugleich gelten, selbst wenn sich X und A_1 hinsichtlich der von ihnen unterhaltenen positiven und negativen Konnektionsverhältnisse voneinander unterscheiden. Hier zeigt sich, daß der Begriff der Baugleichheit nicht nur in einer strikten Version, sondern auch noch in einer *toleranteren Version* zur Verfügung gestellt werden muß.

Stehen nämlich geeignete Zwischenformen zur Verfügung, die durch *fließendes Ineinanderübergehen* belegen, daß Teile ihre Konnektionen zu bestimmten anderen Teilen lösen bzw. Konnektionen zu bestimmten Teilen neu aufnehmen können, so werden nicht nur die je benachbarten Zwischenformen, sondern zum Beispiel auch die Endglieder der jeweils gebildeten Zwischenformen-Reihen als baugleich aufgefaßt. Dabei wird dann nicht mehr vorausgesetzt, daß jedem Konnektionsverhältnis innerhalb des einen Gefüges genau ein identisches Konnektionsverhältnis im jeweils anderen Gefüge zugeordnet werden kann. Vielmehr werden – unter Umständen in hohem Ausmaß – überschüssige und/oder nicht aufeinander beziehbare Konnektionsverhältnisse toleriert.

> Obwohl Geoffroy die absolute Gültigkeit seines „principe des connexions" verteidigte, zeigt doch schon ein kurzer Überblick, daß in zahlreichen Fällen eben diese ‚connexions' verlagert oder verändert werden können.[203]

Hier wird nun deutlich, daß der Begriff der Baugleichheit in seiner toleranteren Version auch zur Lösung von Problemfall 2 herangezogen wird. Denn auch in diesem Fall wird zugelassen, daß bestimmten Konnektionsverhältnissen im einen Gefüge *keine* Konnektionsverhältnisse im anderen Gefüge zugeordnet werden können. So werden die Hinterextremität von *Hyracotherium* und die Hinterextremität von *Equus* als konnektionsidentisch unter denselben Begriff gebracht (vgl. Fig. 45 und 46), *obwohl* beispielsweise zwischen dem inneren der drei Mittelfußknochen von *Hyracotherium* und den beiden äußeren Mittelfußknochen positive Konnektionsbeziehungen bestehen, denen keine positiven Konnektionsbeziehungen innerhalb der *Equus*-Hinterextremität zugeordnet werden können.

In seiner toleranteren Version ist der Begriff der Baugleichheit auf das Engste mit dem Kriterium der Zwischenformen verbunden. Vermag man nämlich durch Zuhilfenahme dieses Kriteriums plausibel zu machen, daß ein und derselbe Teil in *verschiedenen* Konnektionsbeziehungen zu Teilen seiner Umgebung stehen kann, so können die entsprechenden Gefüge mitsamt dem problematischen Teil als baugleich gelten. Das Zwischenformenkriterium übernimmt dabei die Funktion, die Vorstellung zu evozieren, daß sich Lage, Form etc. von Teilen sukzessive so verändern können, daß bestehende Konnektionsbeziehungen allmählich aufgegeben und neue Konnektionsbeziehungen allmählich aufgenommen werden.

Wird zugelassen, daß baugleiche Gefüge hinsichtlich der zwischen ihren Teilen bestehenden Konnektionsverhältnisse voneinander abweichen können, so ist nicht mehr von vornherein *ausgeschlossen*, daß auch Gefüge, wie sie einander in Fig. 37 (Seite 100) gegenübergestellt wurden, als baugleich gelten können; es müßten sich freilich Zwischenformen aufweisen lassen, die die notwendigen Platz- und Konnektionswechsel kleinschrittig nachzuvollziehen gestatten.

Berücksichtigt man diese Möglichkeit, so muß die weiter oben in Erwägung gezogene Definition für „Baugleichheit" in folgender Weise ergänzt werden.

Organe, Organgefüge oder Organteile, deren Teile zueinander in identischen (positiven und negativen) Konnektionsbeziehungen stehen, oder aber Organe/Organgefüge/Organteile, innerhalb derer identische Teile mehrere Konnektionsoptionen besitzen, heißen „baugleich". Ein und derselbe Teil besitzt verschiedene Konnektionsoptionen, wenn Teile in seiner Umgebung ausfallen bzw. neu auftreten

---

[203] Vgl. REMANE 1956, 40–41.

können (Problemfall 2) und/oder wenn ein Teil mit den Teilen seiner Umgebung verschiedene (positive und negative) Konnektionsbeziehungen unterhalten kann. Das Bestehen verschiedener Konnektionsoptionen für ein und denselben Teil muß mit Hilfe des Zwischenformenkriteriums belegt sein.

Gemäß dieser Definition gilt: Gefüge, deren Teile untereinander identisch konnektiert sind, sind stets baugleich; demgegenüber lassen sich *nicht alle* baugleichen Gefüge hinsichtlich der zwischen ihren Teilen bestehenden Konnektionsbeziehungen direkt miteinander identifizieren.

4.1.2.2 M-Homologie

Damit liegt der Begriff der Baugleichheit endlich in einer Fassung vor, in der er – zusammen mit dem Begriff der spezifischen Qualität – verwendet werden kann, um den Terminus „M-Homologie" zu definieren:

Direkt oder indirekt baugleiche Gefüge und/oder Teile, die direkt oder indirekt ausgangsidentisch hinsichtlich spezifischer Qualitäten sind, heißen „m-homolog".

Dieser Begriff der M-Homologie trägt der fachsprachlichen Gepflogenheit Rechnung, sowohl einzelne ausgangsidentische Teile als auch die von ihnen aufgebauten Gefüge als „homolog" anzusprechen. Zugleich aber wird mit dem Begriff der „M-Homologie" die Mehrdeutigkeit des traditionellen Homologie-Begriffes vermieden. Denn während nach traditionellem Verständnis Ähnlichkeiten zwischen anatomischen Gefügen nur dann als „Homologien" gewertet werden dürfen, wenn als bekannt *vorausgesetzt*[204] werden kann, daß sie auf der phylogenetischen Verwandtschaft ihrer Träger beruhen, ist „M-Homologie" im Sinne des oben vorgeschlagenen Begriffs nichts anderes als eine besondere Sorte von Ähnlichkeit. Ob M-Homologie als phylogenetisches Indiz dienen kann, indem nämlich M-Homologie auf P-Homologie, also auf das Bestehen eines evolutionsgeschichtlichen Transformationszusammenhanges zwischen den jeweils betrachteten Gefügen schließen läßt, muß allererst untersucht werden.

4.1.2.3 Baugleichheit und morphologischer Grundplan

Baugleiche Gefüge werden in der Vergleichenden Anatomie und der Morphologie auch als Repräsentanten desselben „Grundplans" angesprochen.[205]

Grundpläne werden in der Vergleichenden Anatomie und Morphologie zur Identifikation der verschiedensten Organismusausschnitte gebildet. Ein Beispiel für einen relativ komplexen morphologischen Grundplan stellt der sogenannte „Grundplan der ursprünglichen Wirbeltiere" dar (vgl. Fig. 48.). Diesem Grundplan entsprechen der rezente Cephalochordat *Branchiostoma* und die Larve von *Ammocoetes* (Neunauge) weitestgehend.[206]

---

[204] Vgl. M. GUTMANN 1996, 277: „Wenn aber zur Erkennung der Homologie die Organe schon als homolog bestimmt sein müssen, ist der Zirkel offenkundig."

[205] In der älteren Literatur werden auch die Ausdrücke „Bauplan" und „Typus" in gleicher Bedeutung verwendet. Die Verwendung des Ausdrucks „Typus" in der Vergleichenden Anatomie und Morphologie geht auf Johann Wolfgang von Goethe, Georges Cuvier (1769–1832) und Henri Marie Ducrotay de Blainville (1778–1850) zurück. Zu den Ursprüngen der morphologischen Typus-Lehre in Frankreich vgl. LEFÈVRE 1984, 180–181. Zu Goethes Typus-Verständnis vgl. besonders TROLL o. J. 34–104, FROEBE 1985, 356–370 und JAHN 2000a, 277–280. Zur Methode des morphologischen Typisierens im allgemeinen vgl. auch FROEBE 1971, 122–127.

[206] Vgl. CARROLL 1993, 18–19, besonders Abb. 2.2 und 2.3.

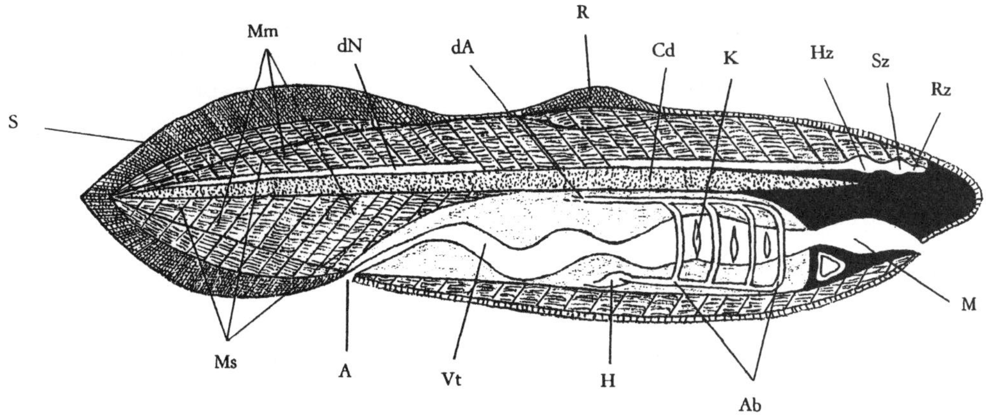

Fig. 48: Grundplan der ursprünglichen Wirbeltiere. Vgl. CARROLL 1993, 17 und HERKNER 1999, 50.

dN *dorsaler Nervenstrang*	Rz *Riechzentrum*
Mm *Myomere*	R *Rückenflosse*
dA *dorsale Aorta*	M *Mundhöhle*
Ms *Myosepten*	Ab *Aortalbögen*
Cd *Chorda dorsalis*	H *Herz*
K *Kiemenspalten*	Vt *Verdauungstrakt*
Hz *Hörzentrum*	A *After*
Sz *Sehzentrum*	S *Schwanzflosse*

Was den Begriff des morphologischen Grundplans anbetrifft, so halte ich folgende Hinweise für wichtig:
1) Morphologische Grundpläne dürfen nicht mit den „Holo-“ und „Paratypen“ der *Taxonomie* verwechselt werden: „Holotypus“ heißt nach dem *Internationalen Code der Zoologischen Nomenklatur* derjenige *konkrete* Organismus, der als Referenzobjekt der Erstbeschreibung einer neu entdeckten Art zugrunde liegt. Ein Holotypus muß im Zuge jeder Erstbeschreibung einer Art ausgezeichnet werden.
Eventuell vorhandene *weitere* Organismen, auf die bei der erstmaligen Beschreibung einer Art Bezug genommen wird, gelten als Paratypen.
2) Bei morphologischen Grundplan-*Begriffen* wie „Grundplan der ursprünglichen Wirbeltiere“, „Fruchtstand mit Spezialhülle“[207], „Blüte“[208] etc. handelt es sich um sogenannte Typus-Begriffe. Typus-Begriffe zeichnen sich dadurch aus, daß sie auch noch auf Individuen anwendbar sein sollen, die nicht *alle* im jeweiligen Typus-Begriff fixierten Merkmale und/oder nicht *alle* im jeweiligen Typus-Begriff fixierten Merkmale in *wünschenswert deutlicher* Ausprägung zeigen. Toleranz hinsichtlich des Fehlens bestimmter Merkmale oder Merkmalsausprägungen kann in einen Begriff logisch „eingebaut“ werden, indem die Kriterien für das Fallen unter den jeweiligen Begriff

[207] Zu diesem botanischen Typus, den zum Beispiel die Fruktifizienz der Eßkastanie verkörpert, vgl. FROEBE 1982, 23.
[208] Zur Definition des botanischen Grundplan-Begriffes „Blüte“ vgl. WEBERLING 1981, 11–12.

adjunktiv oder *disjunktiv* verknüpft werden.[209] Denn eine konkrete Einzelerscheinung erfüllt eine Adjunktion (Verknüpfung mit Hilfe des *einschließenden* „Oder“, kurz: Und/Oder-Verknüpfung) *schon* und eine Disjunktion (Entweder-Oder-Verknüpfung) von zwei Zusprechungskriterien (Merkmalen) *genau* dann, wenn sie nur einem der beiden Kriterien genügt.[210] Im speziellen Fall von *Form*typen-Begriffen wird die gewünschte Flexibilität durch die Angabe *toleranter* formgeometrischer Konstruktionsvorschriften (zum Beispiel „oval“, „sichelförmig“, „spangenförmig“, „spindelförmig“ etc.) erzielt. Genau genommen sind also die relativ weichen Formbegriffe, mit denen in der Vergleichenden Anatomie und der Morphologie gearbeitet wird, Form*typen*-Begriffe.

3) Strukturen, die denselben Grundplan repräsentieren, können funktionsgleich, also „analog“ im Sinne Richard Owens (1804–1892) sein. Übereinstimmung im Grundplan und Übereinstimmung hinsichtlich der Funktion („Analogie“ im Sinne Owens) schließen einander also keineswegs aus.

> Der Terminus „Analogie“ wurde von R[ichard] Owen [...] geprägt: Er definiert ihn 1866 [...]: „An analogue is a part or organ in one animal which has the same function as a part or organ in another animal.“ [...] In dieser Originalfassung, die unter den neueren Autoren ZAWARZIN 1925 wieder zur Geltung bringen möchte, steht Analogie gar nicht im Gegensatz zur Homologie. Auch homologe Organe haben ja sehr häufig die gleiche Funktion [...].[211]

So repräsentieren beispielsweise das Linsenauge der Wale und das Linsenauge der Homininae nicht nur denselben morphologischen Grundplan, sondern sie stimmen auch hinsichtlich ihrer Funktion überein. Indem ich die übliche *Entgegensetzung* von Baugleichheit und Funktionsgleichheit („Analogie“ im Sinne Owens) mit Remane kritisiere, ziehe ich allerdings nicht in Zweifel, daß analoge Gefüge *verschiedene* Grundpläne repräsentieren *können* und also keineswegs m-homolog sein *müssen*. Die einschlägigen Gegenbeispiele (Facettenauge–Linsenauge etc.) lassen ja an Deutlichkeit nichts zu wünschen übrig.

4) Nach dem Selbstverständnis vieler praktisch arbeitender Morphologen und Morphologinnen gehen in Grundpläne *nur* Formen, Lageverhältnisse und/oder charakteristische Verbindungen anatomischer Teile ein. Konstruktive und funktionale Aspekte spielen angeblich *keine* oder bestenfalls eine *untergeordnete* Rolle. Dabei wird jedoch übersehen, daß sich gerade die *bewährten* morphologischen Grundpläne dadurch auszeichnen, daß ihre Zusammensetzung *konstruktiv* und/oder *funktional gerechtfertigt* werden kann. Daß die Komposition eines Grundplans überhaupt begründungsbedürftig ist, wird deutlich, wenn man sich vergegenwärtigt, daß die konkreten Objekte, die zum Beispiel im Anatomiekurs als Repräsentanten eines bestimmten

---

[209] Genau genommen werden in einem solchen Fall *Aussagen*, die für eine konkrete Einzelerscheinung wahr sein müssen, damit diese Einzelerscheinung als unter einen bestimmten Begriff fallend angesehen werden kann, adjunktiv bzw. disjunktiv verknüpft. Aber insofern mit einem Set solcher Aussagen Kriterien für das Fallen unter den zu definierenden Begriff fixiert werden, kann abkürzend auch davon die Rede sein, daß sich Subsumtionskriterien verknüpfen lassen.

[210] Vgl. demgegenüber MCLAUGHLIN/LÜBBE 1996, 363: „T[ypen]begriffe sind im Gegensatz zu Gattungsbegriffen [...] oder Klassenbegriffen so gebildet, daß Einzelgegenstände nicht entweder unter sie fallen oder nicht unter sie fallen, sondern diese ihnen *mehr oder weniger* entsprechen [...].“ (Hervorhebung im Original.) Was für merkwürdige Begriffe wären Typenbegriffe, wenn Individuen nicht unter sie *fallen*, sondern ihnen nur „entsprechen“ könnten? Wann „entspricht“ ein logisches Individuum einem Begriff?

[211] REMANE 1956, 79.

Grundplans präsentiert werden, immer auch Eigenheiten *erkennen* lassen, die im jeweiligen Grundplan als Merkmale gerade *nicht* auftauchen, bzw. daß die Grundplan-Repräsentanten Merkmale nur *schlecht* erkennen lassen, die im jeweiligen Grundplan gerade *betont* sind. Die *bewährten* morphologischen Grundpläne tragen jedoch diesem Umstand Rechnung. Denn zumeist lassen sich konstruktive und/oder funktionale Gründe dafür angeben, warum diese Grundpläne aus genau den Elementen bestehen, aus denen sie bestehen. So ergibt sich zum Beispiel aus *funktionalen* Überlegungen, daß im Grundplan der ursprünglichen Wirbeltiere das Myomeren-Myosepten-System aufgeführt sein muß. Denn allererst dieses Muskelsystem erlaubt in Verbindung mit der die Längenkonstanz sichernden, zugleich aber biegsamen Chorda die laterale Auslenkung der Körperachse und damit eine schlängelnde Fortbewegung. Analog kann man für die funktionale *Notwendigkeit* vieler Elemente des in Fig. 48 gezeigten Grundplans argumentieren. Würde die Morphologie auf funktionale und konstruktive Begründungen verzichten wollen und statt dessen alles, was an konkreten Objekten nur irgendwie als Form abgegrenzt werden kann, zum morphologischen Merkmal erklären, so würde sie sich in der deskriptiven Unausschöpflichkeit des konkreten Einzelnen verlieren.

4.1.2.4 Der Schluß von M-Homologie auf P-Homologie – Konvergenz

Zu Beginn von Abschnitt 4.1.2 wurde darauf hingewiesen, daß Hennig der Frage nach der Polarität von Merkmalen methodisch die Frage voranstellt, wie überprüft werden kann, ob verschiedene Merkmale überhaupt Transformationszustände desselben Merkmals sind. Diese Frage wurde als Frage nach der P-Homologie von Merkmalen rekonstruiert.
Versteht man mit Hennig unter „p-homologen" Merkmalen solche Merkmale, die evolutive Transformationsstufen desselben Ausgangszustandes darstellen, so bilden Merkmale,

> die ganz verschiedenen Transformationsreihen an[gehören], für die es keinen gemeinsamen, bei einer Stammart verwirklichten Ausgangszustand gibt[,][212]

den *Gegensatz* zu p-homologen Merkmalen. Merkmale, die verschiedenen Transformationsreihen angehören, können mit Hennig als „konvergente" Merkmale bezeichnet werden.[213]

---

[212] HENNIG 1982, 117.

[213] In der Fachliteratur werden verschiedenste Konvergenz-Begriffe verwendet. Viele dieser Konvergenz-Begriffe sind in der Hennigschen Systematik letztlich nicht brauchbar, weil sie bestimmten methodischen Grundannahmen Hennigs nicht Rechnung tragen. So wird zum Beispiel auf Definitionen wie die folgende rekurriert: „Konvergenz ist die unabhängige Entwicklung ähnlicher Merkmale in 2 oder mehr Linien ohne gemeinsame Abstammung." (Vgl. CARROLL 1993, 7.) Da nach Hennig (im Bereich der Biparentalen) *beliebige* Paare von phylogenetischen Arten eine gemeinsame Stammart besitzen, bleibt erklärungsbedürftig, inwieweit es „Linien ohne gemeinsame Abstammung" für Hennig überhaupt geben kann. Ein ähnliches Problem zieht die folgende, von Hennig selbst zitierte Explikation nach sich: „In convergence, the two forms with similarities in directly adaptive structures (as wolf and marsupial ‚wolf') have come from radically different ancestors with basically different patterns of organization [...]." (Vgl. HENNIG 1982, 117.) Hier bleibt unklar, was die Rede von „radikal verschiedenen Vorfahren" besagen soll. Unter der von Hennig methodisch in Anschlag gebrachten Prämisse, daß die Biparentalen ein Monophylum bilden,

He makes a big thing out of convergent creatures sharing same ancestors

Mit Blick auf die in Fig. 49 gezeigte Konstellation kann diese Definition so erläutert werden: Die Merkmale b von A und b von B sind im Sinne Hennigs „konvergent", wenn sie zwei verschiedenen Transformationsreihen angehören. Dies wäre *nicht* der Fall, wenn x von D, aus dem b von A hervorgegangen ist, und y von E, aus dem b von B hervorgegangen ist, verschiedene Transformationszustände *ein und desselben* Ausgangszustandes wären. Denn in diesem Fall würde b von A in *dieselbe* Transformationsreihe wie b von B gehören. Sind aber x und y Merkmale, die *verschiedenen* Transformationsreihen angehören, so gehören auch das auf x zurückgehende Merkmal b von A und das auf y zurückgehende Merkmal b von B je *verschiedenen* Transformationreihen an.

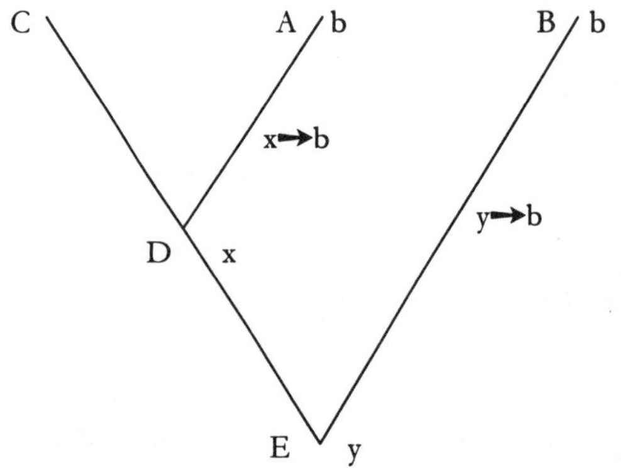

Fig. 49.

Macht man mit Hennig die Zugehörigkeit von Merkmalen zu *verschiedenen Transformationsreihen* zum entscheidenden Kriterium für das Vorliegen von Konvergenz, so ergeben sich eine Reihe von Fragen:

1) Müssen konvergente Merkmale *alternative* Merkmale sein, d. h. Merkmale, die *nicht* zugleich am selben Organismus auftreten (können)?

Wonach diese Frage überhaupt fragt, möchte ich an einem Beispiel verdeutlichen: In PETERS 1993 wird die zwischen der *Vorder*extremität und der *Hinter*extremität von Landwirbeltieren bestehende Ähnlichkeit als Beispiel für eine M-Homologie behandelt, die sich der Transformation *verschiedener*, jedenfalls *nicht* m-homologer Ausgangszustände verdankt. Geht man nämlich davon aus, daß die Landwirbeltiere von Fischen abstammen und die Extremitäten der Landwirbeltiere von Flossen abzuleiten sind, so besitzen die Vorderextremitäten der Landwirbeltiere einen anderen Ausgangszustand als die Hinterextremitäten:

> Nun steht fest, wie man aus jedem Lehr- und Handbuch der Wirbeltieranatomie lernen kann, daß Vorder- und Hinterbeine der Tetrapoden denselben Grundplan haben. Dies dürfte nicht der Fall sein, wenn für diesen Bauplan die Konstruktion der Flossen den Ausschlag gäbe. Denn es steht ebenfalls fest, daß die Skelette von Brust- und Bauchflossen bei keinem bekannten Fisch – weder fossil noch rezent – übereinstimmen. Somit ist die [eine] Grundkonstruktion der Vierbeiner-Gliedmaße mindestens zweimal [nämlich von zwei verschiedenen Ausgangszuständen aus] entstanden.[214]

Als Beispiel für eine *Konvergenz* im oben erläuterten Sinn kann die von Peters diagnostizierte Ursprungsverschiedenheit von vorderer und hinterer Tetrapodenextremität gelten, wenn es zulässig ist, *nicht-alternative* Merkmale überhaupt auf P-

---

gehen zum Beispiel *Canis lupus* (Wolf) und *Thylacinus cynocephalus* (Beutelwolf) auf genau eine gemeinsame Stammart zurück.

214 PETERS 1993, 42.

Homologie zu untersuchen. Die Merkmalspaare „Besitz vorderer Tetrapodenextremitäten“–„Besitz hinterer Tetrapodenextremitäten“ und „Besitz von Brustflossen“–„Besitz von Bauchflossen“ sind nämlich jeweils *keine* Paare von zueinander *alternativen* Merkmalen. Ein und derselbe Organismus kann ja *zugleich* über vordere *und* hintere Tetrapodenextremitäten bzw. über Brust- *und* Bauchflossen verfügen. Damit aber bezieht sich auch die Aussage, daß es sich bei der Ähnlichkeit zwischen vorderer und hinterer Tetrapodenextremität um einen Fall von „Konvergenz“ handelt, weil diese beiden Strukturen zwar zueinander m-homolog sind, jedoch von zueinander *nicht* m-homologen Strukturen abgeleitet sind, auf einen Vergleich zwischen jeweils zwei *nicht*-alternativen Merkmalen.

2) Ist der Schluß von M-Homologie auf P-Homologie zuverlässig?

Nach Hennig gehören m-homologe Merkmale mit großer Sicherheit derselben Transformationsreihe an, so daß von M-Homologie im Prinzip auf P-Homologie geschlossen werden darf. Insofern konvergent entstandene Merkmale nicht derselben Transformationsreihe angehören, ist also unter der Bedingung, daß M-Homologie ein zuverlässiges Indiz für P-Homologie ist, M-Homologie zugleich auch ein zuverlässiges Indiz für Nicht-Konvergenz. Läßt man zu, daß sich M-Homologie-Behauptungen auch auf *nicht*-alternative Merkmale beziehen können, so hat jedoch Peters mit seinen Überlegungen zum Ursprung der vorderen bzw. hinteren Tetrapodenextremitäten die *Unzuverlässigkeit* des Schlusses von M-Homologie auf P-Homologie nachgewiesen. Gerade weil es sich bei den Merkmalspaaren „Besitz vorderer Tetrapodenextremitäten“–„Besitz hinterer Tetrapodenextremitäten“ und „Besitz von Brustflossen“–„Besitz von Bauchflossen“ jeweils *nicht* um Paare von zueinander *alternativen* Merkmalen handelt, könnte man die Beweiskraft dieses Beispiels aber auch bestreiten. Insbesondere könnte man zu bedenken geben, daß sich nach Hennig phylogenetische Verwandtschaftsanalysen auf Analysen von *Merkmalspartnern*, d. h. – nach meiner Rekonstruktion – auf Analysen von alternativen Merkmalen stützen müssen.[215] Diese Bedingung ist im Falle der Merkmalspaare „Besitz vorderer Tetrapodenextremitäten“–„Besitz hinterer Tetrapodenextremitäten“ und „Besitz von Brustflossen“–„Besitz von Bauchflossen“ *nicht* erfüllt. Denn die Transformation vom Bauchflossenpaar zum Paar der hinteren Tetrapodenextremitäten und die Transformation des Brustflossenpaares zum Paar der vorderen Tetrapodenextremitäten können zeitgleich entlang *derselben* Verwandtschaftslinie abgelaufen sein (vgl. Fig. 50). Demgegenüber scheint Hennig von vornherein nur an Transformationen zu denken, die *nicht* entlang derselben Verwandtschaftslinie abgelaufen sein können.

Der Umstand, daß sich nicht-alternative m-homologe Merkmale („Besitz vorderer Tetrapodenextremitäten“–„Besitz hinterer Tetrapodenextremitäten“) aufweisen lassen, die von nicht-alternativen *nicht* m-homologen Merkmalen („Besitz von Brustflossen“–

---

215 Vgl. meine Ausführungen zum Terminus „Merkmalspartner“ in Abschnitt 3.3.2. Die Forderung, phylogenetische Hypothesen auf Analysen von Merkmalspartnern und damit auf Merkmalsalternativen zu gründen, ist evolutionsbiologisch außerordentlich sinnvoll. Denn für nicht-alternative Merkmale, d. h. für Merkmale, die zugleich an demselben Organismus auftreten können, stellt sich von vornherein nicht die Frage, ob sie durch evolutive Transformation *auseinander* hervorgegangen sind. Umgekehrt gilt allerdings *nicht*, daß alternative Merkmale *notwendig* p-homolog sind: Die Merkmale „Besitz von Tetrapodenextremitäten und „Besitz von Krakenarmen“ sind alternativ zueinander, repräsentieren aber keineswegs Transformationszustände desselben Merkmals.

„Besitz von Bauchflossen") abgeleitet sind, mag also zwar *Anlaß zu Zweifeln* an der Zuverlässigkeit des Schlusses von M-Homologie auf P-Homologie geben, *beweist* jedoch unter der Bedingung der Alternativität diese Unzuverlässigkeit noch nicht. Als regelrechte Gegenbeispiele könnten aber wohl Teile gelten, für die sich nachweisen läßt, daß sie nicht zugleich am selben Organismus auftreten und daß sie zwar m-homolog, jedoch jeweils echte *Neu*bildungen, also *keine* mutativ induzierten Abwandlungen bereits *vorhandener* Teile sind. Weil gemäß der Sprachregelung, die ich weiter oben (vgl. Abschnitt 4.1.2.2) *in Anlehnung an Remane* getroffen habe, Teile schon dann m-homolog sind, wenn sie hinsichtlich einfacher spezifischer Qualitäten wie „Form" übereinstimmen, dürften sich solche Gegenbeispiele relativ leicht finden lassen. Dem Auftreten solcher Gegenbeispiele kann im übrigen nicht durch die Regelung vorgebeugt werden, daß nur p-homologe Merkmale auf M-Homologie untersucht werden dürfen. Denn wenn M-Homologie zwischen alternativen Merkmalen als Indiz für P-Homologie dienen soll, P-Homologie aber schon vorausgesetzt wird, liegt ein Zirkel vor.

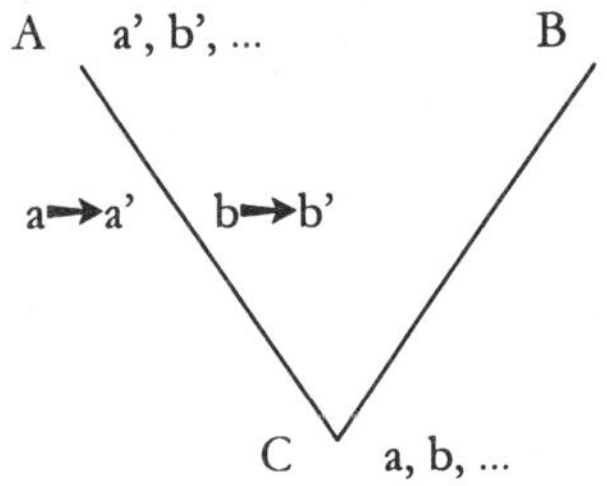

Fig. 50: „a" entspr. „Besitz von Bauchflossen"; „a'" entspr. „Besitz hinterer Tetrapodenextremitäten". „b" entspr. „Besitz von Brustflossen"; „b'" entspr. „Besitz vorderer Tetrapodenextremitäten".

3) Legt man fest, daß sich Konvergenz-Aussagen nur auf *alternative* Merkmale beziehen dürfen, so stellt sich die Frage, ob es angesichts der Prämisse Hennigs, daß alle Arten von Biparentalen ein Monophylum bilden, im Bereich der Biparentalen überhaupt Konvergenzen im Hennigschen Sinn geben kann.

Aus rein logischer Sicht ist auf diese Frage zu antworten: Spitzt man Hennigs starke Monophylie-Prämisse zu der Annahme zu, daß nicht nur alle Arten von Biparentalen eine gemeinsame Stammart besitzen, sondern daß auch alle Merkmalsausstattungen von Biparentalen auf genau eine ursprüngliche Merkmalsausstattung zurückgehen, so kann es unter der Bedingung der Alternativität *keine* Konvergenzen (sensu Hennig) im Bereich der Biparentalen geben. Denn a) kann sich die Hennigsche Rede von „Konvergenz" höchstens auf Positivmerkmale beziehen, die bereits zur *ursprünglichen* Merkmalsausstattung der Biparentalen gehört haben. Positivmerkmale nämlich, die in der Wegentwicklung von der urspünglichen Merkmalsausstattung echt neu *entstanden* sind, sind bis zu ihrem Auftreten *nicht vorhanden* gewesen. Das Fehlen eines Merkmals läßt sich aber nicht als ein Merkmalszustand und damit also auch nicht als Glied einer Transformationsreihe verstehen.[216] Vielmehr ist die Rede von „Merkmals*zuständen*" nur für positive Merkmale sinnvoll. Wenn aber auf nicht-vorhandene Merkmale die Rede von „der Zugehörigkeit zu einer Transformationsreihe" gar nicht anwendbar ist, dann

[216] Ein Beispiel: Besitzen zwei verschiedene Organismen je eine unter den Begriff a fallende Teilstruktur und lassen sich die beiden a-Repräsentanten hinsichtlich bestimmter Merkmale voneinander unterscheiden, so können die beiden a-Repräsentanten bezüglich der zwischen ihnen bestehenden Unterschiede als zwei *verschiedene Zustände* a_1 und a_2 von a aufgefaßt werden. Weist aber ein dritter Organismus *keine* unter a fallende Teilstruktur auf, ist dieser Organismus also kein Träger von a, so kann dieses Fehlen von a – anders als a_1 und a_2 – nicht als ein Zustand von a aufgefaßt werden.

ist auch die Rede von „der Zugehörigkeit zu *verschiedenen* Transformationsreihen" also die Hennigsche Rede von „Konvergenz" auf Prozesse nicht anwendbar, im Zuge derer Merkmale echt neu entstanden sind.

Von „echtem Entstandensein" soll im folgenden gesprochen werden, wenn eine Tranformation ¬b→→b abgelaufen ist und ¬b vorgelegen hat, *ohne daß* überhaupt ein zu b alternatives *positives* Merkmal ausgebildet gewesen ist.

Vergleicht man also zwei in der Wegentwicklung von der ursprünglichen Merkmalsausstattung der Biparentalen echt neu entstandene Merkmale miteinander oder stellt man einem auf die ursprüngliche Merkmalsausstattung der Biparentalen zurückgehenden Merkmal ein echt neu entstandenes Merkmal gegenüber, so kann für die entsprechenden Merkmalspaare überhaupt nicht nach Konvergenz oder P-Homologie gefragt werden.[217] Mithin kommen b) als Kandidaten für konvergent entstandene Merkmale überhaupt nur Merkmale in Frage, die Teil der einen ursprünglichen Merkmalsaustattung der Biparentalen sind. Kann aber die Hennigsche Rede von Konvergenz nur auf Merkmale angewendet werden, die – wenn auch in verschiedensten Zuständen – im Bereich der Biparentalen sozusagen „schon immer" vorhanden gewesen sind, und soll die Rede von Konvergenz nur für *alternative* Merkmale zulässig sein, so kann es nur entweder *mehrere* (gleich) ursprüngliche Merkmalsausstattungen der Biparentalen oder aber *keine* Konvergenzen geben. Gibt es nämlich nur eine *einzige* ursprüngliche Merkmalsausstattung aller Biparentalen, so müßte diese ursprüngliche Merkmalsausstattung unter der Bedingung, daß Hennigsche Konvergenzen auftreten können, alternative Merkmale aufweisen, d. h. zugleich Merkmale enthalten, die *nicht* zugleich auftreten. Denn wenn konvergent entstandene Merkmale *alternative* Merkmale sein müssen und wenn konvergente Merkmale auf Merkmale der ursprünglichen Merkmalsausstattung der Biparentalen zurückgehen müssen, dann müssen die je zu fordernden Merkmalsalternativen von Anfang an bestanden haben. Erweitert man also Hennigs starke Monophylie-Prämisse zu der Hypothese, daß die Biparentalen ein Monophylum bilden und daß die Merkmalsausstattungen aller Biparentalen im Ausgang von genau *einer* Merkmalsausstattung entstanden sind, so kann es unter der Bedingung der Alternativität im Bereich der Biparentalen aus rein logischen Gründen keine (alternativen) Merkmale geben, die als „konvergent" im Sinne Hennigs aufzufassen sind. Vielmehr gilt dann für alle Paare von alternativen Merkmalen, die auf Hennigsche Konvergenz untersucht werden sollen: Entweder sind die zu vergleichenden Merkmale beide echt neu entstanden, oder eines von beiden ist ein echt neu entstandenes Merkmal; in beiden Fällen verbietet sich aus logischen Gründen eine Untersuchung auf Konvergenz. Können aber zwei Positivmerkmale bis zur ursprünglichen Merkmalsausstattung der Biparentalen zurückverfolgt werden, so müssen sie auf *nicht*-alternative Merkmale innerhalb der ursprünglichen Merkmalsausstattung der Biparentalen zurückgehen.

Der Befund, daß Hennigs Version des Konvergenz-Begriffes auf Transformationen wie ¬b→→b und b→→¬b *nicht* selbstverständlich angewendet werden kann, weil solche

---

[217] Ich sehe hier von Fällen ab, in denen Merkmale echt verschwunden sind. Analog zu „echtem Entstandensein" spreche ich vom „echten Verschwundensein" eines Merkmals in Fällen, in denen eine Transformation b→→¬b abgelaufen ist und ¬b vorliegt, ohne daß noch ein zu b alternatives positives Merkmal ausgebildet ist. In Morphologie und Vergleichender Anatomie werden solche Fälle als „Reduktion" beschrieben.

Transformationen nicht notwendig[218] Transformations*reihen*, d. h. Reihen von Transformations*zuständen* desselben Ausgangsmerkmals darstellen, ist umso prekärer, als Hennig aus methodischen Gründen auf negative Merkmale *nicht* verzichten kann. Denn um für Tripel von Arten ABC aufgrund von *Merkmalsübereinstimmungen* herausfinden zu können, welches der jeweils möglichen Paare AB, BC oder AC ein monophyletisches Art-Paar bildet, ist Hennig auf Merkmale angewiesen, die jeweils bei *genau zwei* der drei Arten *auftreten*, der jeweils *dritten* aber gerade *fehlen* (vgl. Tab. 2, Seite 82). Diese Bedingung erfüllen beispielsweise drei alternative Zustände a_1, a_2 und a_3 desselben Merkmales a *nicht*, wenn sie sich auf A, B und C verteilen. Verteilen sich a_1, a_2 und a_3 zum Beispiel dergestalt auf A, B und C, daß A a_1, B a_2 und C a_3 trägt, so sind A, B und C Träger von a-Zuständen und damit Träger von a. Die Übereinstimmung von A, B und C in a ist aber, insofern sie eine Übereinstimmung *dreier* Arten in einem Merkmal ist, keine Übereinstimmung, die als Synapomorphie eines der Art-*Paare* AB, BC oder AC als monophyletisches Schwesterarten-Paar zu identifizieren gestattet. Erst wenn es gelingt, *genau zwei* der drei Arten hinsichtlich eines deskriptiv neu erhobenen Merkmals miteinander zu *identifizieren* und hinsichtlich dieses Merkmals *zugleich* von der jeweils dritten Art zu *unterscheiden*, liegt ein Kandidat für eine Synapomorphie vor. Unterscheidungstauglich ist aber in dieser Weise nur ein Merkmal, das bei *einer* der drei Arten *nicht* vorliegt. Das Operieren mit *negativen* Merkmalen (oder Merkmalszuständen), anders ausgedrückt: das *Absprechen* von positiven Merkmalen (oder Merkmalszuständen) ist also für Hennig methodisch unvermeidlich (vgl. Fig. 28, Seite 83).

4) Verspricht sich Hennig von einem P-Homologie-Nachweis vielleicht gar nicht den Ausschluß von Konvergenz, sondern den Ausschluß der Möglichkeit, daß das jeweilige Merkmal *parallel*, d. h. *mehrmals vom selben Ausgangszustand aus und damit durch Aufspaltung einer Transformationsreihe entstanden* ist?

Ziel der Phylogenetischen Systematik ist die Ermittlung von Monophyla. Ein Monophylum bilden zum Beispiel zwei Arten A und B dann, wenn es sich bei ihnen um *sämtliche* Deszendenten einer Stammart D handelt, wenn also D in genau zwei Tochterarten A und B und diese ihrerseits nicht in weitere Arten aufgegangen sind. Monophyla hofft Hennig identifizieren zu können, indem er nach Merkmalsübereinstimmungen zwischen Arten sucht, die nicht anders als durch die Abstammung der jeweiligen Arten von einer nur ihnen gemeinsamen Stammart entstanden sein können. Solche Merkmalsübereinstimmungen nennt Hennig Synapomorphien. Eine Synapomorphie ist also beispielsweise die Übereinstimmung zweier Arten A und B hinsichtlich eines Merkmals, das historisch genau einmal bei der nur A und B gemeinsamen Stammart D entstanden ist.

Stimmen aber A und B in einem Merkmal b überein, das *mehrmals vom selben Ausgangszustand aus entstanden* ist, so ist die Übereinstimmung in b *kein* Indiz für die Monophylie von A und B mehr. Zwar können A und B auch unter der Voraussetzung, daß das ihnen gemeinsame Merkmal b zweimal vom selben Ausgangszustand aus entstanden ist, ein Monophylum bilden (vgl. Fig. 51); aber wenn b von A und b von B parallel

---

[218] Transformationen wie ¬b→→b und b→→¬b stellen genau dann *keine* Transformations*reihen*, d. h. keine Reihen von Transformations*zuständen* desselben Ausgangsmerkmals dar, wenn ¬b vorgelegen hat bzw. vorliegt, ohne daß überhaupt ein zu b alternatives *Positiv*merkmal ausgeprägt war bzw. ist.

entstanden sind, besteht auch die prekäre Möglichkeit, daß A und B in b übereinstimmen, *obwohl* sie *kein* Monophylum bilden (vgl. Fig. 52).

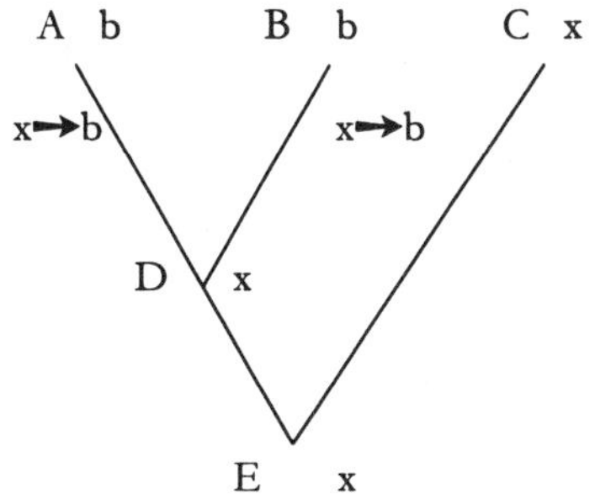

Fig. 51.

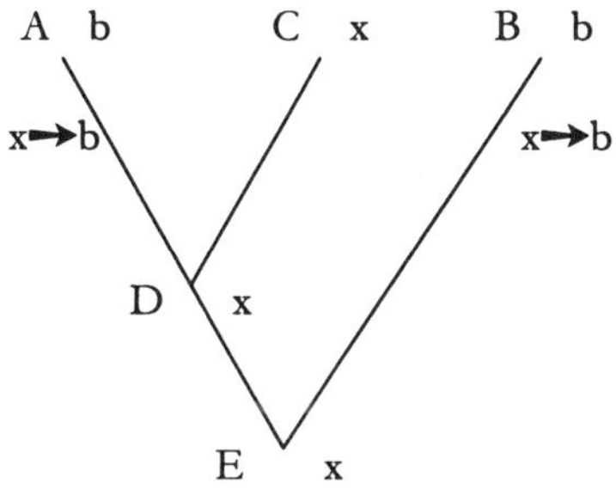

Fig. 52.

Die in Fig. 51 und 52 gezeigte Möglichkeit, daß b mehrmals vom selben Ausgangszustand aus, d. h. parallel entstanden ist, kann jedoch *nicht* durch den Nachweis ausgeschlossen werden, daß b von A und b von B p-homolog sind. Denn der Begriff der P-Homologie schließt den Fall *ein*, daß dasselbe Positivmerkmal zweimal oder öfter aus demselben Ausgangszustand hervorgegangen ist. Ist ein und dieselbe Transformation x➔b mehrfach abgelaufen, indem b von A entlang einer anderen Verwandtschaftslinie aus x hervorgegangen ist als b von B, so gehen b von A und b von B gleichwohl auf denselben Ausgangszustand x zurück. Bei b von A und b von B handelt es sich mithin um p-homologe Merkmale. Der Nachweis von P-Homologie ist also nicht ausreichend, um den Fall auszuschließen, daß ein Merkmal mehrmals aus demselben Anfangszustand hervorgegangen ist.

5) Wenn aber der Schluß von M-Homologie auf P-Homologie nicht dazu geeignet ist, Parallelität auszuschließen – worin besteht dann für Hennig überhaupt die Bedeutung der M-Homologie-Kriterien, die in Abschnitt 4.1.2.1 vorgestellt wurden? Warum wurden diese Kriterien überhaupt so ausführlich behandelt?

Die wesentliche Bedeutung dieser Kriterien dürfte für Hennig darin bestehen, daß sie Paare oder mehrgliedrige Reihen von anatomischen Strukturen liefern, die – einmalig oder mehrfach und in welcher Richtung auch immer – durch Ausfall/Neuentstehung von Teilen, Formwandel und/oder durch gegenseitige Verschiebung von Teilen im Raum sukzessive auseinander hervorgegangen sein könnten. Denkt man nun Evolution als einen Prozeß, im Zuge dessen anatomische Teile ausfallen bzw. neu entstehen, Formänderungen stattfinden und/oder Teile gegeneinander verschoben werden *können*, so können mit Hilfe der M-Homologie-Kriterien Strukturen einander zugeordnet werden, für die man sich gut vorstellen kann, daß sie evolutiv auseinander hervorgegangen sind. Die Kriterien für M-Homologie sind also nach meiner Auffassung für Hennig deshalb interessant, weil mit ihrer Hilfe unter bestimmten Umständen solche anatomischen Gefüge einander zugeordnet werden, für die denkbar ist, daß sie in der Sukzession von jeweils mutativ induzierten, einander überlagernden *topologischen Änderungen* (Ausfall und Neuentstehung als Grenzfälle topologischer Veränderung!) nacheinander und auseinander entstanden sind. Dabei bleibt die Möglichkeit der *Aufspaltung* von Transformationsreihen, d. h. die Möglichkeit, daß Änderungen *mehrfach vom selben Ausgangszustand* aus aufgetreten sind, zunächst ebenso *eingeschlossen*, wie die *Richtung* des Wandels zunächst *unbestimmt* bleibt.

Wo hingegen – wie beispielsweise zwischen Krakenarm und Tetrapodenextremität – keine M-Homologien nachzuweisen sind, weil insbesondere auch keine geeigneten Zwischenformen bekannt sind, da spricht nichts für die Annahme, daß die eine Struktur im Verlauf der Evolution durch allmähliche Um- oder Überformung in die andere (oder umgekehrt) umgewandelt worden ist.
Zwar kann der Schluß von M-Homologie auf P-Homologie, wie wir gesehen haben, nicht als *absolut* zuverlässig eingestuft werden. Für Hennig aber genügt, daß man diesem Schluß nicht *jegliche* Plausibilität absprechen kann. Insbesondere da, wo dasselbe anatomische Teil oder Gefüge über verschiedenste paläontologische Zeithorizonte hinweg auftritt, ist wohl seines Erachtens die Annahme, daß das Auftreten dieses Teiles bzw. Gefüges bei den *jüngeren* Formen jeweils auf echter Neubildung beruht, weniger plausibel als die Annahme, daß die jüngeren Formen die Disposition zu seiner Ausbildung von *älteren* Formen ererbt haben. So ist kaum anzunehmen, daß die Anlage zur Ausbildung des Dentale[219] bei den letzten Vorfahren der *Mammalia nicht* vorhanden gewesen ist, obwohl schon die paläontologisch weit vor den ersten *Mammalia* historisch nachweisbaren *Osteichthyes* (Knochenfische) das Dentale besitzen.
Die wichtigsten Resultate von Abschnitt 4.1.2.4 seien abschließend noch einmal zusammengefaßt:
Obwohl man vermuten könnte, daß Hennig mit dem Schluß von M- auf P-Homologie die Möglichkeit von Parallelismus auszuschließen beabsichtigt, hat sich gezeigt, daß gerade *diese* Aufgabe dem Schluß von M- auf P-Homologie *nicht* zugemutet werden darf. Denn die Möglichkeit, daß Merkmale *mehrmals* aus demselben Ausgangszustand hervorgegangen sind, kann nicht schon automatisch als ausgeschlossen gelten, wenn gezeigt ist, daß Merkmale wahrscheinlich p-homolog, also Transformationszustände desselben Ausgangszustandes sind. Der Nachweis von P-Homologie könnte also bestenfalls dem Ausschluß von Konvergenz dienen.
Was allerdings die beiden Begriffe „P-Homologie" und „Konvergenz" anbetrifft, so konnte nachgewiesen werden, daß beide Begriffe an ihre logischen Grenze stoßen, wo Merkmale echt neu entstanden sind. Auf echte Neubildungen ist weder Hennigs Konvergenzbegriff noch der P-Homologie-Begriff anwendbar. Damit kann aber für solche Fälle auch nicht durch den Nachweis von P-Homologie die Möglichkeit von Konvergenz im Sinne Hennigs ausgeschlossen werden. Vielmehr verbietet sich in solchen Fällen die Verwendung beider Begriffe von vornherein.
Schließlich ließ sich zeigen: Unter bestimmten Prämissen besteht im Bereich der Biparentalen für „immer schon" vorhandene Merkmale das Risiko von Hennigscher „Konvergenz" überhaupt nicht. Wo nämlich a) Verwandtschaftshypothesen auf die Analyse *alternativer* Merkmale gestützt sein müssen und wo b) Hennigs starke Monophylie-Annahme zu der These zugespitzt wird, daß die Biparentalen nicht nur ein Monophylum bilden, sondern auch auf genau *eine* ursprüngliche Merkmalsausstattung zurückgehen, da muß mit Hennigschen Konvergenzen im Bereich der Biparentalen nicht gerechnet werden, weil sonst die ursprüngliche Merkmalsausstattung der Biparentalen Merkmale enthalten haben müßte, die alternativ zueinander sind, also gerade *nicht* zugleich auftreten können.

---

219 Zahntragendes deckknöchernes Element des Unterkiefers (paarig). Vgl. HENTSCHEL/ WAGNER 1990, 177.

Insgesamt ist Hennig allerdings zugute zu halten, daß er weniger in der Möglichkeit von Konvergenzen eine Bedrohung für das Projekt der Phylogenetischen Systematik gesehen hat, als vielmehr in der Möglichkeit, daß sich Übereinstimmungen zwischen Arten hinsichtlich eines bestimmten Merkmals dem mehrfachen Entstandensein dieses Merkmals oder dem mehrfachen unabhängigen Hervorgegangensein dieses Merkmals aus demselben Ausgangszustand verdanken.[220] Diesem Problem ist Abschnitt 4.3 gewidmet.

Damit bleibt nur noch die Deutungsmöglichkeit übrig, daß Hennig in Fällen, in denen sich anatomische Strukturen einerseits hinsichtlich bestimmter Merkmale miteinander *identifizieren* (m-homologisieren) lassen, anderseits hinsichtlich bestimmter (relationaler) Merkmale voneinander *unterscheiden* lassen, das jeweilige Ineinander von Unterschieden und Gemeinsamkeiten als Resultat der sukzessiven Aufsummierung von mutativ bedingten Änderungen zu verstehen versucht. Der Schluß von M-Homologie auf P-Homologie bringt gerade diesen Zusammenhang – unter Einschluß der Möglichkeit von Nicht-Singularität – zum Ausdruck. Als völlig zuverlässig kann dieser Schluß allerdings nicht gelten. Insbesondere M-Homologien zwischen echten Neubildungen können zu falschen P-Homologie-Annahmen verleiten.

4.1.3 Hennigs Lesrichtungskriterien

Stellt man einmal das Problem zurück, daß die pauschale Rede von der „Vererbung" im Zusammenhang mit vielen Eigenschaften von Organismen hochgradig erläuterungsbedürftig ist, weil der Besitz vieler Eigenschaften genetisch gar nicht *direkt* codiert ist,[221] so läßt sich meines Erachtens sagen: Die Kriterien für M-Homologie liefern *unter bestimmten Umständen* Reihen von Merkmalen, für die plausibel gemacht werden kann, daß die zwischen ihnen bestehenden Ähnlichkeiten und Unterschiede historisch entstanden sind, indem ein ursprünglicher Zustand eines Merkmals im Zuge der Aufsummierung von Mutationsereignissen nach und nach in andere Zustände überführt worden ist. Für solche Zustände eines Merkmals kann dann sinnvoll nach der Lesrichtung gefragt werden.

> Wenn [...] für eine Reihe von Merkmalen verschiedener Arten die Hypothese begründet werden kann, daß sie [...] als wahrscheinliche phylogenetische Transformationsstufen ein und desselben Merkmales anzusehen sind, tritt die Frage auf, in welcher Richtung diese Transformationsreihe zu lesen ist bzw. welches der plesiomorphe [...], welches der am stärksten apomorphe [...] Merkmalszustand ist.[222]

Wie wir zu Beginn von Kapitel 4 gesehen haben, stellt sich die Frage nach der Lesrichtung von Merkmalen, also die Frage, welches von zwei alternativen p-homologen Merkmalen den evolutionsgeschichtlich jüngeren, relativ apomorphen Zustand eines Merkmals und welches den ursprünglicheren, relativ plesiomorphen Zustand

---

[220] HENNIG 1982, 117.

[221] So muß zum Beispiel die Blutversorgung gewährleistet sein, damit überhaupt Knochen aufgebaut werden kann. Außerdem sind zum Beispiel *Formeigenschaften* von Knochen genetisch nicht eindeutig festgelegt; vielmehr hängt die Form eines Knochens unter anderem davon ab, wo und in welchem Ausmaß der jeweilige Knochen Druckbelastungen ausgesetzt ist. Es kann also höchstens davon die Rede sein, daß der Spielraum, innerhalb dessen Formvarianten ausgebildet werden können, genetisch festgelegt ist.

[222] HENNIG 1982, 98.

eines bestimmten Merkmals darstellt, für Hennig deshalb, weil unter anderem entschieden sein muß, ob in einer Konstellation, wie sie Tab. 2 (Seite 82) zeigt, b gegenüber ¬b relativ apomorph oder relativ plesiomorph ist, bevor von der Übereinstimmung der Arten A und B in b auf die Monophylie von A und B geschlossen werden darf. Zu beachten ist freilich dies: Nur für Paare alternativer *Positiv*merkmale kann Hennig nach der Polarität oder Lesrichtung fragen, wenn denn zuvor die P-Homologie der jeweils zu untersuchenden Merkmale feststehen muß. Denn obwohl zuzugestehen ist, daß auch das *Fehlen* eines Merkmals plesiomorph oder apomorph sein kann, läßt sich das Nicht-Vorhandensein von überhaupt irgendeiner positiven Merkmalsalternative nicht als Zustand eines Merkmals fassen und damit nicht in eine Reihe von Merkmalen stellen, für die wahrscheinlich gemacht werden kann, daß sie Transformationsstufen desselben Merkmals, also p-homolog sind.

Daß Reihen m-homologer Merkmale und damit Reihen von Merkmalen, die wahrscheinlich Zustände ein und desselben Merkmals repräsentieren, allererst auf ihre Lesrichtung befragt werden müssen, mag für Leser und Leserinnnen, die hier erstmals mit phylogenetischen Fragestellungen konfrontiert werden, verwunderlich sein. Liefert nicht beispielsweise das Zwischenformenkriterium schon von selbst eine historische Abfolge? Ist in einem Fall, wie ihn Fig. 46 (Seite 113) zeigt, der historische Ablauf überhaupt noch klärungsbedürftig?

So sehr Reihen von m-homologen Strukturen auch historische Prozessualität suggerieren, so nachdrücklich ist doch zu betonen, daß Reihen morphologisch identischer Merkmale, wie sie insbesondere das Kriterium der Zwischenformen liefert, zunächst keine Informationen darüber geben, welches der je aufgereihten Merkmale evolutionsgeschichtlich *vor* bzw. *nach* welchem anderen entstanden ist. Die Anordnung innerhalb einer Reihe m-homologer Merkmale verdankt sich nämlich allein der Bemühung, Strukturen so nebeneinander anzuordnen, daß das Bestehen einer M-Homologie-Beziehung zwischen jeweils zwei Nachbarn möglichst eindeutig nachzuweisen ist. Meist dienen die so gebildeten Reihen dem Ziel, die Transitivität der M-Homologie-Beziehung für *indirekte* M-Homologie-Nachweise auszunutzen.

Lassen sich Strukturen zu Reihen m-homologer Zustände anordnen, indem jeweils solche Strukturen nebeneinander gestellt werden, für die sich direkt Ausgangsidentitäten angeben lassen, so ist mit einer solchen Anordnung aber noch nichts über die Lesrichtung oder Polarität, d. h. über die historische Abfolge im erstmaligen Auftreten, d. h. in der Präzedenz der untersuchten Strukturen bekannt. Denn nur weil sich die Strukturen α und δ m-homologisieren lassen, indem je für die Strukturpaare α–β, β–γ und γ–δ M-Homologie nachgewiesen wird, steht nicht schon fest, daß historisch eine Transformation α→β→γ→δ abgelaufen ist. Theoretisch kann jede der vier Strukturen die historisch erste oder letzte gewesen sein; ebenso besteht die Möglichkeit, daß die untersuchten Strukturen teilweise gleich alt sind.

In dieser Situation fragt Hennig nach Lesrichtungskriterien, also nach Kriterien, die m-homologe und damit seines Erachtens wahrscheinlich p-homologe Merkmale *historisch* anzuordnen gestatten.

Anders als die Vertreter und Vertreterinnen der älteren Phylogenetik scheint Hennig von der Gültigkeit der meisten sogenannten „Progressiven Entwicklungsgesetze“ nicht überzeugt zu sein: So werden in HENNIG 1982 weder die „Differenzierungsregel“, noch die „Gesetze“ der Anzahlreduktion, der Konzentrierung, der Zentralisierung und der Internalisierung vorgestellt.[223] Vielmehr sind es nach Hennig die folgenden vier Kriterien, die Reihen m- und damit wahrscheinlich p-homologer Strukturen sukzessorisch zu deuten erlauben:

1) Kriterium der erdgeschichtlichen Merkmalspräzedenz,
2) Kriterium der ontogenetischen Merkmalspräzedenz,
3) Kriterium der chorologischen Progression und
4) Kriterium der Korrelation von Transformationsreihen.[224]

Zu 1): Inwieweit die erdgeschichtliche Präzedenz von alternativen Merkmalen, die wahrscheinlich verschiedene Zustände desselben Merkmals repräsentieren, als phylogenetisches Indiz verwendet werden kann, erläutert Hennig so:

> Wenn in einer als monophyletisch angesehenen Tiergruppe ein bestimmter Merkmalszustand nur bei älteren, ein anderer dagegen erst bei jüngeren Fossilien auftritt, dann liegt der Schluß nahe, daß jener den plesiomorphen, dieser den apomorphen Zustand einer Morphocline a, a', a" darstellt.[225]

Die Frage nach der Plausibilität dieses Schlusses erörtert man am besten anhand eines konkreten Beispiels.

Folgt man der als gut bestätigt anzusehenden *Reichert-Gauppschen Theorie*, so handelt es sich bei den zwei Merkmalen „Besitz der Gehörknöchelchen Malleus (Hammer) und Incus (Amboß)“ sowie „Besitz eines Quadrato-Articular-Gelenks (primäres Kiefergelenk)“ um zwei alternative Merkmale, die m-homolog sind und damit wahrscheinlich Transformationsstufen *desselben Merkmals* darstellen, also p-homolog sind.[226] Denn das aus den beiden Ersatzknochen Quadratum und Articulare gebildete primäre Kiefergelenk, wie es zum Beispiel die *Osteichthyes* aufweisen, und das gelenkige Malleus-Incus-System, das vollentwickelt erst im Übergang zu den Säugern auftritt, erfüllen trotz ihrer völlig unterschiedlichen „absoluten“ Lage im Schädel die Kriterien für M-Homologie, insbesondere die Kriterien der Konnektionsidentität und der Identität hinsichtlich der *relativen* Lagebeziehungen. Als wichtige morphologische Indizien können erstens fossile Formen wie *Probainognathus* und *Diathrognatus broomi* gelten, die zeigen, daß das primäre ersatzknöcherne Kiefergelenk und das aus den Deckknochen Squamosum und Dentale gebildete sekundäre Kiefergelenk gleichzeitig und je funktionstüchtig *nebeneinander* vorkommen können.[227] Zweitens sind Säugerembryonen bekannt, an deren Malleus Reste des Musculus depressor, der bei den *Sauropsidae* mit dem Articulare positiv konnektiert ist, ansetzen. Somit können Malleus und Articulare hinsichtlich der von ihnen zu charakteristischen Strukturen ihrer Umgebung unterhaltenen positiven Konnektionsbeziehungen als identisch gelten.[228] Drittens schließlich sprechen auch charakteristische Lagebeziehungen *für* die Annahme, daß Säuger ein aus *anderen* Teilen gebildetes Kiefergelenk besitzen als stratigraphisch ältere Formen. So tritt bei Reptilien der Hauptnerv der Kiefergelenksregion, der N.

---

[223] Als weitgehend gültig präsentieren hingegen STORCH/WELSCH 1989, 113–131 diese „Gesetze“.

[224] HENNIG 1982, 98–99. (Reihenfolge gegenüber Hennig geändert.) Vgl. auch HENNIG 1984, 47–49.

[225] HENNIG 1982, 98.

[226] Vgl. STARCK 1979, 336–345, STORCH/WELSCH 1989, 33–35 sowie CARROLL 1993, 404–407.

[227] Vgl. STARCK 1979, 342, ebenso 343, Abb. 265 a–b sowie 344, Abb. 267 a–d. Vgl. auch STORCH/WELSCH 1989, 37, Abb. 10. Primäres und sekundäres Kiefergelenk sind also nicht alternativ zueinander. Alternativ sind vielmehr primäres Kiefergelenk und Malleus-Incus-System.

[228] Vgl. STARCK 1979, 340.

auriculotemporalis (aus N. V_3[229]), rostral des Kiefergelenks an die Oberfläche. Wie zu erwarten ist, wenn das sekundäre Kiefergelenk der Säuger durch Artikulation des Squamosum mit dem *vor* dem Articulare gelegenen Dentale und damit rostral des primären Kiefergelenks entstanden ist, verläuft der N. auriculotemporalis bei den Säugern *hinter* dem Kiefer-, jedoch *vor* dem Malleus-Incus-Gelenk.[230]
Während nun aber das Auftreten eines primären Quadrato-Articular-Gelenks erstmalig schon für fossile Formen aus erdgeschichtlichen Epochen weit *unterhalb* der Trias stratigraphisch[231] bezeugt ist, fällt die erdgeschichtliche Präzedenz des sekundären Kiefergelenks und der Umbau des primären Kiefergelenks zum Malleus-Incus-System dem fossilen Befund zufolge erst in Epochen *oberhalb* der unteren Trias; aus älteren, tieferen Schichten ist bisher keine fossile Form mit Squamoso-Dental-Gelenk und Malleus-Incus-System bekannt (vgl. Fig. 53).
Ein stratigraphischer Befund wie der, daß Formen, die unter den Begriff „Träger eines Quadrato-Articular-Gelenks" fallen, aus stratigraphisch *älteren* Schichten bekannt sind als Formen, die unter den Begriff „Besitzer eines Malleus-Incus-Systems" fallen, berechtigt nach dem Kriterium der erdgeschichtlichen Merkmalspräzedenz zu der Annahme, daß das Merkmal „Besitz des Malleus-Incus-Systems" *apomorph* gegenüber seinem Merkmalspartner „Besitz eines Quadrato-Articular-Gelenks" ist.
Selbst wenn man dem Schluß von der stratigraphischen Abfolge auf die Transformationsabfolge in bestimmten Fällen – nämlich in Fällen, in denen Taxa umfangreich fossil dokumentiert sind[232] – Plausibilität zugesteht, bleibt doch anzumerken: Das Kriterium der erdgeschichtlichen Merkmalspräzedenz unterliegt hinsichtlich seiner Anwendbarkeit bzw. Zuverlässigkeit prinzipiellen Einschränkungen.
Anwendbar ist dieses Kriterium überhaupt nur in solchen Fällen, in denen a) die jeweils *frühesten* bekannten Träger verschiedener p-homologer Merkmale je aus *verschiedenen* Strata (Schichten) stammen. Wo hingegen die fossile Überlieferung uneindeutig in dem Sinn ist, daß die jeweils frühesten bekannten Träger verschiedener p-homologer Merkmale in ein und demselben Stratum gefunden wurden, greift dieses Kriterium nicht. Auch da, wo b) die Evolution von *Weich*teilen, die kaum je überhaupt fossil dokumentiert sind, rekonstruiert werden soll, stößt dieses Kriterium an seine Grenzen.
Schließlich bleiben Hypothesen über den Ablauf von Transformationen, die mit Hilfe des Kriteriums der erdgeschichtlichen Merkmalspräzedenz begründet werden, stets dem Vorbehalt ausgesetzt, daß der stratigraphische Befund, dessen Interpretation sie sich verdanken, *lückenhaft* ist. Die scheinbar eindeutige Verteilung zweier wahrscheinlich p-homologer Merkmale auf ein jüngeres und ein älteres Stratum könnte sich ja dem Umstand verdanken, daß nur zufällig aus dem je älteren Stratum keine Träger des als relativ apomorph angenommenen Merkmals bekannt sind. In diesem Fall wäre

---

229 „N. V" entspr. „N. trigeminus." Der Index gibt an, daß es sich bei N. V_3 um einen von mehreren Ästen des N. trigeminus handelt.

230 Vgl. STARCK 1979, 340, ebenso 338, Abb. 261 a–d. Die zwölf Hirnnerven (Nn. craniales) liefern gute Bezugspunkte, um andere anatomische Teilstrukturen hinsichtlich der von ihnen zu diesen Nerven unterhaltenen Konnektions- oder Lagebeziehungen zu vergleichen. Denn diese Nerven lassen sich nach ihrem Austrittsort aus dem Gehirn gut voneinander unterscheiden. Die römischen Ziffern I–XII geben die Abfolge des Austrittsortes von rostral nach kaudal an. Vgl. FRICK/LEONHARDT/STARCK 1992, 144–145.

231 Zu den historischen Anfängen der Stratigraphie vgl. LEFÈVRE 1984, 154–158.

232 Vgl. CARROLL 1993, 9.

die scheinbar eindeutige stratigraphische Abfolge im Auftreten bestimmter p-homologer Merkmale ein auf Überlieferungslücken beruhendes Artefakt.[233]

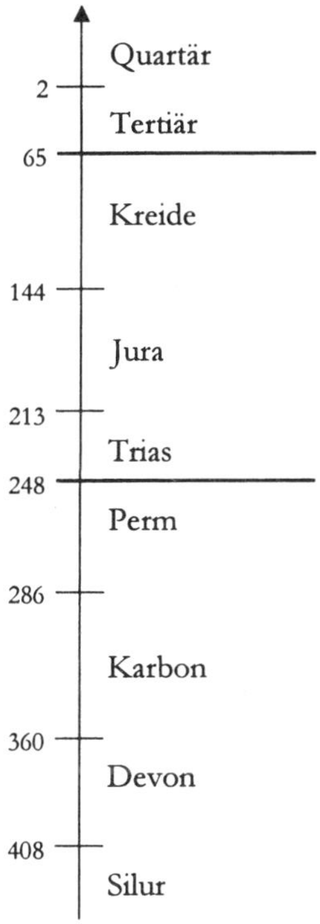

Fig. 53: Wichtige paläontologische Strata. Alter in Mio. Jahren. Vgl. CARROLL 1993, 68.

Zu 2): Kann für anatomische Strukturen plausibel gemacht werden, daß sie Transformationsstufen desselben Ausgangszustandes in dem Sinn sind, daß sie durch Aufsummierung von Mutationsereignissen schrittweise auseinander entstanden sind, so geben nach Hennig unter Umständen *ontogenetische* Transformationen, d. h. Umbildungsprozesse während der Individualentwicklung Auskunft über die *phylogenetische* Sukzession dieser Gefüge:

> Die Annahme, daß die Transformation eines Merkmales während der Ontogenese die phylogenetische Transformation dieses Merkmals „rekapituliert", so daß aus der ontogenetischen Aufeinanderfolge der einzelnen Stufen die Richtung abgelesen werden kann, in der während der Phylogenese der Übergang von plesiomorphen zu apomorphen Merkmalszuständen erfolgt ist, gehört in den Vorstellungskreis des sogenannten „Biogenetischen Grundgesetzes".[234]

Nach dem auf Ernst Haeckel (1834–1919) zurückgehenden Biogenetischen Grundgesetz ist

> die Ontogenesis [...] die kurze und schnelle Rekapitulation der Phylogenesis [...].[235]

Die Abfolge im Auftreten bestimmter Merkmale während der *Ontogenese* entspricht demnach der Abfolge im Auftreten der jeweiligen Merkmale während der *Phylogenese*.

Wie Hennig diese analogische Denkfigur nutzen zu können glaubt, kann wieder am Beispiel des Merkmalspaares „Besitz des primären Kiefergelenks"–„Besitz des Malleus-Incus-Systems" veranschaulicht werden. Durch embryologische Untersuchungen konnte für Beuteltiere der Nachweis erbracht werden, daß das primäre Quadrato-Articular-Gelenk zunächst funktionsfähig ausgebildet wird, dann aber vom sekundären Squamoso-Dental-Gelenk abgelöst wird, indem zugleich das primäre Kiefergelenk zum Malleus-Incus-System umgebaut wird.[236] Nach Hennigs Kriterium der ontogenetischen Merkmalspräzedenz läßt dieser entwicklungsbiologische Befund Rückschlüsse auf die phylogenetische Sukzession der Merkmale „Besitz des primären Kiefergelenks" und „Besitz

[233] Vgl. CARROLL 1993, 9: „Der Umfang der fossilen Überlieferung variiert beträchtlich von Tiergruppe zu Tiergruppe und – in der Evolution einer gegeben Tiergruppe – auch von Horizont zu Horizont. Wegen der verhältnismäßig langen Reichweite vieler Arten und Gattungen kann man nicht automatisch annehmen, daß die älteste im Fossilienmaterial erscheinende Ausprägung eines bestimmten Merkmals gleichzeitig die ursprünglichste ist."

[234] HENNIG 1982, 98.

[235] Zitiert nach PETERS 1980, 61. Zur Vorgeschichte des Biogenetischen Grundgesetzes vgl. PETERS 1980, 58–61.

[236] Vgl. STARCK 1979, 341.

des Malleus-Incus-Systems“ zu. Wenn nämlich a) die Individualentwicklung die Phylogenese rekapituliert und wenn b) Organismen im Zuge ihrer Individualentwicklung zuerst ein Stadium mit primärem Kiefergelenk und erst später ein Stadium mit Malleus und Incus durchlaufen, so darf angenommen werden, daß der Besitz des Malleus-Incus-Systems *apomorph* gegenüber dem Besitz des primären Kiefergelenks ist. Gerade aber die Gültigkeit der Prämisse, daß die Ontogenese die Phylogenese wiederholt, ist seit jeher innerbiologisch umstritten. STORCH/WELSCH 1989 übertreiben gewiß nicht, wenn sie schreiben:

> Um dieses Gesetz [d. h. um das Biogenetische Grundgesetz] entstand ein nun schon über hundert Jahre währender Streit, und viele Autoren lehnen es völlig ab.[237]

Wie aus PETERS 1980 hervorgeht, erhob bereits 1876 der Zoologe (Johann Adam) Otto Bütschli (1848–1920) ernste Bedenken gegen das Biogenetische Grundgesetz Haeckels.[238] Anlaß zu diesen Bedenken boten Vorbehalte, unter die Haeckel im zweiten Band seines Hauptwerkes *Generelle Morphologie der Organismen* (HAECKEL 1866) das Rekapitulationsgesetz *selbst* gestellt hat:[239]

> Die vollständige und getreue Wiedergabe der phyletischen durch die biontische Entwicklung wird verwischt und abgekürzt durch secundäre [sic!] Zusammenziehung, indem die Ontogenese einen immer geraderen Weg einschlägt [...]. Die vollständige und getreue Wiederholung der phyletischen durch die biontische Entwicklung wird gefälscht und abgeändert durch secundäre [sic!] Anpassung, indem sich das Bion während seiner individuellen Entwicklung neuen Verhältnissen anpaßt.[240]

Wenn aber eine Ontogenese entweder rein erhalten oder abgekürzt oder anpassungsbedingt überformt sein kann, dann stellt sich die Frage,

> wie man denn in der Praxis erkennt, welche der drei Thesen jeweils zutrifft.[241]

Mit Bütschlis Worten:

> Auch Haeckel macht in seiner „Generellen Morphologie“ schon auf [...] Störungen des ontogentischen Abbildes des phylogenetischen Entwicklungsganges aufmerksam, als deren Resultat sich ergeben musste, dass, wenn auch die Gültigkeit des biogenetischen Grundgesetzes als vielerklärender Hypothese zugestanden werde, es dennoch bei jeder entwicklungsgeschichtlichen Untersuchung wiederum einer genauen Ueberlegung [sic!] bedürfe, um diejenigen Momente, die von phylogenetischer Bedeutung sind, von denjenigen zu unterscheiden, welche als Folge späterer Störungen des ursprünglich reinen Entwicklungsganges aufgefasst werden sollten. Zur Entscheidung dieses wichtigen Unterschiedes fehlt es nun natürlich an einem festen Massstab [sic!], es ist mehr oder weniger in jedem einzelnen Fall der Auffassung und den Kenntnissen des speciellen [sic!] Forschers anheimgestellt, diesen oder jenen Punkt für phylogenetisch bedeutsam, diesen oder jenen andern für unwichtig zu erachten und daher in das Gebiet der Störungen oder Fälschungen zu verweisen.[242]

---

237 STORCH/WELSCH 1989, 121.

238 Vgl. PETERS 1980, 64–65.

239 Wie PETERS 1980 mitteilt, hat Haeckel die Bezeichnung „Biogenetisches Grundgesetz“ erstmals 1872 in seiner dreibändigen Monographie *Die Kalkschwämme* verwendet, in HAECKEL 1866 findet sie sich ursprünglich nicht. „Dennoch benutzt sie Haeckel in dem 1906 herausgegebenen *Wörtlichen Abdruck eines Teiles der 1866 erschienenen Generellen Morphologie* auf S. 353, ohne dies als [nachträgliche] Hinzufügung zu kennzeichnen.“ Vgl. PETERS 1980, 61.

240 HAECKEL 1866, 300 (zitiert nach PETERS 1980, 61).

241 PETERS 1980, 61.

242 BÜTSCHLI 1876, 66–67.

Der Ansicht, das Biogenetische Grundgesetz habe genau deshalb

> einige Aehnlichkeit [sic!] mit einem der sogen[nannten] Kautschukparagraphen,[243]

schließt sich Peters an. Er ergänzt allerdings diesen Vorwurf durch den Hinweis, daß der Glaube an die Brauchbarkeit des Biogenetischen Grundgesetzes mit einer unzulässigen Umkehrung des methodischen Verhältnisses zwischen phylogenetischen Annahmen und Hypothesen über Rekapitulationen während der Ontogenese einhergeht. Zwar gesteht Peters zu, daß Phylogenetiker und Phylogenetikerinnen

> mit der Möglichkeit von Rekapitulationen in den Ontogenien rechnen müssen [...].[244]

Weil aber die Phylogenetik über keine Mittel verfügt, um

> rekapitulatorische von nichtrekapitulatorischen Ontogeneseabschnitten sofort als solche zu unterscheiden[,][245]

muß seines Erachtens die Stammesgeschichte bereits *auf anderem Wege* rekonstruiert worden sein, *bevor* die Biologie dann in der Lage ist, Rekapitulationen sicher zu erkennen:

> Erst aus einem [...] phylogenetischen Modell ergibt sich, was als Rekapitulation einzustufen ist und was nicht.[246]

Seine Einschätzung hinsichtlich der methodischen Ordnung erläutert Peters an einem Beispiel:

> Wenn wir einige „Falten" im Kopf-Hals-Bereich des menschlichen Embryos mit den Kiemenbögen der Fische in eine Beziehung bringen [...], so tun wir das nicht wegen des *Biogenetischen Grundgesetzes*, sondern, weil die Vermutung einer solchen Beziehung sehr gut in den evolutionstheoretischen Erklärungskontext paßt, den wir uns ohnehin gebildet haben. Aus dem gleichen Grund nehmen wir nicht an, bestimmte Vorfahren des Menschen hätten im Adultstadium einen Dottersack besessen, obwohl doch dieser Sack mindestens so gut wie die Kiemenbögen an einem Embryo zu beobachten ist. Es ist nämlich das phylogenetische Modell, das den Maßstab für die Interpretation der Lesrichtung organischer Abwandlungen liefert.[247]

Das Beispiel des embryonal ausgebildeten Dottersackes illustriert sehr schön das Problem, daß da, wo das Biogenetische Grundgesetz für ein Mittel der Stammbaumforschung gehalten wird, zumindest Kriterien bereitgestellt werden müßten, die zu entscheiden erlauben, für *welche* Fälle dieses „Gesetz" gültig ist und für welche Fälle nicht. Solange aber solche Kriterien nicht zur Verfügung stehen, bleibt die Entscheidung, in einem Fall das Biogenetische Grundgesetz heranzuziehen, in einem anderen Fall aber auf seinen Einsatz zu verzichten, eine intersubjektiv nicht kontrollierbare Angelegenheit des persönlichen Geschmacks oder der (leider irrtumsanfälligen) Intuition. Es ist genau dieses Defizit, das Peters zu der Einschätzung kommen läßt:

If this guy had read Haeckel he wouldn't have said dumb things like this. Or Sewertzoff, for that matter!

[243] BÜTSCHLI 1876, 67.
[244] PETERS 1980, 65.
[245] PETERS 1980, 65.
[246] PETERS 1980, 65.
[247] PETERS 1980, 67 (Hervorhebung im Zitat durch D. P.).

> Für das Biogenetische Grundgesetz [...] ergibt sich [...] nur eine Konsequenz: Man sollte es vergessen. Das klingt radikal, aber es ist die einzige Maßnahme, die verhindert, daß auch in Zukunft Phylogenetik mit falschen oder doch belanglosen Argumenten betrieben wird.[248]

Ähnlich wie das Kriterium der erdgeschichtlichen Merkmalspräzedenz gibt also auch Hennigs Kriterium der ontogenetischen Merkmalspräzedenz Anlaß zu Zweifeln an seiner Zuverlässigkeit. Meines Erachtens sind diese Zweifel im Falle des Biogenetischen Grundgesetzes sogar noch schwerwiegender als im Falle des Kriteriums der erdgeschichtlichen Merkmalspräzedenz.

Zu 3): Beim Kriterium der chorologischen Progression handelt es sich um ein *biogeographisches* Lesrichtungskriterium. Ist für verschiedene phylogenetische Arten, die als Angehörige ein und desselben Verwandtschaftskreises gelten können, bekannt, daß sie sich in einer *bestimmten Richtung allmählich geographisch ausgebreitet haben*, und zeigen die Angehörigen dieser Arten ein bestimmtes Merkmal in charakteristisch verschiedenen Zuständen, so kann nach Hennig angenommen werden, daß der Zustand, in welchem die den am *spätesten* besiedelten Lebensraum bewohnende Art das jeweilige Merkmal besitzt, relativ *apomorph* gegenüber den Zuständen ist, die in den je *früher* besiedelten Lebensräumen auftreten.

Hennig erläutert den Gebrauch dieses Kriteriums unter anderem am Beispiel von geographisch gegeneinander abgeschlossenen Rassen der beiden Flugeidechsen-Arten *Draco lineatus* und *Draco volans*. Ich beschränke mich hier auf die Rassen von *Draco lineatus*.

Draco lineatus tritt in verschiedenen Rassen von den westlichen Großen Sunda-Inseln bis zu den nördlich von Australien gelegenen Key-Inseln auf. Diese Rassen unterscheiden sich hinsichtlich ihrer Flughautzeichnung markant voneinander.

Nach Hennig kann als bekannt vorausgesetzt werden, daß die Verbreitung von *Draco lineatus* von West nach Ost abgelaufen ist. Deshalb steht für ihn fest:

> Im Rassenkreis *lineatus* sind die westlichen Rassen (*lineatus* von den Großen Sundainseln, *beccarii* von Südcelebes) durch primitive, verhältnismäßig vollständige Flughautzeichnung ausgezeichnet. Die in Nordcelebes vorkommende Rasse *spilonotus* hat nur am körpernahen Flughautrande Zeichnungsreste aufzuweisen, und bei der östlichsten, auf den Key-Inseln verbreiteten Rasse *ochropterus* fehlt überhaupt jede Flughautzeichnung.[249]

Wie nach Hennig von der Ausbreitungsrichtung von *Draco lineatus* auf die Reihenfolge im Auftreten der drei Merkmale „Besitz einer vollständigen Flughautzeichnung“, „Besitz von Resten einer Flughautzeichnung am körpernahen Flughautende“ und „Fehlen jeglicher Flughautzeichnung“ geschlossen werden kann, verdeutlicht Fig. 54.

Das Kriterium der chorologischen Merkmalsprogression ist sicherlich ein besonders raffiniertes Lesrichtungskriterium, seine Leistungsfähigkeit ist aber in zweierlei Hinsicht limitiert. Denn zum einen funktioniert dieses Kriterium bestenfalls da *eindeutig*, wo sich Tochterarten immer weiter in genau *eine* geographische Richtung ausgebreitet haben; zum anderen kann es überhaupt nur da zum Einsatz gebracht werden, wo der Startpunkt einer Ausbreitung als bekannt vorausgesetzt werden kann.

---

248 PETERS 1980, 67.

249 HENNIG 1982, 133.

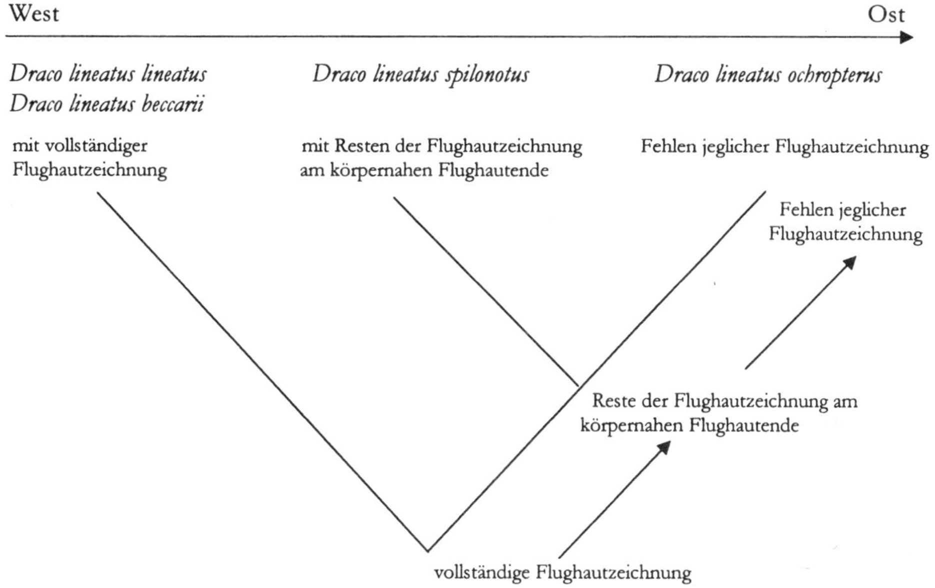

Fig. 54.

Hingegen liefert das Kriterium der chorologischen Progression in Fällen *radialer* Ausbreitung, d. h. in Fällen gleichzeitiger Ausbreitung nach *mehreren* Richtungen (vgl. Fig. 55) keine merkmalsphyletische Reihenfolge für verschiedene Merkmale, die auf ein und demselben Erweiterungsradius[250] liegen. *Relativ* zu solchen Merkmalen mag mit Hilfe dieses Kriteriums zwar das im Ausbreitungs*zentrum* auftretende Merkmal als *plesiomorph* bestimmt werden können, aber *untereinander* lassen sich Merkmale, die auf ein und demselben Erweiterungsradius liegen, mit Hilfe dieses Kriteriums nicht in eine historische Abfolge bringen. Gleichwohl ist vorstellbar, daß auf ein und demselben Erweiterungsradius Merkmale verschiedenen phylogenetischen Alters zu liegen kommen. Dieser Fall ist gegeben, wenn es entlang *einer* Ausbreitungsrichtung zu einer Abfolge von evolutiven Neuerungen gekommen ist, entlang einer *anderen* Ausbreitungsrichtung aber das Startmerkmal

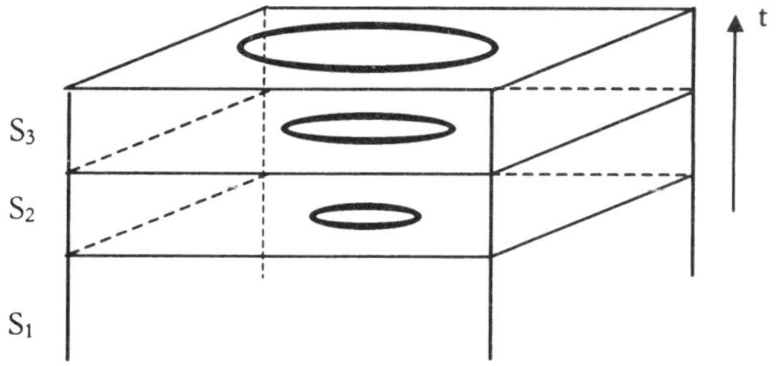

Fig. 55: Radiale Ausbreitung im Raum über drei Strata (S_1, S_2 und S_3) hinweg.

250 Zwischen verschiedenen Erweiterungsradien kann unter Umständen stratigraphisch unterschieden werden (vgl. Fig. 55).

erhalten geblieben ist. In gleicher geographischer Entfernung vom Startpunkt können bei radialer Ausbreitung also Träger von verschieden alten Merkmalen auftreten.
Ganz unbrauchbar ist dieses Kriterium schließlich in Fällen, in denen sich der Startpunkt der historischen Ausbreitung (zum Beispiel paläontologisch) *nicht* eindeutig feststellen läßt.
So ist das Kriterium der chorologischen Progression vielleicht anwendbar, wenn Tochterarten einer Stammart zum Beispiel Inseln einer Inselkette nach und nach erschlossen haben; aber als Kriterium, das innerhalb einer *großen* Klasse von Fällen *zuverlässig* arbeitet, wird man es nicht einstufen können.
Zu 4): Unter welchen Bedingungen das Kriterium der Korrelation von Transformationsreihen eingesetzt werden kann, um über die Lesrichtung p-homologer Merkmale zu entscheiden, erläutert Hennig wie folgt:

> Wenn die einzelnen Stufen mehrerer Transformationsreihen über verschiedene Arten oder Artgruppen derart verteilt sind, daß bestimmte Merkmale (Stufen) dieser Transformationsreihen häufig oder immer zusammen auftreten (a mit b, a' mit b', a" mit b"), spricht man [...] von einer Korrelation der betreffenden Merkmale. Für die phylogenetische Systematik sind solche Korrelationen nur dann von Bedeutung, wenn die Richtung bekannt ist, in der eine von zwei oder mehr korrelativ verbundenen Transformationen „zu lesen“ ist; denn damit ist unter Umständen auch die Richtung der übrigen gegeben.[251]

Die Grundidee Hennigs dürfte deutlich genug sein: Wenn für drei Merkmale a, b und c bekannt ist, daß sie im Zuge einer Transformation a→b→c auseinander hervorgegangen sind, und wenn zugleich a *streng* mit x, b *streng* mit y und c *streng* mit z korreliert ist, so kann darauf geschlossen werden, daß z nach y und y nach x aufgetreten ist.
Merkmalskorrelationen, wie sie Hennig mit seinem Kriterium der Korrelation von Transformationsreihen phylogenetisch auszunützen versucht, können im Bereich der Organismen auf verschiedene Weise bestehen.
a) Korrelativ miteinander verbunden sind zum einen Merkmale, zwischen denen definitorisch fixierte Teil-Ganzes-Beziehungen bestehen. Ist zum Beispiel qua Definition festgelegt, daß eine Struktur unter einen Begriff a genau dann fällt, wenn sie aus je einem unter w *und* einem unter x fallenden Teil zusammengesetzt ist, so kann immer da, wo ein Organismus das Merkmal a besitzt, auch auf den Besitz der Merkmale w und x geschlossen werden. Diese Art von definitorisch koordinierten Teil-Ganzes-Korrelationen besteht zunächst nur in eine Richtung. Denn der Besitz von a impliziert in unserem Beispielfall zwar den Besitz von w und x, aber wo x vorliegt, muß nicht notwendig auch a vorliegen. Tritt zum Beispiel innerhalb einer konkreten Struktur x *mit* v auf, *fehlt* aber w, so handelt es sich bei dieser Struktur nicht um einen Fall von a-Seiendem im Sinne der vorgestellten Definition.
b) Zum anderen aber können sich Korrelationsaussagen in Morphologie und Vergleichender Anatomie auch auf Merkmale von Organismen beziehen, die nicht einfach nur in einer definitorisch koordinierten Teil-Ganzes-Relation zueinander stehen, sondern *funktional koordiniert* sind. Bei dieser Art von Korrelationen handelt es sich dann nicht um rein logische Implikationsverhältnisse, die sich aus Definitionen ergeben, sondern Aussagen über *funktionale* Korrelationen zwischen Organen verdanken sich *inhaltlich-biologischen Überlegungen.*

---

[251] HENNIG 1982, 99.

Die Auffassung, daß Organismen nicht lose, gleichsam kombinatorisch zusammengefügte Aggregate von Teilen, sondern Systeme von aufeinander *abgestimmten* Funktionseinheiten sind, setzte sich in der Anatomie erst gegen Ende des 18. Jahrhundert endgültig durch. Folgt man LEFÈVRE 1984, so gebührt das Verdienst, funktionale Korrelationszusammenhänge innerhalb der Anatomie erstmals systematisch erforscht zu haben, dem französischen Zoologen Félix Vicq d'Azur. Vicq d'Azur (1748–1794) untersuchte in seinem *Traité d'anatomie et de physiologie* (1786) den Zusammenhang zwischen Ernährungsweise und Kauapparat. Er analysierte näherhin, wie sich

> Zahn- und Gebißformen [...] unterscheiden, je nachdem, ob es sich um Pflanzen- oder Fleischfresser handelt. Ausgehend von diesem jedermann mehr oder weniger deutlichen Tatbestand zeigte er nun weitere Zusammenhänge auf. Wie die Zähne, so müssen auch andere Organe der jeweiligen Nahrung entsprechen, z. B. der Verdauungsapparat, die Extremitäten etc. Daraus folgt aber, daß auch zwischen diesen Organen ein gesetzmäßiger Zusammenhang bestehen muß, der es erlaubt, von der Beschaffenheit des einen auf die der anderen zu schließen.[252]

Mit Vicq d'Azur wird also für die Vergleichende Anatomie erstmals jenes Organismusverständnis leitend, das Georges Cuvier mit seinem „Korrelationsgesetz" (1812) auf die klassische „Formel" gebracht hat:

> Jedes Lebewesen bildet ein Ganzes, ein einheitliches und geschlossenes System, in welchem alle Teile einander gegenseitig entsprechen und zu derselben bestimmten Tätigkeit durch wechselseitige Gegenwirkung beitragen. Keiner dieser Teile kann sich verändern, ohne daß sich auch die übrigen verändern, und folglich bezeichnet und gibt jeder Teil für sich genommen alle übrigen.[253]

Schließt man sich der von Vicq d'Azur und Cuvier artikulierten Auffassung an, so sind Korrelationen zwischen Merkmalen von Organismen in dem Sinn zu erwarten, daß bestimmte Organe, deren Besitz zum Merkmal gemacht werden kann, *notwendig* miteinander auftreten, weil sonst die Funktionsfähigkeit des Gesamtorganismus, d. h. seine Lebensfähigkeit nicht gewährleistet wäre.

Diese zweite Art von Merkmalskorrelationen ist biologisch natürlich ungleich interessanter als Korrelationen aufgrund von definitorisch koordinierten Teil-Ganzes-Beziehungen. An diese zweite Art von Korrelationen dürfte Hennig bei der Aufstellung seines Korrelationskriteriums auch primär gedacht haben. Dafür spricht unter anderem der exegetische Befund, daß Hennig in seiner frühen Arbeit *Grundzüge einer Theorie der phylogenetischen Systematik* die wechselseitige funktionale Koordiniertheit und Abhängigkeit von Organismenteilen (-merkmalen) in einer an Cuvier gemahnenden Weise betont hat:

> Nun ist allerdings die Gestalt der lebenden Organismen kein Mosaik, keine Summe von unabhängig voneinander bestehenden und sich verändernden Einzelmerkmalen, sondern eine Wirkungseinheit („Ganzheit"), an der kein Teil geändert werden kann, ohne daß das ganze Gefüge beeinflußt wird.[254]

Hat man sich über den Begriff der Merkmalskorrelation soweit Rechenschaft gegeben, stellt sich die Frage nach der *Zuverlässigkeit* von Hennigs Korrelationskriterium.

---

252 LEFÈVRE 1984, 174.

253 Zitiert nach LEFÈVRE 1984, 174–175.

254 HENNIG 1950, 337.

Prinzipiell läßt sich sagen: Die Zuverlässigkeit des Korrelationskriteriums hängt von der Zuverlässigkeit der *anderen* Lesrichtungskriterien ab. Denn dieses Kriterium kann ja erst angewendet werden, wenn *zuvor schon* für eine Ausgangsreihe von Merkmalen die Lesrichtung bestimmt worden ist. Erst dann kann über das Korrelationskriterium auf die Abfolge der den Gliedern der Ausgangsreihe jeweils korrelierten Merkmale geschlossen werden. Da sich die zuvor behandelten Lesrichtungskriterien Hennigs aber als unzuverlässig oder nur eingeschränkt anwendbar herausgestellt haben, bleibt zweifelhaft, ob das Kriterium der Korrelation von Transformationsreihen innerhalb der von Hennig selbst gezogenen methodischen Grenzen vertrauenswürdige Lesrichtungsentscheidungen liefert.
Mit diesem negativen Befund möchte ich die Erörterung der Hennigschen Lesrichtungskriterien abschließen. Das Lesrichtungsproblem *selbst* wird uns allerdings in Abschnitt 5.4 noch einmal zu beschäftigen haben. Denn den historischen Beginn des konstruktionsmorphologischen Ansatzes der Senckenberg-Gruppe, der in Kapitel 5 in seinen Grundzügen vorgestellt werden soll, markiert die Suche nach einem Lesrichtungskriterium, das verläßlicher und breiter anwendbar ist, als die bis dahin, auch von Hennig, vorgeschlagenen Kriterien.

*

Am Ende dieses so reich untergliederten und umfangreichen Abschnitts 4.1 mag eine Zusammenfassung der wichtigsten Resultate nicht überflüssig sein.
1) Werden Individuen aufgrund der relationalen Eigenschaft, „miteinander in (wenigstens indirekten) Fortpflanzungsbeziehungen stehen zu können", einer Art zugeordnet und unterliegen Merkmale der evolutiven Transformation, so können *innerhalb* einer Art Angehörige derselben Generation hinsichtlich eines bestimmten Merkmals voneinander abweichen. Setzt sich innerhalb einer Art in Folge einer Transformation ein Merkmal m über alle in der jeweiligen Art auftretenden m-Alternativen dergestalt durch, daß es anteilig über diese Alternativen dominant wird, so ist ein Prozeß des *Artwandels* abgelaufen. Führt eine Transformation dazu, daß die Träger des neuen Merkmals mit den Trägern des alten Merkmals nicht mehr sexuell kompatibel sind, so hat sich eine Art hingegen *aufgespalten*.
2) Hennig stellt der Frage nach der historischen *Abfolge*, in der bestimmte Merkmale auseinander hervorgegangen sind, die Frage voran, ob die jeweiligen Merkmale überhaupt als Glieder ein und derselben Transformationsreihe anzusehen sind, d. h. eine Reihe bilden, deren Glieder durch sukzessive Aufsummierung von Mutationsereignissen, anders ausgedrückt: durch schrittweise mutativ bedingte Überformung auseinander hervorgegangen sein könnten. Diese Frage wurde als Frage nach der P-Homologie von Merkmalen rekonstruiert.
3) Für alternative Merkmale, d. h. für Merkmale, die nicht zugleich am selben Organismus auftreten, liefern nach Hennig *Ähnlichkeiten* hinsichtlich der Form, der relativen Lage und/oder der Konnektionsverhältnisse (M-Homologien) *Indizien* für P-Homologie. Dabei erwartet Hennig – anders als die ältere Phylogenetik – von den M-Homologie-Kriterien *nicht* schon unmittelbar Auskunft über die phylogenetische Stellung der *Träger* der jeweils untersuchten Merkmale. Denn P-Homologie schließt bei Hennig ausdrücklich den Fall ein, daß sich eine Transformationsreihe *verzweigt* hat, indem bestimmte Transformationsereignisse *mehrmals unabhängig voneinander* eingetreten

sind. Ist Hennig meines Erachtens auch zuzugestehen, daß er die Ansprüche an die M-Homologie-Kriterien innerhalb der Phylogenetik auf ein methodisch vertretbares Maß zurückgeschraubt hat, so kann doch der Schluß von M-Homologie auf P-Homologie nicht als völlig zuverlässig gelten. Denn die Möglichkeit, daß m-homologe Strukturen jeweils *echt neu* entstanden sind, vermag Hennig nicht auszuschließen. So liefert der Schluß von M-Homologie auf P-Homologie in vielen Fällen zwar *plausible*, jedoch keine völlig *sicheren* Ergebnisse.

4) Kann für Strukturen plausibel gemacht werden, daß sie ein und derselben (unter Umständen verzweigten) Transformationsreihe angehören, so stellt sich die Frage, in welcher historischen *Reihenfolge* die jeweiligen Strukturen auseinander hervorgegangen sind. Denn jedes Glied einer Reihe von m-homologen und damit – laut Hennig – wahrscheinlich p-homologen Strukturen könnte historisch als erstes aufgetreten sein. Hennig stellt vier sogenannte Lesrichtungskriterien vor, die seines Erachtens über die historische Sukzession im Auftreten p-homologer Merkmale zu entscheiden erlauben. Hinsichtlich der *Verläßlichkeit*, zumindest aber hinsichtlich der *Reichweite* dieser vier Kriterien besteht jedoch Anlaß zu gravierenden Zweifeln.

4.2 Die Reversibilitätsproblematik

Inwieweit sich das Reversibilitätsproblem für Hennig stellt, wurde zu Beginn von Kapitel 4 herausgearbeitet: Die Übereinstimmung zweier Arten A und B in einem Merkmal b (vgl. Tab. 2, Seite 82) erlaubt nicht sicher auf die Monophylie von A und B zu schließen, wenn *sowohl* die Transformation ¬b→b *als auch* die Transformation b→¬b möglich ist. Deshalb muß unter anderem Reversibilität im Zuge der Argumentation für eine Monophylie-Behauptung *ausgeschlossen* werden können.

So wie das Reversibilitätsproblem zu Anfang von Kapitel 4 entwickelt wurde, bedarf es aber an dieser Stelle noch der Präzisierung: Einer der beiden Fälle von Reversibilität ist ja nach Tab. 3 (Seite 84) der Fall der Reversibilität von ¬b. Bei einem Prozeß des Typs ¬b→b→¬b handelt es sich aber nicht notwendig um einen Fall von *Transformationsumkehrung*. Aufgrund der logischen Sonderstellung von Negativmerkmalen können sich hinter ¬b→b→¬b nämlich ganz verschiedene Abläufe verbergen, von denen nicht *alle* als Transformationsumkehrungen gelten können. Vier Fälle sind zu unterscheiden:

Fall 1) Das plesiomorphe Negativmerkmal und das apomorphe Negativmerkmal liegen vor, indem beide Male dasselbe von b verschiedene Positivmerkmal auftritt.

Fall 2) Das plesiomorphe Negativmerkmal und das apomorphe Negativmerkmal liegen vor, indem beide Male b ersatzlos fehlt.

Fall 3) Das plesiomorphe Negativmerkmal und das apomorphe Negativmerkmal liegen vor, indem zwei *voneinander* und von b verschiedene Positivmerkmale auftreten. Diesen Fall repräsentiert zum Beispiel die Transformationsreihe „Fischflosse"→„Tetrapodenextremität" →„Walflosse".

Fall 4) Das plesiomorphe Negativmerkmal und das apomorphe Negativmerkmal liegen vor, indem im einen Fall b ersatzlos fehlt und im anderen Fall ein von b verschiedenes Positivmerkmal auftritt.

Die Fälle 3 und 4 scheiden sofort als Kandidaten für Transformations*umkehrungen* aus. In beiden Fällen tritt *nicht* das relativ plesiomorphe Merkmal wieder auf. So bleiben nur die Fälle 1 und 2 als Umkehrungsprozesse übrig. Von diesen beiden Fällen kann aber lediglich Fall 1 als „Transformationsumkehrung“ im *strengen* Sinn aufgefaßt werden. Denn Fall 2 läßt sich zwar als Umkehrungsprozeß beschreiben, aber echtes Neu-Entstehen und echtes Verschwinden eines Merkmals können nicht als Prozesse verstanden werden, im Zuge derer ein *Zustand* eines Merkmals in einen anderen *Zustand* desselben Merkmals überführt wird.[255]

Nach diesen ersten, eher formalen Klärungen gilt es nun, den Begriff der „Transformationsumkehrung“ in Analogie zu Hennigs Transformationsbegriff inhaltlich-biologisch zu rekonstruieren.

In Abschnitt 4.1.1 wurde vorgeschlagen, als „Transformationen“ Prozesse zu bezeichnen, im Zuge derer sich – mutativ induziert – Merkmale von einer Generation zur nächsten ändern. Transformationen in diesem Sinn können sowohl Artwandel als auch Artspaltungen zur Folge haben. Legt man dieses Transformationskonzept zugrunde, so kann unter einer „Transformationsumkehrung“ sowohl a) ein Prozeß verstanden werden, im Zuge dessen *innerhalb* einer Art A ein Merkmal ¬m, das in A ehemals vorherrschend war, dann aber durch ein bestimmtes mutativ neu aufgetretenes Alternativmerkmal m verdrängt wurde, *abermals* anteilig dominant wird, als auch b) ein Prozeß, im Zuge dessen ein neu entstandenes Merkmal m, dessen Besitz seine Träger daran hindert, Fortpflanzungsbeziehungen zu den Trägern der jeweils plesiomorphen Merkmalsalternative ¬m aufzunehmen, bei den *Nachfahren* von m-Trägern wieder *zugunsten* der plesiomorphen Merkmalsalternative ¬m *verschwunden* ist. Im letzteren Fall wird ein *Zusammenfließen* der zwei verschiedenen, im Zuge von ¬m→m entstandenen Verwandtschaftslinien nur dann *ausbleiben*, wenn die wieder das Ausgangsmerkmal ¬m besitzenden *Nachfahren* von m-Trägern aufgrund von Unterschieden hinsichtlich *anderer* Merkmale o, p, q, ... daran gehindert sind, Fortpflanzungsbeziehungen zu den Mitgliedern desjenigen Art-Restes aufzunehmen, bei dem nach Ablauf von ¬m→m die Alternative ¬m ohnehin *erhalten* geblieben ist.

Wie schätzt nun aber Hennig das Risiko von Reversibilität ein?

Der einschlägige Passus in HENNIG 1982 ist außerordentlich knapp und beschränkt sich im wesentlichen darauf, Lehrmeinungen fachwissenschaftlicher Autoritäten anzusprechen bzw. zu referieren.[256] Hennig stellt zunächst der unter anderem von Louis Dollo (1857–1931) vertretenen Position, daß der Prozeß der Evolution *prinzipiell* unumkehrbar ist, die Ansicht Remanes gegenüber, derzufolge Reversibilität nur für *komplexe* m-homologe Strukturen *ausgeschlossen* werden kann. Sodann schließt sich Hennig der Lehrmeinung Remanes an, daß die hohe Komplexität einer Struktur die Irreversibilität desjenigen Prozesses garantiert, der zur Entstehung der jeweiligen Struktur geführt hat.[257] Die argumentativen Defizite dieser Position liegen jedoch auf der Hand:

1) Da sich die Anzahl der Teile, die ein Organ aufbauen, überhaupt nicht definitiv angeben läßt, kann die Anzahl der Teile auch kein Kriterium sein, um Organe in komplexe und weniger komplexe zu unterscheiden. Diese Unterscheidung mag für

---

[255] Deshalb handelt es sich auch bei Prozessen des logisch ansonsten unproblematischeren Typs b→¬b→b nur dann um Transformationsumkehrungen im strengen Sinn, wenn ¬b vorliegt, indem ein zu b alternatives *Positiv*merkmal auftritt.

[256] Für das folgende vgl. HENNIG 1982, 116.

[257] Vgl. HENNIG 1982, 116.

Modelle von Organen möglich sein; aber Rückschlüsse von der Komplexität eines solchen Modells auf die Wahrscheinlichkeit, mit der das modellierte Organ wieder entstehen kann, scheitern unter anderem schon daran, daß kein Kriterium vorliegt, um festzustellen, in welchem Grad verschiedene Modelle desselben Organs phylogenetisch *aussagekräftig* sind.
2) Hennig und Remane erörtern das Reversibilitätsproblem ohne Berücksichtigung des *Funktions*aspektes. Teile von Organismen, die evolutiven Transformationen unterliegen können, werden von beiden rein *topologisch* aufgefaßt. Infolge dieser einseitig topologischen Ausrichtung übersehen beide folgende Dimension des Reversibilitätsproblems: Geht eine Transformation m→n hinsichtlich einer bestimmten *Funktion* mit einer Effizienzsteigerung einher, kann also zum Beispiel eine bestimmte mechanische Funktion bei Besitz von n mit *geringerem* Energieaufwand als bei Besitz von m erfüllt werden, so ist *zumindest auszuschließen*, daß nach Ablauf von m→n, d. h. in einem Umfeld, in dem bereits effizientere n-Träger mit m-Trägern um knappe Nahrungsressourcen konkurrieren, n wieder vollständig durch m verdrängt werden kann. Denn m-Träger sind nach Voraussetzung gegenüber n-Trägern selektiv *benachteiligt*. Selbst wenn es also zu mutativ bedingten Rückschlägen n→m kommen sollte, so werden sich n-Träger auf längere Sicht doch relativ *erfolgreicher* fortpflanzen als m-Träger. Mit der genealogischen Persistenz von Varianten, die durch *Umkehr* einer Transformation m→n entstanden sind, ist also zumindest dann nicht *längerfristig* zu rechnen, wenn sich im Zuge von m→n die *Energiebilanz* einer organismischen Konstruktion *verbessert*.
Der Abschnitt zum Reversibilitätsproblem gehört meines Erachtens zu den argumentativ schwächeren Passagen in HENNIG 1982. Indem Hennig im Anschluß an Remane Transformationen rein als topologische Veränderungen (Stauchung, Streckung etc.) auffaßt und funktionale Aspekte ausblendet, begibt er sich der Möglichkeit, das Reversibilitätsproblem unter dem Gesichtspunkt der Optimierung zu betrachten. Diese Möglichkeit ist erst im Rahmen des konstruktionsmorphologischen Ansatzes der Senckenberg-Gruppe systematisch bedacht worden.

4.3 Die Singularitätsproblematik

Die begrifflichen und logischen Mängel des Hennigschen Ansatzes, die in den zurückliegenden Abschnitten von Kapitel 4 thematisiert wurden, lassen zwar den Versuch, Monophyla zu ermitteln und so die Geschichte der Evolution als *Verwandtschafts*geschichte oder *Phylogenese* zu rekonstruieren, als wenig aussichtsreich erscheinen; sie berechtigen aber meines Erachtens noch nicht zu der Behauptung, dieser Versuch sei zum Scheitern verurteilt. Insbesondere die Feststellungen, daß Hennig selbst über keine zuverlässigen Lesrichtungskriterien verfügt und das Reversibilitätsproblem im Anschluß an Remane mit Hilfe eines fragwürdigen Komplexitätsarguments zu lösen versucht, rechtfertigen eine so starke These nicht. Wie wir nämlich in Abschnitt 5.4 sehen werden, stehen durchaus verläßlichere Methoden zur Verfügung, um in konkreten Fällen über die Abfolge im historischen Auftreten von Merkmalen zu entscheiden und die Möglichkeit der Transformationsumkehr für bestimmte Merkmale weitestgehend auszuschließen. Damit aber erscheint in diesen beiden Punkten immerhin eine *Nachbesserung* des von Hennig vorgeschlagenen Verfahrens möglich.

Im laufenden Abschnitt soll nun jedoch ein methodisches Problem der Phylogenetischen Systematik behandelt werden, dessen Lösung nicht nur bis heute aussteht, sondern dessen Lösbarkeit überhaupt bezweifelt werden darf.
Wie schon mehrfach verdeutlicht wurde, bringt das von Hennig entwickelte Ausschlußverfahren unter anderem die Verpflichtung zum Ausschluß von Nicht-Singularität mit sich: Denn die Nachweise, daß 1) ein Merkmal b, in dem zwei Arten A und B übereinstimmen, apomorph gegenüber einem bestimmten bei einer dritten Art C auftretenden Alternativmerkmal ist und daß 2) die Entstehung von b irreversibel ist, reichen noch nicht aus, um die These zu begründen, daß unter den drei Arten ABC, deren letzter gemeinsamer Vorfahr *nicht* Vorfahr weiterer an Astspitzen lokalisierter Arten ist, die zwei Arten A und B ein monophyletisches Schwesterarten-Paar bilden. Damit von der Übereinstimmung zweier Arten A und B in b auf die Monophylie von A und B geschlossen werden darf, muß vielmehr auch noch 3) sichergestellt sein, daß b *genau einmal*, nämlich *nur* entlang der zum letzten gemeinsamen Vorfahren von A und B hinführenden Verwandtschaftslinie entstanden ist. Jedoch haben weder Hennig *selbst* noch die an Hennig anschließenden Schulen harte Kriterien bereitzustellen vermocht, die geeignet sind, dieser dritten Begründungsverpflichtung nachzukommen. Der Nachweis, daß die von Hennig selbst sowie die von seinen Nachfolgern und Nachfolgerinnen erwogenen Lösungsversuche unzureichend sind, soll im folgenden erbracht werden.

4.3.1 Hennigs Vorschläge zur Lösung des Singularitätsproblems

Eine der Singularität entgegengesetzte und also im Verlauf eines Synapomorphie-Nachweises auszuschließende Möglichkeit besteht darin, daß zwei Arten m-homologe und damit nach Hennig wahrscheinlich p-homologe Strukturen besitzen, diese Strukturen jedoch entstanden sind, indem *derselbe* Transformationsschritt zweimal, d. h. entlang zweier verschiedener Verwandtschaftslinien abgelaufen ist. Merkmalsübereinstimmungen, die sich dem mehrmaligen Abgelaufensein desselben Transformationsschritts verdanken, werden als „Parallelismen", in bestimmten Fällen auch als „Homoiologien"[258] bezeichnet. „Parallelismus" (im engeren Sinn) liegt also vor,

> wenn verschiedene Transformationsreihen, *die von einem gemeinsamen Anfangszustande ausgehen*, zunächst divergieren, in ihren späteren Stadien aber parallel [...] verlaufen.[259]

Folgt man dieser Definition, so handelt es sich bei Parallelismen um eine besondere Art von nicht-singulärer Merkmalsentstehung. Fälle von Parallelismus sind also – ebenso wie Fälle von Hennigscher Konvergenz – Fälle von Nicht-Singularität.[260]
Weil aber, wie in Abschnitt 4.1.2.4 gezeigt wurde, das Risiko von Hennigscher Konvergenz für die Phylogenetische Systematik unter bestimmten Bedingungen gar

---

[258] Der Begriff „Homoiologie" geht auf den Zoologen Ludwig Plate (1862–1937) zurück (vgl. HENNIG 1982, 117). Plate, der als Nachfolger auf Haeckels Lehrstuhl in Jena Vertreter des Altdarwinismus gewesen ist (vgl. HENTSCHEL/WAGNER 1990, 411), tat sich in der Kampagne gegen die Jenaer Pädagogin und Soziologin Mathilde Vaerting (1884–1977) durch besonders scharfe Äußerungen hervor. Zur Rolle Plates im „Fall Vaerting" vgl. HÖRMANN 1989, 33–36 und ERDMANN 2001, 9–11 sowie 13. Zum Terminus „Homoiologie" vgl. auch PETERS 1972, 165.
[259] HENNIG 1982, 119 (Hervorhebung im Zitat durch M. L.)
[260] Zum Terminus „Parallelismus" vgl. auch PETERS 1998b.

*This is a manuscript.
*this too

nicht besteht und weil Hennig selbst das Konvergenz-Risiko – anders als das Risiko von Parallelismus – eher gering eingeschätzt hat, soll im folgenden die Frage, wie Hennig Nicht-Singularität auszuschließen versucht, nur noch für die Möglichkeit paralleler Merkmalsentstehung erörtert werden.

In Abschnitt 4.1.2.4 habe ich darauf hingewiesen, daß zwei Arten, deren Übereinstimmung in einem bestimmten Merkmal sich dem *parallelen* Hervorgehen dieses Merkmals aus demselben Ausgangszustand verdankt, durchaus Schwesterarten sein *können*. Übereinstimmung in einem parallel entstandenen Merkmal schließt Monophylie *nicht* aus. Denn in einem Fall, wie ihn Fig. 51 (Seite 125) zeigt, sind A und B monophyletisch, *obwohl* b zweimal aus x hervorgegangen ist. Gleichwohl ist Monophylie nicht mehr *garantiert*, sobald ein Merkmal, in dem zwei Arten übereinstimmen, mehr als genau einmal entstanden sein könnte. Entsteht nämlich ein Merkmal b von zwei verschiedenen *Verzweigungspunkten* aus durch Transformation desselben Ausgangszustandes, so bilden die Trägerarten von b miteinander *kein* Monophylum (vgl. Fig. 52, Seite 125). Damit tritt das Singularitätsproblem in Gestalt des Parallelismus-Problems auf.

Hennig selbst hat die Lösung des Parallelismus-Problems in zwei verschiedenen Richtungen gesucht. Dabei hat er jedoch offen gelassen, ob seine beiden Lösungsansätze als zueinander alternativ oder als einander ergänzend aufzufassen sind.

Der erste Lösungsvorschlag Hennigs läuft auf eine Umverteilung der Beweislasten hinaus:

> Ich habe es [...] (HENNIG 1953) als „Hilfsprinzip" bezeichnet, daß das Vorhandensein apomorpher Merkmale bei verschiedenen Arten „stets den Verdacht (!) auf Verwandtschaft" (d. h. den Verdacht auf Zugehörigkeit der betreffenden Arten zu einer monophyletischen Gruppe) „nahelegen und ihre konvergente [d. h. hier: parallele] Entstehung nicht von vornherein angenommen werden sollte". Es geschah dies auf Grund der Überzeugung, „daß die phylogenetische Systematik allen Boden unter den Füßen verlieren würde", wenn sie das Vorkommen von apomorphen Merkmalen bei verschiedenen Arten zunächst als Konvergenzen (bzw. Parallelismen) auffassen und in jedem Falle den Beweis des Gegenteiles verlangen wollte. Die Last des Beweises muß vielmehr der Behauptung auferlegt werden, daß „gemeinsamer Besitz von apomorphen Merkmalen in Einzelfällen nur auf Konvergenz (bzw. Parallelismus) beruhen könne".[261]

Dieser Vorschlag bedarf kaum der kritischen Kommentierung. Zu offensichtlich ist seine argumentationstheoretische Defizienz. Denn das Singularitätsproblem läßt sich nicht durch Bestreitung des Rechtes auf Zweifel an der Geltung von Singularitätsbehauptungen aus der Welt schaffen. Wer für eine Singularitätsbehauptung Geltung beansprucht, muß diese Aussage gegen mögliche Zweifel verteidigen können. Andernfalls ist es nicht verwunderlich, wenn der aufgestellten Behauptung die Anerkennung versagt bleibt.

Seinen zweiten (alternativen oder ergänzenden?) Lösungsvorschlag hat Hennig noch kompakter präsentiert als den ersten. Das für diesen zweiten Vorschlag *zentrale* Argument geht in HENNIG 1982 dem Vorschlag zur Umverteilung der Beweislasten unmittelbar voraus:

---

[261] HENNIG 1982, 121. Hennig unterscheidet in der frühen Arbeit, aus der er hier zitiert, nicht scharf zwischen Parallelismus und Konvergenz. Im Kontext von HENNIG 1982 läßt sich aber erkennen, daß die Möglichkeit paralleler Merkmalsentstehung in Rede steht.

> Das häufige Vorkommen von Parallelismen [...] bedeutet für die phylogenetische Systematik die Forderung, bei der Entscheidung über Verwandtschaftsbeziehungen möglichst viele Merkmale zu berücksichtigen. Je mehr sicher apomorph zu deutende Merkmale (nicht: Merkmale überhaupt!) bei einer Anzahl verschiedener Arten vorhanden sind, desto besser ist die Annahme begründet, daß diese Arten zusammen eine monophyletische Gruppe bilden.[262]

Was Hennig hier formuliert, ist nichts anderes als eine Vorform des später in der Phylogenetischen Systematik und den an diese anschließenden biosystematischen Schulen berühmt gewordenen *Parsimonieprinzips* [263].

In Hennigs Version besagt das Parsimonieprinzip, daß Arten umso sicherer ein Monophylum bilden, in je mehr apomorphen Merkmalen sie übereinstimmen. Bezogen auf das Parallelismus-Problem kann dies nur bedeuten: In *je mehr* apomorphen Merkmalen Arten übereinstimmen, umso *un*wahrscheinlicher ist, daß sich die Übereinstimmung der betrachteten Arten in den betrachteten Merkmalen paralleler und damit nicht-singulärer Entstehung verdankt. Diese Auffassung zieht methodisch die Forderung nach sich, daß für jede konkrete Merkmalsverteilung diejenige phylogenetische Deutung zu favorisieren ist, die die relativ wenigsten Merkmalübereinstimmungen mit nicht-singulärer Merkmalsentstehung erklären muß und die relativ meisten Merkmals-übereinstimmungen als Synapomorphien auszuweisen vermag.

Voraussetzung für die Anwendbarkeit des Hennigschen Parsimonieprinzips ist damit aber, daß *verbindlich* zwischen relativen *Graden* der Merkmalsübereinstimmung zwischen Arten unterschieden werden kann. Dies wird deutlich, wenn man einmal mehr beachtet, wie sich für Hennig die Aufgabe, Monophyla zu ermitteln, überhaupt stellt. Nach Hennig erfüllen beliebige Art-*Paare* die Relation „- - - ist verwandt mit + + +". Somit kann es für Hennig nur darum gehen, über den *relativen Grad* der zwischen *mehr als zwei*, also zwischen *mindestens drei* Arten bestehenden phylogenetischen Verwandtschaft zu entscheiden. Werden drei rezente Arten ABC, deren letzter gemeinsamer Vorfahr nicht zugleich Vorfahr einer *weiteren*, an einer Zweig*spitze* zu verortenden Art ist, auf den relativen Grad der zwischen ihnen bestehenden phylogenetischen Verwandtschaft untersucht, so bilden AB ein Monophylum, wenn A und B untereinander enger verwandt sind als A mit C sowie B mit C.

> Theoretisch ist es möglich, bei je drei willkürlich herausgegriffenen Arten [deren letzter gemeinsamer Vorfahr nicht Vorfahr von weiteren bekannten und deshalb an Baumspitzen lokalisierten Arten ist] die Frage zu stellen und zu beantworten, welche beiden näher

---

262 HENNIG 1982, 121. Vgl. auch HENNIG 1984, 53: „Die [...] Aufgabe [d. h. die Aufgabe, die Monophylie einer Gruppe nachzuweisen] wird dadurch gelöst, daß man für die betreffende Gruppe *eine möglichst große* Anzahl von apomorphen Merkmalen nachweist, die sie mit einer anderen Gruppe teilt."

263 Indem ich Hennigs Prinzip so charakterisiere, schließe ich mich dem in der Phylogenetik verbreiteten Verständnis des Ausdrucks „Parsimonieprinzip" an. Gleichwohl bedarf diese in der Phylogenetik übliche Redeweise philosophiehistorischer Kommentierung: Denn mit der „lex parsimoniae" der aristotelischen Tradition hat das Parsimonieprinzip der Phylogenetik inhaltlich nichts gemein. Während nämlich die *argumentationstheoretische* „lex parsimoniae" der aristotelischen Tradition gebietet, bei Beweisen *sparsam hinsichtlich der Anzahl der verwendeten Propositionen und Suppositionen* zu verfahren, fordert das phylogenetische Parsimonieprinzip dazu auf, Merkmalsverteilungen so zu deuten, daß so wenige Übereinstimmungen wie möglich auf nicht-singuläre Merkmalsentstehung zurückgeführt werden müssen. Zur Rezeption der „lex parsimoniae" bei dem mittelalterlichen Naturphilosophen Robert Grosseteste vgl. CROMBIE 1962, 85–86. Nach CROMBIE 1962, 85, Anm. 3, wird das Parsimonieprinzip des Aristoteles in Grossetestes *Commentaria in Libros Posteriorum Aristotelis* so wiedergegeben: „Fit enim demonstratio dignior, aliis existentibus eisdem, aut ex minoribus questionibus aut suppopsitionibus aut propositionibus."

miteinander verwandt sind als mit der dritten. Man kann auch in diesem Falle sagen, daß die beiden näher miteinander verwandten Arten eine monophyletische Gruppe bilden, innerhalb derer sie in einem Schwestergruppenverhältnis stehen, und die ihrerseits wieder die Schwestergruppe der dritten Art ist.[264]

Unter diesen Vorzeichen liefert Hennigs Parsimonieprinzip die Hypothese, daß A und B miteinander ein Monophylum bilden, genau dann, wenn A und B in relativ *mehr* apomorphen Merkmalen übereinstimmen als A und C bzw. B und C.[265]

	A	B	C
a	X	X	X
b	X	X	-
c	X	-	X
d	-	X	X
e	X	X	-
f	X	-	-
g	X	X	-

Tab. 9.

Nehmen wir einmal an, daß die drei Arten ABC bezüglich der sieben Merkmale a, b, c, d, e, f und g miteinander verglichen wurden, wobei die aus Tab. 9 hervorgehende Merkmalsverteilung ermittelt werden konnte. Bei dieser Verteilung läßt sich ohne weiteres feststellen, daß A und B relativ mehr Positivmerkmale gemeinsam haben als A und C bzw. B und C. Denn während A und B die Positivmerkmale a, b, e und g teilen, haben A und C lediglich die Positivmerkmale a und c, sowie B und C nur die Positivmerkmale a und d gemeinsam.

Kann nun zusätzlich noch davon ausgegangen werden, daß a, b, c, d, e, f und g relativ zu ihren jeweiligen Merkmalsalternativen *apomorph* sind, so scheint es möglich zu sein, mit Hilfe des Hennigschen Parsimonieprinzips eine gut begründete phylogenetische Entscheidung zu treffen. Mit Hilfe des Parsimonieprinzips läßt sich dann nämlich die folgende Argumentation aufbauen: Das Bestehen der Relation „A ist näher mit B als mit C verwandt“ ist sehr viel wahrscheinlicher als das Bestehen der Relationen „A ist näher mit C als mit B verwandt“ und „B ist näher mit C als mit A verwandt“. Wäre nämlich A näher mit C als mit B oder B näher mit C als mit A verwandt, so müßte angenommen werden, daß A und B in relativ mehr nicht-singulär entstandenen Merkmalen übereinstimmen, als A und C bzw. B und C jeweils synapomorphe Merkmale gemeinsam haben. Dies ist aber jeweils unwahrscheinlicher als die Annahme, daß sich die relativ wenigen A und C bzw. B und C vorbehaltenen[266] Übereinstimmungen in c bzw. d nicht-singulärer Entstehung verdanken, die relativ vielen A und B vorbehaltenen Übereinstimmungen jedoch Synapomorphien sind.[267]

Dieses Argumentationsschema sei im folgenden anhand von Fig. 56 schrittweise erläutert.

---

[264] HENNIG 1984, 54.

[265] Ist diese Bedingung *nicht* erfüllt, indem AB in ebenso vielen apomorphen Merkmalen übereinstimmen wie BC und AC, so erlaubt das Parsimonieprinzip unter Umständen keine eindeutige Entscheidung, sondern liefert mehrere *gleich* sparsame Monophylie-Hypothesen.

[266] Die Übereinstimmung von AC und BC in a ist nicht diesen beiden Artgruppen *vorbehalten*. Auch A und B stimmen in a überein.

[267] Hier wird die Parallele zu der in Abschnitt 3.4 referierten Auffassung Bocks deutlich, daß in der Frage, ob eine zwischen Arten bestehende Merkmalsübereinstimmung als „Homologie“ einzustufen ist, entschieden werden kann, indem nach Übereinstimmungen in jeweils *anderen* Merkmalen (oder Merkmalsmerkmalen) gesucht wird. Denn auch nach dem Parsimonieprinzip Hennigs soll der Synapomorphie-Charakter jeder einzelnen Merkmalsübereinstimmung abgesichert werden, indem zusätzlich noch Übereinstimmungen hinsichtlich jeweils *anderer* Merkmale aufgewiesen werden.

Fig. 56 zeigt, welche graduell-genealogischen Beziehungen theoretisch zwischen A, B und C bestehen können, und wie sich die Merkmale a, b, c, d, e, f und g samt ihren jeweiligen Alternativen gemäß Tab. 9 auf A, B und C verteilen.

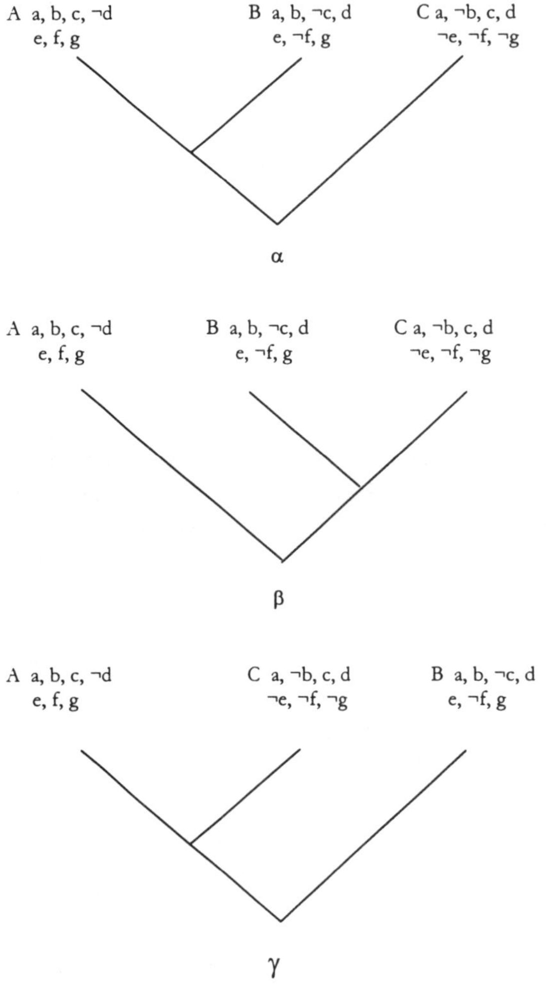

Fig. 56.

Kann nun vorausgesetzt werden, daß a, b, c, d, e, f und g gegenüber ihren jeweiligen Merkmalsalternativen apomorph sind, so kann ausgeschlossen werden, daß auch nur *eine* der Transformationen a→¬a, b→¬b, c→¬c, d→¬d, e→¬e, f→¬f und g→¬g abgelaufen ist. Es *verbietet* sich also, die aus Tab. 9 hervorgehende Merkmalsverteilung phylogenetisch so zu deuten, daß der Rückgriff auf eine oder mehrere dieser Transformationen nötig wird.

Damit können die in Fig. 56 gezeigten Szenarien nur noch so erklärt werden:

Zu α): Szenario α kann abgelaufen sein, wenn das Merkmal a eine Synapomorphie der A, B, den letzten gemeinsamen Vorfahren von AB sowie C umfassenden Artgruppe ist und wenn b, e und g Synapomorphien von AB sind, also entlang der zum letzten gemeinsamen Vorfahren von AB hinführenden Verwandtschaftslinie genau einmal entstanden sind. Da A das Merkmal d nicht besitzt, das Fehlen dieses Merkmals bei A aber nicht als Apomorphie gedeutet werden kann, wenn – wie vorausgesetzt – der Besitz von d gegenüber ¬d apomorph ist, kann hingegen d *nicht* schon beim letzten gemeinsamen Vorfahren von A, B *und* C vorgelegen haben (d müßte sonst hin zu A reduziert worden sein, womit entgegen der Apomorphie-Voraussetzung ¬d apomorph gegenüber d wäre). Damit bleibt innerhalb von Szenario α nurmehr die Möglichkeit übrig, d von B und d von C als nicht-singulär entstanden anzunehmen. Ebenso muß der Umstand, daß A und C das Merkmal c teilen, während B c nicht aufweist, mit der zweimaligen Entstehung von c erklärt werden. Denn die Möglichkeit, daß c ursprünglich, das Fehlen von c bei B damit aber apomorph gegenüber dem Besitz von c ist, verstößt gleichfalls gegen die Apomorphie-Voraussetzung. Insgesamt gilt also:

Szenario α vermag über die Übereinstimmung in a hinaus noch *drei* weitere Übereinstimmungen als Synapomorphien zu deuten; hingegen kommt dieses Szenario mit zwei Nicht-Singularitäten (c von A und C und d von B und C) aus.
Zu β): Szenario β kann abgelaufen sein, wenn der Besitz von a eine Synapomorphie der A, B, den letzten gemeinsamen Vorfahren von AB sowie C umfassenden Artgruppe ist und wenn b, e und g nicht-singulär entstanden sind. Denn da C b, e und g *nicht* besitzt, die Szenarien b→¬b, e→¬e und g→¬g aber gemäß der Apomorphie-Voraussetzung nicht abgelaufen sein dürfen, muß das Fehlen von b, e und g bei C als Plesiomorphie gedeutet werden. Dies ist nur möglich, wenn zugleich angenommen wird, daß A und B die ihnen gemeinsamen Merkmale b, e und g unabhängig voneinander erworben haben. Hinzu kommt als nicht-singulär entstandene Merkmalsübereinstimmung noch die Übereinstimmung von A und C in c. Wäre nämlich c genau *einmal* beim A und C gemeinsamen Vorfahren entstanden, so wäre das Fehlen von c bei B entgegen der Apomorphie-Voraussetzung apomorph gegenüber dem Besitz von c. Als Synapomorphie erlaubt damit Szenario β (neben der Übereinstimmung in a) nur die Übereinstimmung von B und C in d zu deuten. Das Fehlen von f hingegen muß als Symplesiomorphie von B und C aufgefaßt werden, da nur bei Ursprünglichkeit von ¬f das Auftreten von f bei A mit ¬f→f erklärt werden kann. Damit aber erlaubt Szenario β außer der Übereinstimmung in a nur noch eine weitere Merkmalsübereinstimmung (nämlich die Übereinstimmung von B und C in d) als Synapomorphie zu deuten.
Zu γ): Szenario γ kann abgelaufen sein, wenn der Besitz von a eine Synapomorphie von A, B, dem letzten gemeinsamen Vorfahren von AB sowie C ist und wenn sowohl b, e und g als auch d nicht-singulär entstanden sind. Denn da b, e und g bei C fehlen, die Transformationen b→¬b, e→¬e und g→¬g aber nach der Apomorphie-Voraussetzung nicht angenommen werden dürfen, und da d bei A fehlt, aber nach der Apomorphie-Voraussetzung auch das Fehlen von d bei A nicht als apomorph gedeutet werden darf, müssen diese vier Merkmale je zweimal entstanden sein. Als Synapomorphie vermag Szenario γ somit neben der Übereinstimmung in a nur noch die Übereinstimmung von A und C in c zu erklären. Damit gilt aber: *Einer* Synapomorphie stehen in Szenario γ insgesamt *vier* Nicht-Singularitäten gegenüber.
Vergleicht man die drei denkbaren Szenarien α, β und γ miteinander, so wird deutlich: Zwar müssen im Rahmen jedes Szenarios Merkmalsübereinstimmungen mit nicht-singulärer Merkmalsentstehung erklärt werden, „Merkmalsüberkreuzungen“ [268] sind also bei der aus Tab. 9 hervorgehenden Merkmalsverteilung unvermeidlich; aber Szenario α vermag nicht nur die meisten Merkmalsübereinstimmungen als Synapomorphien auszuweisen, sondern kann auch als einziges Szenario relativ mehr Merkmalsübereinstimmungen mit Synapomorphie erklären als es Merkmalsübereinstimmungen auf nicht-singuläre Merkmalsentstehung zurückführen muß. Mit anderen Worten: Während in Szenario β und γ BC bzw. AC weniger synapomorphe Merkmale gemeinsam haben, als A und B jeweils nicht-singulär entstandene Merkmale teilen, ist dieses Verhältnis in Szenario α genau umgekehrt. Geht man also von der Zuverlässigkeit des Hennigschen Parsimonieprinzips aus, so erscheint Szenario α als das „wahrscheinlichste“.

[268] Merkmalsverteilungen, die Merkmalsüberkreuzungen aufweisen, heißen in der Literatur „inkongruent“.

	A	B	C
a	X	X	X
b	X	X	-
c	X	-	X
d	-	X	X
e	X	X	-
f	X	-	-
g	X	X	-
h	-	X	X
i	-	X	X
j	-	X	X
k	-	X	X
l	-	X	X
m	-	X	X

Tab. 10.

Gerade an der Verläßlichkeit des diese Entscheidung liefernden Parsimonieprinzips kann aber gezweifelt werden. Denn die Möglichkeit, zwischen Graden der Merkmalsübereinstimmung in einer die Anwendung dieses Sparsamkeitsprinzips allererst gestattenden Weise definitiv unterscheiden zu können, besteht nur prima facie. Zwischen Graden der Ähnlichkeit kann nämlich stets nur relativ zu einer bestimmten, vorher getroffenen Merkmalsauswahl entschieden werden. Relativ zu *verschiedenen* (beispielsweise je erweiterten) Merkmalslisten können jedoch verschiedene relative Grade der Ähnlichkeit zwischen *denselben* Vergleichskandidaten bestehen. Wenn zum Beispiel die drei Arten A, B und C nicht mehr nur bezüglich der sieben in Tab. 9 aufgeführten Merkmale, sondern bezüglich einer um sechs weitere apomorphe Merkmale h, i, j, k, l und m ergänzten Merkmalsliste miteinander verglichen werden, so daß sich die in Tab. 10 gezeigte Merkmalsverteilung ergibt, dann liefert das Hennigsche Sparsamkeitsprinzip nicht mehr die Relation „A ist näher mit B als mit C verwandt", sondern die Relation „B ist näher mit C als mit A verwandt" als wahrscheinlichste (vgl. Fig. 57).

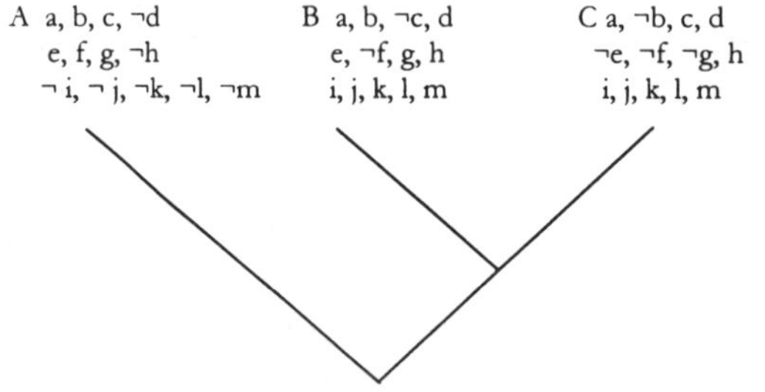

Fig. 57.

Damit aber entsteht das Problem, daß bereits *vor* Anwendung des Parsimonieprinzips entschieden sein müßte, relativ zu *welcher* Merkmalsauswahl das Parsimonieprinzip phylogenetisch *verläßliche* Entscheidungen liefert. Denn wenn Änderungen hinsichtlich der zugrundegelegten Merkmalsauswahl zu Änderungen im Grad der Ähnlichkeit führen können, lassen sich mit Hilfe des Parsimonieprinzips unter Umständen konkurrierende, d. h. einander widersprechende graduell-genealogische Hypothesen für ein und dasselbe Art-Ensemble begründen.

In dieser Situation könnte man erwägen, Hennigs Konzept der Holomorphe zu mobilisieren. Was Hennig unter „Holomorphe" versteht, läßt sich einem Passus entnehmen, in dem Hennig auf Aufgaben und Gegenstand der von ihm als Hilfswissenschaft der Phylogenetischen Systematik begründeten „Vergleichenden Holomorphologie" zu sprechen kommt:

> Die Verwendung der vergleichenden Holomorphologie, die *alle* körpergebundenen Merkmale der Individuen [...] berücksichtigt, als Hilfswissenschaft der Systematik ist [...] gut begründet.[269]

Klarer noch ist die Explikation des Terminus „Holomorphe", die Sudhaus und Rehfeld im Anschluß an Hennig vorgenommen haben:

---

[269] HENNIG 1982, 39.

> Wenngleich also stets nur eine Momentaufnahme der Merkmale möglich ist, bleibt es ein Ziel der Systematik, das Individuum letztlich *vollständig* zu beschreiben, also die *Gesamtheit* der Merkmale (= Holomorphe) zu erfassen [...].[270]

Folgt man diesen Begriffsbestimmungen, so ist die Holomorphe eines Organismus genau dann erfaßt, wenn *alle* körperlichen Merkmale des jeweiligen Organismus vollständig erfaßt sind. Die Eigenschaft, alle körperlichen Merkmale eines Organismus vollständig zu berücksichtigen, besitzt aber eine vorgelegte Liste von Körpermerkmalen höchstens dann, wenn sie *nicht* über die je aufgeführten Merkmale hinaus durch ein Merkmal derselben Sorte, also durch ein körperliches Merkmal erweitert werden kann. Ist es nämlich möglich, eine Liste von Körpermerkmalen eines bestimmten Organismus durch Erhebung eines neuen Körpermerkmals am jeweiligen Organismus zu *erweitern*, so ist nachgewiesen, daß es sich bei der Ausgangsliste *nicht* um eine die Holomorphe des jeweiligen Organismus wiedergebende Merkmalszusammenstellung gehandelt haben kann. Denn offensichtlich hat die Ausgangsliste dann ja ein körperliches Merkmal, dessen Träger der jeweilige Organismus gerade ist, *nicht* enthalten.

Könnte aber für eine vorgelegte Liste sichergestellt werden, daß sie *nicht* über die aufgeführten Merkmale hinaus verlängert werden kann, zumindest aber *vollständiger* als andere Listen ist, so bestünde die Möglichkeit, Aussagen über Grade der Übereinstimmung in adäquate und inadäquate, zumindest aber – nach dem Grad ihrer Nähe zur Holomorphe – in wirklichkeitsnähere und -fernere einzuteilen. Je nachdem könnte entschieden werden, ob eine mit Hilfe des Parsimonieprinzips phylogenetisch gedeutete Merkmalsverteilung und damit das sich der Anwendung des Parsimonieprinzips verdankende phylogenetische Ergebnis verläßlich oder unverläßlich, immerhin aber mehr oder weniger verläßlich ist.[271]

Die Lösung des Problems, daß a) Aussagen über relative Grade der Ähnlichkeit und damit Aussagen über relative Grade der phylogenetischen Verwandtschaft, die sich dem Einsatz des Parsimonieprinzips verdanken, von der zugrundegelegten Vergleichsbasis abhängen und daß sich deshalb unter Umständen b) je nach Vergleichsbasis konkurrierende graduell-genealogische Aussagen für dasselbe Art-Ensemble rechtfertigen lassen, kann man sich jedoch vom Holomorphe-Konzept Hennigs *nicht* versprechen, wenn man die Auffassung vertritt, daß für *keine* vorgelegte

---

[270] SUDHAUS/REHFELD 1992, 20.

[271] Obwohl er das Holomorphe-Konzept propagiert, beurteilt Hennig die Möglichkeit, den Grad der Ähnlichkeit zwischen Organismen verbindlich feststellen zu können, skeptisch. Vgl. HENNIG 1984, 35: „1) Aus der Zahl der Elemente, die man bei einer Art finden und zum Vergleich mit anderen Arten benutzen kann, ist uns immer nur ein kleiner Ausschnitt bekannt. Es ist mit einigem Recht gesagt worden, daß die Zahl der bekannten Merkmale nur vom Fleiß desjenigen abhängt, der nach ihnen sucht. Es ist daher sehr fraglich, ob man die Unterschiede in der Zahl der bekannten Merkmale als Maß für den Grad der bestehenden Ähnlichkeiten oder Unähnlichkeit verschiedener Arten ansehen kann. 2) Gegen die Verwendung der Zahl der unterscheidenden bzw. übereinstimmenden Merkmale als Maß für die Gesamtähnlichkeit der Arten sind, auch unabhängig davon, daß wir sie nur unvollständig kennen, Bedenken möglich. Um einen Vergleich verschiedener Organismen überzeugt durchführen zu können, müssen wir ihre Gestalt (ihre Holomorphe) zwar in einzelne Merkmale zerlegen; dabei können als Merkmale aber sowohl Einzelstrukturen wie auch ganze Komplexe von solchen gelten [...]. Es ist daher fraglich, ob man den Unterschied in Teilstrukturen ohne weiteres mit dem Unterschied in ganzen Strukturkomplexen gleichsetzen kann."

Merkmalsliste *auszuschließen* ist, daß sie über die jeweils aufgeführten Merkmale hinaus ergänzt werden kann. Für genau diese Auffassung spricht aber meines Erachtens schon der Umstand, daß nie *auszuschließen* ist, daß zum Beispiel mit neuen, noch unbekannten Analysemethoden (Färbe-, Vergrößerungs-, Röntgentechniken etc.) auch neue Merkmale am jeweils interessierenden Objekt erhoben, zum Beispiel neue Substrukturen innerhalb schon abgegrenzter Teile festgestellt werden. Außerdem ist zu bedenken, daß Abgrenzungen von Strukturen nie nur auf eine Weise vorgenommen werden können.

Damit tritt erneut eine Schwierigkeit zutage, die für taxonomische Begriffssysteme bereits am Ende von Kapitel 2 (Abschnitt 2.4) aufgeworfen wurde. Genauso wenig wie für eine Taxonomie sichergestellt werden kann, daß sie alle im wissenschaftlichen Umgang mit den klassifizierten Individuen überhaupt je interessierenden und zugänglichen Merkmale abdeckt, kann die phylogenetische *Verläßlichkeit* einer Merkmalsverteilung, auf die das Hennigsche Parsimonieprinzip angewendet wird, garantiert werden. Der Grund ist beide Male derselbe: Für Beschreibungen von Individuen kann Vollständigkeit in einem emphatischen Sinn niemals reklamiert werden, weil niemals die Nicht-Erweiterbarkeit der mit der jeweiligen Beschreibung vorgelegten Merkmalsliste garantiert werden kann.[272]

Gerade angesichts der von Hennig selbst vertretenen Auffassung, daß mit Parallelismen nicht nur *überhaupt* zu rechnen ist, sondern daß Parallelismen sogar ausgesprochen *häufig* vorkommen,[273] bedeutet der Befund, daß weder die von Hennig vorgeschlagene Umverteilung der Beweislasten noch sein Parsimonieprinzip akzeptable Mittel zur Ausschaltung des Risikos von Parallelität darstellen, eine methodische Katastrophe. Denn mit dem Versagen dieser Mittel rückt das Ziel der Phylogenetischen Systematik, die Ermittlung von monophyletischen Gruppen, für Hennig in unerreichbare Ferne. Indem nämlich diese Mittel nicht greifen, vermag Hennig für *keine* Merkmalsübereinstimmung sicherzustellen, daß es sich bei ihr um eine Synapomorphie handelt. Der Parallelismus-Verdacht aber bleibt damit ebenso unabweisbar im Raume wie Monophylie-Hypothesen zur reinen Glaubenssache werden.

> Als Fazit bleibt der starke und begründete Verdacht, daß Parallelentwicklungen in der Evolution alltäglich sind [...]. Manche liegen offen vor uns, denn jeder Fall von Merkmalsüberkreuzung ist ja ein Beleg für Parallelentwicklung. Viele aber mögen gar nicht zu erkennen sein. Und hierin sehe ich den eigentlichen, obgleich oft unterschätzten Grund für den Pessimismus des Systematikers: In dem prinzipiell nicht auszuräumenden Zweifel, ob eine angenommene Synapomorphie und eine darauf begründete Monophylie wirklich eine solche ist.[274]

Hennig selbst hat versucht, derartigen Bedenken argumentativ zuvorzukommen. In HENNIG 1982 und HENNIG 1984 hat er sich vor allem bemüht, die mit phyloge-

---

[272] *Nicht* im Widerspruch zu dieser Behauptung steht die Feststellung, daß unter *praktischen* Gesichtspunkten der Abschluß einer Merkmalsliste durchaus begründet werden kann. Für bestimmte Zwecke kann es nämlich ausreichen, nur ganz bestimmte Merkmale eines Individuums als die (zweckrelativ) wesentlichen zu berücksichtigen. (So kann es ausreichen, meine Tasse von den Tassen meiner Tischnachbarn hinsichtlich ihrer Farbe und Form zu unterscheiden, um sie so wiederzuerkennen.) Die Phylogenetik aber verfolgt (wie andere deskriptive Wissenschaften auch) keine solchen (praktischen) Zwecke, die Beschreibungsabschlüsse als *zweckmäßig* zu rechtfertigen gestatten.

[273] Vgl. den Beginn des in Anm. 262 (Seite 144) nachgewiesenen Zitats.

[274] PETERS 2000, 9.

netisch-systematischen Verwandtschaftsaussagen verbundenen *Geltungsansprüche* von vornherein *sehr niedrig* zu halten. Diese präventiven Bemühungen finden ihren Ausdruck in einer Reihe von *metatheoretischen* Argumentationsstrategien. Auf zwei dieser Argumentationsstrategien möchte ich genauer eingehen.

1) Hennig hat vorgeschlagen, einen auf den Begriffen der *Vereinbarkeit* und *Fruchtbarkeit* basierenden Wahrheitsbegriff zur Beurteilung phylogenetisch-systematischer Aussagen heranzuziehen.

> „Daß eine ‚Annahme' wahr ist, zeigt sich durch die ‚Bewährung' derselben im Denkzusammenhange, indem sie diesem nicht nur nicht widerspricht (entgegen ist), sondern sich ihm harmonisch einfügt und mit dem Forderungscharakter konstant behaftet bleibt" (EISLER Handwörterbuch der Philosophie, p. 722). In diesem Sinne ist nach MÜLLER-FREIENFELS (1922, zitiert in EISLER, l.c.) „wahr" gleichbedeutend mit „zusammenhangsgemäß". Aber nicht nur die Tatsache, daß sich eine Annahme widerspruchslos in ein System von bereits bekannten und als wahr geltenden Zusammenhängen einfügen läßt, sondern darüber hinaus auch ihre „Fruchtbarkeit" für die Erschließung neuer Zusammenhänge muß nach GEHLEN (1940, p. 327) als „Kriterium der Wahrheit" angesehen werden. [...] Für die phylogenetische Systematik bedeutet das aber nichts anderes, als daß auch ihr Kriterien zur Verfügung stehen, mit denen sie die Wahrheit bzw. die Richtigkeit ihrer Ergebnisse prüfen kann, und daß diese Wahrheitskriterien grundsätzlich die gleichen sind, auf die auch alle anderen Wissenschaften als die einzig verfügbaren angewiesen sind.[275]

Die zwei Aspekte des hier skizzierten Wahrheitsverständnisses möchte ich getrennt voneinander untersuchen.

a) So bedeutsam die Berufung auf das Kriterium der Widerspruchsfreiheit in *Formal*wissenschaften wie Logik oder Mathematik ist, so *unzureichend* ist der Rekurs auf *theorieinterne Konsistenz* in historisch-rekonstruktiven Naturwissenschaften, die ja in spezifischer Weise Erscheinungen unserer *Erfahrungswelt* zu erklären versuchen. Sieht man einmal von dem Problem ab, daß viele Theorien[276] aus dem Bereich der historisch-rekonstruktiven Naturwissenschaften *terminologisch* gar nicht sorgfältig genug ausgearbeitet sind, um *problemlos* auf Widerspruchsfreiheit untersucht werden zu können, so läßt sich prinzipiell anmerken: Zwar dürfen auch naturhistorische Theorien, die mit dem Anspruch auf Geltung vorgetragen werden, keine internen Widersprüche aufweisen, d. h. keine miteinander logisch unvereinbaren Theoreme enthalten; jedoch reicht interne Widerspruchsfreiheit nicht aus, um einer solchen Theorie die Anerkennung zu sichern.[277] Die Wissenschaftsgeschichte kennt eine Vielzahl naturhistorischer Theorien, die zwar dem Kriterium der internen Widerspruchsfreiheit genügen, jedoch keine Geltung für sich beanspruchen können. Denn wir verlangen von naturhistorischen Theorien unter anderem, daß sie sich im

[275] HENNIG 1982, 127. Vgl. auch HENNIG 1984, 51: „Die Methode, mit der die Entscheidung über die Bewertung von Merkmalsübereinstimmungen als Synapomorphien, Konvergenzen oder Symplesiomorphien geprüft wird, besteht also darin, zu prüfen, ob sie miteinander in Einklang zu bringen sind. Das Kriterium der Wahrheit ist Vereinbarkeit."

[276] Mit MITTELSTRASS 1974b, 31, kann man definieren: „Unter einer Theorie verstehen wir eine Reihe von Sätzen, die z. B. in bestimmter geordneter Weise voneinander logisch abhängig sind und auf diese Weise einen Satzzusammenhang oder ein Satzsystem darstellen." Vgl. auch die klassische Definition von „Wissenschaft" in BOLZANO 1985, 33–34.

[277] Mit anderen Worten: Interne Widerspruchsfreiheit ist eine notwendige, jedoch keine hinreichende Bedingung für die Geltung einer naturhistorischen Theorie. So auch KÖTTER 2001, 135 und 138 für Theorien aus dem Bereich der Historischen Geologie.

Einklang mit bekannten Naturgesetzen befinden, d. h. insbesondere nicht im Widerspruch zu physikalischen und chemischen Sätzen stehen, die sich in unserer *Erfahrungswelt* prognostisch bewähren.[278] Dies aber ist *nicht* schon garantiert, wenn eine naturhistorische Theorie *in sich* nur überhaupt widerspruchsfrei ist. So erklärt der Neptunismus die Basaltentstehung und damit das Vorkommen von Basaltformationen widerspruchsfrei. Trotzdem hat die Historische Geologie die neptunistische Theorie der Basaltentstehung verworfen. Obwohl konsistent, fügt sich diese Theorie nämlich nicht in den weiteren Rahmen unseres experimentell gewonnenen physikalischen und chemischen Wissens.

Im speziellen Fall phylogenetischer Verwandtschaftshypothesen muß darüber hinaus *bestritten* werden, daß sich eine mit Hilfe des Parsimonieprinzips für eine bestimmte Arten- und Merkmalskonstellation gewonnene sparsamste Deutung gegen weniger sparsame Deutungen mit dem Hinweis auf die *logische Inkonsistenz* der weniger sparsamen Deutungen verteidigen läßt. Denn für eine bestimmte Arten- und Merkmalskonstellation liefert zwar das Parsimonieprinzip *unter Umständen* genau *eine* phylogenetische Interpretation, innerhalb derer die Zahl der Merkmalsübereinstimmungen, die mit *nicht-singulärer* Merkmalsentstehung erklärt werden müssen, minimal ist.[279] Aber deshalb sind Deutungen, im Rahmen derer *relativ mehr* Merkmalsübereinstimmungen auf nicht-singuläre Merkmalsentstehung zurückgeführt werden müssen, keinesfalls *widersprüchlich im logischen Sinn.* Der Begriff der Konsistenz eignet sich also nicht dazu, eine sparsamste Deutung vor weniger sparsamen Deutungen auszuzeichnen.

b) Im Anschluß an Arnold Gehlen (1904–1976) scheint Hennig durchaus gesehen zu haben, daß sich Theorien aus dem Bereich der historisch-rekonstruktiven Naturwissenschaften in den Rahmen unseres *empirisch* erworbenen naturwissenschaftlichen Wissens einfügen und in diesem Sinne „bewähren" müssen. Sollte aber Hennig – wie der Schlußsatz des obigen Zitats tatsächlich vermuten läßt – der Meinung gewesen sein, daß sich *naturhistorische* Theorien damit in *demselben Sinne* „bewähren" können wie Theorien aus den *exakten* Naturwissenschaften, so müßte dies als Irrtum charakterisiert werden. In den exakten Naturwissenschaften bewähren sich Theorien nämlich in dem Maße, in dem sie den Erfolg bzw. Mißerfolg bestimmter experimenteller Aktionen *vorherzusagen* erlauben.[280] Die Möglichkeit aber, für die Güte ihrer Theorien durch Verweis auf deren *prognostische* Kraft zu argumentieren, bleibt den *historisch-rekonstruktiven* Naturwissenschaften versagt. Denn Historische Geologie, Historisch-rekonstruktive Evolutionsbiologie und Historische Kosmologie stellen im Rahmen ihrer Theorien Behauptungen darüber auf, daß zu einem bestimmten Zeitpunkt der *Vergangenheit* bestimmte Naturereignisse stattgefunden haben. Bei derartigen, im strengen Sinn natur*historischen* Sätzen handelt es sich erkennbar *nicht* um Sätze, die selbst den Erfolg oder Mißerfolg bestimmter experimenteller Aktionen zu prognostizieren gestatten.

---

[278] Vgl. KÖTTER 2001, 135 und 138.

[279] Es muß „unter Umständen" heißen, weil auch Merkmalsverteilungen denkbar sind, relativ zu denen das Parsimonieprinzip mehrere gleich sparsamste Deutungen liefert. Vgl. Anm. 265 (Seite 145).

[280] Die Bewährung empirischer All-Aussagen kann nur als „Bewährung *bis auf weiteres*" gedacht werden. Denn generelle empirische Sätze können nicht definitiv verifiziert, sondern höchstens definitiv falsifiziert werden.

Mit dem Hinweis auf diese methodische Grenze ist zwar keineswegs gezeigt, daß nicht auch Kriterien zur Beurteilung der Güte von Theorien aus dem Bereich der historisch-rekonstruktiven Naturwissenschaften zur Verfügung stehen; gleichwohl muß Hennigs Beteuerung, der Phylogenetik (als einer bestenfalls historisch-rekonstruktiven naturwissenschaftlichen Disziplin) stünden dieselben Bewährungskriterien wie den anderen Wissenschaften zu Gebote, als irreführend eingestuft werden. Denn mit dieser Beteuerung werden wesentliche methodische Differenzen zwischen historisch-rekonstruktiven und exakten Naturwissenschaften auf unzulässige Weise eingeebnet.
2) Hennig nimmt für phylogenetisch-systematisch gewonnene Aussagen immerhin Widerlegungsoffenheit in Anspruch:

> Man kann auch heute noch die Meinung hören, daß wir über den Gang der Phylogenese, also die chronologische Sequenz der Verzweigungen des Stammbaumes einer Tiergruppe keine absolute Gewißheit gewinnen können, weil wir „nicht dabei gewesen" sind. [...] Dagegen ist zu sagen, daß die Gewinnung „absoluter Gewißheit" in keiner Wissenschaft möglich ist, und daß jedes Ergebnis einer wissenschaftlichen Untersuchung nur den Charakter einer Zwischenbilanz haben kann, *die für die Korrektur durch künftige Erkenntnisse offen bleibt.*[281]

Zwar reklamiert Hennig für Aussagen, die sich der Anwendung phylogenetisch-systematischer Methoden verdanken, offenbar *pauschal* Falsifizierbarkeit, jedoch gilt *zumindest*: Hennigs *Parsimonieprinzip* erlaubt *keine* Falsifikation von *Singularitätsbehauptungen.* Während generelle *empirische* Aussagen der Form „$\forall X: X \in \{P\} \rightarrow X \in \{Q\}$"[282] falsifiziert sind, sobald auch nur ein einziges Individuum gefunden ist, das zwar unter den Begriff p, *nicht* aber unter den Begriff q fällt, bietet das Parsimonieprinzip *keine* Handhabe, um eine bestimmte Singularitätsbehauptung definitiv zu widerlegen. Zwar läßt sich im Idealfall mit Hilfe des Parsimonieprinzips für eine *bestimmte* Arten- und Merkmalskonstellation genau eine Deutung finden, die für weniger Merkmalsübereinstimmungen nicht-singuläre Merkmalsentstehung verantwortlich machen muß als alle anderen möglichen Deutungen; werden aber *ein und dieselben* Arten bezüglich zweier *verschiedener* Merkmalsbasen miteinander verglichen, so kann das Parsimonieprinzip im einen Fall die Annahme *nicht-singulärer* Entstehung für gerade solche Merkmale nahelegen, die es im anderen Fall als *singulär* entstandene zu verstehen erlaubt. Mit anderen Worten: Weil das Parsimonieprinzip nur relativ zu einer bestimmten Merkmalsbasis sparsamste Lösungen liefert, besteht die Möglichkeit, daß das Parsimonieprinzip bei geänderter (zum Beispiel erweiterter oder teilweise neu komponierter) Merkmalsbasis für *ein und dasselbe* Merkmal *konkurrierende* Hypothesen über die Häufigkeit seiner Entstehung nahelegt.
Des weiteren ist zu beachten: Da für keine Merkmalsliste *ausgeschlossen* werden kann, daß sie über die je aufgeführten Merkmale hinaus erweiterbar ist, besteht auch kein Anlaß zu der Hoffnung, daß relativ zu Merkmalslisten, die die *Holomorphe* bestimmter Organismen(-gruppen) wiedergeben, bestimmte Singularitätsbehauptungen wenigstens in Zukunft einmal *definitiv verworfen* werden können.

---

[281] HENNIG 1984, 51 (Hervorhebung im Zitat durch M. L.)

[282] Lies: Für alle X gilt: Ist X Element der offenen Klasse {P} aller unter den Begriff p fallenden Gegenstände, so ist X auch Element der offenen Klasse {Q}aller unter q fallenden Individuen.

Wenn aber Singularitätsbehauptungen zumindest mit Hilfe des Parsimonieprinzips *nicht* definitiv falsifiziert werden können – ist Hennigs Äußerung dann vielleicht nur als Eingeständnis der Irrtumsanfälligkeit naturhistorischer Hypothesen zu verstehen?
Sollte diese Lesart zutreffen, so wäre meines Erachtens zu sagen: An Theorien aus dem Bereich der historisch-rekonstruktiven Naturwissenschaften kann man zwar grundsätzlich *nicht* dieselben methodologischen Ansprüche stellen wie an exakte Naturwissenschaften. Aber auch von ihnen wird man sich mehr erwarten dürfen als das Eingeständnis, daß ihre Hypothesen möglicherweise unzutreffend sind. Man darf nämlich zumindest fordern, daß im konkreten Fall bestimmte Hypothesen definitiv *ausgeschlossen* werden können. Diesem Anspruch genügen aber phylogenetisch-systematisch gewonnene Singularitätsbehauptungen meines Erachtens nicht.

4.3.2 Das Singularitätsproblem in der Hennig-Nachfolge

Bei Hennig selbst kann nur so etwas wie eine Vorform des Parsimonieprinzips nachgewiesen werden. Insbesondere muß auffallen, daß Hennig selbst (zumindest in HENNIG 1982) den Ausdruck „Parsimonieprinzip" vermieden hat. Der Sache nach deckt sich allerdings sein Vorschlag, in jedem konkreten Fall so wenig Merkmalsübereinstimmungen wie möglich auf nicht-singuläre Entstehung zurückzuführen, mit den in der Hennig-Nachfolge ausgearbeiteten Vorschlägen zur Lösung des Singularitätsproblems.
Bevor diese These mit einem Beispiel aus dem deutschsprachigen Raum belegt werden soll, sei zunächst kurz skizziert, welchen Umgestaltungsprozessen die Phylogenetische Systematik seit ihren Anfängen – und insbesondere seit dem Tod Hennigs 1976 – unterworfen gewesen ist.

4.3.2.1 Zu neueren Strömungen in der Phylogenetischen Systematik

Die Phylogenetische Systematik tritt heute, anders als in ihrer Frühzeit, nicht mehr als *geschlossene* Schule auf. Sie ist vielmehr in eine Vielzahl von Richtungen und Strömungen zerfallen. Neben Ansätzen, die sich selbst als Weiterentwicklungen des von Hennig propagierten Ansatzes verstehen, betreiben – gerade im deutschsprachigen Raum – eine Reihe von Biologen und Biologinnen Phylogenetische Systematik *innerhalb* des von Hennig selbst abgesteckten methodischen Rahmens.
Eine erste markante Umgestaltung, die die Phylogenetische Systematik erfahren hat, verdankt sich dem Siegeszug des Computers als Arbeitsmittel in der Biologie.
Etwa ab 1960[283] sah sich die Systematik in die Lage versetzt, sehr große Merkmalslisten mit Hilfe des Computers bearbeiten zu können. Nachdem sich zunächst vor allem die Numerische Taxonomie der neuen Technik bediente, um Merkmalsverteilungen biosystematisch auszuwerten,[284] nutzten bald auch die Vertreter und Vertreterinnen der Phylogenetischen Systematik die neuen Möglichkeiten. Es wurden erste Computerprogramme entwickelt, die es erlauben, die Verteilung einer sehr hohen Merkmalsanzahl auf bestimmte Arten zu ermitteln und diese Merkmalsverteilung so-

---

[283] Vgl. HAGEN 2001, 293–295. Etwas früher, nämlich in die „Mitte der 50er Jahre" datiert Mayr den Beginn der „Computerisierung" der Systematik. Vgl. MAYR 1990, 264.
[284] Vgl. HAGEN 2001, 295–298.

dann unter Heranziehung des Parsimonieprinzips in Kladogramme zu übersetzen. Die Strömung, innerhalb derer solche Programme zur Gewinnung phylogenetisch-systematischer Hypothesen eingesetzt werden, kann als „Computerkladismus" bezeichnet werden.

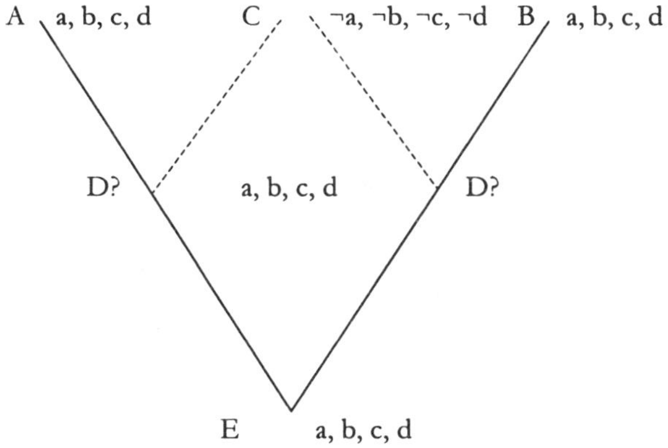

Fig. 58: Sind die den Arten A und B gemeinsamen Merkmale a, b, c und d relativ zu ihren bei C auftretenden alternativen Merkmalspartnern (¬a, ¬b, ¬c und ¬d) plesiomorph, so ist mit der Möglichkeit zu rechnen, daß AB miteinander ein Paraphylum bilden. Die zwei Arten A und B bilden jedoch bei Paraphylie von A und B miteinander eine reine Ähnlichkeitsklasse.

Wie der Kladismus im allgemeinen, so präsentiert sich auch der Computerkladismus häufig als methodisch *verarmte* Version des Hennigschen Ansatzes. Vor allem droht in sämtlichen Spielarten des Kladismus die Frage nach der evolutionsgeschichtlichen *Abfolge* im Auftreten von Merkmalen aus dem Blick zu geraten.

Wo aber nicht mehr zu klären versucht wird, ob Merkmale, die einer Gruppe von Arten gemeinsam sind, relativ zu den jeweiligen, in einer anderen Artgruppe auftretenden Alternativmerkmalen apo- oder plesiomorph sind, da geht nicht nur die eigentlich *diachrone*, evolutions*geschichtliche* Dimension des Hennigschen Ansatzes verloren, sondern da wird mit der Erzeugung von möglicherweise reinen Ähnlichkeitsklassen auch die Berufung auf Hennig problematisch – de facto nämlich eine Annäherung an die Numerische Taxonomie vollzogen (vgl. Fig. 58).[285]

Eine weitere Entwicklung, von der die Phylogenetische Systematik erfaßt wurde, war der Boom der Molekulargenetik. Wollte Hennig selbst genetische Merkmale nur *zusätzlich* zu anderen Merkmalssorten in phylogenetisch-systematische Analysen einbezogen wissen,[286] so bildeten sich in seiner Nachfolge Richtungen der Phylogenetischen Systematik heraus, die sich *allein* von der Analyse genetischer Merkmale Auskunft über phylogenetische Verwandtschaftsverhältnisse versprechen.[287] So raffiniert die Methoden auch sind, derer sich die Vertreter und Vertreterinnen dieser molekulargenetischen Richtungen bedienen, und so wenig man die Bedeutung der Molekulargenetik für die historisch-rekonstruktive Evolutionsforschung bestreiten kann, so sehr möchte ich doch mit Blick auf die Resultate der vorangegangenen Abschnitte betonen: Dort, wo man sich erhofft, von der Übereinstimmung in molekulargenetischen Merkmalen auf die Monophylie der Träger dieser Merkmale

---

285 Zur Geschichte des Kladismus und zur Diskussion um die Stellung fossil überlieferter Lebensformen in der Phylogenetischen Systematik vgl. PANCHEN 1994, 151–181 und HULL 2001, 231–233.

286 Vgl. HENNIG 1982, 115.

287 Zu neueren Ansätzen im Bereich der Molekulargenetischen Phylogenetik vgl. PAGE/ HOMES 1998 und PANCHEN 1994, 204–212 sowie (speziell zum „Coalescent-Concept") HARDING 1996, BARTON/WILSON 1996 und HUDSON/KAPLAN 1996.

schließen zu können, mag man zwar den Vorteil haben, daß DNA-Moleküle endlich lang und von daher wenigstens die Anzahl der *Gene* von Organismen endlich ist; gleichwohl gilt auch hier, daß Übereinstimmungen in genetischen Merkmalen das Resultat eines *mehrfachen* Auftretens *derselben* Mutation in *verschiedenen* phylogenetischen Arten sein können.

Das Problem der *Art*-Merkmale und das Singularitätsproblem stellen sich also nicht nur bei Berücksichtigung traditioneller (morphologischer) Merkmale, sondern sie treten auch da auf, wo nur *genetische* Merkmale phylogenetisch-systematischen Analysen zugrundegelegt werden.

Die jüngste Entwicklung innerhalb der Phylogenetischen Systematik ist schließlich durch die innerbiologische Diskussion um den Art-Begriff angestoßen worden. In dem Versuch, den eigenen Art-Begriff gegen kritische Anfragen aus anderen biologischen Fachgebieten und biosystematischen Schulen zu verteidigen, wurden innerhalb der Phylogenetischen Systematik konkurrierende Vorschläge zur Modifikation des Hennigschen Art-Konzeptes ausgearbeitet. Über die Leistungsfähigkeit der verschiedenen Varianten des „phylogenetischen Art-Begriffes" wird derzeit intensiv diskutiert.[288]

4.3.2.2 Die Ax-Rieppel-Kontroverse

Zwischen 1985 und 1989 haben die beiden Biosystematiker Peter Ax und Olivier Rieppel eine wissenschaftstheoretisch aufschlußreiche Kontroverse über das Parsimonieprinzip geführt.[289]

Hat man sich einen Überblick über die neueren Entwicklungen innerhalb der Phylogenetischen Systematik verschafft, so ist man in der Lage, die beiden Protagonisten dieser Kontroverse nach ihrer Zugehörigkeit zu bestimmten Strömungen voneinander zu unterscheiden. Während sich Peter Ax eng an die programmatischen und methodischen Vorgaben Hennigs hält und von daher dem eher *konservativen* Zweig der Phylogenetischen Systematik zugerechnet werden kann, gehört der Schweizer Paläontologe Olivier Rieppel zu den bedeutendsten deutschsprachigen Vertretern des sogenannten Pattern Cladism, einer Strömung innerhalb des Kladismus, die besonders stark betont, daß kladistische Forschung den Charakter reiner Ähnlichkeitsforschung hat und haben muß.[290]

Folgt man der Programmschrift des Pattern Cladism, der 1982 in der Zeitschrift *Systematic Zoology* erschienenen Arbeit *Classes and Cladists* von John Beatty (BEATTY 1982), so verstehen sich die Anhänger und Anhängerinnen des „Pattern Cladism" selbst als *desillusionierte*[291] Fraktion innerhalb des Kladismus. Nach Beatty haben sie den Anspruch aufgegeben, die *Phylogenese* der Organismen rekonstruieren zu können:

---

[288] So hat sich innerhalb der Phylogenetischen Systematik neben einem (phylogenetischen) Art-Begriff *sensu Mishler und Theriot* ein (phylogenetischer) Art-Begriff *sensu Wheeler und Platnick* herausgebildet. Zur Diskussion um beide Art-Konzepte vgl. MISHLER/THERIOT 2000a, 2000b und 2000c sowie WHEELER/PLATNICK 2000a, 2000b und 2000c.

[289] Zum Ablauf der Kontroverse vgl. RIEPPEL 1989, 193.

[290] Vgl. auch HULL 2001, 233–235.

[291] Vgl. BEATTY 1982, 25 (Abstract).

> [T]he new cladists have even given up the goal of representing genealogy [...].[292]

Statt dessen sehen sie ihre Aufgabe in der Ermittlung eines Systems von hierarchisch gestaffelten Ähnlichkeitsklassen, das sie entweder mit Hilfe von Euler-[293] oder mit Hilfe von Baum-Diagrammen veranschaulichen. Die mit solchen Diagrammen zu veranschaulichenden Inklusions- und Exklusionsverhältnisse bilden nach Auffassung des Pattern Cladism jenes Muster („Pattern"), dessen Erforschung der Biosystematik obliegt.

> Hence the name „pattern" cladists. What sort of pattern is this? It is a strict hierarchy of groups, where the groups at one level are nonoverlapping, or mutually exclusive, and where each of the groups at one level is completely included in the group at the next highest level.[294]

Erforscht, besser wohl: erzeugt wird das von Beatty beschriebene enkaptische System von Ähnlichkeitsklassen, indem Organismen hinsichtlich des Besitzes oder Fehlens bestimmter Merkmale miteinander verglichen werden; Organismen, die derselben Gruppe, anders ausgedrückt: demselben Taxon angehören, stimmen jeweils hinsichtlich bestimmter (positiver oder negativer) Merkmale überein:

> For the pattern cladists, groups are *just* collections of organisms, distinguished by the sorts of characters that allow the collections to be hierarchically ordered.[295]

Was Beatty selbst anbetrifft, so ist die programmatische Absage an phylogenetische Ansprüche zum einen wohl vor dem Hintergrund der in den USA gesellschaftlich breit geführten Diskussion um Evolutionstheorie und Kreationismus zu verstehen.[296] Zum anderen ist die Abkehr von der Phylogenetik bei Beatty aber auch Ausdruck des Bemühens, die Evolutionstheorie als eine den Falsifizierbarkeitsansprüchen Poppers (angeblich?) nicht genügende Theoriebildung in der Systematik abzustreifen.[297]

Demgegenüber kritisiert *Rieppel* seinen Kontrahenten Ax wesentlich deshalb, weil dieser die Auffassung vertritt, daß die Entscheidungsfähigkeit der Biosystematik in Fällen von Merkmalsüberkreuzung mit der Anerkennung *evolutionsbiologischer* Prämissen *steht und fällt.* Die Frage nach der Falsifizierbarkeit der Evolutionstheorie spielt hingegen für Rieppel keine Rolle.

Beginnen wir zunächst mit der Position, die Peter Ax in seinem Buch *Systematik in der Biologie* (AX 1988) bezogen hat.

Wie wir gesehen haben, hat Hennig selbst sein Prinzip, Merkmalsverteilungen im Rahmen der Dichotomie-Prämisse stets so zu deuten, daß so wenige Merkmalsübereinstimmungen wie möglich als nicht-singulär entstanden angenommen werden müssen, *nicht* als „Parsimonieprinzip" bezeichnet. Dieser Sprachgebrauch begegnet uns nun allerdings bei Ax.

---

292 BEATTY 1982, 29.

293 Zur Geschichte der Euler-Diagramme vgl. BERNHARD 2001, 40–54.

294 BEATTY 1982, 29.

295 BEATTY 1982, 30–31 (Hervorhebung im Original).

296 Vgl. BEATTY 1982, 29: „Descent with modification is too much of an assumption. Even descent is too much. Genealogy smacks too much of evolution, and evolutionary hypothesizing is under too much fire."

297 Vgl. BEATTY 1982, 33: „It [i. e. pattern cladist's evolutionary neutral brand of cladistics] is supposedly better methodologically because it does not rely on the supposedly unfalsifiable assumptions of evolutionary biology."

Im Gegensatz zur Methode des Außengruppen-Vergleichs existiert für die Wahrscheinlichkeitsentscheidung der Alternative Synapomorphie – Konvergenz [Nicht-Singularität] kein eigener empirischer Maßstab. [...] Der Mangel eines empirischen Maßstabs heißt allerdings nicht Kapitulation. Die Formulierung von Hypothesen über Synapomorphien oder Konvergenz [Nicht-Singularität] apomorpher Übereinstimmungen vollzieht sich im Rahmen des Prinzips der sparsamsten Erklärung; sie ist eine logische Operation mit intersubjektiv nachprüfbaren Resulaten. Das „*Principle of Parsimony*" fordert uns auf, bei der Formulierung wissenschaftlicher Hypothesen stets die einfachste Deutung empirischer Befunde anzustreben.[298]

Ebenso wie Hennig weist auch Ax dem Prinzip, im konkreten Fall mit so wenig Nicht-Singularitäten wie nur irgend möglich auszukommen, die Aufgabe zu, für Merkmalsübereinstimmungen zu entscheiden, ob sie singulär oder nicht-singulär entstanden sind. Auch bei Ax steht also der Rückgriff auf das „Parsimonieprinzip" im Zusammenhang mit dem Problem, daß kein hartes empirisches Kriterium zur Verfügung steht, um auszuschließen, daß die Übereinstimmung in einem bestimmten Merkmal auf nicht-singulärer Entstehung beruht. Die Annahme singulärer Merkmalsentstehung hat dabei für Ax – wie für Hennig – *Vorrang* vor der Annahme nicht-singulärer Entstehung:

Die phylogenetische Verwandtschaftsforschung ist gebunden, jede apomorphe Übereinstimmung zwischen [...] Naturkörpern zuerst als eine Synapomorphie auf der Hierarchie-Ebene der Adelphotaxa zu deuten [...].[299]

Denn:

Die Hypothese einer einmaligen Evolution neuer Merkmale, die im Verlauf der Stammesgeschichte als Übereinstimmungen zwischen verschiedenen Einheiten der Natur sichtbar werden, ist entschieden sparsamer als die Hypothese wiederholt unabhängiger Prozesse in Richtung auf ein ähnliches bis identisches Erscheinungsbild.[300]

Die Annahme nicht-singulärer Entstehung ist deshalb nach Ax nur in Fällen von „Merkmalsüberkreuzung" zulässig, also nur dann, wenn aufgrund von inkongruenter Merkmalsverteilung

in der Beurteilung apomorpher Übereinstimmungen gemäß dem Sparsamkeitsprinzip unabweisbare Konflikte entstehen [...].[301]

Den Widerspruch Rieppels hat nun Ax mit seiner Behauptung herausgefordert, daß die Biosystematik in Fällen *inkongruenter Merkmalsverteilung* zu keiner Entscheidung fähig ist, wenn sie sich den Rückgriff auf *evolutionsbiologische Annahmen* methodisch *versagt*. Ax schreibt:

Ohne die Möglichkeit einer Beurteilung von Übereinstimmungen *im Rahmen der Evolutionstheorie* steht die Systematik wie ein Esel entscheidungsunfähig zwischen zwei Heuhaufen, wenn sie mit inkongruenten Merkmalsmustern und der Möglichkeit entsprechend alternativer Charakterisierungen von Artgruppen konfrontiert wird. Wie bitte soll sich eine theoriefreie Systematik [...]

---

298 Ax 1988, 88 (Hervorhebung im Original).

299 Ax 1988, 89.

300 Ax 1988, 89. Gegen diese Auffassung läßt sich allerdings einwenden, daß die Phylogenetische Systematik in *sehr vielen* Fällen gezwungen ist, aufgrund von Merkmalsüberkreuzungen nicht-singuläre Merkmalsentstehung anzunehmen. Damit verliert die Auffassung, nicht singuläre Merkmalsentstehung sei sehr unwahrscheinlich, schon *innerhalb* des selbst gesteckten methodischen Rahmens der Phylogenetischen Systematik an Plausibilität. Vgl. PETERS 1998b, 80–81 und 84.

301 Ax 1988, 89.

bei den Vögeln entscheiden – für die Vereinigung der Aves und Mammalia [...] aufgrund getrennter Herzkammern und Homoiothermie oder für die Vereinigung der Aves mit den Crocodilia [...] anhand des gemeinsamen Besitzes von 3 Schädelfenstern und einer unpaaren Mündung der eustachischen Röhre in die Mundhöhle?[302]

Es ist genau dieser Abschnitt, den Rieppel kritisiert. Denn in diesem Abschnitt stellt Ax die These auf, daß die Biosystematik Fälle von Merkmalsüberkreuzung nur „im Rahmen der Evolutionstheorie" zu entscheiden vermag, d. h. in Fällen von Merkmalsüberkreuzung methodisch nicht *ohne evolutionsbiologisch* begründete Zusatzannahmen auskommt. Dieser These hält Rieppel entgegen:

Evolution wird bei Ax vorausgesetzt, um im Falle von Merkmalsinkongruenz auf Konvergenz [Nicht-Singularität] bzw. Homologie [Singularität] schließen zu können. Nun wird hier das Pferd vom Schwanze her aufgezäumt – um bei den Huftieren zu bleiben! Welche Merkmale auf einen gemeinsamen Vorfahren zurückverweisen, welche sich konvergent [nicht-singulär] entwickelt haben sollen, ist grundsätzlich nicht beobachtbar. Was beobachtet wird, ist Merkmalskongruenz bzw. Inkongruenz. [...] Was im Falle einer widersprüchlichen Merkmalsverteilung als Methode des Systematikers zur Anwendung kommt, ist das Prinzip der Sparsamkeit (Parsimonie). Dieses ist ein methodisches Prinzip, das dazu dient, die in den gegebenen Beobachtungsdaten enthaltene vollständigste Hierarchie herauszufinden [...]. Die Anwendung des Prinzips der Sparsamkeit hängt also in keiner Weise mit der Voraussetzung einer Evolutionstheorie zusammen. [...] Dennoch ist es der Entscheid aufgrund von Parsimonie, welcher im Falle von widersprüchlicher Merkmalsverteilung aus alternativen Ordnungsmustern eine Wahl rechtfertigt [...]. Ein methodisches Vorgehen, das zunächst jeglicher Voraussetzung von Evolution entbehren kann. „Wie bitte soll sich eine theoriefreie Systematik im laufenden Exempel ... entscheiden ...?" fragt Ax [...]. Die Antwort ist einfach: aufgrund von Parsimonie. Dieser Entscheid hat aber nichts mit Evolution zu tun.[303]

Zwar scheint Rieppel zu verkennen, daß das Axsche Parsimonieprinzip nicht erst bei *inkongruenter* Merkmalsverteilung zum Einsatz kommt, sondern daß dieses Prinzip schon in Fällen, in denen Deutungen möglich sind, die überhaupt *keine* Merkmalsübereinstimmungen mit nicht-singulärer Entstehung erklären müssen, zur Herausfilterung genau dieser Deutungen benutzt wird. Dennoch ist Rieppels Kritik überzeugend. Da nämlich das Parsimonieprinzip *de facto* dazu anhält, drei oder mehr Arten auf den *relativen Grad ihrer Übereinstimmung in ausgezeichneten Merkmalen* zu untersuchen und die untersuchten Arten sodann nach dem relativen Grad der zwischen ihnen bestehenden Merkmalsübereinstimmungen an den Spitzen eines Kladogramms zu positionieren, kann man die mit Hilfe des Parsimonieprinzips ermittelten Kladogramme als Baumdiagramme verstehen, die einfach nur *relative Grade der Ähnlichkeit zwischen Arten hinsichtlich ausgezeichneter Merkmale* veranschaulichen. Entsprechend könnte man die methodische Forderung, die befolgt wird, wo das Parsimonieprinzip auf inkongruente Merkmalsverteilungen angewendet wird, auch phylogenetisch *neutral*, nämlich rein merkmalsstatistisch formulieren: *Stimmt eine Art B hinsichtlich bestimmter ausgezeichneter Merkmale mit einer Art A (und nur mit dieser!) überein und teilt sie zugleich andere der ausgezeichneten Merkmale mit einer dritten Art C (und nur mit dieser!), so gilt: B ist A ähnlicher als C, wenn B mit A in mehr der ausgezeichneten Merkmale übereinstimmt*

[302] Ax 1988, 164 (Hervorhebung im Zitat durch M. L.)
[303] Rieppel 1989, 197–198.

als mit C.[304] Diese dem Axschen Parsimonieprinzip *äquivalente* methodische Vorschrift läßt sich zweifelsohne anwenden, *ohne* daß vom Bestehen *evolutiv* vermittelter *phylogenetischer Beziehungen* zwischen Arten ausgegangen werden muß. Alles in allem ist also die Behauptung *zurückzuweisen*, daß inkongruente Merkmalsverteilungen *ohne* Rekurs auf evolutionsbiologische Erkenntnisse biosystematisch *nicht* zu beherrschen sind oder daß sich die Biosystematik mit der Verwendung des Parsimonieprinzips bereits in eine methodische *Abhängigkeit* von der Phylogenetik begeben hat.

Während sich also die von Ax bezogene Position als unhaltbar erweist, überzeugt Rieppel zunächst immerhin durch seine Ax-*Kritik*. Gleichwohl kann auch Rieppels Standpunkt nicht einfach übernommen werden. Denn Rieppels Versuch, das Parsimonieprinzip in einer phylogenetisch neutralen, rein merkmalsstatistischen Fassung zu *begründen*, muß als unbefriedigend gelten. Rieppel greift nämlich zur Begründung des Parsimonieprinzips auf die These zurück, daß zwischen Arten *von Natur aus* graduell abgestufte Ähnlichkeitsbeziehungen bestehen und daß die belebte Natur in diesem Sinn *hierarchisch geordnet* ist. Seines Erachtens geht nämlich

> die Anwendung des Parsimonieprinzips [...] von der Hypothese (Theorie) aus, *daß die Natur hierarchisch geordnet ist* [...]. Würde diese Hypothese in Frage gestellt (z. B. durch ein überbordendes Maß von Merkmalsinkongruenz), so stünde es schlecht um den Anspruch der Systematik [...].[305]

Die hier von Rieppel mobilisierte, für die Position des Pattern Cladism charakteristische ordnungsrealistische Konzeption ist allerdings nicht haltbar. Denn eine Hierarchie graduell abgestufter Ähnlichkeitsbeziehungen zwischen Arten, wie sie Rieppel vor Augen hat, entsteht immer dadurch, daß Arten hinsichtlich bestimmter Merkmale verglichen werden. Da jedoch verschiedenste Merkmalslisten als Vergleichsbasis dienen können und je nach Vergleichsbasis *dieselben* Arten einander *mehr* oder *weniger ähnlich* sein können, entsteht das Problem, wie zu erkennen ist, ob eine bestimmte Merkmalsauswahl geeignet ist, die zwischen bestimmten Arten von Natur aus bestehenden hierarchischen Ordnungsbeziehungen korrekt zu erfassen.

Wie schon an anderer Stelle herausgearbeitet wurde, läßt sich angesichts dieser Problematik der Ordnungsrealismus auch nicht durch Rekurs auf ein Konzept von der Art des Hennigschen Holomorphe-Begriffs retten. Soll die Holomorphe kein Phantom bleiben, müßten sich nämlich Merkmalslisten *zumindest* nach dem Grad ihrer Vollständigkeit voneinander unterscheiden lassen. Da jedoch für keine vorgelegte Merkmalsliste angegeben werden kann, durch wie viele Merkmale sie noch ergänzt werden müßte, um vollständig zu sein, besteht diese Möglichkeit nicht. Wenn nämlich je immer wieder neu mit Erweiterbarkeit zu rechnen ist, muß die Hoffnung, daß durch immer längere Merkmalslisten wenigsten eine *Annäherung* an die Holomorphe bestimmter Organismen möglich ist, als trügerisch erscheinen.

Trotz schwerwiegender Begründungsdefizite auf beiden Seiten, ist die Ax-Rieppel-Kontroverse in zweierlei Hinsicht sehr aufschlußreich:

---

[304] Auch bei Befolgung dieser Vorschrift erhält man nicht immer genau *eine* sparsamste oder vollständigste Hierarchie. Vielmehr kann es – bezogen auf ein und dieselbe Merkmalsverteilung – mehrere *gleich* sparsamste Hierarchien geben.

[305] RIEPPEL 1989, 198 (Hervorhebung durch M. L.)

Im Verlauf dieser Kontroverse ist zum einen deutlich geworden, daß man das Parsimonieprinzip auch formulieren kann, ohne weiter auf evolutionsbiologische, näherhin auf phylogenetische Vorstellungen Bezug nehmen zu müssen. Denn die Forderung, in konkreten Fällen stets dasjenige Kladogramm zu wählen, das die wenigsten Merkmalsübereinstimmungen mit nicht-singulärer Merkmalsentstehung erklären muß, ist der Forderung äquivalent, für Arten stets ein Kladogramm zu suchen, in dem eine Art B, die – relativ zu einer bestimmten Merkmalsbasis – mit einer Art A in mehr Merkmalen übereinstimmt als mit einer Art C, von A durch weniger Verzweigungspunkte getrennt ist als von C.
Zum anderen lehrt die Ax-Rieppel-Kontroverse, daß sogar da, wo (wie im Pattern Cladism) das Parsimonieprinzip rein merkmalsstatistisch verstanden wird, die Leistungsfähigkeit dieses Prinzips – zusammen mit der Leistungsfähigkeit des Vergleichens überhaupt – überschätzt wird. Denn selbst innerhalb des Pattern Cladism wird übersehen, daß das Parsimonieprinzip zwar in Abhängigkeit von einer bestimmten Merkmalsbasis Entscheidungen zu treffen gestattet, diese Entscheidungen aber je nach der zugrunde gelegten Merkmalsbasis für dieselben Art-Ensembles *verschieden* ausfallen können.

*

Zusammenfassend kann man festhalten: Das Singularitätsproblem ist weder von Hennig selbst noch in der Nachfolge Hennigs einer befriedigenden Lösung zugeführt worden. Insbesondere muß das bereits von Hennig zur Lösung dieses Problems herangezogene Prinzip, stets für so wenige Merkmalsübereinstimmungen wie möglich nicht-singuläre Entstehung anzunehmen, als problematisches Hilfsmittel gelten: Denn dieses Prinzip rechtfertigt – je nach benutzter Vergleichsbasis – unter Umständen *konkurrierende* phylogenetische Hypothesen für *dieselbe* Art-Konstellation. Weil damit aber die phylogenetische Verläßlichkeit der je verwendeten Merkmalsbasis *vor* Anwendung des Parsimonieprinzips sichergestellt sein müßte, steht die Phylogenetische Systematik vor einem meines Erachtens methodisch unüberwindlichen Problem.

4.4 Die Vollständigkeitsbedingung

Obwohl schon der Befund, daß das Parsimonieprinzip keine vertrauenswürdigen Singularitätsentscheidungen liefert, zu der Aussage berechtigt, daß das Hennigsche Ausschlußverfahren unzuverlässig ist, möchte ich doch noch auf die ganz zu Beginn von Kapitel 4 ausgewiesene Vollständigkeitsbedingung und damit auf ein letztes methodisches Problem der Phylogenetischen Systematik zu sprechen kommen.
So, wie das Hennigsche Ausschlußverfahren zu Beginn von Kapitel 4 für drei *nachfahrenlose* (rezente oder nachfahrenlos erloschene) und damit an Ast*spitzen* zu positionierende Arten ABC rekonstruiert wurde, funktioniert dieses Ausschlußverfahren nur, wenn bereits feststeht, daß es außer ABC keine *weiteren* nachfahrenlosen und deshalb an Astspitzen zu lokalisierenden Arten gibt, die den *letzten* gemeinsamen Vorfahren von ABC *ebenfalls* zum Vorfahren haben. Diese Bedingung wurde „Vollständigkeitsbedingung" genannt. „Vollständigkeit" wird dabei in dem folgenden Sinn gefordert: Ein Ensemble von nachfahrenlosen, d. h. an Astspitzen lokalisierten Arten, das mit Hilfe des Hennigschen Ausschlußverfahrens auf Monophylien

untersucht werden soll, muß zwar nicht *überhaupt* alle, aber doch *alle* nachfahrenlosen, d. h. *alle* an den Astspitzen positionierten Vertreter eines (dann nur noch in seiner *Binnen*staffelung aufzuklärenden) Monophylums umfassen. Warum diese Bedingung erfüllt sein muß, sei im folgenden kurz erläutert:

Das Ziel der Phylogenetischen Systematik Hennigs besteht darin, Monophyla zu ermitteln. Gemäß einer schon in Kapitel 3 zitierten Definition Hennigs ist aber eine „monophyletische Gruppe" oder ein „Monophylum"

> eine Gruppe von Arten, die Nachkommen einer einzigen („Stamm-")Art sind und in der zugleich auch *alle* diejenigen Arten vereinigt sind, die Nachkommen dieser Stammart sind.[306]

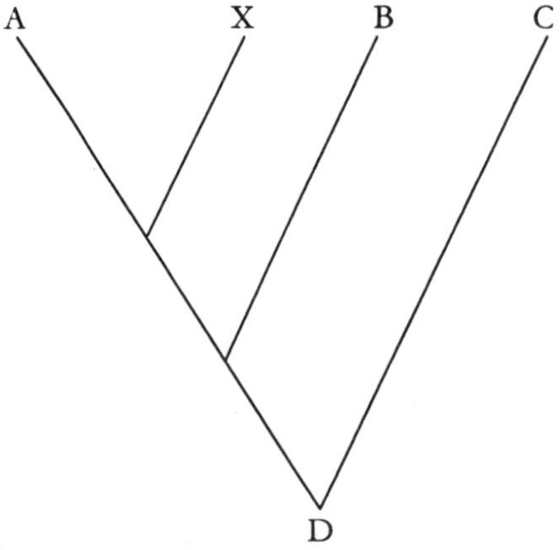

Fig. 59.

Mit anderen Worten: Zwei Arten A und B bilden *kein* Monophylum, wenn sie zwar Nachkommen derselben Stammart sind, aber noch eine dritte Art existiert, die ebenfalls auf die Stammart von A und B zurückgeht. Für die Situation, daß die phylogenetischen Beziehungen zwischen genau drei bekannten Arten ABC aufgeklärt werden sollen, bedeutet dies aber: Daß genau zwei dieser Arten, d. h. entweder AB, BC oder AC ein Monophylum bilden, ist nicht mehr gewiß, wenn es eine vierte nachfahrenlose Art X gibt, die den letzten gemeinsamen Vorfahren von ABC ebenfalls zum Vorfahren hat. Gibt es nämlich eine solche vierte *nachfahrenlose* Art X, so ist die aus Fig. 59 hervorgehende Konstellation denkbar. In dieser Konstellation bilden aber weder *eines* der Art-Paare AB, BC oder AC noch das Tripel ABC + der letzte gemeinsame Vorfahr von AB ein Monophylum; vielmehr konstituieren hier zum Beispiel A und X miteinander ein Monophylum. Dieses Monophylum aber bleibt unerkannt, wenn X *nicht* in die phylogenetische Analyse des Tripels ABC einbezogen wird. Hier wird nun deutlich: Weil das Hennigsche Ausschlußverfahren – so wie es zu Anfang von Kapitel 4 rekonstruiert wurde – ein Verfahren ist, das bestenfalls Merkmalsübereinstimmungen zwischen *ausgewählten* Arten daraufhin zu untersuchen gestattet, ob sie Synapomorphien sind, muß garantiert sein, daß sich unter den je ausgewählten Arten überhaupt welche befinden, die miteinander ein Monophylum bilden. Nur wenn diese Bedingung erfüllt ist, besteht überhaupt die *Chance*, daß eine Merkmalsverteilung, die für je bestimmte Arten und Merkmale ermittelt wurde, auch Synapomorphien enthält. Synapomorphien *muß* aber beispielsweise eine für drei Arten ABC ermittelte Merkmalsverteilung *nicht* enthalten, wenn zu ABC noch eine weitere *bekannte* und damit an einer Baum*spitze* zu lokalisierende Art X existiert, die *ebenfalls* auf den letzten gemeinsamen Vorfahren von

306 HENNIG 1982, 77 (Hervorhebung im Zitat durch M. L.)

ABC zurückgeht. Wie Fig. 59 zeigt, ist dann nämlich mit der Möglichkeit zu rechnen, daß das Tripel ABC keine Arten enthält, die miteinander eine monophyletische Gruppe formieren. Enthält aber ein Tripel ABC keine Arten, die miteinander ein Monophylum bilden, so wäre es von vornherein unzulässig, zum Beispiel irgendeine zwischen genau *zwei* der drei Arten ABC bestehende Übereinstimmung als Synapomorphie zu deuten.

Die Vollständigkeitsbedingung scheint Hennig selbst übersehen zu haben. Darauf deutet unter anderem der Umstand hin, daß eine bereits zitierte und in Anm. 264 (Seite 145) nachgewiesene Äußerung Hennigs logisch unvollständig ist und von daher ergänzt werden mußte. Ohne die von mir vorgenommene Ergänzung lautet diese Äußerung:

> Theoretisch ist es möglich, *bei je drei willkürlich herausgegriffenen Arten* die Frage zu stellen und zu beantworten, welche beiden näher miteinander verwandt sind als mit der dritten. Man kann auch in diesem Falle sagen, daß die beiden näher miteinander verwandten Arten *eine monophyletische Gruppe bilden*, innerhalb derer sie in einem Schwestergruppenverhältnis stehen, und die ihrerseits wieder die Schwestergruppe der dritten Art ist.[307]

Entgegen der hier getroffenen Aussage Hennigs ist zu betonen: Bei drei „willkürlich herausgegriffenen Arten" bilden diejenigen Arten, die phylogenetisch miteinander enger verwandt sind als jede von ihnen mit einer dritten Art, *nicht* automatisch ein Monophylum. Dies wird deutlich, wenn man berücksichtigt, wie Hennig den Gebrauch des Relators „- - - ist näher mit + + + als mit ~ ~ ~ verwandt" für die Phylogenetische Systematik normiert. In HENNIG 1984 findet sich folgende, schon einmal zitierte Definition:

> Eine Art X ist mit einer Art B dann und nur dann phylogenetisch näher verwandt als mit einer beliebigen Art X, wenn A und B Deszendenten einer Stammart sind, die nicht zugleich auch die Stammart von X ist.[308]

Geht man von dieser Definition aus, so gilt: In Fig. 59 ist A näher mit B als mit C verwandt. Denn A teilt mit B einen Vorfahren, der nicht zugleich Vorfahr von C ist. Zugleich gilt auch: Die Zahl der zwischen A und dem letzten gemeinsamen Vorfahren von AB liegenden Verzweigungspunkte ist kleiner als die Zahl der Verzweigungspunkte zwischen A und dem letzten gemeinsamen Vorfahren von AC. Gleichwohl bilden A und B miteinander *kein* Monophylum. Denn von der letzten gemeinsamen Stammart von A und B stammt auch X als Schwesterart von A ab.

Der relative Grad der phylogenetischen Verwandtschaft sagt also nur dann etwas über Monophylie aus, wenn zum Beispiel von drei Arten ABC bekannt ist, daß es keine weitere bekannte, an einer Zweigspitze zu lokalisierende Art gibt, die auf den letzten gemeinsamen Vorfahren von ABC zurückgeht, und wenn damit garantiert ist, daß *keine* der beiden Arten, die untereinander enger verwandt sind als jede von ihnen mit der jeweils dritten, noch eine *Schwester*art besitzt.

Es ist kaum überraschend, daß im Rahmen der Phylogenetischen Systematik offen bleibt, wie das Erfülltsein der Vollständigkeitsbedingung im konkreten Fall sichergestellt werden kann. Es scheint vielmehr nötig zu sein, vor jeder phylogenetisch-systematischen Analyse, die mit dem Ziel der Ermittlung von *monophyletischen* Gruppen

---

[307] HENNIG 1984, 54 (Hervorhebungen im Zitat durch M. L.)
[308] HENNIG 1984, 19 (vgl. Anm. 84, Seite 45).

vorgenommen wird, die Vollständigkeitsbedingung einfachhin als erfüllt zu *unterstellen*. Daß dies kein akzeptables Vorgehen ist und daß also das von Hennig propagierte Ausschlußverfahren von allem Anfang an unter ungünstigen Vorzeichen steht, dürfte klar sein.

4.5 Nomenklatur statt Phylogenetischer Systematik

Ist erst einmal erkannt, daß die Phylogenetische Systematik bestimmte Hürden auf dem Weg zur Ermittlung monophyletischer Gruppen methodisch nicht zu überwinden vermag, so stellt sich die Frage, wie es generell um den Anspruch steht, phylogenetische Verwandtschaftsverhältnisse biosystematisch wiedergeben, ja solchen Verhältnissen biosystematisch auch nur Rechnung tragen zu können.

Wie am Ende von Kapitel 2 herausgestellt wurde, verstehen viele biosystematische Strömungen und Schulen seit dem Siegeszug der Evolutionstheorie Ähnlichkeitsforschung als einen Beitrag zur evolutionsbiologischen Verwandtschaftskreisforschung. Versteht man nun aber mit Hennig unter „Verwandtschaftskreisen" monophyletische Gruppen, und hat man erkannt, daß Ähnlichkeiten und Unähnlichkeiten gar nicht dazu geeignet sind, Monophyla *sicher* zu erkennen, dann ist dieses Selbstverständnis nicht mehr aufrechtzuerhalten. Wozu aber Systematik im Rahmen der Biologie, wenn biosystematische Forschung zumindest nicht für sich in Anspruch nehmen kann, auf dem Wege der Ähnlichkeitsforschung Monophyla voneinander abzugrenzen?[309]

Eine mögliche Antwort auf diese Frage vermag die Wissenschaftstheorie zu geben.

Aus Sicht der Wissenschaftstheorie kann eine Aufgabe der Biosystematik in der Fixierung einer *Terminologie* bestehen, wie sie gebraucht wird, wenn Ergebnisse genetischer, ethologischer, anatomischer oder physiologischer Untersuchungen, die an Organismen vorgenommen wurden, so veröffentlicht werden sollen, daß diese Ergebnisse für beliebige Personen überprüfbar sind. Soll nämlich aus Publikationen und Untersuchungsprotokollen unmißverständlich hervorgehen, an *welchen* Organismen die jeweiligen Untersuchungen vorgenommen wurden, müssen zum Aufweis der je untersuchten Organismen Prädikatoren verwendet werden, für die *explizit* geregelt ist, wann sie Organismen zukommen und wann nicht. Prädikatoren, die als Termini diese Bedingung erfüllen, können (sozusagen auf Vorrat) von der Biosystematik bereitgestellt, nämlich nach dem Prinzip „Angabe von Genus und spezifischer Differenz", das die Keimzelle taxonomischer Begriffssysteme bildet, eingeführt werden. Da es in der Biologie möglich sein sollte, Organismen verschieden genau einzuteilen, empfiehlt sich die Bereitstellung verschieden toleranter Termini und damit die Aufstellung von *Taxonomien*.

Neben der wichtigen praktischen Aufgabe, eine *Nomenklatur* und damit eine terminologische Verständigungsbasis für das biologische Reden über Organismen zu schaffen, sollte man Taxonomien meines Erachtens keine größeren *evolutionsbiologischen*

[309] In ihrem im Auftrag der Deutschen Forschungsgemeinschaft veröffentlichten Situationsbericht *Biologische Systematik* (KRAUS/KUBITZKI 1982) stellen sich Otto Kraus und Klaus Kubitzki als Parteigänger der Phylogenetischen Systematik diese Frage begreiflicherweise nicht. Vielmehr gehen sie von der Erreichbarkeit der von Hennig formulierten Ziele aus. Zur forschungspolitischen Funktion dieses Berichtes vgl. LANGANKE 2000, 81 (Anm. 137).

Erklärungsaufgaben zumuten. Allenfalls kann man noch mit PETERS 1972 versuchen, Formen, auf die jeweils dasselbe Maschinen- oder Konstruktionsmodell paßt, zu biosystematischen Formenklassen zusammenzufassen und diese Klassen dann anagenetisch zu interpretieren, d. h. als Klassen von Formen zu deuten, die evolutiv dasselbe Konstruktionsniveau erreicht haben.[310] Doch selbst wenn man Klassen von gleich konstruierten Organismen anagenetisch interpretiert, gilt:

> Jedes System, jede wie immer begründete Abgrenzung von „Konstruktionsplänen" [im Rahmen eines anagenetischen Systems] ist eine künstliche Ordnung, die nur aus praktischen Gründen (Überschaubarkeit, Mitteilbarkeit usw.) aufgestellt wird.[311]

Worin aber besteht der Wert einer Beschäftigung mit Hennigs Phylogenetischer Systematik, wenn deren Ansprüche als methodisch uneinlösbar gelten müssen?
Nur zwei Gründe möchte ich anführen, die zumindest für eine wissenschaftstheoretische Auseinandersetzung mit Hennigs Phylogenetischer Systematik sprechen:
1) Als Stärke der von Hennig bezogenen Position könnte man zunächst die methodische Zerlegung des klassischen Homologie-Problems werten. Würdigung verdienen dabei vor allem folgende methodische Entscheidungen Hennigs:
a) Anders als die ältere Phylogenetik erwartet Hennig von morphologischen Untersuchungen zu Form-, Lage- und Konnektionsidentitäten nicht mehr *unmittelbar* Auskunft über die Grade der zwischen den Trägern der untersuchten Strukturen bestehenden phylogenetischen Verwandtschaft. Vielmehr liefern Form-, Lage- und Konnektionsidentitäten nach Hennig lediglich Indizien dafür, daß Strukturen ein und derselben Transformationsreihe angehören, also p-homolog sind. Unsicher ist dieser Schluß allerdings, weil Fälle echter Neuentstehung denkbar sind.
b) Kann für Strukturen plausibel gemacht werden, daß sie derselben Transformationsreihe angehören, so ist – wie Hennig betont – damit noch nichts über die Abfolge, in der die untersuchten Strukturen auseinander hervorgegangen sind, bekannt. Jede der untersuchten Strukturen kann theoretisch den historischen Anfangs- oder Endzustand, aber auch eine historische Übergangsphase darstellen; auch besteht neben der Möglichkeit einer linearen Transformationsabfolge die Möglichkeit radialer, (mehrfach) verzweigter Transformation, d. h. die Möglichkeit, daß verschiedene Strukturen historisch gleichzeitig aus demselben Ausgangszustand hervorgegangen sind.
c) Kann die Lesrichtung einer Transformationsreihe als bekannt gelten, so bleibt noch das Singularitätsproblem offen. Erst wenn nachgewiesen ist, daß zwei Arten A und B in einem Merkmal übereinstimmen, welches *genau* einmal entlang der zum letzten gemeinsamen Vorfahren von A und B hinführenden Verwandtschaftslinie entstanden ist, liegt eine Art von Merkmalsübereinstimmung vor, die sichere Rückschlüsse auf phylogenetische Verwandtschaftsverhältnisse erlaubt. Insbesondere diese letzte Hürde hat sich als methodisch unüberwindbar herausgestellt.
2) Im Zusammenhang mit der Zerlegung des klassischen Homologie-Problems gebührt Hennig vor allem das Verdienst, das vor ihm nur undeutlich propagierte Ziel phylogenetischer Forschung, nämlich die Ermittlung *monophyletischer* Verwandtschaftskreise, allererst so klar formuliert zu haben, daß deutlich wird, welche Probleme methodisch gelöst werden müßten, um dieses Ziel zu erreichen. So klar über dieses

[310] Vgl. PETERS 1972, 161–162. Vgl. auch die Ausführungen zum Anagenese-Begriff in Abschnitt 5.1.
[311] PETERS 1972, 167.

Ziel Auskunft gegeben zu haben, daß zugleich auch die Unlösbarkeit mancher bei der Verfolgung dieses Ziels auftretender Probleme deutlich wird, ist eine Leistung Hennigs, die meines Erachtens größte Anerkennung verdient.

und der fisch schwamm sich heraus zu einem menschen,
klappte seine flossen ein und krabbelte auf sand

Jürgen Landt: *sonnenringer*

5 Konstruktionsmorphologische Anagenetik

Man kann sich der im vorangegangenen Kapitel entwickelten Kritik an den von Hennig vorgeschlagenen Methoden anschließen und doch der Ansicht sein, daß zwischen geschlossenen Fortpflanzungsgemeinschaften phylogenetische Verwandtschaftsbeziehungen (sensu Hennig) bestehen. Denn bestritten wurde nicht, *daß* geschlossene Fortpflanzungsgemeinschaften in phylogenetischen, durch Artspaltungsprozesse vermittelten Verwandtschaftsbeziehungen zueinander stehen. Bezweifelt wurde lediglich, daß sich einzelne Organismen bestimmten phylogenetischen Arten *sicher zuordnen* und daß sich die zwischen phylogenetischen Arten bestehenden Abstammungsbeziehungen mit den von Hennig vorgeschlagenen Methoden *sicher erkennen* lassen. Zu *prinzipiellen* Zweifeln an der Einlösbarkeit phylogenetischer Ansprüche gab darüber hinaus der Umstand Anlaß, daß sich weder eine Lösung des Singularitätsproblems abzeichnet noch Kriterien zur Verfügung stehen, um das Erfülltsein der Vollständigkeitsbedingung im konkreten Fall zu überprüfen.
Wenn sich aber die zwischen phylogenetischen Arten bestehenden Abstammungsbeziehungen (noch) nicht methodisch rekonstruieren lassen und wenn damit die *Phylogenese* der Organismen (zumindest vorläufig) unserer wissenschaftlichen Erkenntnis entzogen bleibt – welcher Art kann dann unser Wissen über den historischen Ablauf der Evolution sein? Was können wir über die evolutiven Wege wissen, die zu den unsere Erde gegenwärtig bevölkernden biologischen Formen geführt haben?
Im folgenden soll ein seit ca. 1970 unter Führung von Wolfgang Friedrich Gutmann[312] (1935–1997) und Dieter Stefan Peters[313] am Senckenberg-Institut Frankfurt a. M. entwickelter und unter dem Namen „Konstruktionsmorphologie" bekannt gewordener Ansatz vorgestellt werden, der die mit phylogenetischen Rekonstruktionsanliegen verbundenen methodischen Probleme vermeidet, indem er eine von der Phylogenese unterscheidbare Dimension biologischer Evolution rekonstruktiv aufzuklären versucht.

5.1 Phylogenese und Anagenese

Von der *phylogenetischen*, d. h. *verwandtschaftsgeschichtlichen* oder *genealogischen* Dimension des Evolutionsprozesses läßt sich dessen *anagenetische* Dimension abheben. Als „anagenetische" Dimension des Evolutionsprozesses kann man den auf der genetischen Mutabilität von Organismen beruhenden Prozeß des evolutiven Formenwandels verstehen, im Zuge dessen Nachfahren Merkmale ausbilden, die ihre Vorfahren *nicht* besessen haben. Der Begriff der Anagenese deckt sich also mit dem in Abschnitt 4.1.1 bereitgestellten Begriff der evolutiven Transformation. Aus Gründen, die später noch deutlich werden dürften, empfiehlt es sich jedoch, den in der gerade

---

[312] Ein sehr einfühlsames Portrait von Wolfgang Friedrich Gutmann zeichnet PETERS 1998c. Zur Biographie Gutmanns vgl. auch SCHMIDT/HACKETHAL 2000, 839.
[313] Person und Wirken von Dieter Stefan Peters würdigen STEINIGER 1997 und MOLLENHAUER 1997.

* The great vice of epistemologists

vorgestellten Definition verwendeten Ausdruck „Formenwandel" durch den Ausdruck „Konstruktionswandel" zu ersetzen: Unter „Anagenese" soll also im folgenden evolutiver Konstruktionswandel oder, in Anlehnung an PETERS 1972 und W. F. GUTMANN 1995, der Prozeß der evolutiven Umgestaltung und Entstehung organismischer Konstruktionstypen verstanden werden.[314]

Daß es sich bei Phylogenese und Anagenese um zwei Dimensionen des Evolutionsprozesses handelt, die sorgfältig voneinander getrennt werden müssen, zeigt sich besonders deutlich da, wo in der Phylogenetik mit der Möglichkeit paralleler und damit mehrfacher Entstehung von konstruktionsgleichen und in diesem Sinn identischen Organen und Organteilen gerechnet werden muß: Entlang verschiedener Verwandtschaftslinien vollzieht sich im Falle paralleler Entstehung derselbe anagenetische Schritt. Ein Rückschluß von Ähnlichkeiten auf die Monophylie der untersuchten Arten ist in solchen Fällen nicht sicher möglich.[315]

Die konstruktionsmorphologische Anagenese-Forschung verzichtet wegen des methodisch nicht auszuschaltenden Parallelismus-Risikos konsequent auf Monophylie- und Synapomorphie-Behauptungen.[316] Werden in der Konstruktionsmorphologie etwa verschiedene Organismenteile als *gleich* konstruiert beschrieben, so werden derartige Identitäten nicht weiter *phylogenetisch* zu erklären versucht. Um diesen Verzicht auf phylogenetische Erklärungsansprüche kenntlich zu machen, wird in der Konstruktionsmorphologie mitunter ganz auf die Verwendung der eingebürgerten anatomischen Termini verzichtet. Denn mit dem Subsumieren anatomischer Teile unter bestimmte gängige anatomische Fachbegriffe verbindet sich allzu oft die Auffassung, daß die unter die jeweiligen Fachbegriffe fallenden Teile synapomorph sind.[317] Die Konstruktionsmorphologie aber vermag diesem Eindruck durch Verwendung von Funktionsbegriffen vorzubeugen.

Des weiteren werden im Rahmen der konstruktionsmorphologischen Anagenetik einzelne Individuen nicht *bestimmten* phylogenetischen Arten zugeordnet. Konstruktionsmorphologisch begründete Aussagen über Anagenesen sind mithin keine Behauptungen darüber, daß in bestimmten phylogenetischen Arten oder über Art-Grenzen hinweg bestimmte Transformationsprozesse abgelaufen sind. Vielmehr beschränkt man sich im Rahmen konstruktionsmorphologischer Anagenese-Forschung auf die Herausstellung von konstruktiven Vorbedingungen, die nur *überhaupt* erfüllt gewesen sein müssen, damit – von welchen phylogenetischen Arten aus und wie oft auch immer – bestimmte anagenetische Prozesse abgelaufen sein können. Von daher spielt auch die für Hennig so wichtige Unterscheidung zwischen

---

314 Vgl. PETERS 1972, 161–162 und W. F. GUTMANN 1995, 59. Der Anagenese-Begriff von Peters wird hier aufgegriffen, obwohl er sich innerhalb der Senckenberg-Schule nicht überall durchgesetzt hat. Für diesen Umstand könnte verantwortlich sein, daß sich *vor* Peters schon Vertreter und Vertreterinnen rein komparatistisch verfahrender biosystematischer Ansätze dieses Ausdrucks bedient haben und der Rede von „Merkmalen" im Umkreis der Senckenberg-Schule mit Skepsis begegnet wird (vgl. Abschnitt 5.2.3). Peters hat jedoch nie einen Zweifel daran gelassen, daß konstruktionsmorphologische Aussagen über Anagenesen auf Konstruktionsanalysen von Organismenteilen beruhen und von daher nicht einfach einem *Vergleich* bezüglich des Vorliegens oder Fehlens bestimmter Merkmale geschuldet sind.

315 Vgl. HERKNER 1999, 31.

316 Vgl. HERKNER 1999, 31: „Bezeichnungen wie Tetrapoden, Reptilien, Fische etc. werden daher [...] nur nominal verwendet, ohne Monophylie zu implizieren."

317 Vgl. HERKNER 1999, 12.

solchen Transformationen, die *Artspaltungen* zur Folge haben, und solchen Transformationen, die lediglich zu *Artwandel* führen, für die Konstruktionsmorphologie eine untergeordnete Rolle.

5.2 Konstruktions- und Maschinenmodelle

Die Konstruktionsmorphologie sprengt die eingeführte anatomische Terminologie durch *Funktions*begriffe auf. Näherhin versucht sie – der Name soll hier Programm sein! – Organismen und deren anatomisch oder morphologisch abgrenzbare Teile so zu analysieren, *als ob* es sich bei ihnen um *technische Geräte* handeln würde. Die als Modell dienenden Geräte können dabei ebenso aus dem Bereich einfacher *Maschinen* (Hebel etc.) wie aus dem Bereich der *statischen* Gesetzen Rechnung tragenden, aus Architektur und Ingenieurwesen vertrauten *Konstruktionen* stammen.
Indem sie dergestalt einen *modellierenden* Zugang zur Morphologie und Anatomie von Organismen wählt, stellt sich der Konstruktionsmorphologie die Frage nach Identitätskriterien für Teile von Organismen ganz anderes als der Vergleichenden Anatomie oder der klassischen Morphologie. Während denselben (morphologischen) Grundplan (vgl. Abschnitt 4.1.2.2) Teile von Organismen dann repräsentieren, wenn sie baugleich in dem Sinn sind, daß ihre Teile zueinander in identischen Konnektionsbeziehungen stehen oder aber mehrere Konnektionsoptionen besitzen (vgl. den Schluß von Abschnitt 4.1.2.1), sind anatomisch abgegrenzte Teile von Organismen *im Sinne der Konstruktionsmorphologie* dann identisch, wenn auf sie *dasselbe* Maschinen- oder Konstruktionsmodell paßt. Ein bestimmtes Maschinen- oder Konstruktionsmodell paßt auf einen anatomischen Teil, wenn sich an diesem Teil Elemente herauspräparieren lassen, denen die *Funktionen* genau derjenigen Elemente zugewiesen werden können, die in ihrem Zusammenspiel wenn auch nicht *garantieren*, so doch *erwarten lassen*,[318] daß eine *bestimmte Maschine* bzw. *Konstruktion* zu einem ausgezeichneten Zweck eingesetzt werden kann und in diesem Sinn funktionstüchtig ist.[319] Dazu müssen die herauspräparierten Elemente nicht nur je für sich bestimmte Form- und

---

318 Die Formulierung ist hier so vorsichtig gewählt, weil sich natürlich nicht alle möglichen, die Funktionstüchtigkeit einer Konstruktion oder Maschine beeinträchtigenden Störfaktoren antizipieren lassen.

319 Vgl. M. GUTMANN 1996, 216. Da zum Beispiel ein Auto nicht nur als Fahrzeug, sondern auch als Barrikade oder als Vorratsraum eingesetzt werden kann und da es in jeder dieser Anwendungen auf *andere* Elemente, zumindest aber auf dieselben Elemente jeweils *mehr oder weniger* ankommt, kann nur *relativ zu einer ausgezeichneten Anwendung* bestimmt werden, welche Elemente im Zusammenspiel die Funktionstüchigkeit einer bestimmten Maschine oder Konstruktion erwarten lassen. Ist aber erst einmal eine Anwendung ausgezeichnet, so kann kontrolliert werden, welche Elemente funktional dafür relevant sind, daß Maschinen oder Konstruktionen des betrachteten Typs als Mittel zum Erreichen des mit der ausgezeichneten Anwendung verbundenen Zwecks eingesetzt werden können. Welche Elemente dies sind, kann nämlich spätestens dann als bekannt gelten, wenn es gelingt, eine Maschine oder Konstruktion des betrachteten Typs in dem Sinn funktionstüchtig *zu bauen*, daß sie den gesetzten Zweck zu verfolgen gestattet. Indem sich aber durch Bauen und Nachbauen demonstrieren läßt, von welchen Elementen die Tauglichkeit einer bestimmten Maschine oder Konstruktion als Mittel zum Erreichen eines bestimmten Handlungszwecks abhängt, steht ein *operationales* Kriterium zur Verfügung, um unser *Reden* über die Funktion von Maschinen- oder Konstruktionselementen zweckrelativ zu *kontrollieren* und Beschreibungen von Maschinen und Konstruktionen entsprechend zweckrelativ *abzuschließen*.

Materialeigenschaften besitzen, sondern beispielsweise auch in je bestimmter Weise zueinander angeordnet sein.[320]
Ich möchte im folgenden an je einem Beispiel zeigen, wie einfache Maschinen bzw. Konstruktionen in der Konstruktionsmorphologie zur Modellierung anatomischer Teile eingesetzt werden. Das von mir im Anschluß an M. GUTMANN 1996 gewählte Beispiel für ein einfaches, konstruktionsmorphologisch nutzbares *Maschinen*modell gestattet dabei zugleich einen flüchtigen Blick zurück in die Geschichte technikanaloger Organismenbeschreibungen. Dieses Beispiel führt uns nämlich zurück in die Iatrophysik des 17. Jahrhunderts.[321]

5.2.1 Borellis biomechanische Modellierung des Arms

Am Arm des Menschen können mit den gelenkig verbundenen Ober- und Unterarmknochen sowie mit den daran ansetzenden Muskeln und Sehnen Elemente ausgezeichnet werden, die sich hinsichtlich ihrer Funktion den Komponenten einer zum Lastenheben eingesetzten Lastarm-Zugseil-Maschine mit scharniergeteiltem Lastarm zuordnen lassen (vgl. Fig. 60).

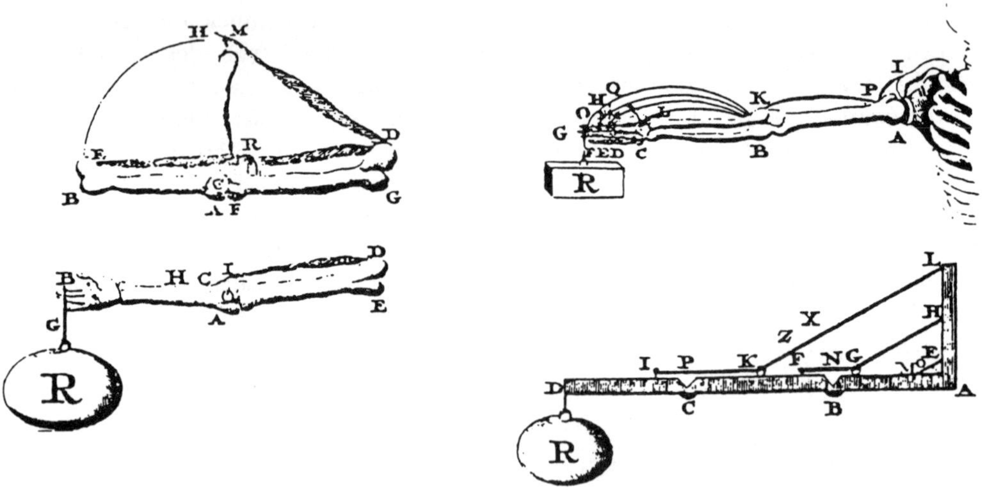

Fig. 60: Borellis biomechanische Modellierung des Arms als Lastarm-Zugseil-Konstruktion. Vgl. M. GUTMANN 1996, 210 und 214.

Die bereits von Leonardo da Vinci (1452–1519) vertretene Auffassung, daß etwa Muskeln biomechanisch *wie* Zugfaserelemente funktionieren, hat im 17. Jahrhundert der italienische Mathematiker und Astronom Giovanni Alfonso Borelli (1608–1679) aufgegriffen. In seiner posthum veröffentlichten Schrift *De motu animalium* (1680/1681) nutzt er diese Modellvorstellung zur Beschreibung der Armkonstruktion und entwickelt sie dabei systematisch weiter. Folgt man M. GUTMANN 1996, so liegt der

[320] Die Nutzung mechanischer Maschinen- und Konstruktionsmodelle ist innerhalb der modernen Biologie natürlich kein Privileg der Konstruktionsmorphologie. In ihrer Zugangsweise, wenn auch nicht in ihren Zielsetzungen, ist der Konstruktionsmorphologie etwa der Ansatz der Bionik verwandt.
[321] Zur Geschichte der Iatrophysik vgl. JAHN 2000b, 198–204.

erste und entscheidende Zugang zur Bestimmung des Muskelbegriffes [...] für BORELLI in der Auszeichnung einer Leistung, welche am lebenden Tier oder Menschen jederzeit bestimmbar ist. BORELLI wählt dafür [...] die auch in der Physik, etwa zur Einführung des Arbeitsbegriffes wichtige Leistung der Lastbewegung, und zwar sowohl im Sinne des Lastenhebens, des Tragens wie des Ziehens [...]. Die Leistung der Muskeln wird damit als jene der Erzeugung der zum Bewegen von Lasten nötigen Kraft bestimmt [...]. Um die Funktion der Krafterzeugung modellieren zu können, bedient sich BORELLI einer einfachen Anordnung von Seilen (entlang deren die Entfaltung der Kraft gedacht wird), die an nicht deformierbaren Streben fixiert werden. Ohne daß dies BORELLI selber explizit formulierte, ergibt sich damit, daß das Funktionsprinzip einer Zugmaschine für die Bestimmung der Funktion des Muskels als eines krafterzeugenden Elementes ausgezeichnet wird [...].[322]

Während Borellis Lastarm-Zugseil-Modell auf Tetrapodenextremitäten paßt, eignet es sich beispielsweise nicht zur Modellierung des Lokomotionsapparates von Würmern. Denn es paßt nicht auf die präparativ erstellbaren Strukturen dieser Tiere. An Würmern läßt sich nämlich kein Element herauspräparieren, das der Bedingung der Deformationsfreiheit auch nur annähernd genügt. Diese Bedingung muß aber *unter anderem* erfüllt sein, damit ein Element seiner Funktion nach mit einem Lastarm in der Anwendung des Lastenhebens gleichgesetzt und somit die Applikation des Lastarm-Zugseil-Modells überhaupt erwogen werden kann. Wo hingegen kein deformationsfreies Teil vorhanden ist, da kann auch kein Teil *wie* ein Hebelarm funktionieren.[323]
Handelt es sich bei dem Lastarm-Zugseil-Modell um ein altes biomechanisches Modell, so blieb die konstruktive Modellierung anderer Organismenleistungen der Frankfurter Konstruktionsmorphologie vorbehalten. Als besonders leistungsfähig erwies sich das sogenannte Hydraulik-Modell.

5.2.2 Das Hydraulik-Modell

Mit ihrem Hydraulik-Modell vermag die Konstruktionsmorphologie beispielsweise auf die Frage zu antworten, wie Subsysteme von Organismen, die weder außen noch innen deformationsfreie, als *Versteifungen* geeignete *Hart*teile besitzen, überhaupt formstabil sein können.
Eine solche Frage ist im Rahmen der *klassischen* Morphologie nicht nur nicht aufgekommen, eine solche Frage ist auch innerhalb der selbst gesteckten methodischen Grenzen dieser Forschungsrichtung nicht zu beantworten. Der klassischen Morphologie ist nämlich Form in dem Sinn *kein* Problem, daß sie nicht nach den konstruktiven Bedingungen fragt, unter denen bestimmte Formen überhaupt ausgebildet und erhalten werden können. Vielmehr nimmt die klassische Morphologie Formen von Organismenteilen schlicht hin und versucht diese mit den in Abschnitt 4.1.2.1 vorgestellten elementaren topologischen Mitteln lediglich zu beschreiben.

Die auf Gestaltung zugeschnittene [klassische] Morphologie mit ihren Gestalt- und Formbegriffen ist gar nicht in der Lage, wirkende Konstruktionen in ihrem Aufbau zu begründen.[324]

Anders die Konstruktionsmorphologie: Sie stellt auf der Modellebene die Frage, wie zum Beispiel Kugel- und Spindelform technisch zu realisieren sind, ohne daß eine

---

[322] M. GUTMANN 1996, 211–212.
[323] Vgl. M. GUTMANN 1996, 218.
[324] W. F. GUTMANN 1995, 67.

Haut über ein formgebendes Hartteil-Gerüst gespannt werden muß. Eine Lösung für dieses technische Problem liefern Hülle-Füllung-Konstruktionen (fortan: H-F-Konstruktionen), wie sie in den siebziger Jahren am Stuttgarter Institut für leichte Flächentragwerke unter Leitung des bekannten Architekten Frei Otto erforscht worden sind.[325]
H-F-Konstruktionen[326] bestehen im einfachsten Fall aus a) einer *biegeunsteifen* Hülle, die ausschließlich Zugkräfte aufnimmt und übermittelt, b) einer Füllung, die nur Druckkräfte aufnimmt und überträgt, sowie c) einem umgebenden Medium. Vereinfacht ausgedrückt: Eine H-F-Konstruktion

> ist ein System, bei dem eine nur zugbeanspruchte Schicht ein Medium umhüllt.[327]

Je nach Füllungsmaterial (Gase oder Flüssigkeiten) kann zwischen pneumatischen und hydraulischen H-F-Konstruktionen unterschieden werden.[328] Während als Beispiele für pneumatische H-F-Konstruktionen (kurz: Pneus) Lufballons und Fahrradschläuche dienen können, liefert die flüssigkeitsgefüllte Matratze des Wasserbetts ein Beispiel für eine hydraulische H-F-Konstruktion. Hydraulische H-F-Konstruktionen sind als Modelle für die Biologie besonders interessant.
Sieht man von Fällen ab, in denen Hüllen semipermeabel sind und osmotischer Ausgleich stattfindet, so ist die Kraftschlüssigkeit von H-F-Konstruktionen nur gewährleistet, wenn die Hülle gegenüber der Füllung und dem umgebenden Medium dicht ist. Die Hülle muß also so beschaffen sein, daß weder die Füllung durch die Hülle nach außen entweichen noch das umgebende Medium von außen durch die Hülle eindringen kann.
Was die Formeigenschaften solcher Konstruktionen anbetrifft, so stehen Hülle und Füllung in einem wechselseitigen Abhängigkeitsverhältnis. Denn einerseits kann die Hülle ihre Form nicht ohne die Füllung aufrechterhalten, andererseits behält die Füllung ihre Form nicht ohne die Hülle. Durch die wechselseitige formative Abhängigkeit von Hülle und Füllung unterscheiden sich H-F-Konstruktionen von gefüllten *biegesteifen* Gefäßen. Denn ein biegesteifes Gefäß wirkt einseitig formativ auf die Füllung, so daß zwar die Füllung die Innen-Form des Gefäßes annimmt, das Gefäß jedoch zur Aufrechterhaltung seiner Form keiner Füllung bedarf.
Für die Form von H-F-Konstruktionen ist also zunächst der Füllungs*zustand* verantwortlich. Es lassen sich vier Füllungszustände voneinander unterscheiden:
a) Im *ungefüllten* Zustand liegen die Innenflächen der Hülle aufeinander und bilden eine Doppellage.
b) *Unterfüllung* liegt vor, wenn der Druck des Außenmediums den Druck der Füllung überschreitet und die Hülle nicht in ihrer Gesamtheit unter Zugspannung steht.

---

325 Die folgenden Ausführungen lehnen sich eng an HERKNER 1999, 13–15 an.

326 Anders als die ältere Fachliteratur verwende ich die Ausdrücke „Pneu“ und „Hülle-Füllung-Konstruktion“ *nicht* synonym. Denn mit HERKNER 1999, 13, bin ich der Ansicht, daß „Pneu“ von seinem Wortursprung her eine Luftfüllung suggeriert und von daher auf *flüssigkeits*gefüllte Hülle-Füllung-Konstruktionen nicht paßt.

327 OTTO 1977, 22.

328 Während Gase ihr Volumen in Abhängigkeit vom wirkenden Außendruck ändern können, sind Flüssigkeiten annähernd inkompressibel.

Unterfüllte unversteifte H-F-Konstruktionen sind nicht formstabil und unterliegen formativen Einflüssen von außen.[329]
c) *Überfüllung* ist gegeben, wenn der Füllungsdruck so groß ist, daß die Hülle reißt.
d) *Prall gefüllt* schließlich ist eine H-F-Konstruktion von dem Zeitpunkt an, zu dem die Hülle *in ihrer Gesamtheit* Flächenzugspannung aufnimmt, und solange, bis der Zustand der Überfüllung erreicht ist, d. h. bis die Hülle platzt. Für eine H-F-Konstruktion mit *elastischer* Hülle gilt damit, daß *verschieden* große Füllungen Prallheit gewährleisten können. Ist eine H-F-Konstruktion prall gefüllt, so übersteigt der Innendruck den Außendruck. Des weiteren gilt: Im Zustand der Prallheit befinden sich die vom Innen- und vom Außendruck ausgeübten Kräfte sowie die Kräfte, die die Hülle spannen, im Gleichgewicht.
Die Form prall gefüllter H-F-Konstruktionen kann durch den Einsatz zusätzlicher Konstruktionselemente beeinflußt werden.[330] Als zusätzliche Konstruktionselemente kommen einerseits *Verspannungs*elemente, die nur Zugkräfte aufzunehmen vermögen, andererseits *Versteifungs*elemente, die druckstabil sind, in Frage. Verspannungs- bzw. Versteifungselemente können dabei sowohl innerhalb als auch außerhalb einer H-F-Konstruktion angebracht sein:
*Äußere Verspannungs*elemente können Umschnürungen, Bandagen und Netze sein. *Innere Verspannungs*elemente sind demgegenüber zum Beispiel Faserzüge, die an zwei oder mehr Punkten der Hülle oder an einem Punkt der Hülle und einem inneren Versteifungselement verankert sind.
Als *innere Versteifungs*elemente können zur Formung *prall* gefüllter H-F-Konstruktionen alle möglichen druckstabilen Innengerüste, Zwischenwände oder Streben verwendet werden, wenn sie länger sind als der (unter Umständen vom Volumen der Füllung abhängige) Innendurchmesser der zu formenden H-F-Konstruktion. Als *äußere Versteifungs*elemente kommen schließlich geschlossene oder durchlöcherte Schalen in Betracht.
Mit Hilfe äußerer und/oder innerer Versteifungs- bzw. Verspannungselemente ist es möglich, selbst unterfüllte H-F-Konstruktionen in eine stabile Form zu bringen.
Hat man sich in dieser Weise über einige konstruktive Zwänge und Möglichkeiten von H-F-Konstruktionen Rechenschaft gegeben, so kann man danach fragen, inwieweit solche Konstruktionen zur Modellierung morphologischer/anatomischer Gegebenheiten geeignet sind. Was leisten solche Konstruktionen als Modelle in der Biologie?
Als hydraulische H-F-Konstruktionen lassen sich zunächst einmal Subsysteme von Organismen beschreiben, die keine als Versteifungen geeigneten Hartteile aufweisen. Die Formstabilität von Subsystemen, denen solche als Versteifungen geeigneten Elemente fehlen, kann in Analogie zu hydraulischen H-F-Konstruktionen erklärt werden. Dienen hydraulische H-F-Konstruktionen in der Konstruktionsmorphologie als Modelle, so sei von einer Nutzung des *Hydraulik-Modells* die Rede.
Die Bedeutung des Hydraulik-Modells besteht also zunächst darin, daß es zu erklären vermag, wie Formstabilität ohne das Vorhandensein von Versteifungen gewährleistet werden kann. Darüber hinaus ergeben sich vom Hydraulik-Modell her aber auch weiterführende anatomische Fragestellungen. Wenn nämlich a) die Form prall gefüllter

[329] Vgl. W. F. GUTMANN 1995, 127.
[330] W. F. GUTMANN 1995, 127.

H-F-Konstruktionen vom Einsatz zusätzlicher Konstruktionselemente abhängen kann, und wenn b) die Form von Organen, denen Teile *fehlen*, die wie äußere und innere *Versteifungs*elemete funktionieren können, nur *wie* bei prall gefüllten H-F-Konstruktionen stabilisiert sein kann, dann kann für die Form solcher Organe das Auftreten von Elementen verantwortlich sein, die als *Verspannungen* geeignet sind (vgl. Fig. 61). Entsprechend läßt sich die Aufgabe formulieren, Elemente, die wie Verspannungen funktionieren können, außerhalb oder innerhalb der jeweiligen Organe anatomisch nachzuweisen.

Fig. 61: Verspannungen als Mittel zur Formung prall gefüllter H-F-Konstruktionen. In der oberen Reihe rechts eine nicht versteifte unterfüllte H-F-Konstruktion. (Vgl. M. GUTMANN 1996, 282.)

Auch zur Modellierung des Wirbeltierkörpers, der ja ein Skelett und damit auch Teile, die wie innere Versteifungselemente funktionieren können, besitzt, eignet sich das Hydraulik-Modell. Denn

> die mechanische Kohärenz jedes lebenden Systems [...] wird immer [auch] durch Weichteile und nie alleine durch die Verbindung zwischen Skelettstrukturen gesichert.[331]

Im Sinne des Hydraulik-Modells bestehen Wirbeltiere aus einer Vielzahl von versteiften und verschnürten H-F-Konstruktionen, wobei die Untereinheiten des Gesamtverbandes ineinander gestaffelt sind.

> So kann der Gesamtkörper als Hülle-Füllungs-Konstruktion betrachtet werden, aber auch einzelne Organe wie Muskelspindeln, die Leber oder das Gehirn [...].[332]

5.2.3 Modellierung statt Vergleich

Klassisch ausgebildeten Morphologen und Morphologinnen bereitet die Verwendung technikanaloger Beschreibungen innerhalb der Konstruktionsmorphologie große Schwierigkeiten. Werden mit solchen Beschreibungen Lebewesen nicht zu technischen Geräten degradiert? Solchen und ähnlichen Anfragen sieht sich die Konstruktionsmorphologie bis heute immer wieder ausgesetzt.

---

331 W. F. GUTMANN 1995, 128.
332 HERKNER 1999, 37.

Was die Frage nach dem Status konstruktionsmorphologischer Beschreibungen anbetrifft, so ist zunächst kritisch anzumerken, daß insbesondere Wolfgang Friedrich Gutmann in seinen Spätschriften dem Mißverständnis, Lebewesen seien nach konstruktionsmorphologischer Auffassung *nichts anderes* als Konstruktionen oder Maschinen, selbst Vorschub geleistet hat.[333] So heißt es etwa in W. F. GUTMANN 1995:

> Organismen, die die Erde bevölkern, sind durchweg und ausnahmslos mechanische Gebilde und als solche maschinelle Konstruktionen.[334]

Solche Formulierungen sind geeignet, den Eindruck zu erwecken, daß zwischen Lebewesen einerseits und Konstruktionen oder Maschinen andererseits aus Sicht der Konstruktionsmorphologie kein Unterschied besteht. Dieser Eindruck läßt sich jedoch bereits im Vorfeld vermeiden, indem zwischen dem modellierten Naturgegenstand und der als Modell des jeweiligen Naturgegenstandes dienenden Konstruktion oder Maschine sorgfältig unterschieden wird.

Werden etwa Teile von Organismen *als* Konstruktionen beschrieben, so werden natürliche Objekte, die *in keiner Weise* Konstruktionen *sind*, also Objekte, die *keine* von Menschen zu Handlungszwecken entworfenen und gebauten Geräte *sind*, als technische Konstruktionen *modelliert*, d. h. so beschrieben, *als ob* es sich bei ihnen um technische Konstruktionen handeln würde. Dabei werden bestimmten *Teilen von Organismen* die Funktionen solcher Elemente zugewiesen, deren Zusammenwirken die Funktionstüchtigkeit einer bestimmten technischen Konstruktion oder Maschine in ausgezeichneten Anwendungen erwarten läßt.

Der methodische Vorteil einer solchen technikanalogen Beschreibung besteht darin, daß sich für technische Geräte einigermaßen gut *kontrollieren* läßt, welche Teile und Eigenschaften in einer bestimmten Anwendung funktional bedeutsam sind. So läßt sich (operational) begründen, daß zum Beispiel die Funktionstüchtigkeit einer Lastarm-Zugseil-Maschine in der Anwendung des Lastenhebens nicht von Farbeigenschaften abhängt. Entsprechend können Farbeigenschaften dann unberücksichtigt bleiben, wenn analysiert werden soll, wie die Extremität eines Tetrapoden bei einem als Lastenheben deutbaren Verhalten funktioniert. Dessen ungeachtet kann natürlich die Farbe eines Hebelarms in *anderen* Anwendungen, zum Beispiel dann, wenn ein Hebelarm (auch) als Warnsignal eingesetzt werden soll, durchaus funktional bedeutsam sein. Entsprechend kann man sich auch Verhaltenskontexte denken, in denen Farbeigenschaften von Extremitäten eine wichtige Rolle spielen. An dieser Stelle sind die folgenden Präzisierungen angebracht:

a) Indem die Konstruktionsmorphologie Teilen von Organismen mechanische Funktionen zuweist, ist sie in der Lage, ihre Beschreibungen von Teilen abzuschließen, anders ausgedrückt: Beschreibungsabschlüsse zu begründen. Indem sie nämlich Teile von Organismen unter dem Gesichtspunkt ihrer mechanischen Funktion analysiert, kann sich die Konstruktionsmorphologie auf die Erfassung derjenigen Eigenschaften dieser Teile konzentrieren, auf die es jeweils im Zusammenhang mit der Erfüllung der zugewiesenen mechanischen Funktion ankommt. Welche Eigenschaften dies sind, darüber vermag sich die Konstruktionsmorphologie an geeigneten mechanischen Funktionsmodellen Rechenschaft zu geben. Dadurch aber, daß sie unter je bestimmten

[333] Vgl. dazu auch HERTLER 2001, 164.
[334] W. F. GUTMANN 1995, 33.

funktionalen Gesichtspunkten Beschreibungsabschlüsse zu rechtfertigen vermag, ist die Konstruktionsmorphologie der klassischen, formenkundlichen Morphologie überlegen. Denn die klassische Morphologie vermag da, wo ihr alles, was nur irgendwie als Form abgegrenzt werden kann, zum Gegenstand wird, dem Zerlegen von Teilen in immer weitere Teile von Teilen usw. methodisch nicht Einhalt zu gebieten. Ist allerdings erst einmal gezeigt, auf welche Teile es in einer bestimmten Funktion ankommt, so können die jeweils funktional bedeutsamen Teile eines Gefüges mit den Mitteln der klassischen Morphologie auf die zwischen ihnen bestehenden Konnektions- und Lagebeziehungen untersucht werden.

b) Auch konstruktionsmorphologische Beschreibungen von Organismenteilen schöpfen diese Teile niemals deskriptiv aus. Denn für keine Beschreibung eines konkreten Objektes kann – wie in der vorliegenden Arbeit schon mehrfach betont wurde – Vollständigkeit, d. h. Nicht-Erweiterbarkeit in einem *emphatischen* Sinn, reklamiert werden. Es ist also nie *auszuschließen*, daß an einem bestimmten Organismenteil außer denjenigen Merkmalen, die von einem bestimmten Maschinen- oder Konstruktionsmodell her als funktional bedeutsam ausgezeichnet werden können, *unter anderen funktionalen Gesichtspunkten* auch andere oder noch zusätzliche Merkmale als funktional bedeutsam hervorgehoben werden können und müssen.

c) Die Konstruktionsmorphologie verfährt nicht *komparatistisch*. Ihre Ergebnisse verdanken sich keineswegs dem bloßen *Vergleich* von Organismenteilen hinsichtlich des Vorliegens oder Fehlens bestimmter Merkmale, sondern beruhen auf *Konstruktionsanalysen* von Lebewesen. Konstruktionsanalysen werden vorgenommen, indem versucht wird, für bestimmte anatomische Gegebenheiten funktionale Deutungen durch Übertragung von funktionalen Beschreibungen aus Bereichen wie Architektur und Maschinenbau, allgemeiner: aus dem Bereich dynamisch beherrschbarer Konstruktionen und Maschinen zu finden. Dabei kann die Konstruktionsmorphologie natürlich nicht willkürlich verfahren. Denn ein Teil muß ja, um als Bauelement innerhalb einer Konstruktion oder Maschine überhaupt eine bestimmte Aufgabe übernehmen zu können, bestimmte Eigenschaften besitzen. Wird nun die Funktionsbeschreibung eines bestimmten technischen Bauelements auf ein Teil eines Organismus übertragen, so muß das jeweilige Teil natürlich die Eigenschaften besitzen, die für das als funktionales Analogon aufgefaßte technische Bauelement notwendig sind. Andernfalls vermag die Funktionszuweisung nicht zu überzeugen und muß durch eine Funktionszuweisung ersetzt werden, die den festgestellten Eigenschaften des zu modellierenden Teiles Rechnung trägt. In diesem Sinne kann der Prozeß der Konstruktionsanalyse als hermeneutisches Wechselspiel zwischen einem interpretativen Input und der Überprüfung der Stichhaltigkeit der Interpretation an Organismenteilen aufgefaßt werden.

d) Nach Durchführung einer konstruktionsmorphologischen Konstruktionsanalyse erscheinen Subsysteme von Organismen als spezielle *organismische Konstruktionen,* die ihrerseits wieder als Repräsentanten bestimmter allgemeinerer *Konstruktionstypen* gedeutet werden können. Organismische Konstruktionen entstehen also, indem an die Stelle anatomisch-morphologischer Form- und Lagebeschreibungen funktionale Beschreibungen aus dem Bereich der angewandten Mechanik treten. Statt von „Radien" und „Muskeln" ist dann beispielsweise von „druckstabilen Stäben" bzw. „Zugfaserelementen", statt von einer „Chorda dorsalis" von einer „Achsenstabilisierung" die

Rede.[335] Dabei können sowohl Subsysteme von *Ontogenese*abschnitten als auch Subsysteme *adulter* Organismen einer mechanischen Konstruktionsanalyse im Sinne der Konstruktionsmorphologie unterzogen und dann auch als Repräsentanten je bestimmter Konstruktionstypen aufgefaßt werden.[336] Da Konstruktionstypen stets in Auseinandersetzung mit spezifischen anatomischen und morphologischen Gegebenheiten gewonnen und aufgestellt werden, ist der Verdacht, daß sich die Konstruktionsmorphologie über Eigenschaften bekannter Lebewesen einfach hinwegsetzt und Phantasiegebilde entwirft, unbegründet (vgl. Fig. 62).

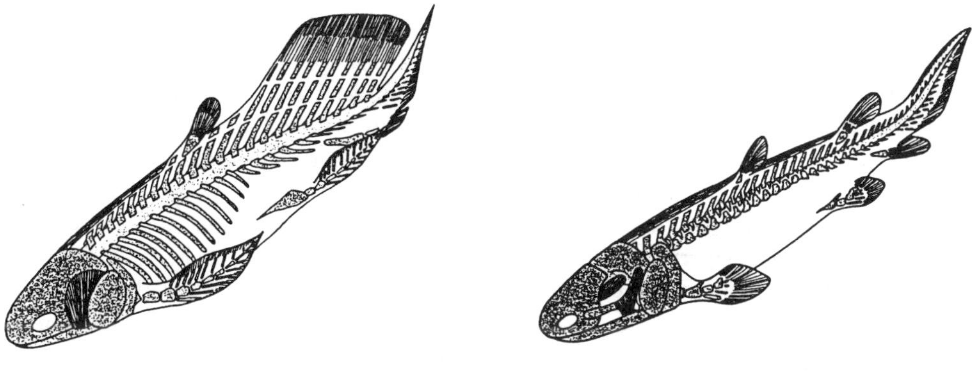

Fig. 62. Beispiele für organismische Konstruktionstypen: Links eine typische dipnoide Konstruktion, rechts eine typische rhipidistiide Konstruktion (vgl. HERKNER 1999, 77 und 90.) Man beachte etwa die Unterschiede zwischen den Flossenkonstruktionen beider Typen.

e) Auch die Konstruktionstypen der Konstruktionsmorphologie besitzen *Merkmale*. Auf dieser Feststellung insistiere ich, obwohl in der einschlägigen Fachliteratur eine große Skepsis gegenüber dem Merkmalsbegriff vorherrscht. So schreibt etwa Herkner:

> Außerdem werden durch die Einteilung der Organismen nach „Merkmalen" Kategorien geschaffen, die dann wieder nur in Unterklassen unterteilt werden können, so daß ein Ordnungsschema entsteht, in dem zwischen den einzelnen logischen Klassen aus methodischen Gründen keine Übergänge mehr formuliert werden können [...]. Der entwicklungstheoretische Zusammenhang geht damit zwangsläufig verloren.[337]

Zwar ist Herkner im Recht, wenn er darauf hinweist, daß das bloße Verzeichnen des Besitzes oder Fehlens von bestimmten Merkmalen, wie es für das Klassifizieren charakteristisch ist, keine prozessualen Aussagen liefert, weil dabei zwischen Fehlen und Besitz keine Übergänge formuliert werden können. Gleichwohl ist zu betonen, daß das Verzeichnen von Merkmalsbesitz und -fehlen immerhin die *Aufgabe* liefert, die es dann im Rahmen einer prozessualen Erklärung zu lösen gilt. Denn prozessuale

---

335 Vgl. HERKNER 1999, 12.
336 Vgl. HERKNER 1999, 28–29.
337 HERKNER 1999, 32.

Erklärungen dienen uns ja gerade dazu, das Verschwunden- oder Aufgetretensein bestimmter Merkmale als Resultat eines *Ablaufes* verständlich zu machen. Das Verzeichnen von Besitz oder Fehlen bestimmter Merkmale kann also immerhin dazu dienen, *Anfangs-* und *Endzustände* von Prozessen zu fixieren, wobei die jeweiligen Prozesse *selbst* dann mit nichtklassifikatorischen Mitteln aufzuklären sind.

Insbesondere zwingt die Nutzung des Merkmalsbegriffes aber auch *nicht* zu der von der Konstruktionsmorphologie mit Recht als unhaltbar kritisierten Auffassung, daß sich Individuen aus einer endlichen Anzahl von Merkmalen einfachhin *zusammensetzen* oder daß Merkmale den Individuen *naturaliter anhaften*. Denn das Erheben von bestimmten Merkmalen an einem Gegenstand kann – wie in der vorliegenden Arbeit durchwegs – als, wenn man so will, kultürliche Leistung, jedenfalls aber als *Leistung* derer, die über den jeweiligen Gegenstand sprechen, schreiben oder nachdenken, verstanden werden: Ein Positivmerkmal x *erheben* wir ja an einem Gegenstand, indem wir diesen Gegenstand unter den Begriff „x-Habendes" subsumieren.[338] Was aber unter den Begriff „x-Habendes" fällt, liegt insofern in unserem Ermessen, als wir die Kriterien für das Fallen unter „x-Habendes" mit Hilfe einer Definition selbst festlegen können. Es ist also durchaus richtig, wenn sich die Konstruktionsmorphologie gegen die zu einfachen ontologischen Vorstellungen verwahrt, die sich in der Biologie an den Merkmalsbegriff angelagert haben. Aber der Hinweis darauf, daß sich die Erhebung von Merkmalen an einem Gegenstand dem Herantragen von *gemachten* Begriffen an diesen Gegenstand verdankt und nicht als Vernahme von schlicht Vorfindlichem verstanden werden kann, nötigt nicht zur Preisgabe des Merkmalsbegriffes.

f) Mit ihren Konstruktionstypen verbindet die Konstruktionsmorphologie den Anspruch, einsichtig machen zu können, wie bestimmte Leistungen bestimmter Subsysteme von Organismen (etwa die Lokomotion oder die Aufrechterhaltung einer bestimmten Form[339]) in je spezifischer Weise *mechanisch* ermöglicht werden. Indem dazu gleichermaßen Wissen über die Anatomie und Morphologie des zu analysierenden Organismus-Ausschnittes, wie auch Wissen über die physikalischen Prinzipien, nach denen die als Modell in Frage kommenden Konstruktionen oder Maschinen funktionieren, erforderlich ist, setzt die Mitarbeit am konstruktionsmorphologischen Programm interdisziplinäre Kompetenzen voraus.

5.3 Zur Konstruktionslehre der Konstruktionsmorphologie

Die Konstruktionslehre der Frankfurter Konstruktionsmorphologie, d h. die Lehre von den Prinzipien, nach denen die Konstruktionsanalyse von Organismen oder deren Teilen vorzunehmen ist, ruht auf dem Fundament einer *allgemeinen Organismustheorie*, im Rahmen derer von maschinentheoretisch einführbaren Termini Gebrauch gemacht wird.[340] Ohne Anspruch auf Vollständigkeit sollen im folgenden mit W. F.

---

[338] Vgl. auch THIEL 1980b.

[339] So muß zum Beispiel die Aufrechterhaltung der jeweiligen *Körper*form als aktive Leistung von Organismen gedacht werden. Vgl. W. F. GUTMANN/WEINGARTEN 1991, 233: „Die Form oder Berandung (Systemgrenze) organismischer Konstruktionen wird [...] nicht einfach erzeugt und liegt dann vor, sondern muß durch ‚innere Arbeit' [...] andauernd aufrecht erhalten werden."

[340] Diese Organismustheorie ist „allgemein" in dem Sinn, daß sie (zumindest einige) Kriterien angibt, die ein Naturgegenstand erfüllen *muß*, um unter den Begriff „Organismus" zu fallen.

GUTMANN/WEINGARTEN 1991, WEINGARTEN 1992, und HERKNER 1999 Grundzüge dieser allgemeinen Organismustheorie vorgestellt werden.

5.3.1 Elemente der konstruktionsmorphologischen Organismustheorie

Im Rahmen ihrer allgemeinen Organismustheorie betont die Konstruktionsmorphologie zunächst einmal, daß Lebewesen der supraatomaren Welt angehören und damit Körper sind, die den Gesetzen der Mechanik (etwa der Statik und Kinetik bzw. Dynamik) unterliegen:

> Grundsätzlich gehen wir davon aus, daß Lebewesen mechanische Gebilde darstellen und auch nur über mechanische Prinzipien begriffen werden können.[341]

Diese Auffassung hat zum Beispiel die Konsequenz, daß die Konstruktionsmorphologie *funktionale* Deutungen von anatomisch oder morphologisch aufweisbaren Teilen dann *verwerfen* muß, wenn im Rahmen dieser Deutungen gegen bestimmte mechanische Prinzipien verstoßen wird. So kann zum Beispiel die Konstruktionsmorphologie die funktionale Deutung eines anatomischen Teiles als „Stütze" nicht gelten lassen, wenn sich zeigen läßt, daß der entsprechende Teil so stark deformierbar ist, daß er den auftretenden Druckkräften gar nicht standzuhalten und nur Zugkräfte aufzunehmen vermag.

Dieses einfache Beispiel verdeutlicht bereits, daß sich die Konstruktionsmorphologie mit ihren Analysen strikt innerhalb der Grenzen des mechanisch Möglichen bewegt: Organismen unterliegen nach konstruktionsmorphologischer Auffassung – ebenso wie Geräte – mechanischen *Zwängen*, und zwar in dem Sinn, daß sie nur innerhalb der Grenzen des mechanisch Möglichen überhaupt lebensfähig sind und bestehen können. Einige der Zwänge, denen Organismen unterliegen, expliziert die Konstruktionsmorphologie am Beispiel von (Wärme-)Kraftmaschinen.[342]

5.3.1.1 Kraftschlüssigkeit

Die vielleicht wichtigste Bedingung dafür, daß eine Kraftmaschine arbeiten kann, ist die *Kraftschlüssigkeit*. Eine Kraftmaschine kann nur arbeiten, wenn ihre Teile so miteinander verbunden sind, daß eine *Transmission* der Kräfte zwischen ihnen erfolgen kann. Die Teile einer Maschine müssen also nicht nur irgendwie zusammenhalten, sondern sie müssen *kraftschlüssig* (*kohärent*)[343] angeordnet sein. Dazu dürfen die mechanischen Freiheitsgrade der Teile weder zu groß noch zu klein sein.[344] Überträgt man nun diese Überlegungen auf Organismen, so ergibt sich, daß auch Organismen

---

341 W. F. GUTMANN/WEINGARTEN 1991, 233.

342 Wenn im folgenden Begriffe am Beispiel von Wärmekraftmaschinen eingeführt werden, so sollte dies nicht Anlaß zu dem Mißverständnis geben, daß die Konstruktionsmorphologie etwa *Motoren* zur Modellierung bestimmter anatomischer Gegebenheiten einsetzt. Im Rahmen der allgemeinen Organismustheorie erfüllt die Reflexion auf Wärmekraftmaschinen den Zweck, einige Eigenschaften kenntlich zu machen, die Organismen mit Wärmekraftmaschinen *als Wärmekraftmaschinen* gemeinsam haben. Auch die Rede von „Maschinen" könnte Anlaß zu Irritationen geben: Unter „Maschinen" werden im folgenden keine *transklassischen* Maschinen wie Rechner etc. verstanden.

343 Vgl. M. GUTMANN 1996, 241: „Der Kraftschluß auf der Ebene der *strukturierten* Lebewesen soll [...] KOHÄRENZ heißen." (Majuskeln im Original.)

344 HERKNER 1999, 10.

bestimmte lebensnotwendige Leistungen (bei Tieren etwa die zur Beschaffung von Nahrung notwendige Lokomotion) nur unter der Bedingung der Kraftschlüssigkeit ihrer Teile erbringen können. Eine Mutation, die also zum Beispiel zur Folge hat, daß ein Teil des Lokomotionsapparates nicht mehr genügend Spielraum hat, um Kräfte auf andere Teile übertragen zu können, kann demgemäß letale Folgen haben.

Als notwendige Bedingung dafür, daß eine Transmission von Kräften in einer Maschine erfolgen kann, läßt sich weiterhin die *Lückenlosigkeit* des jeweiligen mechanischen Verbandes namhaft machen. Die Teile einer Kraftmaschine müssen lückenlos zusammenhängen, d. h. es darf keine von den anderen Teilen völlig isolierten Teile geben. Auf Organismen angewendet heißt dies:

> Damit Organismen [...] existieren können, müssen sie mechanisch geschlossen sein und bleiben. Dies meint [...] die Lückenlosigkeit des Zusammenhanges der Konstruktionsteile (es gibt keine isolierten bzw. völlig autonomen oder sonstwie vom Verband emanzipierten Bauelemente oder Teile in Organismen[...]).[345]

Indem sie die Bedingungen der Lückenlosigkeit und der diese voraussetzenden Kraftschlüssigkeit formuliert, betont die Konstruktionsmorphologie die (mechanische) Interdependenz der Teile eines Organismus. Damit vertritt die Konstruktionsmorphologie ein Organismuskonzept, das uns in der vorliegenden Arbeit sowohl mit Cuviers Korrelationsgesetz als auch im Zusammenhang mit Hennigs Lesrichtungskriterien bereits ansatzweise begegnet ist.

Die Beschäftigung mit Hennigs Lesrichtungskriterien im allgemeinen und mit dem Kriterium der Korrelation von Merkmalsreihen im besonderen bot in Abschnitt 4.1.3 Anlaß dazu, einen Passus aus HENNIG 1950 zu zitieren, in dem in einer an Cuvier gemahnenden Weise die funktionale Koordiniertheit von Organismenteilen betont wird. Seiner systematischen Brisanz wegen sei dieser Passus hier noch einmal zitiert:

> Nun ist allerdings die Gestalt der lebenden Organismen kein Mosaik, keine Summe von unabhängig voneinander bestehenden und sich verändernden Einzelmerkmalen, sondern eine Wirkungseinheit („Ganzheit"), an der kein Teil geändert werden kann, ohne daß das ganze Gefüge beeinflußt wird.[346]

Zwar gehen diese Bemerkungen Hennigs nicht über grundsätzliche Andeutungen hinaus, gleichwohl entspricht das Organismus-Verständnis der Frankfurter Konstruktionsmorphologie in wesentlichen Zügen dem von Hennig skizzierten. Denn auch die Frankfurter Konstruktionsmorphologie begreift Organismen als Ganzheiten in dem Sinn, daß Veränderungen einzelner Teile nicht in beliebigem Ausmaß möglich sind, ohne daß etwa die Kohärenz des gesamten Verbandes zerstört und damit die Lebensfähigkeit aufgehoben wird.

5.3.1.2 Statische Limitationen

Nicht erst da, wo die Kraftschlüssigkeit einer Maschine durch *Verlust nötigen* oder durch *Entstehen zu großen* Spielraumes von Teilen verlorengeht, machen sich mechanische Zwänge bemerkbar. Auch wenn beispielsweise das Gehäuse einer Maschine zu waghalsig konstruiert ist und über der Maschine zusammenbricht, rächt

[345] W. F. GUTMANN/WEINGARTEN 1991, 233.
[346] HENNIG 1950, 337.

sich die Überschreitung mechanischer Grenzen, indem die Funktionsfähigkeit der Maschine verlorengeht. In diesem Fall wäre, mit negativen Folgen, gegen spezielle *statische* Prinzipien verstoßen worden.

Die Konstruktionsmorphologie macht nun geltend, daß *statische* Grenzen auch für Organismen gelten. Diese konstruktionsmorphologische Position kann anhand eines einfachen Beispiels illustriert werden: Die Ähre des Weizens läßt sich züchterisch nicht über ein gewisses Maß hinaus vergrößern, solange der Halm unverändert bleibt. Denn ab einer gewissen Größe wird die Ähre so schwer, daß sie der Halm *ohne zusätzliche Verstärkungen* nicht mehr zu tragen vermag. Bleibt also der Halm unverstärkt, so knickt er bei Überschreiten eines gewissen Schwellenwertes unter dem Gewicht der Ähre um.[347]

Dieses Beispiel kann dazu dienen, die Rede von „funktionaler Merkmalskorrelation", wie wir sie bei Hennig und Cuvier angetroffen haben, konstruktionsmorphologisch weiter zu präzisieren. Denn dieses Beispiel ist geeignet, den Begriff der *Limitation* einzuführen. Die Konstruktion des Weizenhalmes *limitiert* nach konstruktionsmorphologischer Auffassung die Größe der Ähre. Eine Größenzunahme der Ähre ist nur bis zu einem bestimmten, statisch prekären Schwellenwert möglich. Dieser Schwellenwert kann nicht überschritten werden, solange die Konstruktion des Weizenhalmes unverändert bleibt.

5.3.1.3 Energiewandel, Optimierung und Ökonomisierung

Am Beispiel der Kraftmaschinen vergewissert sich die Konstruktionsmorphologie nicht nur über bestimmte kinetische und statische Zwänge, denen Teile von Organismen unterworfen sind. Vielmehr ist die Reflexion auf die Funktionsweise von Kraftmaschinen aus Sicht der Konstruktionsmorphologie auch geeignet, *weitere*, für ein biologisches Verständnis von Organismen hilfreiche physikalische (beispielsweise *thermodynamische*) Begriffe und Vorstellungen zu entwickeln.

So ist denn zum Beispiel hervorzuheben, daß Kraftmaschinen *Energie konvertieren*, d. h. Energieformen ineinander umwandeln. In Gang gehalten werden Kraftmaschinen dabei, indem sie mit einem als Energieträger geeigneten Triebmittel versorgt werden. In diesem Zusammenhang entsteht die Notwendigkeit, daß eine Kraftmaschine über je mindestens eine Schnittstelle für Energiezufuhr und Energieabgabe verfügt.[348]

Diese elementaren thermodynamischen und maschinentheoretischen Überlegungen lassen sich in einem bestimmten Ausmaß auch auf Organismen übertragen. Denn auch Organismen können als *Energiewandler* verstanden werden. Im Unterschied zu Maschinen versorgen sich Organismen allerdings *eigenaktiv* mit Energie. So erschließen sich zum Beispiel viele Tiere die von ihnen unter anderem zur Aufrechterhaltung ihrer mechanischen Struktur benötige Energie dadurch, daß sie Nahrungsquellen durch Lokomotion selbst aufsuchen. Um aber Nahrungsquellen etwa durch Fortbewegung überhaupt aktiv aufsuchen zu können, müssen Organismen bereits über eine kraftschlüssige und damit auch die Bedingung der Lückenlosigkeit erfüllende mechanische Struktur verfügen. Für Organismen als Energiewandler ist also im

---

[347] Zu diesem Beispiel vgl. M. GUTMANN 1996, 237.

[348] Vgl. HERKNER 1999, 10.

Unterschied zu Maschinen charakteristisch, daß sie in einen *Bionomie-Kreislauf* [349] eingespannt sind: Das, was allererst die Erschließung von Energie qua Nahrung erlaubt (die mechanische Konstruktion), kann seinerseits nicht anders als durch die Zufuhr von Energie aufrecht erhalten werden.[350]

Die Reflexion auf elementare thermodynamische Aspekte von Kraftmaschinen erlaubt aber nicht nur die Einführung des dann auf Organismen übertragbaren Terminus „Energiewandler", sondern sie gestattet – vermittelt über die Rede vom „Wirkungsgrad" – auch zu einem klaren Optimierungsbegriff vorzustoßen:

Durch die zahlreichen Transmissions- und Energieumwandlungsprozesse geht, vor allem in Form von Wärme, immer ein Teil der einer Kraftmaschine zugeführten Energie verloren. Dieser Anteil an der zugeführten Energie wird nicht als Arbeit wirksam. Die in Arbeit umgesetzte Energie fällt also stets geringer aus als die durch das Triebmittel zugeführte Energie: *Das Verhältnis zwischen der zugeführten Energie und der als Arbeit wirksam werdenden Energie bezeichnet man als den Wirkungsgrad einer Maschine.*[351]

Steht der Begriff des Wirkungsgrades zur Verfügung, so kann *„Optimierung"* als Terminus bereitgestellt werden: *Unter „Optimierung" ist die Erhöhung des Wirkungsgrades einer Maschine zu verstehen.*

Gemäß dieser Definition kann eine Maschine gegenüber einer anderen Maschine als optimiert gelten, wenn ihr Wirkungsrad höher ist als der der anderen.[352]

Wie sich dieses Optimierungsverständnis auf Organismen übertragen läßt und welche Rolle es bei der Rekonstruktion von evolutionsgeschichtlichen Verläufen spielen könnte, haben PETERS/W. F. GUTMANN 1971 herausgearbeitet. Ohne meinen Ausführungen zu den konstruktionsmorphologischen Lesrichtungskriterien in Abschnitt 5.4.1 allzu sehr vorgreifen zu wollen, sei hier kurz aus dem genannten Aufsatz zitiert:

> Die Selektion *muß* (im statistischen Durchschnitt) diejenigen mutativ erzeugten Varianten begünstigen, die eine ökonomischere Leistung des Organismus, eine Optimierung seiner Leistungen gestatten. Dabei ist zunächst nebensächlich, ob die Ökonomisierung mit einer ökologischen Veränderung des Organismus, also etwa einem Biotopwechsel, verbunden ist oder nicht. Ausschlaggebend ist, daß die „verbesserten" Organismen eine größere Menge an energetischem input [sic!] erobern, durch höhere Leistung im Lebensraum der Ausmerzung

---

[349] Mit der Rede von „Bionomie-Kreisläufen" bringt die Konstruktionsmorphologie die *Selbstbezüglichkeit* organismischer Leistungen (im übrigen als *spezifische Differenz* zwischen Maschinen und Organismen!) zum Ausdruck. Indem sie die Selbstbezüglichkeit organismischer Leistungen betont, stellt sich die Konstruktionsmorphologie an die Seite der Organismustheorie, die *Humberto Maturana* und *Francisco Varela* ausgearbeitet haben und die im sogenannten *Radikalen Konstruktivismus* breit rezipiert worden ist. Zu der an die konstruktionsmorphologische Rede von „Bionomie-Kreisläufen" anschließbaren Rede von Organismen als „selbsterhaltenden und selbstreferentiellen Systemen" in der Maturana-Varela-Tradition vgl. HEJL 1996, 307: „[S]elbsterhaltende Systeme sind Systeme, deren Komponenten sich gegenseitig und damit den ganzen Zyklus (das System) erhalten. Beispiele finden sich ebenso im Metabolismus von Zellen wie in den Interaktionen zwischen den Komponenten eines Organismus, in dem jedes Organ die Bedingungen erzeugt, unter denen die anderen Organe ihrerseits die Bedingungen erzeugen können, die für die Funktion der anderen Organe und damit für sich selbst notwendig sind." Berührungspunkte mit Immanuel Kants (1724–1804) Organismusverständnis dürften hier unverkennbar sein. Zu Kants Organismusverständnis vgl. LÖW 1980, 127–232 und M. GUTMANN 1996, 260–265.

[350] Vgl. W. F. GUTMANN/WEINGARTEN 1991, 239.

[351] Vgl. SCHLAG NACH NATUR 1954, 510. Dort auch Angaben zum durchschnittlichen Wirkungsgrad von Muskeln, Dampfmaschine und Dieselmotor.

[352] Vgl. HERKNER 1999, 10.

besser entgehen und/oder sich erfolgreicher fortpflanzen und dadurch nach und nach die weniger ökonomischen Konkurrenten verdrängen.[353]

Während in PETERS/W. F. GUTMANN 1971 die Wörter „Optimierung" und „Ökonomisierung" synonym verwendet werden, wird in WEINGARTEN 1992 der Vorschlag gemacht, diese beiden Wörter zur Bezeichnung zweier *verschiedener Arten* von Verbesserungsmaßnahmen zu verwenden.
Während als *Optimierungs*maßnahmen in WEINGARTEN 1992 Maßnahmen bezeichnet werden, die vorgenommen werden, indem die Passung und Aufeinanderabstimmung von Teilen einer Maschine verbessert und damit der Wirkungsgrad durch Minderung von Reibungsverlusten etc. erhöht wird, werden Maßnahmen, die eine Materialeinsparung oder eine Einsparung ganzer Teile ermöglichen, als Maßnahmen angesprochen, die der *Ökonomisierung* dienen:

> Terminologisch wollen wir solche Verbesserungen einer [...] vorgegebenen Konstruktion unterscheiden als *Ökonomisierung*, wenn Teile eingespart werden bzw. in ihrem Materialaufwand minimiert werden bei Erhaltung oder Steigerung der Leistungsfähigkeit der Konstruktion; als *Optimierung* bezeichnen wir solche Verbesserungen, die den Energieverbrauch der Konstruktion durch bessere Passung und Aufeinanderabstimmung der Teile [354]

vermindern. Ergänzen könnte man WEINGARTEN 1992 noch dahingehend, daß auch Maßnahmen, die die bei der Nutzung einer Maschine anfallenden Instandhaltungs- und Betriebskosten senken, als Ökonomisierungsmaßnahmen gelten können.[355]
Wie sich Weingartens Ökonomisierungsbegriff in der hier vorgestellten *erweiterten* Version auf Organismen anwenden läßt, soll in Abschnitt 5.5 demonstriert werden. An dieser Stelle möchte ich es bei zwei Hinweisen belassen:
1) Evolutive Optimierung und Ökonomisierung von Organismen können nach konstruktionsmorphologischer Auffassung nur in *kleinen* Schritten erfolgen. In der Konstruktionsmorphologie wird nämlich die Auffassung vertreten, daß sich *große, sprunghafte* Veränderungen nur negativ auf die empfindliche funktionale Binnenkoordination von Organismen auswirken können. Damit stellt sich die Konstruktionsmorphologie auf einen gradualistischen Standpunkt:

> Angesichts der Kompliziertheit und Differenziertheit der lebenden Organisation muß jede genetische Veränderung, die größere Abwandlungen im Lebewesen bewirkt, zerstörerisch sein. Nur kleinschrittige Abwandlungen sind mit der Perpetuierung des Lebens vereinbar. Wenn es also Evolution gibt, kann es nur kleinschrittigen, gradualistischen Wandel geben.[356]

2) Optimierung und Ökonomisierung können sowohl das Funktionieren als auch das Fungieren betreffen.[357] Die Termini „Funktionieren" und „Fungieren" können wie folgt bereitgestellt werden:[358] Ein Motor *funktioniert*, wenn er läuft bzw. zum Laufen gebracht werden kann. Ein funktionierender Motor, also ein Motor, der zum Laufen

---

353 PETERS/W. F. GUTMANN 1971, 251.
354 WEINGARTEN 1992, 266–267. Hervorhebungen im Original durch Unterstreichungen.
355 Vgl. HERKNER 1999, 10.
356 W. F. GUTMANN 1995, 44. Ob allerdings die Zeit, die der Evolution erdgeschichtlich zur Verfügung gestanden hat, dafür ausreicht, daß die bekannte Formenvielfalt überhaupt *in kleinsten Schritten* entstanden sein kann, vermag ich nicht zu entscheiden. In W. F. GUTMANN 1995 vermißt man jedoch ein Eingehen auf diesen Einwand.
357 Vgl. PETERS/W. F. GUTMANN 1971, 252.
358 Für das folgende vgl. HERKNER 1999, 11.

gebracht werden kann, läßt sich allerdings zu den verschiedensten Zwecken (Funktionen) verwenden, nämlich als Antrieb für die verschiedensten Geräte einsetzen. Er *fungiert* dann als Mittel zu verschiedenen Zwecken (Rasieren, Rasenmähen etc.) Wird nun das Funktionieren optimiert, so wird etwa die Passung von Motorteilen so verbessert, daß Reibungsverluste minimiert werden. Wird das Fungieren eines Motors als Antrieb einer bestimmten Maschine verbessert, so wird etwa dafür Sorge getragen, daß er den gesetzten Zweck energetisch effizienter zu verfolgen gestattet.
In der vorliegenden Arbeit wird nicht streng zwischen Funktionieren und Fungieren unterschieden, da insbesondere jede Verbesserung des Funktionierens einer Maschine auch als Verbesserung des Fungierens von bestimmten, innerhalb einer Maschine ja bestimmten *Zwecken* (Funktionen) dienenden Teilen verstanden werden kann.

5.3.1.4 Nutzungsspektren – Funktionswechsel und Differenzierung

Maschinen sind, wie am Ende von Abschnitt 5.3.1.3 deutlich geworden sein dürfte, nicht nutzungsdeterminiert. Motoren ein und desselben Typs beispielsweise können in einem Modellboot oder einem Rasierapparat zum Einsatz kommen. Wenn also Maschinen auch meistens zu einem ganz bestimmten Zweck entwickelt und gebaut sind, so lassen sie sich doch innerhalb eines unter Umständen sehr breiten Spektrums von Nutzungsmöglichkeiten verwenden. Die Funktion einer Maschine kann also nicht durch isolierte Betrachtung und auch nicht ein für alle Mal festgestellt werden, sondern das Spektrum dessen,

> was eine Maschine zu leisten vermag, oder wozu sie sich nutzen läßt, kann [...] nur darüber bestimmt werden, was sie *nicht* leisten kann, bzw. wozu sie sich *nicht* eignet [...].[359]

Indem die Konstruktionsmorphologie bei der Zuweisung von Funktionen zu Organismenteilen von vornherein den Konstruktions*kontext* berücksichtigt und also mit der Möglichkeit rechnet, daß Teile je nach Konstruktionszusammenhang ganz verschiedene Funktionen und sogar innerhalb eines bestimmten Konstruktionszusammenhanges unter Umständen mehrere Funktionen zugleich übernehmen können, ist sie methodisch insbesondere auf sogenannte *Funktionswechsel* vorbereitet. Funktionswechsel erscheinen dabei allerdings als Verschiebungen im Nutzungsspektrum.[360]
Im Zusammenhang mit der Rede von „Nutzungsspektren“ läßt sich auch die Rede von „Differenzierung“ einführen. Von „Differenzierung“ kann da die Rede sein, wo Maschinen ein und desselben Typs dergestalt in verschiedene Richtungen umkonstruiert werden, daß sie nicht mehr denselben Aufgaben, wenigstens aber denselben Aufgaben nicht mehr gleich gut dienen können. Zu einer Differenzierung kommt es also zum Beispiel, wenn innerhalb des Spektrums derjenigen Funktionen, die Maschinen eines bestimmten Typs überhaupt übernehmen können, *verschiedene* Funktionen *optimiert* werden, indem hinsichtlich jeweils *anderer* Funktionen *Verschlech-*

---

359 HERKNER 1999, 11 (Hervorhebungen im Zitat durch M. L.)

360 Vgl. M. GUTMANN 1996, 299–300 und HERKNER 1999, 30. Indem sie Teilen Funktionen *nicht* so zuweist, als ob bestimmte Teile *kontextfrei* bestimmte Funktionen, zumindest aber klar unterscheidbare Haupt- und Nebenfunktionen besitzen, setzt sich die Konstruktionsmorphologie von manchen *funktionalistischen* Ansätzen in der Morphologie ab.

terungen[361] in Kauf genommen werden. Als Folge einer solchen Optimierung in verschiedene Richtungen werden die verschieden umkonstruierten Maschinen dieselben Aufgaben nicht mehr gleich gut erfüllen können.
Die Rede von „Differenzierung" ist auch für die Evolutionsgeschichtsschreibung hilfreich. So kann von „Differenzierung" beispielsweise da gesprochen werden, wo von der ursprünglichen Reptilienkonstruktion aus einerseits das Schwimmen, andererseits – einhergehend mit der Reduktion der Gliedmaßen – das Schlängeln optimiert wird. Am Ende eines solchen Differenzierungsprozesses stehen Abwandlungen der ursprünglichen Reptilienkonstruktion, die keineswegs mehr dieselben Aufgaben (gleich gut) zu übernehmen vermögen.

5.3.1.5 Konstruktive Invarianten

Zwar lassen sich Maschinen eines bestimmten Typs etwa durch Verbesserung der Passung von Teilen optimieren, jedoch können Optimierungsmaßnahmen nicht in *beliebigem* Ausmaß erfolgen. Bestimmte Eigenschaften einer Maschine lassen sich nämlich nicht verändern, insbesondere nicht abschaffen, ohne daß die Funktionsfähigkeit der Maschine verlorengeht. Unveränderliche Eigenschaften einer Konstruktion, die im Zuge von Optimierungsmaßnahmen nicht verändert werden dürfen, sollen „konstruktive Invarianten" genannt werden.
Was an einer Maschine jeweils konstruktiv invariant ist, hängt von den Wirkprinzipien der jeweiligen Maschine und vom jeweiligen Anwendungskontext[362] ab. In HERKNER 1999 wird dies am Beispiel eines als Antrieb eingesetzten Otto-Motors erläutert:

> Es gibt zwar viele Möglichkeiten, woraus das Material eines Zylinders bestehen kann, wie bzw. womit dieser gekühlt wird, es bleibt aber eine invariante Konstruktionseigenschaft, daß der Zylinder überhaupt gekühlt werden muß, und daß er aus einem nicht dehnungsfähigen Material besteht.[363]

Auch (so könnte man Herkner ergänzen) *daß* überhaupt Zylinder vorhanden sind, gehört zu den konstruktiven Invarianten des Otto-Motors, wenn er als Antrieb Verwendung findet. Soll also ein Otto-Motor nicht durch einen völlig anderen Antrieb, etwa durch einen Düsenantrieb ersetzt werden, so können Optimierungen einer durch einen Otto-Motor angetriebenen Maschine nur zu der Kondition erfolgen, daß stets zumindest *ein* gekühlter Zylinder aus einem nicht allzu dehnungsfähigen Material zum Einsatz kommt.
Die an solchen Beispielen einführbare Rede von „konstruktiven Invarianten" läßt sich nach konstruktionsmorphologischer Auffassung auch auf Organismen übertragen. Denn auch ein bestimmter organismischer Konstruktionstyp ist nicht einfach in allen seinen Eigenschaften beliebig veränderlich. So kann zum Beispiel die Achsenstabilisierung bei Chordaten-Konstruktionen nicht einfach aufgegeben werden. Denn Chordaten-Konstruktionen können sich nur dann fortbewegen, wenn sie über eine Längsachsenstabilisierung verfügen, die insbesondere das Teleskopieren (Stauchung)

---

361 Solange die Gesamtökonomie nicht verringert wird, können Verschlechterungen bestimmter Leistungen toleriert werden. Vgl. HERKNER 1999, 31.

362 Soll etwa ein Motor in seiner Anwendung als *Barrikade* optimiert werden, stellt der Besitz von Zylindern keine konstruktive Invariante dar.

363 HERKNER 1999, 10–11.

verhindert. Wird also diese Achsenstabilisierung abgeschafft, ohne daß zuvor *grundlegend* neue Konstruktionsvoraussetzungen geschaffen worden sind, geht auch die Kohärenz des ganzen Organismus verloren.

5.3.2 Konsequenzen für die Konstruktionslehre

Von den unter 5.3.1 aufgeführten Elementen der allgemeinen Organismustheorie sind für die Lehre von den bei der Konstruktionsanalyse einzuhaltenden Prinzipien das Prinzip der Kraftschlüssigkeit und das damit zusammenhängende Prinzip der statischen Limitation besonders wichtig. Denn die Aufstellung von Konstruktionstypen, deren Repräsentanten lebensfähig sein sollen, kann in der Konstruktionsmorphologie frühestens dann als gelungen gelten, wenn die bei der Konstruktionsanalyse berücksichtigten Elemente kohärent verbunden sind, wenn also zum Beispiel statische Limitationen berücksichtigt wurden. Man akzeptiert demnach in der Konstruktionsmorphologie die Behauptung, Vertreter eines bestimmten Konstruktionstypus seien lebensfähig, *nicht*, wenn in dem jeweiligen Typus – wie dies bei der Aufstellung *morphologischer Grundpläne* unter rein *topologischen* Gesichtspunkten gelegentlich vorkommt – zum Beispiel Muskeln an einem Ende unverankert sind.
Umgekehrt vermag die Konstruktionsanalyse auch Mißbildungen als solche herauszustellen. Eine Mißbildung im Sinne der Konstruktionsmorphologie liegt insbesondere dann vor, wenn Teile eines der Konstruktionsanalyse unterworfenen Lebewesens so *ausgebildet* sind oder mit der Konsequenz *fehlen*, daß die Kraftschlüssigkeit des Gesamtverbandes gestört ist, allgemeiner: mechanische Gesetze verletzt werden. Entsprechende Nachweise müssen natürlich auf dem Boden der klassischen Mechanik geführt werden können.[364]
Zum Schluß dieses Abschnittes seien noch zwei Punkte angesprochen, die sich zwar aus den vorgestellten Elementen der allgemeinen konstruktionsmorphologischen Organismustheorie nicht einfach ableiten lassen, die aber angesichts weit verbreiteter Mißverständnisse noch hervorgehoben werden müssen:
1) Obwohl die Konstruktionsmorphologie auf der Ebene ihrer – hier nur in wenigen Grundzügen dargestellten – Organismustheorie für ein *ganzheitliches* Organismusverständnis eintritt, kann sie natürlich einzelne Organismen nie als *ganze*, d. h. in all ihren Sub- und Subsubsystemen der Konstruktionsanalyse unterziehen. Im Rahmen jeder Konstruktionsanalyse muß man sich also auf bestimmte Aspekte (Teile, Gefüge, Subsysteme) des zu untersuchenden Organismus beschränken.[365] Gleichwohl muß jedes mit den Mitteln der Konstruktionsmorphologie untersuchbare Subsystem eines Organismus, der keine Mißbildung darstellt, mechanisch kraftschlüssig sein. Die *Auflösung* der Kraftschlüssigkeit eines Subsystems ist nämlich für das Gesamtsystem letal.
2) Die Frankfurter Konstruktionsmorphologie kann für sich *nicht* beanspruchen, mit ihren Konstruktionsanlysen alle nur überhaupt biologisch relevanten Aspekte von Organismen abzudecken. Ihre Mittel, nämlich Funktionsbegriffe aus dem Bereich einfacher mechanisch beherrschbarer Konstruktionen und Maschinen, erlauben zunächst nur die funktionale Analyse der anatomischen und morphologischen Merkmale von Organismen. Über physiologische und genetische Mechanismen muß

---

[364] Vgl. W. F. GUTMANN 1995, 43.
[365] Vgl. HERKNER 1999, 29.

sich die Konstruktionsmorphologie von anderen biologischen Ansätzen und Disziplinen aufklären lassen.

5.4 Mittel und Prämissen konstruktionsmorphologischer Anagenetik

Am Anfang der Konstruktionsmorphologie standen Diskussionen innerhalb der *Senckenbergischen Arbeitsgruppe Phylogenetik*. Der Name dieser Arbeitsgruppe läßt bereits erahnen, daß sich die Position der Konstruktionsmorphologie – wenigstens *auch* – in Auseinandersetzung mit den Anliegen der Phylogenetik herausgebildet hat. Dabei hat Hennigs Phylogenetische Systematik eine wichtige Rolle gespielt.[366]
Obwohl die Konstruktionsmorphologie sehr bald die methodische Einlösbarkeit phylogenetischer Rekonstruktionsansprüche in Frage gestellt und die eigenen Forschungen dann auch nicht mehr unter phylogenetische Ansprüche gestellt hat, können doch Frage- und Problemstellungen der Phylogenetik namhaft gemacht werden, an die die Konstruktionsmorphologie systematisch angeknüpft hat. Unter diesen Fragen und Problemstellungen ragt die Lesrichtungsproblematik heraus.

5.4.1 Das Lesrichtungsproblem in der Konstruktionsmorphologie

Selbst da, wo – wie in der Konstruktionsmorphologie – nur noch der Anspruch erhoben wird, die Evolutionsgeschichte in ihrer anagenetischen Dimension rekonstruieren zu können, spielt die Frage der Lesrichtung eine entscheidende Rolle. Denn weil abgelaufene evolutive Transformationen oder Anagenesen als Prozesse, die in erdgeschichtlicher Vergangenheit abgelaufen sind, unserer Beobachtung entzogen sind, müssen Kriterien angegeben werden, die von heute aus zu entscheiden erlauben, ob und, wenn ja, welche von beispielsweise zwei bekannten Organismenformen welches Stadium eines bestimmten anagenetischen Prozesses repräsentiert. Rekapitulieren wir an dieser Stelle zunächst noch einmal kurz, wie sich das Lesrichtungsproblem für den Phylogenetiker Hennig stellt.

5.4.1.1 Das Lesrichtungsproblem bei Hennig – Rekapitulation

Das von Hennig vorgeschlagene Verfahren zur Ermittlung monophyletischer Gruppen wurde in Kapitel 4 als Ausschlußverfahren rekonstruiert. Durch schrittweisen Ausschluß aller kombinatorisch möglichen Alternativen zum Synapomorphie-Fall sollen Übereinstimmungen zwischen Arten in bestimmten Merkmalen als Synapomorphien, d. h. als Übereinstimmungen, die auf der Abkunft der Merkmalsträger von einer nur ihnen gemeinsamen Stammart beruhen, ausgewiesen werden. Eine der Möglichkeiten, die in jedem konkreten Fall ausgeschlossen sein muß, damit eine bestimmte Merkmalsübereinstimmung als Synapomorphie in Frage kommt, besteht darin, daß das jeweils betrachtete Merkmal relativ zu einem bei weiteren Arten auftretenden p-homologen *Merkmalspartner plesiomorph* ist. Damit entsteht für Hennig die in Abschnitt 4.1 ausführlich behandelte Lesrichtungsproblematik.
Zur Lösung der Lesrichtungsproblematik schlägt Hennig vier sogenannte Lesrichtungskriterien vor. Es sind dies das Kriterium der erdgeschichtlichen Merkmalspräzedenz, das Kriterium der ontogenetischen Merkmalspräzedenz, das Kriterium der

[366] Vgl. PETERS/W. F. GUTMANN 1971, 241–247.

chorologischen Progression und schließlich das Kriterium der Korrelation von Transformationsreihen.
Unsere Analysen in Abschnitt 4.1.3 haben nun allerdings gezeigt, daß die ersten drei dieser Lesrichtungskriterien unzuverlässig sind. Damit geht innerhalb der von Hennig selbst gezogenen methodischen Grenzen aber auch die Anwendbarkeit des vierten Kriteriums verloren.

5.4.1.2 Konstruktionsmorphologische Lösungsansätze

Angesichts der Unzuverlässigkeit von Lesrichtungskriterien, wie sie etwa Hennig vorgeschlagen hat, stellt die Konstruktionsmorphologie vom Boden ihrer Organismustheorie aus zwei neue Kriterien zur Diskussion.
1) Wie wir in Abschnitt 5.2.3 gesehen haben, lassen sich Organismen nach konstruktionsmorphologischer Auffassung am Ende einer gelungenen Konstruktionsanalyse als Repräsentanten je bestimmter *Konstruktionstypen* ausweisen. Diese Konstruktionstypen können auf Veränderungsmöglichkeiten, d. h. auf Möglichkeiten der Umkonstruktion untersucht werden. Dabei kann zunächst analysiert werden, welche Veränderungen an einem Konstruktionstyp überhaupt vorgenommen werden können, ohne daß a) die mechanische Kohärenz mit letalen Folgen für die Repräsentanten des abgeänderten Konstruktionstyps verlorengeht, indem zum Beispiel gegen statische Limitationen verstoßen wird, und ohne daß b) die jeweiligen konstruktiven Invarianten des Ausgangstyps aufgegeben werden müssen.
Unterzieht man Konstruktionstypen einer solchen Analyse, so zeigt sich zunächst, daß der jeweilige Ausgangstyp in gewisser Weise bestimmt, was aus ihm werden, d. h. was an ihm ohne letale Folgen für die ihn repräsentierenden Organismen verändert werden kann. Denn wenn auch mutativ beliebige Veränderungen induziert werden können, so ergeben doch nicht beliebige Veränderungen eines Konstruktionstyps einen neuen Konstruktionstyp, der wiederum kohärent ist und dessen Repräsentanten von daher wiederum als lebensfähig gedacht werden können. Diese gleichsam selektierende Wirkung, die eine organismische Konstruktion dadurch ausübt, daß nicht beliebige Veränderungen an ihr in eine erneut kohärente Konstruktion einmünden, kann als „interne Selektion" bezeichnet werden.
Werden Konstruktionstypen unter mechanischen Gesichtspunkten sorgfältig auf Veränderungsmöglichkeiten untersucht, so zeigt sich des weiteren, daß mögliche konstruktive Veränderungen an einer bestimmten Ausgangskonstruktion *nicht in beliebiger Reihenfolge* vorgenommen werden können. Dies sei an dem schon einmal verwendeten Beispiel der Weizenpflanze erläutert: Es lassen sich an dem durch den Weizenhalm repräsentierten Teilkonstruktionstyp Veränderungen gedanklich durchspielen, die seine Verstärkung zur Folge haben. Auch bestimmte Veränderungen der Ähre in Richtung einer Größenzunahme sind denkbar. Aber die Reihenfolge, in der die entsprechenden Veränderungen vorgenommen werden können, ist in dem Sinn vorgegeben, daß zumindest *eine* bestimmte Reihenfolge *definitiv ausgeschlossen* werden kann: Es kann nicht die Ähre über einen gewissen Schwellenwert hinaus vergrößert werden, *bevor* der Halm verstärkt wurde. Mindestens müssen beide Veränderungen simultan erfolgen. Insbesondere vorstellbar ist aber natürlich ein sukzessorisches

Vorgehen, dessen erster Schritt in einer Verstärkung des Halmes und dessen zweiter Schritt in einer Vergrößerung der Ähre besteht.

Hat die Größe der Ähre im Anschluß an eine Verstärkung des Halmes erst einmal über ein gewisses Maß hinaus zugenommen, so tritt zugleich eine konstruktive *Rückveränderungssperre* auf. Die neue Halmkonstruktion kann nicht einfach wieder rückgängig gemacht und aufgehoben werden, da sonst die Gesamtkonstruktion unter dem Gewicht der vergrößerten Ähre umknicken würde. Indem sie solche konstruktiven Rückveränderungssperren aufzuweisen vermag, kann die Konstruktionsmorphologie Anagenesen auf der Ebene ihrer Konstruktionstypen als *gerichtete* Prozesse darstellen.[367] Zugleich vermag sie das von Hennig (vgl. Abschnitt 4.2) so unbefriedigend erörterte *Reversibilitätsproblem* einer ersten Teillösung zuzuführen: Anagenetische Prozesse sind nicht beliebig reversibel. Denn bestimmte anagenetische Veränderungen sind die konstruktive *Voraussetzung* für andere. Die vorausgesetzten Veränderungen sind aber irreversibel, wenn die sie jeweils konstruktiv voraussetzenden Veränderungen erst einmal erfolgt sind und ihrerseits nicht wieder rückgängig gemacht werden. Jeder Rückfall hinter vorausgesetzte Veränderungen hätte nämlich für die Kohärenz des Gesamtorganismus verheerende Folgen.

2) Auch ihr zweites Lesrichtungskriterium vermag die Konstruktionsmorphologie aus allgemeinen organismustheoretischen Grundannahmen abzuleiten. Dieses zweite Lesrichtungskriterium kann als *Optimierungskriterium* bezeichnet werden:

Organismen sind nach konstruktionsmorphologischer Auffassung *Energiewandler*. Da aber Energie (in Form von Nahrung) weder gleichmäßig verteilt ist, noch unbegrenzt zur Verfügung steht,[368] und da zum anderen nach innerbiologisch unbestrittener Auffassung

a) bei der Vermehrung Vererbung stattfindet und

b) das Erbmaterial selbst bisweilen intern oder extern bewirkten Veränderungen (Mutationen) unterliegt,[369]

können, ja *müssen* sich Organismen aus konstruktionsmorphologischer Sicht evolutiv wandeln. Denn jede

> Konstruktion, die dieselbe Leistung mit weniger Materialaufwand und/oder mit besserer Energieauswertung realisiert, ist selektiv bevorteilt. Weiter ist jede Leistungssteigerung (z. B. in den Erschließungs- und Verarbeitungsmöglichkeiten von Energie), die auf einer optimierten Konstruktion beruht, selektiv bevorteilt, d. h. erfolgreich sind auf alle Fälle auch differenzierte und komplexere Konstruktionen, nicht nur vereinfachte.[370]

Erstmals ist das hier vorgestellte Optimierungs- und Ökonomisierungsprinzip in PETERS/W. F. GUTMANN 1971 vorgestellt worden. Es läßt sich zunächst als Lesrichtungskriterium in dem Sinn auffassen, daß von zwei Konstruktionstypen A und B, die durch Umkonstruktion ohne Verlust der Kohärenz ineinander überführt werden können, die Konstruktion B als aus der Konstruktion A abgeleitet gelten kann, wenn sich plausibel machen läßt, daß B gegenüber A in irgendeiner Hinsicht so optimiert ist,

---

[367] Vgl. HERKNER 1999, 30–31.

[368] Vgl. W. F. GUTMANN/WEINGARTEN 1991, 234.

[369] Vgl. PETERS 1984 und HERKNER 1999, 23.

[370] W. F. GUTMANN/WEINGARTEN 1991, 235.

daß die Gesamtenergiebilanz eines Trägers von B günstiger als die eines Trägers von A ist.[371]

So rekonstruiert, liefert das Optimierungsprinzip Argumente im Zusammenhang mit dem *Reversibilitätsproblem*. Kann nämlich gezeigt werden, daß ein bestimmter Konstruktionstyp hinsichtlich einer bestimmten Leistung gegenüber einem anderen Konstruktionstyp mit positiven Folgen für die *Gesamt*energiebilanz optimiert ist, so ist mit der Umkehrung der zum optimierten Konstruktionstyp hinführenden Anagenese nicht zu rechnen. Denn die Vertreter des nicht optimierten Konstruktionstyps sind ja gegenüber den Repräsentanten des optimierten Konstruktionstyps zumindest dergestalt im Nachteil, daß sie relativ mehr Energie zur Aufrechterhaltung ihrer Vitalfunktionen benötigen als ihre Konkurrenten. Wie aber sollen sie sich angesichts dieses Nachteils, der sich spätestens bei Nahrungsknappheit ungünstig auf die Nachkommenrate auswirkt, gegen ihre optimierten Konkurrenten wieder durchsetzen können?

Ihr Optimierungsprinzip wendet die Konstruktionsmorphologie an, indem sie *Subsysteme* von Organismen unter Berücksichtigung des Kohärenzkriteriums auf Optimierungs- und Ökonomisierungsoptionen untersucht. Dabei erscheinen dann Umkonstruktionen, mit denen Energieverluste verringert werden können, die zur besseren Passung von Teilen führen oder die Teile einzusparen gestatten etc., *bezogen auf das jeweils untersuchte Subsystem* als Verbesserungen. Indem das Optimierungsprinzip aber stets nur auf ausgezeichnete Subsysteme von Organismen und deren Leistungen, niemals aber pauschal auf die *Gesamt*konstruktion eines Organismus angewendet werden kann, ergibt sich folgendes Problem: Legt man den in Abschnitt 5.3.1.3 vorgestellten Optimierungs- und Ökonomisierungsbegriff zugrunde, so kann als Optimierungs- oder Ökonomisierungsmaßnahme eine Maßnahme gelten, die zur Verbesserung des Wirkungsgrades und damit zur Verbesserung der Gesamtenergiebilanz eines Energiewandlers beiträgt. Auf Organismen angewendet, bedeutet dies: Als Optimierung machen sich Transformationen einzelner Subsysteme dann und nur dann bemerkbar, wenn sie die Gesamtenergiebilanz des jeweiligen Organismus verbessern. Da aber Verbesserungen von Leistungen einzelner Subsysteme an anderer Stelle (in anderen Subsystemen) auch *Verschlechterungen* von Leistungen zur Folge haben können, wirkt sich eine Transformation, die zur Optimierung oder Ökonomisierung eines bestimmten *Subsystems* führt, nicht automatisch auch positiv auf die Energiebilanz des *gesamten* Organismus aus. Streng genommen benötigt man also da, wo man für ein ausgezeichnetes Subsystem Optimierungs- oder Ökonomisierungsmöglichkeiten durchspielt, Informationen darüber, in welchem Ausmaß die jeweiligen Optimierungen bzw. Ökonomisierungen zu Lasten anderer Leistungen gehen oder zur

[371] Zwischen effizienteren und weniger effizienten Konstruktionen kann aus Sicht der Konstruktionsmorphologie immer nur mit Bezug auf eine überhaupt *vergleichbare* Funktion unterschieden werden. Ist also zum Beispiel ein Organismus im Gefolge bestimmter Veränderungen dazu befähigt, sich einen neuen Lebensraum zu erschließen, so fällt die Möglichkeit weg, bezüglich derjenigen Aufgabenstellungen, die sich im neuen Lebensraum erst der veränderten, nicht aber schon der relativ plesiomorphen Konstruktion im alten Lebensraum stellen, ein Optimierungsgefälle anzugeben. Habitatwechsel erweist sich damit bezüglich je bestimmter Funktionen als Anwendungsgrenze des Optimierungsprinzips: Steuern mit Flossen im Wasser ist nicht weniger effizient als Laufen mit Tetrapodenextremitäten an Land. Vgl. HERTLER 2001, 167.

Erhöhung des Materialaufwandes an anderer Stelle führen etc. Für die Konstruktionsmorphologie muß nämlich ein anagenetischer Pfad als evolutiv unbegehbar erscheinen, wenn in dessen Verlauf ein Konstruktionstyp B entsteht, der zwar hinsichtlich einer bestimmten Leistung L gegenüber seinem Ausgangstyp A optimiert ist, eine Optimierung hinsichtlich L jedoch in einem so hohen Maß zu Lasten anderer Leistungen geht oder mit einem so hohen Materialaufwand verbunden ist, daß Repräsentanten der bezüglich L optimierten Zwischenstadien *insgesamt* eine schlechtere Energiebilanz aufweisen als der Ausgangstyp.

Damit ist ein grundsätzliches Problem angesprochen, das sich im Zusammenhang mit dem Optimierungsbegriff für die Konstruktionsmorphologie stellt und das letztlich als ungelöst gelten muß.

Denn einerseits vermag die Konstruktionsmorphologie für einen Organismus keine Gesamtenergiebilanz, d. h. keine Energiebilanz, in die

> die gesamten physiologischen Werte aller Teilsysteme des Organismus und die daraus sich ergebende Produktionsrate von Nachkommen[372]

eingeht, exakt aufzumachen. Andererseits kennt die Konstruktionsmorphologie auch nicht die *relativen* Anteile einzelner Subsysteme an der Gesamtenergiebilanz eines Organismus. Deren Kenntnis würde ja unter Umständen ausreichen, um abzuschätzen, ob sich eine mit einer Leistungsverschlechterung im Subsystem B einhergehende Optimierung des Subsystems A als Verbesserung der Gesamtenergiebilanz bemerkbar macht oder nicht. Weil sie weder Gesamtenergiebilanzen für Organismen vorlegen, noch auch nur Teilenergiebilanzen von Subsystemen zueinander genügend genau ins Verhältnis setzen kann, stellt der Umstand, daß stets mit der Möglichkeit gerechnet werden muß, daß die Optimierung einer bestimmten Leistung zu Verschlechterungen anderer Leistungen führt, für die konstruktionsmorphologische Anagenetik ein erhebliches *methodisches* Risiko dar. Denn unter den genannten Bedingungen kann die Konstruktionsmorphologie nie definitiv ausschließen, daß Gewinne, die durch Optimierung einer bestimmten Leistung eingefahren werden, an anderer Stelle durch etwaige Leistungsverschlechterungen zumindest aufgehoben werden, oder daß sogar die Verluste, die etwaig durch Verschlechterungen anderer Leistungen auftreten, sich stärker in der Gesamtenergiebilanz niederschlagen als die durch Optimierung der betrachteten Leistungen erzielbaren Einsparungen.[373]

Trotz dieser methodischen Schwierigkeiten scheint mir die in WEINGARTEN 1992 und M. GUTMANN/HERKNER 1992 erwogene Konsequenz, das Optimierungsprinzip *ganz* aufzugeben und statt dessen Anagenesen nur noch mit Hilfe des unter 1) vorgestellten Lesrichtungskriteriums aufzustellen, allzu radikal. Denn daß sich die Optimierung einer bestimmten Leistung positiv auf die Gesamtenergiebilanz eines Organismus auswirkt, kann immer da als *zumindest plausible* Annahme gelten, wo die zugrunde

---

372 PETERS/ W. F. GUTMANN 1971, 252.

373 Obwohl also die Konstruktionsmorphologie Teilenergiebilanzen nicht exakt zueinander ins Verhältnis zu setzen vermag, riskiert sie gelegentlich Abschätzungen hinsichtlich des Verhältnisses von Einsparungen und Verteuerungen/Leistungsverschlechterungen. So kommt zum Beispiel FRANZEN 1972, 1973 und 1997 aufgrund solcher Abschätzungen zu dem Ergebnis, daß die evolutive Entstehung der menschlichen Bipedie nicht von pavianähnlichen Konstruktionen ausgegangen sein kann. Denn die quadropede Lokomotionsleistung wird bei solchen Konstruktionen im Zuge der Optimierung der bipeden Lokomotionsleistung notwendig zu schnell zu stark herabgesetzt.

liegende Optimierungsabschätzung Leistungen *übergeordneter* Teilsysteme (etwa die Leistung des Lokomotionsapparates) betrifft, die

> bei allen oder fast allen Lebenstätigkeiten wirksam werden, so daß unterstellt werden kann, die Effizienzsteigerung teile sich auch allen Aktionen des Organismus mit.[374]

Zusammenfassend läßt sich also sagen: Die Konstruktionsmorphologie bringt *zwei* Lesrichtungskriterien zum Einsatz, wobei das eine Kriterium *härter* begründete, das andere *weicher* begründete Entscheidungen liefert. Das eine Lesrichtungskriterium ergibt sich aus der Reflexion auf konstruktive Limitationen. Sorgfältige mechanische Konstruktionsanalysen zeigen nämlich, daß Abänderungen bestimmter Konstruktionstypen nicht in *beliebiger* Reihenfolge möglich sind. Beim anderen Lesrichtungskriterium handelt es sich um das Optimierungsprinzip. Lesrichtungsentscheidungen mit Hilfe des Optimierungsprinzips können angesichts der Schwierigkeiten, die einer exakten Eröffnung von Energiebilanzen für Organismen entgegenstehen, *nicht* als vollkommen zuverlässig gelten.

5.4.2 Ausgangs- und Zielkonstruktion

Die Konstruktionsmorphologie stellt sich evolutionsgeschichtliche Rekonstruktionsaufgaben so, daß sie sich zunächst bestimmte Konstruktionstypen als Ausgangs- bzw. Zielkonstruktionen vorgibt und für diese dann untersucht, ob a) die Ausgangskonstruktion über je *kohärente* Zwischenstadien schrittweise in die Zielkonstruktion überführt werden kann, und ob b) die einzelnen Umkonstruktionsschritte je als Optimierungs- bzw. Ökonomisierungsschritte hinsichtlich bestimmter Funktionen verstanden werden können oder ob sie die Erschließung neuer Lebensräume gestatten. Bekannte Organismen, seien sie rezent oder fossil überliefert, werden den verschiedenen Stadien einer so gewonnenen Transformationsreihe erst zugeordnet, *nachdem* die Begründung der Reihe unter den Gesichtspunkten der Kohärenz und unter Heranziehung des Optimierungsprinzips bereits *abgeschlossen* ist. Rein stratigraphische Kriterien werden also wegen ihrer in Abschnitt 4.1.3 aufgewiesenen Unzuverlässigkeit zur Lesrichtungsbegründung nicht eingesetzt.
Wird aber beispielsweise untersucht, ob sich eine bestimmte, durch bekannte Organismen repräsentierte Zielkonstruktion von einer ebenfalls durch bekannte Organismen repräsentierten Ausgangskonstruktion über kohärente Zwischenschritte ableiten läßt, so kann der Fall eintreten, daß Zwischenstadien angenommen werden müssen, die vom Standpunkt der Mechanik aus zwar kohärent sind, für die man jedoch im Bereich der *bekannten* fossil überlieferten und rezenten Organismen (noch) keine Repräsentanten kennt. Das gelegentliche Operieren mit solchen *hypothetischen* Übergangskonstruktionen hat zu viel vorschneller Kritik Anlaß gegeben. Vergegenwärtigt man sich jedoch, daß die Konstruktionsmorphologie hypothetische Zwischenformen nicht einfach frei kreiert, sondern daß sie sich bei der Aufstellung solcher Zwischenformen insbesondere mit dem Kohärenzkriterium einem Kriterium unterwirft, das gerade *nicht* beliebige Entscheidungen zu rechtfertigen erlaubt, so wird deutlich, daß wenigstens der Vorwurf der Willkürlichkeit unberechtigt ist. Abgesehen davon: Wie könnte die frühe Evolution, die ja nicht fossil überliefert ist, überhaupt

---

[374] PETERS/W. F. GUTMANN 1971, 252.

rekonstruiert werden, wenn sich die Evolutionsgeschichtsschreibung das Aufstellen hypothetischer Konstruktionen (nach freilich anzugebenden Kriterien) verböte und sich methodisch etwa vollkommen an die Paläontologie auslieferte?
Ein und derselbe organismische Konstruktionstyp kann, wie einfache maschinentheoretische Überlegungen erwarten lassen, zumeist in verschiedene Richtungen optimiert werden. Entsprechend lassen sich verschiedene Zielkonstruktionen oft von ein und derselben Ausgangskonstruktion ableiten. In diesem Sinn verzweigte Anagenesen dürfen allerdings nicht mit den Stammbäumen der Phylogenetischen Systematik verwechselt werden. Denn wie häufig, d. h. in wie vielen Fortpflanzungsgemeinschaften die entsprechenden Umkonstruktionen mutativ induziert worden und anteilig dominant geworden sind, muß die Konstruktionsmorphologie aus methodischen Gründen offen lassen. Indem sie sich darauf beschränkt, konstruktive (mechanische) Vorbedingungen auszuweisen, die nur überhaupt erfüllt sein müssen, damit bestimmte weitere Transformationsschritte jeweils evolutiv erfolgen konnten, stellt sie einen gegenüber der phylogenetischen Systematik *bescheideneren* Ansatz der Evolutionsgeschichtsschreibung dar.[375] Denn mit ihren Transformationsreihen rekonstruiert die Konstruktionsmorphologie lediglich Schneisen, denen die Evolution einerseits durch das Dickicht des mechanisch Unrealisierbaren überhaupt folgen konnte und die andererseits auch ein Optimierungsgefälle aufweisen. Anders ausgedrückt: Die Konstruktionsmorphologie vermag zwar nichts darüber auszusagen, wie oft bestimmte Mutationen aufgetreten sind und in wie vielen phylogenetischen Arten die jeweils neu entstandenen Merkmale über ihre Merkmalsalternativen dominant geworden sind, sie begründet aber insbesondere Hypothesen darüber, in welchem, durch die konstruktiven Ausgangsvoraussetzungen entscheidend eingeengten Rahmen und in welcher Reihenfolge mutativ induzierte Änderungen phänotypisch sozusagen ankommen mußten, um sich evolutiv überhaupt als Neuerungen auswirken zu können und nicht bloß folgenlose Ausrutscher zu sein.

5.4.3 Zur Kritik am Anpassungsbegriff

Zu den Besonderheiten konstruktionsmorphologischer Evolutionsgeschichtsschreibung gehört neben der Betonung von mechanischen, die Evolution kanalisierenden Transformationszwängen, der damit einhergehenden Betonung der internen Selektion und der Heranziehung eines Optimierungskriteriums auch der Verzicht auf den Anpassungsbegriff.
Es ist aber weder Kritiksucht, noch die Bestrebung, um jeden Preis innovativ erscheinen zu wollen, die die Vertreter und Vertreterinnen der Frankfurter Konstruktionsmorphologie dazu bewogen hat, den Anpassungsbegriff aufzugeben. Vielmehr sind aus Sicht der Konstruktionsmorphologie mit dem Anpassungskonzept innerbiologisch allzu einfache evolutionstheoretische Vorstellungen verbunden.
Die Konstruktionsmorphologie kann den Anpassungsbegriff kritisieren, weil sie methodisch seiner nicht bedarf. Durch Verzahnung des Optimierungsprinzips mit der Reflexion auf mechanische Constraints vermag die Konstruktionsmorphologie nämlich Anagenesen als Prozesse darzustellen, im Zuge derer bestimmte Leistungen organismischer Konstruktionen innerhalb eines durch mechanische Eigenschaften der

---

[375] Vgl. HERKNER 1999, 31.

Ausgangskonstruktion selbst abgesteckten Spielraumes (interne Selektion) optimiert werden. Daß dabei ökologische Bedingungen (etwa das Lokomotionssubstrat) nicht außer Acht gelassen werden dürfen, versteht sich von selbst. Es macht aber einen Unterschied, ob man unterschiedliche ökologische Rahmenbedingungen als je spezifische *Aufgabenstellungen* begreift, die nicht nur von Konstruktionen *verschiedenen*, sondern auch von Konstruktionen *gleichen* Typs gelöst werden können, oder ob man etwa Umweltbedingungen zum *Agens* der Evolution aufwertet und/oder Evolution als Prozeß der Anpassung eines Organismus an je, immer genau *eine* bestimmte Umweltbedingung auffaßt.

Wo Umweltbedingungen zu Triebkräften der Evolution aufgewertet werden, da wird zunächst einmal das Problem übergangen, daß von bestimmten Umweltbedingungen überhaupt nicht eindeutig auf *bestimmte* Konstruktionseigenschaften geschlossen werden kann. So resultieren die je spezifischen Eigenschaften der Flugapparate von Insekten, Vögeln und Flugeidechsen nicht aus bestimmten Eigenschaften des Mediums Luft. Denn daß Insekten über einen anderen Flugapparat verfügen als Vögel oder Flugechsen, läßt sich nicht mit der Luft als Medium fliegender Fortbewegung, sondern nur mit den jeweiligen konstruktiven Ausgangsbedingungen erklären.[376] Desgleichen kann zwar eine organismische Konstruktion in eine bestimmte Richtung optimiert werden, sie muß aber stets innerhalb eines Spektrums *mehrerer* Nutzungsmöglichkeiten einsetzbar bleiben: Die Vertreter von *Draco lineatus* beispielsweise müssen auch weiterhin klettern können, und sie können dies nicht nur überhaupt, sondern sogar ausgezeichnet.

Wo nun die pauschale Rede von „Anpassung“ solche und andere Feinheiten zum Verschwinden bringt oder überdeckt, mahnt die Konstruktionsmorphologie Differenzierungen an. Insbesondere gibt sie zu bedenken:

> [I]mmer wird die Weiterentwicklung der Vorkonstruktion nach internen Bedingungen geschehen. Im allgemeinen sind selbst bei gleicher Vorkonstruktion und identischen Außenbedingungen mehrere divergierende Entwicklungen, multiple pathways, möglich, die verschiedene Optionen der Vorkonstruktion zu nutzen gestatten, selbst wenn die Außenbedingungen identisch sind.[377]

Indem sie gegen die Vorstellung, daß Evolution einfachhin umweltgesteuert verlaufe, einerseits die selektierende Rolle interner, konstruktiver Eigenschaften von Organismen, andererseits die Nutzungs*in*determiniertheit von organismischen Konstruktionstypen innerhalb gewisser Nutzungsspektren betont, tritt die Konstruktionsmorphologie dafür ein, Organismen als *Mitgestalter* (Subjekte[378]) ihrer eigenen Evolution, wenigstens aber *nicht* als *passive* Objekte von steuernden Umweltbedingungen zu begreifen.

5.4.4 Kontinuitätsannahmen

Zum Abschluß des laufenden Abschnitts möchte ich auf eine Gruppe von Prämissen zu sprechen kommen, die die konstruktionsmorphologische Anagenetik zwar als gültig

---

376 Vgl. W. F. GUTMANN 1997, 60–61 und HERKNER 1999, 26.
377 W. F GUTMANN 1997, 64.
378 Vgl. den Titel von WEINGARTEN 1993.

unterstellen muß, die aber gleichwohl bestimmten Ansprüchen, die wir an Aussagen der *exakten* Naturwissenschaften stellen, *nicht* genügen.

Mit der Herausstellung dieser Prämissen verbindet sich *nicht* die Absicht, die Wissenschaftlichkeit der konstruktionsmorphologischen Anagenetik anzuzweifeln. Es soll lediglich verdeutlicht werden, daß die konstruktionsmorphologische Anagenetik als historisch-rekonstruktive naturwissenschaftliche Forschungsrichtung nicht einfach am Maßstab der *exakten* Natur- sowie der Technikwissenschaften gemessen werden kann.

Die Konstruktionsmorphologie rekonstruiert mechanisch mögliche evolutive Transformationswege und Transformationsreihenfolgen, indem sie organismische Konstruktionstypen insbesondere daraufhin untersucht, was an ihnen in welcher Reihenfolge verändert werden kann, ohne daß die je abgewandelten Konstruktionstypen mechanisch inkohärent und ihre Repräsentanten damit nicht lebensfähig sind. Die so ermittelten mechanisch möglichen Anagenesen sind aus Sicht der Konstruktionsmorphologie Wege, die die Evolution in erdgeschichtlicher Vergangenheit hin zu den (unter Umständen rezent bekannten) Vertretern bestimmter Zielkonstruktionen beschritten haben kann. Demgegenüber sind anagenetische Wege, die über inkohärente Zwischenstationen führen, aus Sicht der Konstruktionsmorphologie als unmöglich auszuschließen.

Indem aber Kohärenz zum Kriterium dafür wird, was in *erdgeschichtlicher Vergangenheit* überhaupt evolutiv abgelaufen sein kann, geht die Konstruktionsmorphologie davon aus, daß der etablierte Kernbestand mechanischer und statischer Sätze, der sich für uns in dem Sinn bewährt, daß er Prognosen liefert, die noch nie grundsätzlich enttäuscht wurden, auch während bestimmter Phasen der erdgeschichtlichen Vergangenheit in Geltung gewesen ist und sozusagen vertrauenswürdig „gewesen wäre". Die Konstruktionsmorphologie muß also bewährte physikalische Aussagen wenn nicht als Gesetze, d. h. als überhaupt zeitunabhängig geltende Sätze, so doch immerhin als über große erdgeschichtliche Zeiträume hinweg geltende Sätze einstufen.[379]

Bei einer Aussage, mit der hinsichtlich der *Geltung* eines bestimmten bewährten physikalischen Satzes eine Kontinuität zwischen bestimmten Phasen der erdgeschichtlichen Vergangenheit und der Gegenwart behauptet wird und die deshalb eine „Kontinuitätsannahme" heißen mag, handelt es sich um eine *metaphysikalische* Aussage. Denn eine solche Aussage kommt zustande, indem einem bestimmten physikalischen Satz, also einer Aussage, die zum Beispiel das Bestehen eines bestimmten Zusammenhanges zwischen der Entwicklung einer physikalischen Größe X und der Prozeßdauer t behauptet, das eigenartige Metaprädikat „hat in erdgeschichtlicher Vergangenheit gegolten" zugesprochen wird. Eine Aussage, in der dieses eigenartige Metaprädikat einem bestimmten physikalischen Satz zugesprochen wird, genügt aber – anders als die Annahme, daß der jeweilige physikalische Satz *immer* gilt – der Bedingung der „Widerlegungsoffenheit" *nicht.*

Wenn wir behaupten, daß die Annahme, ein bestimmter physikalischer Satz gelte *immer*, widerlegungsoffen ist, so räumen wir ein, den Ausgang künftiger physikalischer Experimente letztlich nicht antizipieren und deshalb nicht ausschließen zu können,

[379] Kontinuitätsannahmen gehen also auch in das sogenannte Aktualitätsprinzip ein, das in KÖTTER 2001 als methodologisches Prinzip der Historischen Geologie rekonstruiert wird. Vgl. KÖTTER 2001, 131, 135 und 138.

Why not

daß wir durch den Ausgang eines künftigen Experiments einmal in unserer Meinung, der mit der jeweiligen Aussage behauptete Zusammenhang zwischen physikalischen Größen bestehe jederzeit, erschüttert werden könnten. Ein solches künftiges physikalisches Experiment müßte, um uns das Vertrauen in die jederzeitige Zuverlässigkeit der jeweiligen physikalischen Aussage nehmen zu können, allerdings so ausgehen, daß sein Ausgang etwa einer auf der Basis der jeweiligen Aussage formulierbaren Prognose *echt* widerspricht.[380] Ein solcher echter Widerspruch liegt *nicht* vor, wenn das eingetretene Versuchsergebnis zum Beispiel auf externe Störfaktoren zurückgeführt oder mit dem unzulässigen Überschreiten von Anwendungsgrenzen des jeweiligen Satzes erklärt werden kann.

Prinzipiell kann in der hier skizzierten Weise wohl die Behauptung, daß ein spezieller physikalischer Satz *immer* gilt, nicht aber eine *Kontinuitätsbehauptung* bezüglich eines speziellen physikalischen Satzes *falsifiziert* werden. Denn auch wenn in Zukunft einmal durch den Ausgang eines Experimentes deutlich werden sollte, daß Prognosen, die etwa ein bestimmter dynamischer Satz liefert, im strengen Sinn *unzuverlässig* (nämlich *nicht* immer zuverlässig) sind, so wäre damit *nicht* auch schon *ausgeschlossen*, daß der jeweilige Satz wenigstens in einer bestimmten Phase der erdgeschichtlichen Vergangenheit gegolten hat, d. h. in dieser Phase zuverlässige Prognosen „geliefert hätte". Denn im Prinzip kann das eigenartige Metaprädikat „hat in erdgeschichtlicher Vergangenheit gegolten" einem bestimmten physikalischen Satz auch dann zukommen, wenn sich dieser Satz etwa ab morgen als unzuverlässig herausstellen sollte.

Obwohl also von einer experimentellen *Falsifizierbarkeit* spezieller Kontinuitätsannahmen *nicht* die Rede sein kann, sind Kontinuitätsannahmen hinsichtlich bestimmter physikalischer Aussagen doch nicht prinzipiell *unerschütterbar*.

Denn Zweifel daran, daß eine bestimmte physikalische Aussage zu jedem Zeitpunkt während einer bestimmten Zeitspanne der erdgeschichtlichen Vergangenheit gegolten hat, werden wir wohl in dem Moment ernst zu nehmen bereit sein, in dem ein unter kontrollierten Bedingungen durchgeführtes Experiment mit seinem Ausgang ein *echtes* Gegenbeispiel zu dem mit der jeweiligen Aussage behaupteten Zusammenhang zwischen physikalischen Größen geliefert hat. Indem ein solches Versuchsergebnis unser grundlegendes Vertrauen in die jederzeitige Geltung der jeweiligen Aussage und damit in ihren Gesetzescharakter zerstören würde, gäbe es wohl auch Anlaß dazu, von der Geltung dieser Aussage in erdgeschichtlicher Vergangenheit nicht länger selbstverständlich auszugehen und zumindest für diese Aussage auf eine Kontinuitätsannahme zu verzichten.

Solange jedoch eine strikte experimentelle Widerlegung der sich bislang bewährenden physikalischen Aussagen aussteht, ist es nur vernünftig, die Geltung dieser Aussagen auch für Perioden der erdgeschichtlichen Vergangenheit zu unterstellen.

Kontinuitätsannahmen bezüglich bestimmter physikalischer Aussagen können als *Bedingung der Möglichkeit* dafür charakterisiert werden, daß überhaupt Evolutionsgeschichtsschreibung mit den Mitteln der Konstruktionsmorphologie betrieben werden kann. Würde nämlich die Konstruktionsmorphologie auf Kontinuitätsannahmen

[380] Genau genommen stehen dann bestimmte *Aussagen* eines Ergebnisprotokolls im Widerspruch zu bestimmten Prognosen.

verzichten oder sogar explizit davon ausgehen, daß etwa der Kernbestand mechanischer Sätze, der sich heute bewährt, in erdgeschichtlicher Vergangenheit *nicht* gegolten hat, so hätte sie sich aller Mittel begeben, die es ihr gestatten, mögliche von unmöglichen Anagenesen zu unterscheiden. Mechanische Inkohärenz *heute* wäre dann kein verläßliches Kriterium mehr, um bestimmte Anagenesen ausschließen zu können. Denn davon, daß eine Konstruktion, die heute mechanisch inkohärent ist, auch in erdgeschichtlicher Vergangenheit inkohärent gewesen ist, kann nur ausgegangen werden, wenn hinsichtlich bestimmter physikalischer Rahmenbedingungen von einer Konstanz der Natur ausgegangen wird.[381]

5.5 Von der Fischflosse zur Tetrapodenextremität

Nachdem in den vorangegangenen Abschnitten einige wichtige Methoden konstruktionsmorphologischer Anagenetik vorgestellt worden sind, soll im folgenden die Leistungsfähigkeit dieser Methoden an einem Beispiel verdeutlicht werden.
Als Beispiel bietet sich die konstruktionsmorphologische Ableitung der Tetrapodenextremität von der Fischflosse an. Denn diese Ableitung läßt sich nicht nur einigermaßen zügig wiedergeben, sondern sie eignet sich auch sehr gut zur Verdeutlichung der methodischen Relevanz von Optimierungs- und Ökonomisierungsüberlegungen innerhalb der konstruktionsmorphologischen Anagenetik.
Grundlage der folgenden Darstellung ist der Aufsatz *Konstruktionszwänge bei der Skelettentwicklung am Beispiel der Tetrapodenextremität* von Dieter Stefan Peters (PETERS 1993). Darüber hinaus wird aber auch auf die an PETERS 1993 systematisch anschließende, sehr detaillierte und ausführliche Untersuchung *Über die evolutionäre Entstehung des tetrapoden Lokomotionsapparates der Landwirbeltiere* von Bernd Herkner (HERKNER 1999) Bezug genommen.
Der Argumentationsgang in PETERS 1993 setzt – ganz wie dies unter Punkt 5.4.2 erläutert wurde – mit der Festsetzung einer Ausgangs- und einer Zielkonstruktion ein.[382] Ausgangskonstruktion ist die Fischflosse, Zielkonstruktion die typischerweise ein mehrstrahliges Autopodium (mit Fingern bzw. Zehen), ein zweiachsiges Zeugopodium (Elle–Speiche bzw. Wadenbein–Schienbein) und ein einstrahliges Stylopodium (Humerus/Femur) aufweisende Tetrapodenextremität (vgl. Fig. 63):

> Im folgenden sollen einige konstruktive Limitationen aufgezeigt werden, denen die Entwicklung der Vierfüßer-Gliedmaße aus einer Fischflosse unterworfen sein mußte. Dabei soll nicht erörtert oder gar entschieden werden, welcher der bekannten fossilen Fische als Vorfahre der Tetrapoden anzusehen ist. Vorauszusetzen ist lediglich, daß dieser Vorfahr überhaupt ein Flossenskelett besessen hat, das Abwandlungen zuließ.[383]

---

381 Kontinuitätsannahmen in der hier vorgestellten Form weisen also auf jene *allgemeine* Gleichförmigkeitshypothese zurück, die in der Annahme besteht, „die Vergangenheit habe Ähnlichkeit mit der [Gegenwart und der] Zukunft“ (vgl. HUME 1993, 50–51). Daß eine solche allgemeine Gleichförmigkeitshypothese nicht empirisch begründet werden kann, hat – wenn nicht überhaupt als erster, so doch als erster mit voller Klarheit – David Hume (1711–1776) gesehen. Vgl. HUME 1993, 42–51.
382 Vgl. PETERS 1993, 38–39.
383 PETERS 1993, 39.

Im Anschluß an diese Exposition von Ausgangs- und Zielkonstruktion werden in PETERS 1993 zwei Ausgangsbedingungen formuliert, unter denen eine Fischkonstruktion überhaupt nur in Richtung der Tetrapodenextremität abgewandelt werden kann:
1) Die beiden Flossenpaare müssen bereits vor dem Landgang zur Fortbewegung auf festem Substrat, also zur Erzeugung von Antriebskraft auf dem Gewässerboden eingesetzt worden sein:

> Ein Fisch, der nicht laufen kann, wird es auch an Land nicht plötzlich tun. Er könnte seinen Körper nicht auf den Flossen hochstemmen, sondern würde im günstigsten Falle sich auf seinem Bauch in Schlängelbewegungen rutschend fortbewegen. Hätte die Entwicklung des Landganges so begonnen, wäre die Fähigkeit zu schlängeln optimiert, aber nicht das Laufen erfunden worden. Die Flossen hätten höchstens als seitliche Stützen, die ein Umfallen verhindern, dienen können. Im Wasser dagegen ist ein Körper nach dem Gesetz des Archimedes mit weniger Arbeit vom Grund abzuheben. Unter dem Schutz dieser physikalischen Gesetzmäßigkeit konnten sich Flossen zu immer leistungsfähigeren Schreitorganen entwickeln.[384]

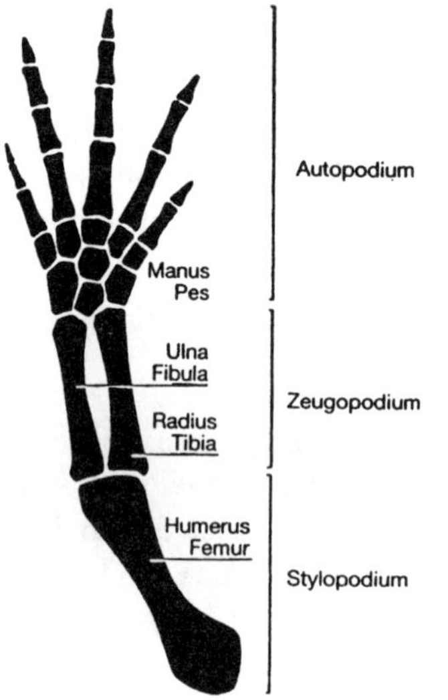

Fig. 63: Morphologischer Grundplan der Tetrapodenextremität. Von den Benennungen der Knochen bezieht sich die jeweils obere auf die Vorder-, die je untere auf die Hintergliedmaßen. Vgl. PETERS 1993, 39.

Wird innerhalb der Konstruktionsmorphologie auch noch darüber diskutiert, ob eine Flossenreduktion bei Fortbewegung an Land nur dann unvermeidlich ist, wenn die Flossen bereits in der Lage sind, den Körper vom Boden abzustemmen[385], so steht doch zweierlei außer Frage:
a) Fischkonstruktionen, die ihre Antriebskraft an Land ganz ohne Einsatz der Flossen und nur durch laterale, schlängelnde Auslenkung des am Boden aufliegenden Körpers erzeugen, scheiden als Tetrapodenvorfahren aus. Denn diese Fortbewegungsweise könnte zwar durch Streckung des Körpers und Rückbildung etwaig ausgebildeter Flossen optimiert und ökonomisiert werden, aber es läßt sich mit Hilfe des Optimierungsprinzips nicht begründen, daß ein Fisch, der sich ohne Einsatz seiner

[384] PETERS 1993, 39. Man beachte, wie hier eine Kontinuitätsannahme bezüglich des sogenannten Archimedischen Prinzips (vgl. Abschnitt 5.4.4) in die Argumentation einfließt.
[385] Vgl. zum Beispiel HERKNER 1999, 244.

Flossen an Land schlängelnd fortbewegt, seine Flossen als Gehwerkzeuge in Richtung Tetrapodenextremtität sozusagen „auf Verdacht" zu optimieren beginnt.[386]
b) Da die in Richtung Boden wirkende Gewichtskraft des Fischkörpers durch den Auftrieb im Wasser verringert, häufig sogar ganz aufgehoben wird, ist die zur schreitenden Fortbewegung auf dem Gewässergrund nötige Haftreibung zwischen Flosse und Substrat unter Umständen gar nicht oder nicht in ausreichendem Maße gegeben.[387] Dieses Problem ist bei Fischen, die sich auf dem Grund von Gewässern mit Hilfe ihrer Flossen fortbewegen, auf verschiedene Weise gelöst. So kann zum Beispiel durch Reduktion des Volumens der Schwimmblase der Auftrieb verringert werden.[388] Ist schließlich das Gewässer, auf dessen Boden sich ein Fisch mit Hilfe seiner Flossen fortbewegt, so flach, daß der Rücken des Fisches aus dem Wasser herausragt, so wird der Fischkörper mit umso größerer Gewichtskraft auf den Boden gepreßt, je weiter er über die Wasseroberfläche heraussteht. Deshalb ist es sehr naheliegend, die evolutive Entstehung der Tetrapodenextremität mit einer Lebensweise im Flachwasser in Verbindung zu bringen.[389]
2) Desgleichen ist mit PETERS 1993 festzuhalten, daß Fische, um zur schreitenden Fortbewegung an Land geeignet zu sein, nicht nur überhaupt Flossen besitzen müssen, die bei aufliegendem Körper bis zum Boden herabreichen, sondern daß auch eine ausreichende Fläche beim Auftreten genutzt werden kann.[390]

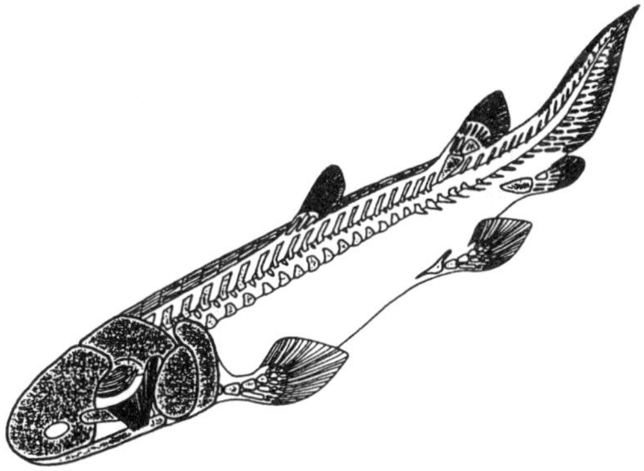

Fig. 64: Hypothetischer Tetrapodenvorfahre nach HERKNER 1999, 266.

Außer den beiden in PETERS 1993 herausgestellten Voraussetzungen, lassen sich noch eine Reihe weiterer konstruktiver Vorbedingungen angeben, die erfüllt sein müssen, damit sich eine Fischkonstruktion zu einer Tetrapodenkonstruktion entwickeln kann. Hier sei mit HERKNER 1999 nur noch darauf hingewiesen, daß Fische, bei denen nur die Brustflossen, nicht aber die hinteren Bauchflossen als Gehwerkzeuge eingesetzt werden, *nicht* als Tetrapoden-Antezedenten in Frage kommen, weil eine Umgestaltung der bei solchen Fischen ja gar nicht als Gehwerkzeuge dienenden hinteren Flossen zu den hinteren Tetrapodenextremitäten ebenfalls nur „auf Verdacht" erfolgt sein könnte

386 Vgl. HERKNER 1999, 240.
387 Vgl. HERKNER 1999, 240. Erneut geht hinsichtlich Archimedischen Prinzips eine Kontinuitätsannahme in die Argumentation ein.
388 Vgl. HERKNER 1999, 241.
389 Vgl. HERKNER 1999, 243.
390 Vgl. PETERS 1993, 39.

und deshalb nicht als Optimierungsschritt begründbar ist.[391] Kandidaten für Tetrapodenvorfahren sind also nur Fische, die ihr vorderes *und* ihr hinteres Flossenpaar zur Lokomotion auf festem Substrat heranziehen können (vgl. Fig. 64).
Nachdem Ausgangs- und Zielkonstruktion angegeben sind, wird die Argumentation in PETERS 1993 mit der Analyse zweier Probleme fortgesetzt, die auftreten, wenn sich ein Fisch mit Hilfe zweier Flossenpaare auf festem Substrat schreitend fortbewegt.

> Eine Flosse ist zwar mehr oder minder biegsam, sie läßt sich aber nicht willkürlich knicken (Knickstellen wären in einem Ruder ja auch widersinnig). Dies bringt zwei mechanische Nachteile mit sich, sobald man die Flossen zum Laufen einsetzt.
> a) beim Laufen kann der Abstand zwischen der Standfläche und der Ansatzstelle der Flosse am Körper nicht willkürlich verändert werden. Unebenheiten des Bodens können also nicht durch Einknicken der Flosse ausgeglichen werden, vielmehr sind Auslenkungen des Körpers in Kauf zu nehmen, die nicht dem Vorwärtskommen dienen.
> b) Das Laufen mit seitwärts ausgestellten Flossen ist zwangsläufig mit horizontalen Biegungen der Wirbelsäule verbunden. Die Ansatzstelle der Flosse muß sich nämlich bei jedem Schritt ungefähr auf einem Kreisabschnitt um diese Standfläche bewegen. Diese Bewegung wurde sehr wahrscheinlich nicht neu entwickelt, da sie ja leicht aus den Schlängelbewegungen der Fische übernommen werden konnte. Weil bei dieser Bewegung die mächtige Rumpfmuskulatur ihre Kraft auf die laufenden Flossen überträgt, lag darin sogar ein Vorteil. Doch war auch ein Nachteil vorhanden, denn die Standfläche mußte die bogenförmige Bewegung des Flossenansatzes in einer entsprechend gegenläufigen Drehung nachvollziehen [...]. Dadurch wurde nicht nur die Standfestigkeit beeinträchtigt, es ging auch Energie verloren.[392]

Fig. 65: Bewegungsmöglichkeit bei Gliedmaßen mit Gelenken im Vergleich zur Bewegungsmöglichkeit bei Gliedmaßen ohne Gelenke. Vgl. PETERS 1993, 40.

Mit dem Einsatz der Flossen als Gehwerkzeuge ergeben sich also für Fischkonstruktionen zumindest zwei Aufgaben: a) Kompensation von Bodenunebenheiten sowie b) Verhinderung des der jeweiligen Schlängelbewegung des Körpers gegenläufigen, energetisch ineffizienten Zurückrutschens der Aufstellfläche.
Zu a): Das erste der beiden von Peters genannten Probleme kann durch den Einbau von genau zwei Gelenken in die Flosse gelöst werden. Von diesen beiden Gelenken kann sich das eine zwischen Standfläche und Stiel, das andere im Stiel befinden. Es ergibt sich dann die bekannte gelenkige Untergliederung der Tetrapodenextremität durch ein Hand-

[391] Vgl. HERKNER 1999, 240.
[392] PETERS 1993, 39.

bzw. Fußwurzel- und durch ein Ellenbogen- bzw. Kniegelenk. Mit Hilfe dieser Gelenke kann ein Organismus bei seitlich ausgestellten Extremitäten die relative Lage zwischen Standfläche und dem Ansatzpunkt der Gliedmaße am Körper beeinflussen und so Bodenunebenheiten ausgleichen (vgl. Fig. 65).

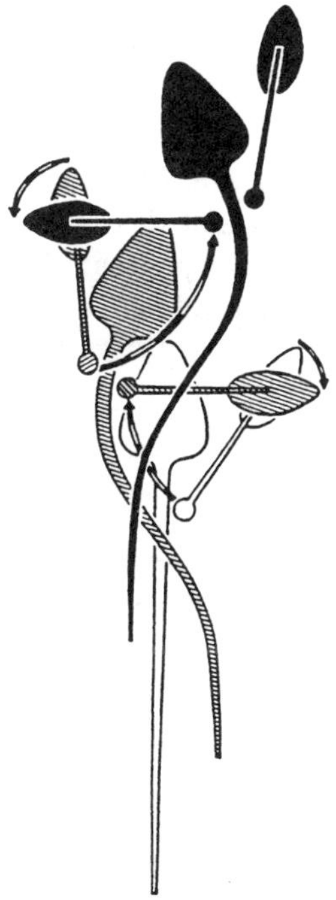

Fig. 66: Beim Laufen mit seitlich ausgestellten gelenklosen Extremitäten zieht die Schlängelbewegung des Rumpfes eine gegenläufige Drehung der Aufstellfläche auf dem Substrat nach sich. Vgl. PETERS 1993, 40.

Zu b): Da die beschriebene gegenläufige Drehung bei seitlich ausgestellten Gliedmaßen nicht zu vermeiden ist (vgl. Fig. 66), kann das zweite Problem nur durch Hineinverlagerung dieser Drehbewegung in die Extremität bestehen.

Folgt man PETERS 1993, kann die beim Laufen mit seitlich ausgestellten Extremitäten auftretende Drehbewegung prinzipiell auf zwei verschiedene Wiesen in die Extremität hineinverlagert werden:

Zunächst könnte man sich

> im Zeugopodium einen einzigen Knochen vorstellen, der an beiden Enden an je einem mehrachsigen Gelenk teilhat.[393]

Bei Realisation dieser theoretisch bestehenden Möglichkeit fielen jedoch hohe energetische Betriebskosten an. Denn mehrachsige Gelenke, d. h. Kugelgelenke ermöglichen zwar eine Vielzahl von Bewegungen,

> erfordern aber für ihre Führung und Stabilisierung einen erheblichen Aufwand. Wenn nämlich eine bestimmte Bewegung ausgeführt werden soll, müssen alle anderen Bewegungen, die ebenfalls möglich wären, durch Muskelarbeit unterbunden werden.[394]

Bei genauerem Hinsehen wird also deutlich, daß die vom Organismus in Energiebeträgen zu zahlenden Kosten für den Betrieb eines mehrachsigen (Kugel-)Gelenkes relativ hoch sind, diese Lösung also nicht als besonders ökonomisch gelten kann.

An dieser Stelle zeigt sich nunmehr der evolutionsbiologische Nutzen des in Abschnitt 5.3.1.3 vorgestellten und erweiterten Ökonomisierungbegriffes von Weingarten. Denn auch Einsparungen bei den energetischen Betriebskosten, also Ökonomisierungen im engeren Sinn können selektive Vorteile verschaffen.

---

393 PETERS 1993, 40.

394 PETERS 1993, 40.

Aber nicht nur ökonomische Überlegungen im engeren Sinn, sondern auch die Reflexion darauf, ob nicht vielleicht die Optimierung einer Funktion so stark zu Lasten anderer Funktionen geht, daß die entsprechende konstruktive Lösung insgesamt eine Verschlechterung bedeutet, fördern im vorliegenden Fall Nachteile der Kugelgelenk-Lösung zu Tage.[395] Denn

> die Verbindung zwischen Zeugo- und Autopodium [wird] beim Laufen besonders beansprucht [...]. Gerade in dieser Verbindung aber müßte im Falle eines Kugelgelenks die Drehung stattfinden. Die wünschenswert leichte Drehbarkeit liefe der ebenfalls wünschenswerten Festigkeit des Gelenks ständig zuwider.[396]

Wie aber sieht eine Konstruktion aus, die in ihren energetischen Betriebskosten günstiger als ein Kugelgelenk ist und zudem die Festigkeit des Übergangs zwischen Auto- und Zeugopodium nicht zu sehr beeinträchtigt? Die gesuchte Lösung führt uns die Natur mit dem zweistrahligen Zeugopodium der typischen Tetrapodenextremität vor:

> Das Zeugopodium besteht aus zwei parallelen Knochen, die sich bei der internen Drehung der Gliedmaße überkreuzen. Die distalen Enden dieser beiden Knochen verändern ihre Lage zum Autopodium dabei nur wenig. Wir finden bei dieser Lösung also genau die gewünschte Kombination von Drehbarkeit und relativ stabilen Gelenkverbindungen. In die Drehung ist auch das Stylopodium einbezogen, das ja in einem mehrachsigen Gelenk mit dem Rumpf verbunden ist. An dieser Stelle ist die Beherrschung eines solchen Gelenks leichter, da der Rumpf genügend Platz für den Ansatz kräftiger Muskeln bietet.[397]

Wie bei Ausbildung eines zweiachsigen Zeugopodiums die sonst auf dem Substrat stattfindende Drehbewegung einer seitlich ausgestellten Gliedmaße in die Gliedmaße selbst hineingenommen werden kann, geht aus Fig. 67 hervor. Fig. 67 zeigt einen Molch beim Schreiten auf festem Untergrund. Die interne Drehung führt dabei ersichtlich zur Überkreuzung der beiden Zeugopodium-Elemente.

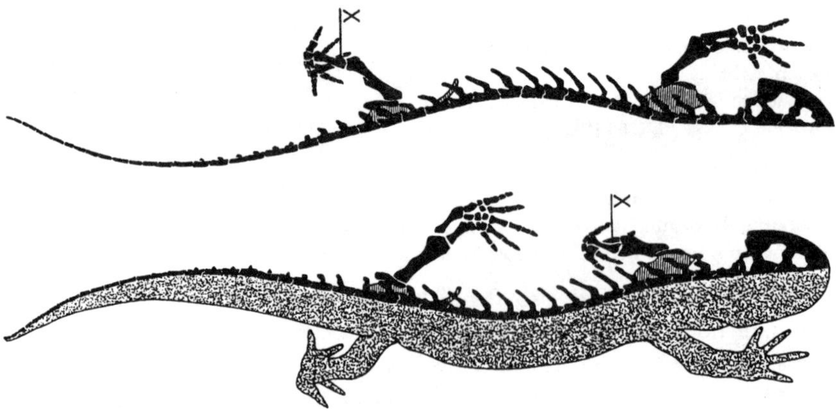

Fig. 67: Zwei Bewegungsphasen eines schreitenden Molches. In der Gliedmaße führt die auftretende Drehbewegung zur Überkreuzung der beiden Zeugopodium-Strahlen. Das Autopodium kann so auf dem Substrat fest aufgestellt bleiben. Vgl. PETERS 1993, 41.

---

[395] Vgl. Anm. 373 (Seite 191).
[396] PETERS 1993, 40.
[397] PETERS 1993, 40.

Besonders wichtig ist Peters in dieser Phase seiner Argumentation der Hinweis,

> daß es außer den skizzierten keine anderen Lösungen gibt. Mehr als zwei Knochen im Zeugopodium würden eine Drehung ausschließen.[398]

Nachdem die Zweistrahligkeit des Zeugopodiums als ebenso ökonomische wie bestimmten Stabilitätserfordernissen Rechnung tragende Lösung des Drehungsproblems gerechtfertigt ist, wendet sich Peters der Frage zu, als Lösung welches konstruktiven Problems die im morphologischen Grundplan der Tetrapodenextremität fixierte Ausgestaltung der Hand- bzw. der Fußwurzel verstanden werden kann. Er gibt zu bedenken:

> Die Zone, mit der das Autopodium an das Zeugopodium anschließt, unterliegt besonderer Belastung durch Druck und Zug. Ein Verbundsystem von harten Elementen, eingebettet in Knorpel- und Bindegewebe, gewährt Festigkeit, die aber eine gewisse Nachgiebigkeit nicht ausschließt. Es erscheint als geeignete Konstruktion, die den genannten Belastungen entgegengesetzt werden kann.[399]

Außer durch den Besitz einer aus vielen kleinen Elementen bestehenden Fußwurzel ist das Autopodium der Tetrapodenextremität gemäß dem in Fig. 63 (Seite 198) gezeigten morphologischen Grundplan auch durch den Besitz von fünf Fingerstrahlen (Pentadaktylie) charakterisiert.
Was zunächst das evolutionsgeschichtliche Auftreten von Daktylen überhaupt anbetrifft, so läßt sich relativ leicht angeben, in welcher Hinsicht eine Extremität durch Ausbildung von Daktylen optimiert werden kann. Die Daktylen verbessern die Funktion einer Extremität, indem sie eine *Verankerung* im Substrat ermöglichen.[400]
Bemerkenswert ist in PETERS 1993 nun allerdings der Befund, daß die Fähigkeit zur Verankerung im Boden *erst dann* eine Optimierung darstellt, wenn die beim Laufen mit seitlich ausgestellten, nicht in einer parasagittalen Ebene beweglichen Extremitäten notwendig auftretende gegenläufige Drehbewegung bereits durch Ausbildung eines zweistrahligen Zeugopodiums *in* die Extremität hineinverlagert und also das Autopodium *ruhiggestellt* ist. Denn zu jedem Zeitpunkt vorher muß das Rutschen der Aufstellfläche auf dem Lokomotionssubstrat ja möglich sein, wenn Schreiten möglich sein soll.

> Erst nachdem [...] die Notwendigkeit einer auf der Unterlage rutschenden Drehbewegung ausgeschaltet war, konnte die Fähigkeit, sich mit dem Autopodium am Substrat zu verankern, Vorteile bringen.[401]

Im Rahmen der vorliegenden Untersuchung ist diese Überlegung deshalb besonders interessant, weil sie, wenn sie richtig ist, ein Lesrichtungsargument in dem Sinn liefert, daß sie eine bestimmte Transformations*reihenfolge* zumindest definitiv *auszuschließen* erlaubt: Die Ausbildung eines aufgefingerten Autopodiums *vor* Ruhigstellung des Autopodiums kann PETERS 1993 zufolge nicht als Optimierungsschritt begründet werden. Ein entsprechendes Zwischenstadium wäre also zunächst einmal *nur* teuer. Damit kommt die Transformationsreihe „Extremität mit einachsigem Zeugopodium

---

[398] PETERS 1993, 40.
[399] PETERS 1993, 40.
[400] Vgl. PETERS 1993, 40 und HERKNER 1999, 277.
[401] PETERS 1993, 40.

ohne Daktylen" → „Extremität mit einachsigem Zeugopodium und *mit* Daktylen" → „Extremität mit *zwei*achsigem Zeugopodium und *mit* Daktylen" nicht in Frage.
Kann nun aber auch die Pentadaktylie als solche, d. h. das Auftreten von genau fünf Fingern konstruktionsmorphologisch begründet werden?
In PETERS 1993 wird diese Frage verneint. Denn eine Verankerung im Lokomotionssubstrat ist mit vier Fingern ebenso gut möglich wie mit fünf, sechs oder mehr Daktylen. Vorsicht erscheint auch geraten, weil nicht nur die rezenten Amphibien, die ja vier Daktylen aufweisen, Beispiele für Tetrapoden mit nicht genau fünf Fingerstrahlen darstellen, und zudem seit einiger Zeit mit *Acanthostega* (vgl. Fig. 68) ein fossiler Tetrapode bekannt ist, der sogar acht (!) Daktylen besessen hat.

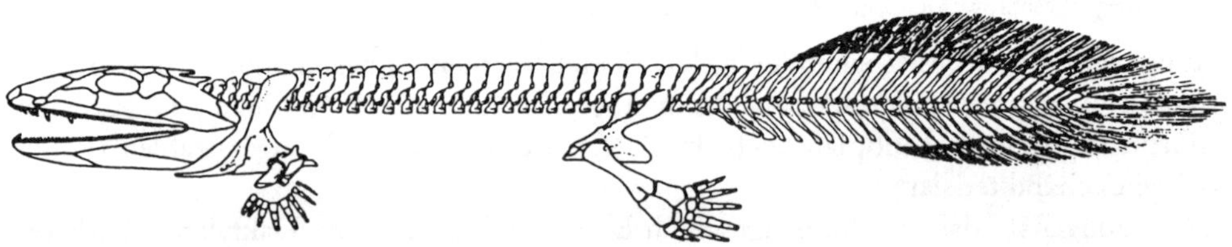

Fig. 68. Rekonstruktion von *Acanthostega*. Man beachte die Achtfingrigkeit des Autopodiums der Vorderextremität. Vgl. HERKNER 1999, 170.

So läßt sich die Tatsache, daß die Tetrapodenextremität der *Amniota* pentadaktyl ist, wohl nur mit einer Abstammung der *Amniota* von pentadaktylen Vorfahren erklären.[402]
Es empfiehlt sich, bei diesem Begründungsschritt kurz innezuhalten und die Aufmerksamkeit auf folgenden Umstand zu richten: In PETERS 1993 wird nicht nur die Transformation von der Fischflosse zur Tetrapodenextremität als funktional möglich und unter Optimierungsgesichtspunkten sogar naheliegend begründet, sondern gleichsam als Nebenprodukt liefert diese Rekonstruktion auch eine Begründung bestimmter Aspekte des in Fig. 63 (Seite 198) gezeigten morphologischen Grundplanes der Tetrapodenextremität. Während nämlich allein mit den Mitteln der klassischen Morphologie nicht begründet werden kann, warum die typische Tetrapodenextremtät aus genau den Elementen besteht, aus denen sie besteht, vermag die Konstruktionsmorphologie immerhin eine Begründung für die Zweiachsigkeit des Zeugopodiums, für die Ausgestaltung von Hand- und Fußwurzel sowie für das Auftreten von überhaupt irgendwelchen Daktylen und sogar für das Auftreten bestimmter Lage- und Konnektionsbeziehungen zu geben. Sie liefert damit eine solide Grundlage für genauere topologische Beschreibungen im Rahmen der klassischen Morphologie.

---

402 Vgl. PETERS 1993, 41.

Ich möchte die Wiedergabe der in PETERS 1993 und HERKNER 1999 vorgetragenen Überlegungen zur evolutiven Entstehung der Tetrapodenextremität nicht abschließen, ohne zuvor noch a) gezeigt zu haben, wie eine Transformationsreihe, die den in PETERS 1993 formulierten Bedingungen gehorcht, *konkret* aussehen könnte, und ohne b) noch auf bestimmte konstruktive Sonderfälle eingegangen zu sein.
Zu a): In HERKNER 1999 wird die in Fig. 69 gezeigte, mit PETERS 1993 vereinbare Ableitung der Tetrapodenextremität von der Fischflosse begründet: Nach Verkürzung und vollständiger Reduktion der Flossenstrahlen von a) nach c) sowie nach *Angliederung* von Skelett-Elementen an die distalen Enden (also nicht durch *Schlitzung*![403]) in d) und bei bereits in sich verdrehbarem zweiachsigen Zeugopodium kommt es in e) zur Ausbildung der Daktylen. Wie in PETERS 1993 gefordert, entstehen also auch in Herkners Transformationsmodell die Daktylen *nicht*, *bevor* durch ein zweiachsiges Zeugopodium die interne Verdrehbarkeit der Extremität möglich geworden ist.

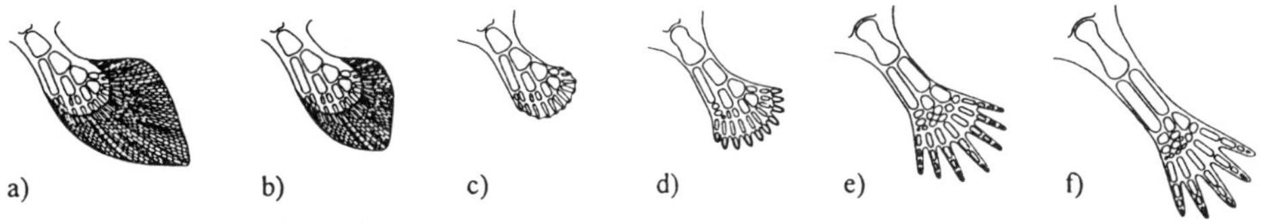

Fig. 69: Evolution der Tetrapodenextremität. Vgl. HERKNER 1999, 276.

Zu b): In der Ableitung von Peters wird die Entstehung eines zweiachsigen Zeugopodiums damit erklärt, daß durch ein solches Zeugopodium eine Drehbewegung *in* der Extremität auftritt, die bei horizontaler Biegung des Körperstammes sonst *auf dem Lokomotionssubstrat* ausgetragen werden müßte. Dabei betont Peters, daß eine solche Drehbewegung zwangsläufig ist, wenn eine Extremität seitlich ausgestellt ist und nicht in einer parasagittalen Ebene bewegt werden kann. Fallen nun aber diese Rahmenbedingungen fort, so tritt auch das Problem nicht mehr auf, als dessen Lösung das zweiachsige Zeugopodium verstanden werden kann.
Im Einklang mit dieser Funktionsanalyse steht der Befund, daß zum Beispiel bei bestimmten schnellen Geradeaus-Läufern wie *Equus*, deren Extremitäten sich *unter* dem Rumpf befinden, die zwei Knochenstangen des Zeugopodiums vollständig verschmolzen sein können (vgl. Fig. 45 und 46, Seite 112 bzw. 113) und daß in den Hinterextremitäten vieler Vögel und bipeder Saurier zumindest eine der beiden Zeugopodiumstangen reduziert ist.[404] Hingegen treten solche sekundären Vereinfachungen des Zeugopodiums

[403] Zu den Gründen, die gegen die Annahme sprechen, daß die Finger durch Schlitzung zwischen den distalen Endgliedern des Extremitätenskeletts entstanden sind, vgl. HERKNER 1999, 277.
[404] Vgl. PETERS 1993, 41–42.

> bei Tieren mit ausgestellten Gliedmaßen *nicht* auf [...], es sei denn, daß die Gliedmaße insgesamt zugunsten einer Fortbewegung durch Schlängeln des Körperstammes reduziert werden (Schlangen, manche Skinke usw.).[405]

Eine Ausnahme von dieser Regel bilden allerdings die Froschlurche, die zwar seitlich ausgestellte Gliedmaßen, jedoch stets ein nur einteiliges Zeugopodium besitzen. Diese Ausnahme ist aber vermutlich mit der Optimierung des Lokomotionsapparates der Froschlurche in Richtung einer springenden Fortbewegungsweise zu erklären.

*

Das in Abschnitt 5.5 vorgestellte Beispiel verdeutlicht meines Erachtens sehr schön, wie die konstruktionsmorphologische Anagenetik mit ihren Methoden zwar nicht *phylogenetische* Erwartungen an die Evolutionsgeschichtsschreibung zu befriedigen vermag (und auch gar nicht zu befriedigen beabsichtigt), wie sie jedoch zumindest das traditionelle Lesrichtungsproblem einigermaßen gut in den Griff bekommt. Indem sie sich einerseits damit bescheidet, die anagenetische Dimension der Evolution rekonstruktiv so aufzuklären, daß sie unter anderem auf die Zuordnung von Individuen zu bestimmten phylogenetischen Arten verzichten kann, und indem sie andererseits keine Singularitätsbehauptungen begründen muß, gelangt die Konstruktionsmorphologie zu Aussagen über den historischen Verlauf der Evolution, die zwar vielleicht nicht immer *unanfechtbar* (man denke an das Problem der Energiebilanzen!), aber meines Erachtens *besser* begründet sind als die Aussagen, die der Ansatz Hennigs zu liefern im Stande ist.
So können die Methoden der konstruktionsmorphologischen Anagenetik aus wissenschaftstheoretischer Sicht etwa der Paläontologie anempfohlen werden. Denn weil es die Paläontologie mit Organismen zu tun hat, von denen häufig nur Teile des Skelettes überliefert sind, Skelett-Teile sich aber für eine mechanische Funktionsanalyse geradezu anbieten, erscheint in der Paläontologie der Einsatz konstruktionsmorphologischer Methoden besonders naheliegend. Daß der Einsatz dieser Methoden darüber hinaus auch *vielversprechend* ist, hoffe ich gezeigt zu haben.

---

405 PETERS 1993, 42 (Hervorhebung im Zitat durch M. L.) Einen Funktionswechsel hat im übrigen das teilweise reduzierte Wadenbein der Vögel durchgemacht. Vgl. PETERS 1993, 42: „Dieser [...] Knochen ist mit seinem distalen Ende entweder durch Verschmelzung oder durch zähes Bindegewebe fest mit dem Schienbein verbunden. Durch diese Konstruktion wirkt das Wadenbein einer Drehung des Unterschenkels entgegen. Hat eine solche stattgefunden, verdrillt sich das Wadenbein in sich, speichert dabei Energie, die der Rückdrehung des Unterschenkels zugute kommt. Die Funktion des Wadenbeines hat sich bei den Vögeln also in das Gegenteil dessen gekehrt, wofür es ursprünglich ‚erfunden' worden war." Dieses Beispiel illustriert, wie die Konstruktionsmorphologie Funktionszuweisungen unter stetiger Beachtung des jeweiligen Konstruktionskontextes vornimmt und so methodisch auf Funktionswechsel gefaßt ist.

> Die große Regel: Wenn dein Bißgen an sich nichts Sonderbares ist, so sage es wenigstens ein bißgen sonderbar.
>
> Georg Christoph Lichtenberg: *Sudelbücher, Heft E.*

6 Zusammenfassung

Mit der Phylogenetischen Systematik Willi Hennigs und dem anagenetischen Methodenset der Frankfurter Konstruktionsmorphologie wurden in der vorliegenden wissenschaftstheoretischen Studie zwei verschiedene Ansätze historisch-rekonstruktiver Evolutionsforschung vorgestellt und auf ihre Leistungsfähigkeit untersucht. Gefragt wurde, ob mit den jeweils angebotenen Begriffen und Methoden die jeweils selbst gesteckten Ziele methodisch kontrolliert erreicht werden können.

Während sich nachweisen ließ, daß die Phylogenetische Systematik Hennigs über keine zuverlässigen Mittel verfügt, um monophyletische Einheiten zu ermitteln und damit die Aufgabe, die sie sich selbst stellt, zu lösen, fiel die Einschätzung hinsichtlich des anagenetischen Ansatzes der Konstruktionsmorphologie positiver aus. Weil sie die eigenen Ansprüche von vornherein niedriger hält, stellen sich der Konstruktionsmorphologie bestimmte Probleme nicht, die sich für die Phylogenetische Systematik als unüberwindbar herausgestellt haben. Somit lautet die Hauptthese der vorliegenden Arbeit:

Während die Phylogenetische Systematik am eigenen Anspruch scheitert, weil sie keine Mittel bereitstellt, die zuverlässig zu entscheiden erlauben, ob bestimmte Arten zusammen ein Monophylum bilden, vermag die Konstruktionsmorphologie ihrem bescheideneren Ziel, der Angabe von konstruktiven Voraussetzungen, die nur überhaupt erfüllt gewesen sein müssen, damit bestimmte evolutive Transformationsprozesse abgelaufen sein können, mit den von ihr angebotenen Methoden zumindest nahezukommen. Denn die Konstruktionsmorphologie ist einerseits in der Lage, bestimmte Hypothesen über den Ablauf evolutiver Transformationsprozesse definitiv zu verwerfen, andererseits bezüglich je bestimmter Leistungen Optimierungs- und Ökonomisierungsabschätzungen vorzunehmen.

Die wichtigsten Schritte der diese These stützenden Argumentation seien abschließend noch einmal herausgestellt:

1) Unter Klassifizieren ist das Anwenden von Taxonomien auf Individuen zu verstehen. Taxonomien (Begriffspyramiden) sind hierarchisch geordnete Systeme von Ober- und Unterbegriffen.
2) Das Verfahren des Klassifizierens wird in der biologischen Systematik auf Arten angewendet.
3) Die Phylogenetik als prominenteste Richtung der historisch-rekonstruktiven Evolutionsbiologie entsteht historisch da, wo die supraspezifischen Klassen (supraspezifischen Taxa) der Biosystematik als Verwandtschaftskreise gedeutet werden. Wo biosystematische Klassen von Arten als Verwandtschaftskreise gedeutet werden, wird die Möglichkeit, bestimmte Arten ein und demselben artübergreifenden Taxon zuzuordnen, mit der Abstammung der jeweiligen Arten von einer ihnen gemeinsamen Vorfahrart erklärt.
4) Mit der phylogenetischen Deutung biosystematischer Klassifikationen kann die Unterscheidung zwischen „natürlichen" und „künstlichen" Systemen biologisch eingeholt werden: Künstlich sind Klassifikationen, wenn sie nur überhaupt

irgendwelchen Ähnlichkeiten zwischen Arten Rechnung tragen. Natürlich ist ein Klassifikationssystem in dem Maße, in dem es diejenigen Ähnlichkeiten berücksichtigt, die Rückschlüsse auf die qua Evolution zwischen bestimmten Arten bestehenden Abstammungsverhältnisse zulassen.

5) So einfach auch das Grundprinzip ist, nach dem bei der phylogenetischen Deutung von supraspezifischen Taxa verfahren wird, so groß sind doch die Schwierigkeiten, die sich der Phylogenetik bei Anwendung dieses Prinzips *de facto* stellen. Denn ob bestimmte Arten ein und demselben artübergreifenden Taxon angehören, hängt ersichtlich davon ab, welche Merkmale überhaupt als Kriterien für die Zugehörigkeit zu dem jeweiligen artübergreifenden Taxon ausgezeichnet worden sind. Denn je nachdem, welche Merkmale als Kriterien für die Zugehörigkeit zu einem bestimmten supraspezifischen Taxon festgelegt sind, können zwei Arten demselben oder aber *nicht* demselben Taxon angehören. Wenn aber aus der Zugehörigkeit und Nichtzugehörigkeit von Arten zu demselben artübergreifenden Taxon phylogenetische Schlüsse gezogen werden sollen, so stellt sich die Frage, welche der verschiedenen möglichen Zuordnungen diejenige ist, die über die zwischen den untersuchten Arten tatsächlich bestehenden phylogenetischen Verwandtschaftsbeziehungen Auskunft gibt. Aufgrund dieses Problems sind Kriterien notwendig, die zwischen phylogenetisch *zuverlässigen* und phylogenetisch *un*zuverlässigen Merkmalsübereinstimmungen bzw. Zuordnungskriterien zu unterscheiden gestatten.

6) Die von dem Entomologen Willi Hennig begründete Phylogenetische Systematik vereint eine Reihe von Methoden, die es gestatten sollen, die phylogenetische Verläßlichkeit von Merkmalsübereinstimmungen zu beurteilen. Damit soll die Möglichkeit eröffnet werden, die zwischen Arten bestehenden phylogenetischen Abstammungsbeziehungen methodisch kontrolliert zu ermitteln.

7) Die Arten, deren Abstammungsverhältnisse mit den Mitteln der Phylogenetischen Systematik ermittelt werden sollen, sind die sogenannten phylogenetischen Arten. Phylogenetische Arten sind geschlossene Fortpflanzungsgemeinschaften. Eine geschlossene Fortpflanzungsgemeinschaft ist eine gemischtgeschlechtig zusammengesetzte Gruppe faktisch zusammenlebender Organismen oder eine Gruppe von geographisch gegeneinander separierten gemischtgeschlechtig zusammengesetzten Organismengruppen, innerhalb derer weder zwischen beliebigen Männchen und Weibchen und/oder beliebigen Organismengruppen uneingeschränkt Fortpflanzungsbeziehungen möglich sein, noch auch nur faktisch bestehen müssen, innerhalb derer aber keine Organismen und/oder Organismengruppen von den anderen reproduktiv isoliert sein dürfen. Reproduktive Isolation kann unter anderem physiologisch, ethologisch und anatomisch bedingt sein. Ihr Auftreten wird durch lang anhaltende wechselseitige geographische Separation begünstigt. Isolieren sich innerhalb einer phylogenetischen Art verschiedengeschlechtige Individuen und/oder gemischtgeschlechtig zusammengesetzte Organismengruppen reproduktiv voneinander, so teilt sich die jeweilige Art in Tochterarten. Teilt sich eine Art in Tochterarten auf oder stirbt sie aus, so erlischt sie.

8) Hennigs Begriff der phylogenetischen Art läßt sich prinzipiell nicht auf uniparentale Organismen anwenden. In der Paläontologie kann die Zuordnung von fossil

überlieferten Organismen zu phylogenetischen Arten deshalb Probleme bereiten, weil etwa *Unterschiede* hinsichtlich morphologischer Skelett-Merkmale (auf die die Paläontologie ja vielfach allein angewiesen ist) ziemlich signifikant sein müssen, damit sie das Bestehen der wechselseitigen Fähigkeit zur Aufnahme von Fortpflanzungsbeziehungen sicher *auszuschließen* gestatten.

9) Abstammungsverhältnisse zwischen phylogenetischen Arten entstehen, wenn sich Arten in Tochtertarten spalten. Eine Art spaltet sich, wenn Nachfahren von Angehörigen dieser Art – mutativ induziert – ein neues Merkmal ausbilden, dessen Besitz zu Lasten der Fähigkeit geht, mit den Trägern des alten Merkmals auch nur indirekt Fortpflanzungsbeziehungen einzugehen.

10) Phylogenetische Arten spalten sich nach Hennig ausnahmslos dichotomisch. Zugleich geht jede Artspaltung mit dem Entstehen wenigstens eines neuen Merkmals bei einer der beiden Tochterarten einher.

11) Die Gesamtheit aller phylogenetischen Arten bildet nach Hennig ein Monophylum.

12) Ein Monophylum (eine monophyletische Gruppe) ist eine Gruppe phylogenetischer Arten, die Nachfahren einer nur (genau) ihnen gemeinsamen Stammart sind. Eine Gruppe von zwei, vier, sechs etc. Arten stellt also ein Monophylum dar, wenn sie *alle* Arten umfaßt, die Nachfahren genau einer Stammart sind.

13) Ziel der Phylogenetischen Systematik ist die Ermittlung derjenigen Ähnlichkeiten, die monophyletische Art-Gruppen als solche zu identifizieren erlauben.

14) Daß bestimmte Arten zusammen ein Monophylum bilden, kann als erwiesen gelten, wenn der Nachweis gelungen ist, daß sich die betreffenden Arten durch eine Synapomorphie auszeichnen. Als synapomorph gilt ein Merkmal mehrerer Arten, das genau einmal bei der nur diesen Arten gemeinsamen Vorfahrart entstanden ist.

15) Stimmen von drei nachfahrenlosen Arten A, B und C, unter denen sich überhaupt zwei Arten befinden, die miteinander ein Monophylum bilden, zwei Arten in einem Merkmal m überein, und fehlt m insofern der dritten Art, als diese ein alternatives Positivmerkmal zu m besitzt, so kann die Übereinstimmung der beiden m-Träger unter den in Punkt 10) und 11) herausgestellten Prämissen als Synapomorphie und damit als eine die Monophylie der m-Träger bezeugende Ähnlichkeit gelten, wenn

a) m gegenüber der positiven Merkmalsalternative, die beim ¬m-Träger ausgebildet ist, apomorph ist, d. h. nicht nur in dieselbe Transformationsreihe wie die beim ¬m-Träger auftretende positive m-Alternative gehört, sondern gegenüber dieser Alternative auch evolutiv abgeleitet ist,

b) die von der beim ¬m-Träger ausgebildeten positiven m-Alternative zu m hinführende Transformation irreversibel ist und

c) diese Transformation historisch auch nur genau *einmal* abgelaufen ist.

16) Indiz dafür, daß zwei anatomisch abgrenzbare Organe, Organgefüge oder Organteile derselben Transformationsreihe, also derselben Reihe von mutativ irgendwie auseinander hervorgegangenen anatomischen Teilen angehören, ist nach Hennig ihre M-Homologie. „M-homolog" heißen direkt oder indirekt baugleiche Gefüge und/oder Teile, die ausgangsidentisch hinsichtlich spezifischer Qualitäten sind. Organe, Organgefüge oder Organteile, deren Substrukturen zueinander in identi-

schen (positiven und negativen) Konnektionsbeziehungen stehen, oder aber Organe/Organgefüge/Organteile, innerhalb derer identische Teile mehrere Konnektionsoptionen besitzen, heißen „baugleich“. Ein und dieselbe Substruktur besitzt verschiedene Konnektionsoptionen, wenn Substrukturen in ihrer Umgebung ausfallen bzw. neu auftreten können und/oder wenn eine Substruktur mit den Substrukturen ihrer Umgebung verschiedene (positive und negative) Konnektionsoptionen unterhalten kann. Das Bestehen verschiedener Konnektionsoptionen für ein und dieselbe Substruktur muß mit Hilfe des Zwischenformenkriteriums belegt sein.

17) Die Bedingung 15a) schafft das sogenannte Lesrichtungsproblem, also das Problem, daß für zwei derselben Transformationsreihe angehörende Merkmale entschieden werden muß, welches relativ ursprünglich und welches relativ abgeleitet ist. Zur Lösung dieses Problems bietet Hennig vier Lesrichtungskriterien an: a) das Kriterium der erdgeschichtlichen Merkmalspräzedenz, b) das Kriterium der ontogenetischen Merkmalspräzedenz, c) das Kriterium der chorologischen Progression und d) das Kriterium der Korrelation von Transformationsreihen. Kriterium d) greift nur unter der Bedingung, daß die Kriterien a), b) und c) greifen. Genauere Analysen zeigen jedoch, daß die Kriterien a), b) und c) in hohem Maße unzuverlässig sind.

18) Ein Verfahren, um zu überprüfen, ob die Bedingung 15b) erfüllt ist, stellt Hennig letztlich nicht zur Verfügung.

19) Vom Erfülltsein der Bedingung 15c) kann nach Hennig umso sicherer ausgegangen werden, in je mehr weiteren apomorphen Merkmalen die m-Träger übereinstimmen. Nach Hennig gilt nämlich: In je mehr apomorphen Merkmalen Arten übereinstimmen, umso unwahrscheinlicher ist, daß sich die Übereinstimmung der betrachteten Arten in den betrachteten Merkmalen nicht-singulärer Entstehung verdankt. Diese Auffassung zieht methodisch die in der Hennig-Nachfolge als „Parsimonieprinzip“ bezeichnete Forderung nach sich, daß für jede konkrete Merkmalsverteilung diejenige phylogenetische Deutung zu favorisieren ist, die die relativ wenigsten Merkmalsübereinstimmungen mit nicht-singulärer Merkmalsentstehung erklären muß. Es läßt sich jedoch zeigen, daß die Möglichkeit, zwischen verschiedenen Graden der Merkmalsübereinstimmung in einer die Anwendung des Parsimonieprinzips allererst gestattenden Weise definitiv unterscheiden zu können, *nicht* besteht. Zwischen Graden der Ähnlichkeit kann nämlich stets nur relativ zu einer bestimmten, vorher als Vergleichsbasis festgelegten Merkmalsliste entschieden werden. Relativ zu verschiedenen (beispielsweise je erweiterten) Merkmalslisten können jedoch verschiedene Grade der Ähnlichkeit zwischen denselben Vergleichskandidaten bestehen. Diese Möglichkeit ist aber prekär, wenn von Graden der Übereinstimmung in apomorphen Merkmalen auf Grade der phylogenetischen Verwandtschaft zwischen Arten geschlossen werden soll. Denn wenn zwischen denselben Arten verschiedene Grade der Ähnlichkeit bestehen können, lassen sich mit Hilfe des Parsimonieprinzips unter Umständen für dieselben Arten *konkurrierende* Aussagen über die zwischen ihnen bestehenden relativen Verwandtschaftsgrade (Wiederkehr des unter Punkt 5) skizzierten Problems!) begründen. Diese Gefahr bestünde zwar nicht, wenn sich für eine als Vergleichsbasis dienende Merk-

malsliste zeigen ließe, daß sie schlechterdings *alle* Merkmale der Vergleichskandidaten berücksichtigt; jedoch kann für *keine* vorgelegte Merkmalsliste *ausgeschlossen* werden, daß sie über die jeweils aufgeführten Merkmale hinaus noch ergänzt werden kann. Damit bleibt die Gefahr bestehen, daß sich für dieselben Arten mit Hilfe des Parsimonieprinzips – je nach zugrunde gelegter Vergleichsbasis – konkurrierende Aussagen über die relativen Grade ihrer phylogenetischen Verwandtschaft rechtfertigen lassen. Damit aber ist zugleich auch das Parsimonieprinzip als methodisch unzuverlässig erwiesen.

20) Das unter 15) für drei Arten A, B und C vorgestellte Entscheidungsverfahren funktioniert nur unter der Voraussetzung, daß es sich bei den drei Arten um *sämtliche* nachfahrenlosen Deszendenten einer einzigen Stammart handelt, so daß sich unter ihnen überhaupt zwei befinden, die miteinander ein Monophylum bilden. Gäbe es nämlich eine noch unbekannte nachfahrenlose Art, die den letzten gemeinsamen Vorfahren von ABC ebenfalls zum Vorfahren hat, so könnte es sich bei allen drei möglichen Art-Paarungen AB, BC und AC um paraphyletische Gruppen, d. h. um Gruppen von Arten handeln, die keine nur ihnen gemeinsame Stammart besitzen. In diesem Fall käme von vornherein keine zwischen zwei der drei Arten bestehende Merkmalsübereinstimmung als Synapomorphie in Frage. *Daß* sich unter Arten, die mit den Mitteln der phylogenetischen Systematik auf Monophylien zu untersuchen sind, überhaupt welche befinden, die zusammen ein Monophylum bilden, muß Hennig aber einfach als gegeben unterstellen. Über ein Kriterium, das das Erfülltsein dieser Bedingung festzustellen gestattet, verfügt er nicht.

21) Selbst, wenn man zugesteht, daß – wie unter 16) skizziert – M-Homologie ein gutes Indiz für die Zugehörigkeit von anatomischen Teilen zur selben Transformationsreihe ist, berechtigen die unter 17), 18), 19) und 20) entwickelten Thesen zu dem Schluß: Die Phylogenetische Systematik verfügt über *keine* Mittel, die verläßlich zu entscheiden gestatten, ob bestimmte phylogenetische Arten miteinander ein Monophylum bilden oder nicht.

22) Von der phylogenetischen Dimension des Evolutionsprozesses läßt sich dessen anagenetische Dimension abheben. Als Anagenesen können die auf der genetischen Mutabilität von Organismen beruhenden Prozesse evolutiven Formen-, besser: Konstruktionswandels bezeichnet werden. Wo ein solcher Prozeß abgelaufen ist, besitzen Nachfahren Merkmale, die ihre Vorfahren nicht besessen haben. Verdanken sich Übereinstimmungen zwischen Arten dem Abgelaufensein derselben Anagenese entlang verschiedener Verwandtschaftslinien, so kann von diesen Übereinstimmungen nicht sicher auf die Monophylie der jeweiligen Arten geschlossen werden. Aus diesem Grund muß die Phylogenetische Systematik nicht nur wissen, *daß* bestimmte Anagenesen abgelaufen sind, sondern auch, *wie oft* sie sich zugetragen haben. Die Anagenetik selbst bedarf jedoch keiner Informationen darüber, entlang wie vieler Verwandtschaftslinien, d. h. von wie vielen Arten aus bestimmte Transformationsprozesse abgelaufen sind.

23) Weil die Konstruktionsmorphologie die Möglichkeit, die Einmaligkeit bestimmter Anagenesen im Sinne von 15c) nachweisen zu können, skeptisch beurteilt, verzichtet sie von vornherein auf Monophyliebehauptungen. Sie fragt vielmehr

danach, was aus Organismen anagenetisch werden kann, wenn sie nur überhaupt bestimmte Merkmale – seien diese einmal oder mehrfach entstanden – besitzen.

24) Dabei macht sich die Konstruktionsmorphologie die Möglichkeit zunutze, daß Subsysteme von Organismen als organismische *Konstruktionen* beschrieben werden können. Als Konstruktionen werden bestimmte Subsysteme von Organismen in der Konstruktionsmorphologie da beschrieben, wo Konstruktionen oder Maschinen zu ihrer Modellierung benutzt werden. Eine bestimmte Konstruktion oder Maschine paßt als Modell auf ein Subsystem eines Organismus, wenn sich innerhalb dieses Subsystems anatomische Elemente aufweisen lassen, denen die *Funktionen* genau derjenigen Elemente zugewiesen werden können, die in ihrem Zusammenwirken erwarten lassen, daß die jeweils als Modell benutzte Konstruktion oder Maschine zu einem ausgezeichneten Zweck eingesetzt werden kann und in diesem Sinn funktionstüchtig ist. Damit einem anatomischen Element die Funktion eines bestimmten Konstruktions- oder Maschinenteils zugewiesen werden kann, muß dieses anatomische Element natürlich bestimmte Material- und Formeigenschaften besitzen. So kann zum Beispiel ein bestimmtes anatomisches Element nicht als Hebel modelliert werden, d. h. als funktionales Analogon zu einem Hebelarm verstanden werden, wenn es noch nicht einmal annähernd deformationsfrei ist.

25) Werden Subsysteme von Organismen mit Hilfe von Funktionsbegriffen aus dem Bereich der Technik beschrieben, so erscheinen die jeweiligen Subsysteme als Arbeitseinheiten, die insbesondere mechanische Aufgaben erfüllen und damit statischen und dynamischen Prinzipien, die aus dem Bereich der Technik vertraut sind und sich dort bewähren, gehorchen müssen.

26) Als besonders leistungsfähig hat sich in der Konstruktionsmorphologie das sogenannte Hydraulik-Modell bewährt. Das Hydraulik-Modell kommt da zur Anwendung, wo Subsysteme von Organismen als hydraulische Hülle-Füllung-Konstruktionen (H-F-Konstruktionen) beschrieben werden. Mit Hilfe des Hydraulik-Modells kann etwa die Formstabilität von unversteiften Weichteilen mechanisch erklärt werden.

27) Organismische Konstruktionen müssen, um funktionsfähig zu sein, insbesondere dem Kriterium der Kohärenz genügen, d. h. ihre Elemente müssen zum Beispiel kraftschlüssig und damit lückenlos verbunden sein. Anders nämlich könnte keine Transmission von Kräften erfolgen.

28) Verschiedene organismische Konstruktionen können, wenn ihnen ausgezeichnete, in einem entsprechenden Typusbegriff fixierte Merkmale gemeinsam sind, als verschiedene Repräsentanten ein und desselben Konstruktions*typs* aufgefaßt werden.

29) Sind bestimmte Subsysteme von Organismen erst einmal als Repräsentanten bestimmter Konstruktionstypen verstanden, so kann danach gefragt werden, was an diesen Konstruktionstypen ohne Verlust der Kohärenz so verändert werden kann, daß zugleich auch bestimmte Leistungen optimiert werden.

30) Nach Optimierungsmöglichkeiten zu fragen, ist für die Konstruktionsmorphologie von bestimmten organismustheoretischen Voraussetzungen her naheliegend. Organismen lassen sich nämlich aus Sicht der Konstruktionsmorphologie als Energiewandler verstehen. Denn Organismen überführen verschiedene Energie-

sorten ineinander. Bei der Konversion von Energie geht aber, vor allem in Form von Wärme, immer auch Energie verloren. Diese verlorengehende Energie kann nicht als Arbeit wirksam werden. Als optimiert kann nun ein bestimmter Energiewandler A gegenüber einem anderen Energiewandler B gelten, wenn im Fall von A das Verhältnis zwischen zugeführter und als Arbeit wirksam werdender Energie günstiger ist als im Fall von B. Weil Organismen Energiewandler sind, läßt sich dieses Optimierungsverständnis aus Sicht der Konstruktionsmorphologie selektionstheoretisch nutzen. Aus konstruktionsmorphologischer Sicht muß die Selektion nämlich unter verschiedenen mutativ erzeugten Varianten diejenigen bevorzugen, deren Energieausbeute am größten ist.

31) Von „Optimierung" im engeren Sinn können „Ökonomisierung" und „Differenzierung" unterschieden werden. Ökonomisiert wird ein Energiewandler, wenn die Kosten für den Betrieb einzelner Arbeitseinheiten etwa durch Verminderung von Verschleiß etc. gesenkt werden. Differenzierung schließlich tritt ein, wenn mehrfach nutzbare Arbeitseinheiten desselben Typs in verschiedene Richtungen optimiert werden. Auch die Begriffe Ökonomisierung und Differenzierung lassen sich aus Sicht der Konstruktionsmorphologie selektionstheoretisch mobilisieren. Während nämlich durch Ökonomisierung letztlich die Energiebilanz eines Organismus verbessert wird und somit Selektionsvorteile ganz ähnlich wie in Fällen von Optimierung entstehen, kann Differenzierung in dem Sinn als vorteilhaft verstanden werden, daß ursprünglich bestehende Selektionsdrücke durch Ausweichen in je verschiedene Lebensräume und/oder durch Erschließung je verschiedener Nahrungsressourcen etc. abgebaut werden.

32) Unter Punkt 29) sind in nuce zwei Lesrichtungskriterien formuliert: Denn da Änderungen an organismischen Konstruktionen nicht in beliebiger Reihenfolge vorgenommen werden können, wenn auch die Zwischenstadien kohärent sein sollen, und da nicht beliebige Änderungen als Optimierungen, Ökonomisierungen oder Differenzierungen verstanden werden können, lassen sich bestimmte, rein topologisch vielleicht vorstellbare Transformationspfade letztlich als evolutiv unbegehbar *ausschließen*. Denn Änderungen, die zu inkohärenten Konstruktionen führen oder Verschlechterungen der Gesamtenergiebilanz mit sich bringen, können zwar bei Organismen eines bestimmten Konstruktionstyps mutativ induziert werden, müssen aber evolutiv folgenlos blieben. Die entsprechenden mutativ entstandenen Varianten sind entweder gar nicht lebens- und fortpflanzungsfähig oder zumindest ineffezienter als ihre Konkurrenten und damit auf längere Sicht benachteiligt. Die konstruktionsmorphologische Anagenetik zeichnet also nur solche Transformationspfade als evolutiv begehbar aus, die sowohl über je kohärente Zwischenformen hinweg beschritten werden können als auch hinsichtlich bestimmter Leistungen ein Optimierungs- oder Ökonomisierungsgefälle bzw. Weggabelungen für Differenzierungen aufweisen. x

33) Da an einem bestimmten organismischen Konstruktionstyp nicht beliebige Veränderungen vorgenommen werden können, wenn die abgewandelten Konstruktionen ihrerseits wieder kohärent sein sollen, spricht die Konstruktionsmorphologie von „innerer Selektion". Die Konstruktion, so könnte man sagen, entscheidet darüber, was aus ihr werden kann.

x So it is a matter of doing it along selective advantage.

34) Die konstruktionsmorphologische Rede von „Optimierung“ und „Ökonomisierung“ bezieht sich auf Gesamtenergiebilanzen. Da die Konstruktionsmorphologie aber

a) weder Gesamtenergiebilanzen für Organismen exakt zu eröffnen, noch auch

b) die relativen Anteile einzelner Subsysteme an der Gesamtenergiebilanz eines Organismus exakt zu bestimmen und zueinander ins Verhältnis zu setzen vermag, und da

c) Optimierungen einer bestimmten Leistung unter Umständen Verschlechterungen anderer Leistungen mit sich bringen,

kann die Konstruktionsmorphologie nicht ausschließen, daß vielleicht Gewinne, die durch die Optimierung einer bestimmten Leistung erzielt werden, an anderer Stelle durch Leistungsverschlechterungen zumindest aufgehoben werden oder daß sogar die Verluste, die etwaig durch Verschlechterungen anderer Leistungen entstehen, sich stärker in der Gesamtenergiebilanz niederschlagen als die durch Optimierung der betrachteten Leistungen erzielbaren Einsparungen. Daß sich die Optimierung einer bestimmten Leistung *positiv* auf die Gesamtenergiebilanz einer Konstruktion auswirkt, kann die Konstruktionsmorphologie also letztlich nie garantieren. Als zumindest *plausibel* können jedoch entsprechende Annahmen immer dann gelten, wenn Leistungen *übergeordneter Teilsysteme*, die bei fast allen Lebenstätigkeiten wirksam werden, auf Optimierungsoptionen untersucht worden sind.

35) Transformationsreihen stellt die Konstruktionsmorphologie auf, indem sie sich zunächst eine Ausgangs- und eine Zielkonstruktion vorgibt und sodann überprüft, ob die Ausgangskonstruktion schrittweise so in die Zielkonstruktion überführt werden kann, daß a) die Zwischenformen je kohärent sind und daß b) bezüglich bestimmter Leistungen ein Optimierungs- oder Ökonomisierungsgefälle oder aber das Bestehen von Differenzierungsoptionen begründet werden kann. Dabei werden im Sinne des Gradualismus nur jeweils Veränderungen in kleinen Schritten zugelassen.

36) Eine Transformation, die den genannten Kriterien genügt, kann nach konstruktionsmorphologischer Auffassung historisch immer da abgelaufen sein, wo nur überhaupt die jeweilige Ausgangskonstruktion gegeben war.

37) Bei der Ableitung einer Ziel- von einer Ausgangskonstruktion kann es notwendig werden, Zwischenformen zu postulieren, für die aus der fossilen Überlieferung (noch) keine Repräsentanten bekannt sind. Solche hypothetischen Zwischenformen müssen jedoch dem Kriterium der Kohärenz genügen. Insofern handelt es sich bei ihnen nicht einfach um Phantasiegebilde.

38) Bestimmte fossil überlieferte Formen werden einzelnen Ableitungsschritten erst zugeordnet, nachdem mit Hilfe der Prinzipien „innere Selektion“ und „Optimierung/Ökonomisierung/Differenzierung“ eine Ableitung als möglich begründet werden konnte. Auf Lesrichtungskriterien, wie sie etwa unter Punkt 17) aufgeführt worden sind, kann die Konstruktionsmorphologie vollständig verzichten.

Literaturverzeichnis

Das folgende Literaturverzeichnis führt alle von mir selbst benutzten Titel auf. Es umfaßt hingegen keine Titel, die innerhalb von zitierten Textstellen *anderer* Autoren und Autorinnen genannt werden.
Vornamen von Autoren und Autorinnen bzw. von Herausgebern und Herausgeberinnen sind, soweit sie von mir in Erfahrung gebracht werden konnten, ausgeschrieben.

AX, PETER (1988): Systematik in der Biologie. Darstellung der stammesgeschichtlichen Ordnung in der lebenden Natur. Stuttgart.

BARON, WALTER (1968): Methodologische Probleme der Begriffe Klassifikation und Systematik sowie Entwicklung in der Biologie. In: Diemer, Alwin (Hrsg.): System und Klassifikation in Wissenschaft und Dokumentation. Vorträge und Diskussionen im April 1967 in Düsseldorf. Meisenheim a. G., 42–54.

BARTON, N. H./WILSON, I. (1996): Genealogies and Geography. In: Harvey, Paul/Brown, Andrew/Smith, John/Nee, Sean (Hrsg.): New Uses for New Phylogenies. Oxford/New York/Tokyo, 23–56.

BEATTY, JOHN (1982): Classes and Cladists. In: Systematic Zoology 31 (1982), 25–34.

BERNHARD, PETER (2001): Euler-Diagramme. Zur Morphologie einer Repräsentationsform in der Logik. Paderborn.

BOCK, WALTER (1973): Philosophical Foundations of Classical Evolutionary Classification. In: Systematic Zoology 22 (1973), 375–392.

BOLZANO, BERNARD (1985): Wissenschaftslehre §1–45. Herausgegeben von Jan Berg. Stuttgart/Bad Cannstatt. = Bernard-Bolzano-Gesamtausgabe. Herausgegeben von Eduard Winter, Jan Berg, Friedrich Kambartel, Jaromír Louzil und Bob van Rootselaar. Reihe 1: Schriften. Band 11: Erster Teil Wissenschaftslehre.

BUCK, ROGER/HULL, DAVID (1966): The Logical Structure of the Linnaean Hierarchy. In: Systematic Zoology 15 (1966), 97–111.

BÜTSCHLI, OTTO (1876): Ueber die Bedeutung der Entwicklungsgeschichte für die Stammesgeschichte der Thiere. In: Bericht über die Senckenbergische naturforschende Gesellschaft in Frankfurt am Main. Vom Juni 1875 bis Juni 1876. Frankfurt a. M., 61–74.

CARNAP, RUDOLF (1934): Logische Syntax der Sprache. Wien.

CARROLL, ROBERT (1993): Paläontologie und Evolution der Wirbeltiere. Übersetzt und bearbeitet von Wolfgang Maier und D. Thies. Stuttgart/New York.

CARUS, CARL GUSTAV* (1982): Briefe und Aufsätze über Landschaftsmalerei. Herausgegeben und mit einem Nachwort von Gertrud Heider. Leipzig/Weimar.

Need to find out if this was published in his life time
*1789-1868

CRACRAFT, JOEL (2000): Species Concepts in Theoretical and Applied Biology: A Systematic Debate with Consequences. In: Wheeler, Quentin/Meier, Rudolf (Hrsg.): Species Concepts and Phylogenetic Theory. A Debate. New York, 3–14.

CROMBIE, ALISTAIR (1962): Robert Grosseteste and the Origins of Experimental Science 1100–1700. Oxford.

DARWIN, CHARLES (1963): Die Entstehung der Arten durch natürliche Zuchtwahl. Übersetzt von Carl W. Neumann. Mit einem Nachwort von Gerhard Heberer. Stuttgart.

DE DUVE, CHRISTIAN (1994): Ursprung des Lebens. Präbiotische Evolution und die Entstehung der Zelle. Heidelberg/Berlin/Oxford.

DUPRÉ, JOHN (1994): The Philosophical Basis of Biological Classification. In: Studies in History and Philosophy of Science 25 (1994), 271–279.

DUPRÉ, JOHN (1999): On the Impossibility of a Monistic Account of Species. In: Wilson, Robert (Hrsg.): Species. New Interdisciplinary Essays. Cambridge (Mass.)/London, 3–22.

EHRENDORFER, FRIEDRICH (1984): Artbegriff und Artbildung aus botanischer Sicht. In: Zeitschrift für zoologische Systematik und Evolutionsforschung 22 (1984), 234–263.

EIGEN, MANFRED (1987): Stufen zum Leben. Die frühe Evolution im Visier der Molekularbiologie. München/Zürich.

ERDMANN, PIA (2001): Gesellschaft und Macht. Mathilde Vaertings Beitrag zu einer Soziologie der Macht. Erlangen. [Magisterarbeit, Universität Erlangen, unveröffentlichtes Typoskript.]

ERESHEFSKY, MARC (2001): The Poverty of the Linnaean Hierarchy. A Philosophical Study of Biological Taxonomy. Cambridge.

FRANZEN, JENS LORENZ (1972): Wie kam es zum aufrechten Gang des Menschen? In: Natur und Museum 102 (1972), 161–172.

FRANZEN, JENS LORENZ (1973): Versuch einer Rekonstruktion der Evolution des Menschen. In: Aufsätze und Reden der Senckenbergischen Naturforschenden Gesellschaft 24, 113–127 und 176–178.

FRANZEN, JENS LORENZ (1997): Eine begründete Rekonstruktion der Evolution des Menschen. In: Natur und Museum 127 (1997), 245–263.

FRICK, HANS/LEONHARDT, HELMUT/STARCK, DIETRICH (1992): Taschenlehrbuch der gesamten Anatomie Bd. 1: Allgemeine Anatomie – Spezielle Anatomie I: Extremitäten – Rumpfwand – Kopf – Hals. Stuttgart/New York.

FROEBE, HANS (1971): Die wissenschaftstheoretische Stellung der Typologie. In: Berichte der Deutschen Botanischen Gesellschaft 84 (1971), 119–129.

FROEBE, HANS (1982): Homologiekriterien oder Argumentationsverfahren? In: Berichte der Deutschen Botanischen Gesellschaft 95 (1982), 19–34.

FROEBE, HANS (1985): Goethes Morphologie der Pflanzen – Ihre Stellung in der Entwicklung der Botanik. In: Hoppea. Denkschriften der Regensburgischen Botanischen Gesellschaft 44 (1985), 345–371.

GEUS, ARMIN (2000): Zoologische Disziplinen. In: Jahn, Ilse (Hrsg.): Geschichte der Biologie. Theorien, Methoden, Institutionen, Kurzbiographien. Heidelberg/Berlin, 324–355.

GHISELIN, MICHAEL T. (1974): A Radical Solution to the Species Problem. In: Systematic Zoology 23 (1974), 536–544.

GORDON, MALCOLM (1999): The Concept of Monophyly: A Speculative Essay. In: Biology and Philosophy 14 (1999), 331–348.

GUTMANN, MATHIAS (1996): Die Evolutionstheorie und ihr Gegenstand. Beitrag der Methodischen Philosophie zu einer konstruktiven Theorie der Evolution. Berlin.

GUTMANN, MATHIAS/HERKNER, BERND (1992): Konstruktion und Energie oder der vermittelte Widerspruch. In: Gutmann, Wolfgang Friedrich (Hrsg.): Die Konstruktion der Organismen I. Kohärenz, Energie und simultane Kausalität. Aufsätze und Reden der Senckenbergischen Naturforschenden Gesellschaft 38, 69–79.

GUTMANN, WOLFGANG FRIEDRICH (1995): Die Evolution hydraulischer Konstruktionen: Organismische Wandlung statt altdarwinistischer Anpassung. Frankfurt a. M.

GUTMANN, WOLFGANG FRIEDRICH/WEINGARTEN, MICHAEL (1991): Maschinentheoretische Grundlagen der organismischen Konstruktionslehre. In: Philosophia naturalis. Archiv für Naturphilosophie und die philosophischen Grenzgebiete der exakten Wissenschaften und Wissenschaftsgeschichte 28 (1991), 231–256.

HAECKEL, ERNST (1866): Generelle Morphologie der Organismen Bd. 2. Berlin.

HAGEN, JOEL (2001): The Introduction of Computers into Systematic Research in the United States during the 1960s. In: Studies in History and Philosophy of Biological and Biomedical Sciences 32 (2001) = Jardine, Nicholas (Hrsg.): Special Issue: History and Philosophy of Taxonomy, 291–314.

HAKEN, HERMANN/HAKEN-KRELL, MARIA (1995): Entstehung von biologischer Information und Ordnung. Darmstadt.

HARDING, ROSALIND (1996): New Phylogenies: An Introductory Look at the Coalescent. In: Harvey, Paul/Brown, Andrew/Smith, John/Nee, Sean (Hrsg.): New Uses for New Phylogenies. Oxford/New York/Tokyo, 16–22.

HARTMANN, DIRK (1998): Philosophische Grundlagen der Psychologie. Darmstadt.

HARTMANN, DIRK/JANICH, PETER (1996): Methodischer Kulturalismus. In: Dies. (Hrsg.): Methodischer Kulturalismus. Zwischen Naturalismus und Postmoderne. Frankfurt a. M., 9–69.

HARTMANN, DIRK/JANICH, PETER (1998): Die Kulturalistische Wende. In: Dies. (Hrsg.): Die Kulturalistische Wende. Zur Orientierung des philosophischen Selbstverständnisses. Frankfurt a. M., 9–22.

HEJL, PETER (1996): Konstruktion der sozialen Konstruktion. Grundlinien einer konstruktivistischen Sozialtheorie. In: Schmidt, Siegfried (Hrsg.): Der Diskurs des Radikalen Konstruktivismus. Frankfurt a. M., 303–339.

HENNIG, WILLI (1950): Grundzüge einer Theorie der Phylogenetischen Systematik. Berlin. [Zitiert nach dem Reprint im Verlag von Otto Koeltz. Königstein i. T. 1980.]

HENNIG, WILLI (1982): Phylogenetische Systematik. Herausgegeben von Wolfgang Hennig. Berlin/Hamburg.

HENNIG, WILLI (1984): Aufgaben und Probleme stammesgeschichtlicher Forschung. Herausgegeben von Wolfgang Hennig. Berlin/Hamburg.

HENNIG, WILLI (1994): Allgemeine Vorbemerkungen zum System der Tiere. In: Ders.: Taschenbuch der Speziellen Zoologie Teil 1: Wirbellose I (ausgenommen Gliedertiere). Herausgegeben von Wolfgang Hennig. Jena, 13–26.

HENTSCHEL, ERWIN/WAGNER, GÜNTHER (1990): Zoologisches Wörterbuch. Tiernamen, allgemeinbiologische, anatomische, physiologische Termini und biographische Daten. Jena.

HERKNER, BERND (1999): Über die evolutionäre Entstehung des tetrapoden Lokomotionsapparates der Landwirbeltiere. Ein konstruktionsmorphologisches Transformationsmodell auf evolutionstheoretischer Grundlage. Karlsruhe. = Carolinea, Beiheft 13. Staatliches Museum für Naturkunde Karlsruhe.

HERTLER, CHRISTINE (2001): Morphologische Methoden in der Evolutionsforschung. Berlin.

HÖRMANN, MARTINA (1989): Leben und Werk Mathilde Vaertings (1884–1977) unter besonderer Berücksichtigung ihrer Zeit als Professorin in Jena (1923–1933). Würzburg. [Diplomarbeit, Univ. Würzburg, unveröffentlichtes Typoskript.]

HUDSON, R. R./KAPLAN N. L. (1996): The Coalescent Process and Background Selection. In: Harvey, Paul/Brown, Andrew/Smith, John/Nee, Sean (Hrsg.): New Uses for New Phylogenies. Oxford/New York/Tokyo, 57–65.

HULL, DAVID (2001): The Role of Theories in Biological Systematics. In: Studies in History and Philosophy of Biological and Biomedical Sciences 32 (2001) = Jardine Nicholas (Hrsg.): Special Issue: History and Philosophy of Taxonomy, 221–238.

HUME, DAVID (1993): Eine Untersuchung über den menschlichen Verstand. Übersetzt von Raoul Richter. Mit einer Einleitung herausgegeben von Jens Kulenkampff und den Beilagen *David Hume: Mein Leben* und *Brief von Adam Smith an William Strahan*, übersetzt von Jens Kulenkampff. Hamburg.

JÄGER, MECHTILD (1998): Die Philosophie des Konstruktivismus auf dem Hintergrund des Konstruktionsbegriffs. Hildesheim/Zürich/New York.

Jahn, Ilse (2000a): „Biologie“ als allgemeine Lebenslehre. In: Dies. (Hrsg.): Geschichte der Biologie. Theorien, Methoden, Institutionen, Kurzbiographien. Heidelberg/Berlin, 274–301.

Jahn, Ilse (2000b): Naturphilosophie und Empirie in der Frühaufklärung (17. Jh.). In: Dies. (Hrsg.): Geschichte der Biologie. Theorien, Methoden, Institutionen, Kurzbiographien. Heidelberg/Berlin, 196–230.

Janich, Peter/Kambartel, Friedrich/Mittelstrass, Jürgen (1974): Wissenschaftstheorie als Wissenschaftskritik. Frankfurt a. M.

Kambartel, Friedrich (1971): Zur Rede von „formal“ und „Form“ in sprachanalytischer Absicht. In: Neue Hefte für Philosophie 1 (1971), 51–67.

Kamlah, Wilhelm/Lorenzen, Paul (1973): Logische Propädeutik. Vorschule des vernünftigen Redens. Mannheim/Leipzig/Wien/Zürich 1973. [Zitiert nach dem unveränderten Neudruck von 1992.]

Kötter, Rudolf (2001): Zur methodologischen Struktur des Aktualismusprinzips. In: Zeitschrift der deutschen geologischen Gesellschaft 152 (2001), 129–141.

Kraus, Otto/Kubitzki, Klaus (1982): Biologische Systematik. In Auftrag der Deutschen Forschungsgemeinschaft unter Berücksichtigung der Ergebnisse eines DFG-Rundgespräches sowie der ESRC Interim and Final Reports „Taxonomy in Europe“. Weinheim.

Langanke, Martin (2000): Die Natur ordnen. Zu Genese und Status der biologischen Systematik. In: Jahrbuch für Geschichte und Theorie der Biologie 7 (2000), 7–91.

Lefèvre, Wolfgang (1984): Die Entstehung der biologischen Evolutionstheorie. Frankfurt a. M.

Leisegang, Hans (1924): Die Gnosis. Leipzig.

Leisegang, Hans (1951): Denkformen. Berlin.

Löther, Rudolf (1972): Die Beherrschung der Mannigfaltigkeit. Philosophische Grundlagen der Taxonomie. Jena.

Löw, Reinhard (1980): Philosophie des Lebendigen. Der Begriff des Organischen bei Kant und seine Aktualität. Frankfurt a. M.

Lorenz, Kuno (1970): Elemente der Sprachkritik. Eine Alternative zum Dogmatismus und Skeptizismus in der Analytischen Philosophie. Frankfurt a. M.

Lorenzen, Paul (1968): Methodisches Denken. In: Ders.: Methodisches Denken. Frankfurt a. M., 24–59.

Lorenzen, Paul (2000): Lehrbuch der konstruktiven Wissenschaftstheorie. Stuttgart/Weimar.

Mayr, Ernst (1967): Artbegriff und Evolution. Aus dem Englischen übertragen von Gerhard Heberer. Hamburg/Berlin.

MAYR, ERNST (1990): Die drei Schulen der Systematik. In: Verhandlungen der Deutschen Zoologischen Gesellschaft 83 (1990), 263–276.

MAYR, ERNST (2000a): The Biological Species Concept. In: Wheeler, Quentin/Meier, Rudolf (Hrsg.): Species Concepts and Phylogenetic Theory. A Debate. New York, 17–29.

MAYR, ERNST (2000b): Das ist Biologie. Die Wissenschaft des Lebens. Heidelberg/Berlin.

MCLAUGHLIN, PETER (1996): [Art. „Systematik".] In: Enzyklopädie Philosophie und Wissenschaftstheorie Bd. 4. Stuttgart/Weimar, 189.

MCLAUGHLIN, PETER/LÜBBE, WEYMA (1996): [Art. „Typus"]. In: Enzyklopädie Philosophie und Wissenschaftstheorie Bd. 4. Stuttgart/Weimar, 363–364.

MEIER, RUDOLF/WILLMANN, RAINER (2000): The Hennigian Species Concept. In: Wheeler, Quentin/Meier, Rudolf (Hrsg.): Species Concepts and Phylogenetic Theory. A Debate. New York, 30–43.

MISHLER, BRANT/THERIOT, EWARD (2000a): The Phylogenetic Species Concept (sensu Mishler and Theriot): Monophyly, Apomorphy, and Phylogenetic Species Concepts. In: Wheeler, Quentin/Meier, Rudolf (Hrsg.): Species Concepts and Phylogenetic Theory. A Debate. New York, 44–54.

MISHLER, BRANT/THERIOT, EWARD (2000b): A Critique from the Mishler and Theriot Phylogenetic Species Concept Perspective: Monophyly, Apomorphy, and Phylogenetic Species Concepts. In: Wheeler, Quentin/Meier, Rudolf (Hrsg.): Species Concepts and Phylogenetic Theory. A Debate. New York, 119–132.

MISHLER, BRANT/THERIOT, EWARD (2000c): A Defense of the Phylogenetic Species Concept (sensu Mishler and Theriot): Monophyly, Apomorphy, and Phylogenetic Species Concepts In: Wheeler, Quentin/Meier, Rudolf (Hrsg.): Species Concepts and Phylogenetic Theory. A Debate. New York, 179–184.

MITTELSTRASS, JÜRGEN (1974a): Die Prädikation und die Wiederkehr des Gleichen. In: Ders.: Die Möglichkeit von Wissenschaft. Frankfurt a. M., 145–158.

MITTELSTRASS, JÜRGEN (1974b): Die Entdeckung der Möglichkeit von Wissenschaft. In: Ders.: Die Möglichkeit von Wissenschaft. Frankfurt a. M., 29–55.

MÖBIUS, MARTIN (1937): Geschichte der Botanik. Von den ersten Anfängen bis zur Gegenwart. Jena.

MOLLENHAUER, DIETER (1997): D. Stefan Peters im Ruhestand. In: Natur und Museum. Bericht der Senckenbergischen Naturforschenden Gesellschaft 127 (1997), 242–243.

MÜLLER-WILLE, STAFFAN (1999): Botanik und weltweiter Handel. Zur Begründung eines Natürlichen Systems der Pflanzen durch Carl von Linné (1707–78). Berlin.

OESER, ERHARD (1996): System, Klassifikation, Evolution. Historische Analyse und Rekonstruktion der wissenschaftstheoretischen Grundlagen der Biologie. Wien.

OTTO, FREI (1977): Einführung und Begriffe. In: Institut für leichte Flächentragwerke, Stuttgart (Hrsg.): Pneus in Natur und Technik. Stuttgart.

PAGE, RODERIC/HOLMES, EDWARD (1998): Molecular Evolution. A Phylogenetic Approach. Oxford.

PANCHEN, ALEC (1994): Classification, Evolution and the Nature of Biology. Cambridge/New York/Melbourne.

PETERS, DIETER STEFAN (1970): Über den Zusammenhang von biologischem Artbegriff und phylogenetischer Systematik. Frankfurt a. M.

PETERS, DIETER STEFAN (1972): Das Problem konvergent entstandener Strukturen in der anagenetischen und genealogischen Systematik. In: Zeitschrift für zoologische Systematik und Evolutionsforschung 10 (1972), 161–173.

PETERS, DIETER STEFAN (1980): Das Biogenetische Grundgesetz – Vorgeschichte und Folgerungen. In: Medizinhistorisches Journal 15 (1980), 57–69.

PETERS, DIETER STEFAN (1984): Evolutionstheorie – Zwangsläufigkeit und Grenzen. In: Kaiser, P./Peters, Dieter Stefan (Hrsg.): Evolutionstheorie und Schöpfungsverständnis. Regensburg, 193–218.

PETERS, DIETER STEFAN (1993): Konstruktionszwänge bei der Skelettentwicklung am Beispiel der Tetrapoden-Gliedmaßen. In: Praxis der Naturwissenschaften – Biologie 8 (1993), 38–42.

PETERS, DIETER STEFAN (1998a): Die Art und die Zeit – das Problem der Paläontologen. In: Zoologische Abhandlungen. Staatliches Museum für Tierkunde Dresden 50/Suppl. (1998), 63–68.

PETERS, DIETER STEFAN (1998b): Einmal ist zehnmal – Parallelentwicklung in der Evolution. In: Bucher, Alexius/Peters, Dieter Stefan (Hrsg.): Evolution im Diskurs. Grenzgespräche zwischen Naturwissenschaft, Philosophie und Theologie. Eichstätter Studien, Neue Folge 39 (1998), 77–84.

PETERS, DIETER STEFAN (1998c): Laudatio für Wolfgang Friedrich Gutmann (1935–1997). In: Bucher, Alexius/Peters, Dieter Stefan (Hrsg.): Evolution im Diskurs. Grenzgespräche zwischen Naturwissenschaft, Philosophie und Theologie. Eichstätter Studien, Neue Folge 39 (1998), 7–12.

PETERS, DIETER STEFAN (2000): Die Lage der Vogelsystematik. Fortschritte und immanente Hindernisse. In: Journal für die Ornithologie 141 (2000), 1–12.

PETERS, DIETER STEFAN/GUTMANN, WOLFGANG FRIEDRICH (1971): Über die Lesrichtung von Merkmals- und Konstruktionsreihen. In: Zeitschrift für systematische Zoologie und Evolutionsforschung 9 (1971), 237–263.

PHILO VON ALEXANDRIA (1958): Who is The Heir of Divine Things. In: Philo. With an English Translation by F. H. Colson and G. H. Whitaker. In Ten Volumes and Three Supplementary Volumes Bd. 4. London/Cambridge (Mass.), 269–447.

PHILO VON ALEXANDRIA (1962): Über die Frage: Wer ist der Erbe der göttlichen Dinge? und über die Teilung in Gleiches und Gegensätzliches. Übersetzt von Josef Cohn. In: Philo von Alexandria. Die Werke in deutscher Übersetzung. Herausgegeben von Leopold Cohn, Isaak Heinemann, Maximilian Adler und Willy Theiler, Bd. 5. Berlin 1962, 214–294. [Photomechanischer Neudruck der 1929 im Verlag M. und H. Marcus (Breslau) erschienenen Erstausgabe von Bd. 5.]

QUERNER, HANS (1979): Einführung. In: Georg August Goldfuß: Über die Entwicklungsstufen des Thieres. Omne vivum ex ovo. Einführung von Hans Querner. Marburg a. d. L., VII–XXXVI.

QUERNER, HANS (2000): Die Methodenfrage in der Biologie des 19. Jahrhunderts: Beobachtung oder Experiment? In: Jahn, Ilse (Hrsg.): Geschichte der Biologie. Theorien, Methoden, Institutionen, Kurzbiographien. Heidelberg/Berlin, 420–430.

REMANE, ADOLF (1956): Die Grundlagen des natürlichen Systems, der vergleichenden Anatomie und der Phylogenetik. Theoretische Morphologie und Systematik I. Leipzig [Zitiert nach dem autorisierten Nachdruck im Verlag von Otto Koeltz. Königstein i. T. 1971.]

RIEPPEL, OLIVIER (1989): Über die Beziehung zwischen Systematik und Evolution. In: Zeitschrift für zoologische Systematik und Evolutionsforschung 27 (1989), 193–199.

RIEPPEL, OLIVIER (1993): Homologie – Logik und Geschichte. In: Weingarten, Michael/Gutmann, Wolfgang Friedrich (Hrsg.): Theorie und Geschichte des Vergleichs in den Biowissenschaften. Aufsätze und Reden der Senckenbergischen Naturforschenden Gesellschaft 40 , 155–173.

SANDMEL, SAMUEL (1979): Philo of Alexandria. An Introduction. New York/Oxford 1979.

SCHLAG NACH NATUR (1954): Schlag nach Natur. Bearbeitet von der Lexikon-Redaktion des Bibliographischen Instituts. Leipzig.

SCHMIDT, ISOLDE/HACKETHAL, SABINE (2000): Kurzbiographien und Portraits. In: Jahn, Ilse (Hrsg.): Geschichte der Biologie. Theorien, Methoden, Institutionen, Kurzbiographien. Heidelberg/Berlin, 755–1000.

SCHMITT, MICHAEL (2001): Willi Hennig (1913–1976). In: Jahn, Ilse/Schmitt, Michael (Hrsg.): Darwin & Co. Eine Geschichte der Biologie in Portraits Bd. 2. München, 316–343.

SOKAL, ROBERT/SNEATH, PETER (1963): Principles of Numerical Taxonomy. San Francisco/London.

SOKAL, ROBERT (1973): The Species Problem Reconsidered. In: Systematic Zoology 22 (1973), 360–374.

SPRING, OTMAR/BUSCHMANN, HOLGER (1998): Grundlagen und Methoden der Pflanzensystematik. Wiesbaden.

STARCK, DIETRICH (1979): Vergleichende Anatomie der Wirbeltiere auf evolutionsbiologischer Grundlage Bd. 2: Das Skeletsystem [sic!]. Allgemeines, Skeletsubstanzen [sic!], Skelet [sic!] der Wirbeltiere einschließlich Lokomotionstypen. Berlin/Heidelberg/New York.

STEININGER, FRITZ (1997): Prof. Dr. D. Stefan Peters zum 65. Geburtstag und Eintritt in den Ruhestand. In: Natur und Museum. Bericht der Senckenbergischen Naturforschenden Gesellschaft 127 (1997), 197.

STORCH, VOLKER/WELSCH, ULRICH (1989): Evolution. Tatsachen und Probleme der Abstammungslehre. München.

SUDHAUS, WALTER/REHFELD, KLAUS (1992): Einführung in die Phylogenetik und Systematik. Stuttgart/Jena/New York.

THIEL, CHRISTIAN (1972): Gottlob Frege: Die Abstraktion. In: Speck, Josef (Hrsg.): Grundprobleme der großen Philosophen. Philosophie der Gegenwart I. Göttingen, 9–44. This is his Doktorvater.

THIEL, CHRISTIAN (1980a): [Art. „Art"]. In: Speck, Josef (Hrsg.): Handbuch wissenschaftstheoretischer Begriffe Bd. 1. Göttingen, 39–40.

THIEL, CHRISTIAN (1980b): [Art. „Eigenschaft"]. In: Speck, Josef (Hrsg.): Handbuch wissenschaftstheoretischer Begriffe Bd. 1. Göttingen, 145.

THIEL, CHRISTIAN (1989): [Art. „Begriff"]. In: Seiffert, Helmut/Radnitzky, Gerard (Hrsg.): Handlexikon zur Wissenschaftstheorie, München, 9–14.

THIEL, CHRISTIAN (1992): Geo Siegwarts Szenario. Eine katastrophentheoretische Untersuchung. Zugleich ein Versuch, enttäuschte Kenner wieder aufzurichten. In: Zeitschrift für philosophische Forschung 47 (1992), 261–270.

THIEL, CHRISTIAN (2001): Methodische Philosophie und die Konstruktivismen der Gegenwart. In: Strukturen der Wirklichkeit. Zeitschrift für Wissenschaft, Kunst und Kultur 2 (2001), 11–15 und 129.

TROLL, WILHELM (o. J., vor 1932): Goethe in seinem Verhältnis zur Natur. In: Ders. (Hrsg.): Goethes Morphologische Schriften. Ausgewählt und eingeleitet von Wilhelm Troll. Jena, 15–104.

VERNON, KEITH (2001): A Truly Taxonomic Revolution? Numerical Taxonomy 1957–1970. In: Studies in History and Philosophy of Biological and Biomedical Sciences 32 (2001) = Jardine, Nicholas (Hrsg.): Special Issue: History and Philosophy of Taxonomy, 315–341.

VRBA, ELISABETH (1985): Introductory Comments on Species and Speciation. In: Dies. (Hrsg): Species and Speciation. Transvaal Museum Monograph Nr. 4. Pretoria.

WEBERLING, FOCKO (1981): Morphologie der Blüten und Blütenstände. Stuttgart.

WEBERLING, FOCKO/STÜTZEL, THOMAS (1993): Biologische Systematik. Grundlagen und Methoden. Darmstadt.

WEINGARTEN, MICHAEL (1992): Organismuslehre und Evolutionstheorie. Hamburg.

WEINGARTEN, MICHAEL (1993): Organismen – Objekte oder Subjekte der Evolution? Philosophische Studien zum Paradigmawechsel in der Evolutionsbiologie. Darmstadt.

WHEELER, QUENTIN/PLATNICK, NORMAN (2000a): The Phylogenetic Species Concept (sensu Wheeler and Platnick). In: Wheeler, Quentin/Meier, Rudolf (Hrsg.): Species Concepts and Phylogenetic Theory. A Debate. New York, 55–69.

WHEELER, QUENTIN/PLATNICK, NORMAN (2000b): A Critique from the Wheeler and Platnick Phylogenetic Species Concept Perspective: Problems with Alternative Concepts of Species. In: Wheeler, Quentin/Meier, Rudolf (Hrsg.): Species Concepts and Phylogenetic Theory. A Debate. New York, 133–145.

WHEELER, QUENTIN/PLATNICK, NORMAN (2000c): A Defense of the Phylogenetic Species Concept (sensu Wheeler and Platnick): Monophyly, Apomorphy, and Phylogenetic Species Concepts In: Wheeler, Quentin/Meier, Rudolf (Hrsg.): Species Concepts and Phylogenetic Theory. A Debate. New York, 185–197.

WOLF, MATTHIAS (2000): Protozoologie im Blickwinkel der Wissenschaftstheorie. Geschichte und Konzept einer biologischen Disziplin. In: Jahrbuch für Geschichte und Theorie der Biologie 7 (2000), 93–165.

WUKETITS, FRANZ (1995): Evolutionstheorien. Historische Voraussetzungen, Positionen, Kritik. Darmstadt.

* Note he cites some new stuff.

JAHRBUCH FÜR GESCHICHTE UND THEORIE DER BIOLOGIE

Herausgegeben von
Hans-Jörg Rheinberger & Michael Weingarten
in Verbindung mit
der Deutschen Gesellschaft für Geschichte und Theorie der Biologie

Vol. 1/1994 • 212 S. • ISBN 3-86135-360-1

Vol. 2/1995 • 220 S. • ISBN 3-86135-361-X

Vol. 3/1995 • 202 S. • ISBN 3-86135-361-X

Vol. 4/1995 • 218 S. • ISBN 3-86135-361-X

Vol. 5/1995 • 240 S. • ISBN 3-86135-361-X

Vol. 6/1996 • 233 S. • ISBN 3-86135-361-X

Hans Werner Ingensiep: Leben am Rande der Seelenordnung. Grundzüge einer Ideengeschichte der Pflanzenseele • *Mathias Gutmann & Christine Hertler:* Modell und Metapher. Exemplarische Rekonstruktion zum Hydraulikmodell und seinem Mißverständnis • *Heike Barantzke:* Erich Wasmann (29.5.1859 - 27.2.1931) – Jesuit und Zoologe in Personalunion • *Dorothee Früh:* Die Genealogie als Hilfswissenschaft der Humangenetik • *Karl-Peter Ohly:* Unwillkommene Regelmäßigkeiten – Zu Chargaffs Entdekcung der Basenpaarung • *Ekkehard Höxtermann:* Von der Keimungsgeschichte zur Experimentalphysiologie der Pflanzen – ein Nachtrag zum 100. Todestag des Julius Sachs (1832 - 1897) • *Volker Schurig:* Kritische Anmerkungen zur Diversität des Begriffs „Biodiversität" • *Ragnar Kinzelbach:* Zur Semantik historischer Vogeldarstellungen: (1) Der Kuckuck (Cuculus canoprus) bei Hans Baldung gen. Grien (1511) (2) St. Franciscus predigt den Vögeln von Giotto Di Bondone (1300) • *Dieter Zissler:* Über Semper und Sempern

Vol. 7/2000 • 208 S. • ISBN 3-86135-361-X

Martin Langanke: Die Natur ordnen. Zu Genese und Status der biologischen Systematik • *Matthias Wolf:* Protozoologie im Blickwinkel der Wissenschaftstheorie. Geschichte und Konzept einer biologischen Disziplin • *Peter Beurton:* Gene – die Atome der Evolution? • *Gerd Friedrich:* Sinn für Grenzen – Adolf Portmanns Kritik an der technisch gewordenen Biologie • *Adolf Portmann:* Biologie als technische Weltmacht • *Alexander von Schwerin:* Rezension von "The Practices of HumanGenetics"

Vol. 8/2001 • 212 S. • ISBN 3-86135-368-7

Christine Hertler: Woher wir kommen und wohin wir gegangen sind – Genealogien, Fossilien, Gene und ihre geographischen Orte • *Mathias Gutmann:* „Sonderstellung des Menschen". Zum Tier-Mensch-Vergleich • *Hans Heinz Holz:* Das System der Sinnlichkeit • *Daniel Dahlstrom:* Gibt es eine eigene menschliche Anschuung? • *Edmund Braun:* Grundlegung einer nicht-metaphysischen normativen Anthropologie • *Michael Weingarten:* Versuch über das Mißverständnis, der Mensch sei von Natur aus ein Kulturwesen • *Mathias Gutmann & Michael Weingarten:* Das Leibapriori – ein nicht ausgearbeitetes Fundament der Diskursethik? • *Karl Otto Apel:* Das Leibapriori der Erkenntnis. Eine erkenntnisanthropologische Betrachtung im Anschluß an Leibnizens Monadenlehre • *Georgios Fatouros & Nina E. Fatouros*: Der Käfer in der altgriechischen Literatur • *Ulrich Eisel:* Rezension von Tobias Cheung „Die Organisation des Lebendigen"

Inhaltsangaben zu den Jahrbüchern Vol. 1 bis 5 sowie ergänzende Informationen und weitere Publikationen finden Sie auf unserer Webseite:

www.vwb-verlag.com

VWB – Verlag für Wissenschaft und Bildung, Amand Aglaster
Postfach 11 03 68 • 10833 Berlin
Tel. 030 - 251 04 15 • Fax 030 - 251 11 36
www.vwb-verlag.com

Studien zur Theorie der Biologie

Herausgegeben von

Olaf Breidbach & Michael Weingarten

Band 1:
Mathias Gutmann
DIE EVOLUTIONSTHEORIE UND IHR GEGENSTAND
Beitrag der Methodischen Philosophie zu einer
konstruktiven Theorie der Evolution
332 Seiten • ISBN 3-86135-045-9

Band 2:
Gerhard Schlosser & Michael Weingarten (Hg.)
FORMEN DER ERKLÄRUNG IN DER BIOLOGIE
255 S. • ISBN 3-86135-049-1

Band 3:
Staffan Müller-Wille
BOTANIK UND WELTWEITER HANDEL.
Zur Begründung eines Natürlichen Systems der Pflanzen
durch Carl von Linné (1707-78)
348 S. • ISBN 3-86135-350-4

Band 4:
George S. Levit
BIOGEOCHEMISTR – BIOSPHERE – NOOSPHERE.
The Growth of the Theoretical System of Vladimir Ivanovich Vernadsky
116 p. • ISBN 3-86135-351-2

Band 5:
Christine Hertler
MORPHOLOGISCHE METHODEN IN DER
EVOLUTIONSFORSCHUNG
354 S. • ISBN 3-86135-352-0

VWB – Verlag für Wissenschaft und Bildung, Amand Aglaster
Postfach 11 03 68 • 10833 Berlin
Tel. 030 - 251 04 15 • Fax 030 - 251 11 36
www.vwb-verlag.com